# 日本産十脚甲殻類の
# 幼生

小西　光一

生物研究社

# Larvae of Decapod Crustacea of Japan

Kooichi Konishi

Seibutsu Kenkyusha

# はじめに

　水生動物の生活史を明らかにすることは，分類学などの基礎科学だけでなく，水産資源の管理などの応用科学にも共通する重要課題である。そのための土台の一つとして，個体発生の研究は避けては通れない。さらにこの分野の土台の一つに記載的な発生学があげられる。これは一つの種の受精から変態まで，ときには成熟までの形態の変化をくまなく記載し，さらに他種との比較までも目的とした，いわば時間軸に沿った比較解剖学ともいえる。この分野は膨大な時間と労力を費やし，知識と技術の積み重ねが求められるわりに，きわめて地味で，いわば堅忍不抜の印象があるためか，これを専門とする研究者はとても少ない。そのように地味であるものの，魚類をはじめとしたいくつかの分類群では，この分野で専門の成書がある。では，多くの水産重要種を含む十脚目の甲殻類，いわゆるエビ・カニ類ではどうであろうか？今のところ現実にあるものは，専門家のための原著論文か，または他の分類群を含めた概略のみの一般書のどちらかである。両者の中間ともいえる，実際の調査研究で手引きとなる情報も組み入れた成書はまだないと思われる。

　一方，生物学の土台ともいうべき成体の分類学は近年，遺伝子解析の成果も取り入れながら大きな進展を遂げつつある。幼生の方では形態の記載そのものも観察技術の高度化により，見るべき形質も変わりつつあり，これまでの知見も更新が必要と考えられる。現在までのところ，わが国の海域に棲息する十脚目およそ 2,800 種のなかで，初期発育段階としての幼生期がすべて記載されている種は 1 割にも満たず，部分的にでも記載がある種でも 2 割ほどである。このように幼生の形態について，一般に提供されている情報量は，他分野と共有されるべき基礎的な知見として十分とはいえない。このような現状に対し，十脚目の幼生の形態について，これまで積み上げられてきた知見を種と発育段階の両面から改めて整理し，いわば踏み台として未来につないでいくことも必要と思われる。

　本書は以上のような考えに立ち，生物研究社発行の隔月刊誌「海洋と生物」に 2012 〜 2020 年にかけて連載された同名の記事をもとにまとめたものである。ここでは，わが国海域に棲息する十脚目の幼生を対象として，科または亜科レベルで形態の概要を記し，これらの分類群と発育段階を判別するための基礎情報を提供したい。

## 本書の構成

　最初に第 I 部の総論で幼生に関わる全体的な事項を述べる。続く第 II 部の各論では分類群ごとに科または亜科レベルで形態と発育段階の概要を述べ，第 III 部では分類群ごとの検索図を示す。第 IV 部では本文に関連した資料集として分類群別の幼生記載一覧表と，主要な科ごとの発育段階表などを載せ，研究技法と研究史についても述べる。また，本文中で本題に関連した話題について「§ メモ」として記す。なお，近年の系統分類の進展によって学名や分類学上の位置の変更などが度々あり，身近な種でも大きな変更があることが多い。本書での学名は原則として，2023 年 1 月現在の分類情報にもとづくが，状況によっては旧来のものを使用する。

# Larvae of decapod Crustacea of Japan

Kooichi Konishi

## ABSTRACT

The elucidation of the life history of aquatic animals is a significant topic in both basic and applied biology, such as taxonomy and fisheries resource management, respectively. Developmental biology is a fundamental area of research for life history studies. Moreover, one of the basic areas of developmental biology is descriptive approach, which is characterized by '*indomitable perseverance*' to meticulous observation and documentation of morphological changes from hatching to metamorphosis. It can be considered a form of anatomy along a timeline, which in reality requires a considerable accumulation of knowledge and skills. In Japan, there are some publications regarding life history in the field for common aquatic animals, such as Pisces. How about the current status of the decapod crustaceans, which include numerous species of economic importance to fisheries species? In practice, there are either original papers for specialists or general books that briefly describe them along with other taxa. In this respect, there appears to be a lack of comprehensive guides that provide the basic knowledge required by actual field researchers.

The taxonomy of adult crustaceans, which is the fundamental field of biology, has made great progress in recent years, incorporating the results of genetic analysis, etc. In addition, the morphological description of larval stages has changed with the advances in observation techniques, and it is considered necessary to update the existing knowledge. To date, less than 12% of the approximately 2,800 decapod species found in the coastal waters of Japan, have been described their larval stages. It is evident that our current information is insufficient for other fields to gain a basic understanding. Against this background, it is necessary to conduct a comprehensive review of the existing knowledge on decapod larval morphology and put a '*ladder*' for future research.

This book is based on a series of articles in the Japanese journal AQUABIOLOGY published bimonthly by Seibutsukenkyusha Co. Ltd., from 2012 to 2020, and provides an overview of the morphology of decapod larvae living in Japanese waters at the level of family or subfamily. It also provides accompanying information such as a list of previous larval descriptions. The content consists of four Parts as follows. Part I – The general larval morphology and terminology used in the larval descriptions of decapods. Part II – An overview of larval morphology of each taxon. Part III – Diagrammatic keys to each taxon. Part IV – Appendices pertaining to the main text, including a list of larval descriptions by taxon, developmental stages by major families, and an overview of research techniques and the history of larval studies. Some topics related to the main text are also explained in a separate "Memo".

# 目 次

はじめに　本書の構成……………………… i
ABSTRACT …………………………… iii


## I．総論

十脚目の生活史と幼生………………… 1
　　幼生の定義………………………… 2
　　幼生期の区分と名称……………… 3
　　齢と期……………………………… 4
　　発生型……………………………… 6
幼生の基本体制……………………… 7
　　おもな部位………………………… 8
　　付属肢……………………………… 12
　　剛毛・棘・突起類………………… 15
　　付属肢の毛式……………………… 17
　　鰓とその配列……………………… 18
　　色素胞……………………………… 18
　　内部器官…………………………… 19
　　体の大きさ………………………… 19
成体の分類との関係………………… 21
幼生属（種）について……………… 22
同定の基本的手法…………………… 23


## II．各論

他亜綱・他目の幼生について………… 24
幼生の記載率について……………… 26
根鰓亜目……………………………… 26
　　クルマエビ上科…………………… 28

チヒロエビ科………………………… 28
オヨギチヒロエビ科………………… 30
クルマエビ科………………………… 30
クダヒゲエビ科……………………… 33
イシエビ科…………………………… 34
サクラエビ上科……………………… 35
　　サクラエビ科……………………… 35
　　ユメエビ科………………………… 36
抱卵亜目……………………………… 38
コエビ下目…………………………… 38
　　オキエビ上科……………………… 41
　　ヒオドシエビ上科………………… 43
　　ヌマエビ上科……………………… 45
　　イトアシエビ上科………………… 47
　　イガグリエビ上科………………… 50
　　オハラエビ上科…………………… 50
　　テナガエビ上科…………………… 50
　　テッポウエビ上科………………… 54
　　ロウソクエビ上科………………… 61
　　タラバエビ上科…………………… 62
　　アンフィオニデス属について…… 63
　　ウキカブトエビ上科……………… 64
　　エビジャコ上科…………………… 65
オトヒメエビ下目…………………… 69
　　ドウケツエビ科…………………… 70
　　オトヒメエビ科…………………… 71
ザリガニ下目………………………… 73
　　ザリガニ上科……………………… 73
　　アカザエビ上科…………………… 73
　　ショウグンエビ上科……………… 75
アナエビ下目………………………… 76
　　アナエビ科………………………… 77

スナモグリ科……………………… 77
アナジャコ下目…………………… 79
　アナジャコ科 ……………………… 79
　ハサミシャコエビ科……………… 79
　オキナワアナジャコ科…………… 80
イセエビ下目……………………… 81
　イセエビ科………………………… 82
　セミエビ科………………………… 90
センジュエビ下目………………… 95
　センジュエビ科…………………… 95
異尾下目…………………………… 98
　コシオリエビ上科………………… 99
　ワラエビ上科……………………… 102
　ヤドカリ上科……………………… 104
　タラバガニ上科…………………… 113
　スナホリガニ上科………………… 118
短尾下目…………………………… 123
脚孔群……………………………… 123
　コウナガカムリ上科……………… 124
　カイカムリ上科…………………… 125
　マメヘイケガニ上科……………… 126
　ホモラ上科………………………… 126
　アサヒガニ上科…………………… 128
真短尾群/異孔亜群……………… 130
　ヘイケガニ上科…………………… 131
　カラッパ上科……………………… 134
　コブシガニ上科…………………… 135
　クモガニ上科……………………… 137
　ヤワラガニ上科…………………… 142
　ヒシガニ上科……………………… 145
　イチョウガニ上科………………… 146
　ヒゲガニ上科……………………… 148
　クリガニ上科……………………… 148
　ワタリガニ上科…………………… 149
　エンコウガニ上科………………… 153
　メンコヒシガニ上科……………… 156

オウギガニ上科…………………… 156
アカモンガニ上科………………… 159
ケブカガニ上科…………………… 160
カノコオウギガニ上科…………… 162
メガネオウギガニ上科…………… 162
ヒメイソオウギガニ上科………… 162
イワオウギガニ上科……………… 162
サンゴガニ上科…………………… 165
ムツアシガニ上科………………… 170
ユウレイガニ上科………………… 171
イトアシガニ上科………………… 171
ユノハナガニ上科………………… 172
サワガニ上科……………………… 173
真短尾群/胸孔亜群……………… 173
　イワガニ上科……………………… 174
　スナガニ上科……………………… 182
　サンゴヤドリガニ上科…………… 189
　カクレガニ上科…………………… 190


## Ⅲ．検索図

1. 十脚目における幼生期区分 ……… 198
2. 他の亜綱・目 ……………………… 199
3～4. 十脚目の各下目 ……………… 200
5～7. 根鰓亜目 ……………………… 202
8～11. コエビ下目 ………………… 204
12. オトヒメエビ下目 ……………… 208
13. ザリガニ下目 …………………… 208
13. アナエビ下目 …………………… 209
13. アナジャコ下目 ………………… 209
14～17. イセエビ下目 …………… 210
18～19. 異尾下目 ………………… 214
20～27. 短尾下目（ゾエア）…… 216
28～33. 短尾下目（メガロパ）…… 224

## Ⅳ．資料

観察技法……………………………… 230
研究小史……………………………… 236
付表…………………………………… 240
　A 各科の幼生記載状況…………… 241
　B 各科の発育段階表……………… 269
　C その他　……………………… 277


あとがき……………………………… 280
文献…………………………………… 281
事項索引（和・英）………………… 313
和名索引……………………………… 314
学名索引……………………………… 320


## §メモ

最大の幼生は何か？　20
沈黙の形質　23
いわゆる"怪物幼生"について　29
目立つ幼生　60
プランクトン標本の手強さ　89
長い棘は何のため？　103
'カニ化'の命題　118
プリゾエアの尾節突起　148
化石の幼生　155
ゾエアの類型化への試み　181

viii

# 第I部　総論

　幼生の研究では，個体発生という時間に沿いつつ，形態と機能からなる空間でも追っていくことが基となる。したがって，幼生の形態でも種と発育段階の両面から，いわば行列式の如く種ごとに標準発生段階表を作るような話になる。しかし，すべての種についてこのような表を完成させようとしても，現実には十分な知見があるわけではなく，非現実的な話である。そこで本書では現実に即し，より上位の科のレベルでまとめることを基本とした。以下，それぞれの科あるいは亜科について，その発育段階を扱うが，そのための基本事項として，まず初期生活史のなかの発育段階，すなわち幼生期の区分けを示す。次に「体のどの体節にどのような付属肢があるか」という基本的なつくり，すなわち体制に関わる形態用語を解説する。これまでに十脚目またはその一部で幼生形態を扱った総説はあるものの [1-11, 23]，幼生関連で使われる用語や用法には，国際動物命名規約のように研究者間で公に合意されたものはなく，また定まった和訳もない。とはいえ，この分野の研究者がこれまで培ってきた，事実上の標準に近いものはあるので，これらにもとづいて話を進める。なお，実際に幼生を観察するための具体的な技法，および研究の歴史については，IV. 資料を参照されたい。

## 十脚目の生活史と幼生

　水生動物の生活史において，成体（adult）とは生殖可能となった後の個体，幼生（larva）とは変態前の成体とは著しく異なる形態や生態をもつ個体，また変態（metamorphosis）とは浮遊生活から底棲生活への移行にともなう急進的で大きな体制の変化とされる。ここまでは一般論であって，具体的な成体と幼生の違い，あるいは変態の程度は分類群によって異なる。そもそも十脚目の変態での変化は，完全変態類の昆虫に比べれば，ゆるやかな漸進変態（heterometaboly）といえる。ただ漸進的ながらも相対的にみれば，たとえばイセエビ類では大きな，コエビ類では小さな変化である。さらにクルマエビ類ではノープリウスからプロトゾエア，プロトゾエアからゾエア（ミシス）という複数回の体制の変化があることになり，そのあり方は多種多様である。これらの面を考え合わせ，ここでは十脚目の初期発育段階における変態を『ふ化後にみられる，形態的に最も成体に近い体制への変化』と考える。具体的には頭胸部での付属肢の大きな変化や，腹部での機能的な腹肢の出現などがみられる脱皮（molt）がこれに該当する。ここで機能的（functional）とは，付属肢などでそれらが本来使われる機能のための形状となり，働くようになった状態を指す。

総論　　1

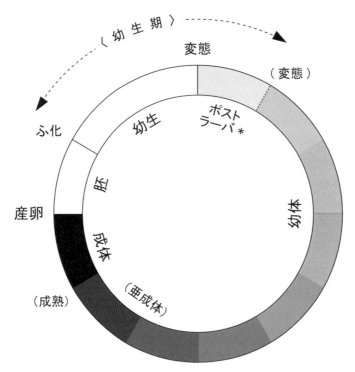

**図1 十脚目の生活史と幼生期の定義**
　　＊第1ポストラーバには分類群や研究者によって異なる名称が使われている（例：メガロパ，グラウコトエ，デカポディッド）。

## 幼生の定義

　ここではふ化後の初期発育段階のなかで，成体とは異なる体制で浮遊生活を送るものを幼生，変態を経て成体と同じ体制になったものを幼体（juvenile）とする。また，変態直後から幼体までの中間期をポストラーバ（postlarva）とする（図1）。ポストラーバの原義 "post+larva" を直訳すれば，「幼生より後（の期）」と広い期間にわたるが，クルマエビ類では慣習的にゾエア（ミシス）より後，稚エビまでの発育段階に対して使われており，語法としてこれに最も近い。ポストラーバの期間は分類群によって異なり，1回の脱皮で幼体になるものや，複数回の脱皮を重ねながら漸進的に幼体になるため，はっきりと変態時期を確定できないものもある。

　次に "postlarva" に対する訳語であるが，一般に十脚目では後期幼生に対しての前期幼生という対語は使われていない。またカニ類ではメガロパやその前後の時期，ときには胚発生に対しての'幼生発生'（post-embryonic development）の意味でも使われることがある。このような錯そうした現状で "postlarva" に後期幼生の訳語を充てるには問題がある。このように同じ幼生期が分類群や研究者によって異なる状況に対し，第1ポストラーバをとくにデカポディッド（decapodid）と共通名でよぶことも提案されているが[10]，いまだ一般化しているとはいえない。厳密には変態を経てまだ幼体になり切らない状態なので，'前幼体（pre-juvenile）'，逆に'後ゾエア（post-zoea）'でもよいのかもしれない。なお，根鰓亜目ではミシスをポストラーバの意味で，あるいはポストラーバをミシスの直後ということでポストミシス（post-mysis）が使われることがある。これは19世紀

末から 20 世紀初頭の幼生研究の黎明期において，多くの研究者によって多種多様な用語が使われ，混乱してきたことの反映でもあるが，詳細については Gurney [1] の総説を参照されたい。いずれにせよ性急な造語はせず，安定した語法に落ち着くまでは関連する知識の集積を待つべきと考える。ここではあくまで幼生期の一部という意味でポストラーバとカタカナ表記する。

　ここまでをまとめると，十脚目の幼生期（larval stages）あるいは幼生発生（larval development）とは『ふ化からポストラーバまで』となる。ただし分類群，ときには同一種内でも発育環境によって長短があり，また変態時期をどこに位置付けるかでこの期間が一意的に決まらぬばあいもある。このような曖昧さゆえに，ポストラーバという語は使うべきではないとの異論 [8] があることも紹介しておく。

## 幼生期の区分と名称

　最初に幼生である期間，すなわち幼生期（または幼生相（larval phase））の体制の経時的な区分について述べる。現在，十脚目で広く認められているのは，Williamson (D.I.) [9] による「体のどの部位の付属肢が有毛かつ機能的であるか」によって定義するものである。これらは発育順に以下のようになる。

　　**ノープリウス**（nauplius）：頭部付属肢の 3 対は機能的で，これら以外の付属肢はないか，または原基。

　　**ゾエア**（zoea）：胸部付属肢の一部または全部が機能的な遊泳毛をもち，腹肢はないか，または原基。

　　**メガロパ**（megalopa）：腹部付属肢の一部または全部が機能的な遊泳毛をもつ。

　これらの幼生期名で，メガロパとは本来はカニ類すなわち短尾下目で使われてきた名称であり，たとえば上述のように根鰓亜目のクルマエビ科ではメガロパ以後に相当するものにポストラーバ，異尾下目のヤドカリ上科ではグラウコトエ（glaucothoe）が使われてきた。これらを含め，これまで用いられてきた幼生期の名称については**付表 C-1** に示す。また副次的に後期のノープリウスとゾエアを，それぞれメタノープリウス（metanauplius）とメタゾエア（metazoea）とよぶこともある。

　なお，ゾエアでふ化するときに，きわめて薄い胚外皮（embryonic cuticle）に被われた状態で卵殻から抜け出し，短時間でこの薄膜を脱ぎ捨てるが，この間の状態をプリゾエア（prezoea），イセエビ下目ではプレノープリオソーマ（prenaupliosoma）とよぶ。これらは胚発生の最終段階と見なされるため，厳密には幼生期に含めるのは不適切と考えられる [12]。

　このような現状と幼生研究の歴史をふまえ，本書では現実に即して幼生期名は次のように扱う。ノープリウスとゾエアはイセエビ下目を除いたすべての分類群で使う。また体制がかなり異なるイセエビ下目では，ゾエアとメガロパに相当するものをそれぞれ，フィロソーマ（phyllosoma），プエルルス（puerulus）またはニスト（nisto）とする。ポストラーバではとくにその第 1 期に対し，各分類群においてなじみのある名称（メガロパ，プエルルス等）を便宜上，優先的に用いる。幼生期の表現は期数と幼生期名で「第 1 ゾエア（first zoea），第 2 ゾエア（second zoea），…」あるいは略して「1 期，2 期，…」等とする。ただし，ほとんど形態変化をともなわない脱皮については，別な表現にするばあいもある。

総論　　3

**齢と期**

　それぞれの幼生期の範囲内の発育段階について，ここでは脱皮ごとの段階を「齢（instar）」とし，1つあるいは複数の齢を形態等の特徴にもとづいて区分したものを「期（stage）」とする。分類群によっては，さらに亜期（substage）に細分されるばあいもある。言いかえれば，表1のように具体的に存在する実体が（脱皮）齢で，それら一連を人為的に区分した概念が期になる。

表1　脱皮齢と期の区分の概念（説明のため仮想的な種や研究者を想定）

| 研究者Aの区分 | 1期 | 2期 | 3期 | 4期 | | 5期 | | | 6期 | |
|---|---|---|---|---|---|---|---|---|---|---|
| 研究者Bの区分 | 1期 | 2期 | 3期 | | | 4期 | | | 5期 | |
| 脱皮齢 | 1齢 | 2齢 | 3齢 | 4齢 | 5齢 | 6齢 | 7齢 | 8齢 | 9齢 | 10齢 |
| 体長 | + | + | + | + | + | − | − | + | − | + |
| 第1触角 | + | + | + | − | + | − | + | − |  | + |
| 第2触角 | + | + | + |  | − | + | − | − | − | + |
| 大顎 | + | − | − |  | + | − | − | − | − | − |
| 第1顎脚 | + | + | + |  | + | − | − | − | + | − |
| 第2顎脚 | + | + | + |  | + | − | − | − | − | − |
| 第3顎脚 | + | + | − | + |  | − | − | − | − | + |
| 胸脚 | + | + | + |  | − | − | − | − | − | + |
| 腹肢 | + | + | + |  | − | + | − | − | + | − |
| 尾節 | + | − | − | + |  | − | − | − | − | − |

＋：明らかな変化が見られる，－：ほとんど変化が見られない。

　たとえばオタマジャクシのように外見上は連続的な発生のばあい，形態の経時的変化を人為的に区分し「期」としている。一方，甲殻類のように脱皮による成長のばあい，外見上は断続的な変化を呈するため，脱皮をいわば自然の目盛りとして発育段階の区分に使うことが多い。

　表1の例のように，明らかに同一種を扱っていながら‘期数’が文献間で一致しないばあい，それが飼育条件などによる違いなのか，研究者による区分の違いなのか不明なことが多い。よって論文を参照するときには，「期」という語が何を示しているのかに注意し，材料・方法の説明などでどのようにして材料を得たのかを確認した方がよい。研究者によっては，形態にもとづく区分けを強調するため，あえて「型（form）」という語を充てた例もある[13]。

　イセエビ科などの齢・期数が多い分類群では便宜上，さらに「前（初）期，中期，後期」などと大区分するばあいがある。これは期よりさらに人為的な要素が強くなるが，そもそもが形態変化をわかりやすくまとめる手段の一つなので，研究者間の見解が極端に異なることはないようである。

　ここで齢と期について，より具体的にコエビ下目のスジエビ属（*Palaemon*）の例で述べる。十脚目の初期ゾエアでは種や属，あるいは科内でも脱皮回数の変異は少なく，かつ脱皮時に規則的な形態変化がみられる。このばあい，脱皮による齢と形態による期は一致，あるいは同期している。一方，コエビ下目の中・後期ゾエアなどでは漸進的で毎回変化が‘小出し’され，また種や属内の変

異幅も大きい。すなわち，ある種では1回の脱皮でまとまった変化が規則的にみられ，別な種では同程度の変化が現れるまでに複数回の脱皮が不規則に見られるばあい，後者では齢と期は一致しないといえる。付表 C-2 にスジエビ属におけるメガロパまでの脱皮回数をいくつか示すが，同一種内でも脱皮回数に幅があるのがわかる。これは飼育条件による変異だけでなく，研究者の区分方法も関係している。ただ，倉田[14]のように記載したスジエビ属の4種に共通の区分として5期を設定する例もある。また，淡水産のスジエビ（*P. paucidens*）では同じ飼育条件でも親エビの産地によって脱皮数のほか，幼生の大きさや期間にも変異がみられる[15, 16]。

　ここでは，一つの分類群のなかで最も頻度の高い期数を「標準的な期数」とする。これについて，図2にいくつかの科でゾエアの期数の頻度分布を示す。これで各科での頻度をみると，クモガニ上科やカニダマシ科では99%以上，ほぼ全種が2で変態しポストラーバとなる。一方，ヤドカリ科では2〜7，ワタリガニ科では3〜8まで変異があり，テナガエビ科となると2〜12と変異が大きく，かつ分布は分散し全体が平準化する。ワタリガニ科のように科内変異があっても分布が1つ山であれば最頻値の5をこの科の標準的な期数とする。テナガエビ科のように山が複数あると，どれが標準なのか判断が難しいが，これらのなかで最も高い山を標準的な期数とみなす。

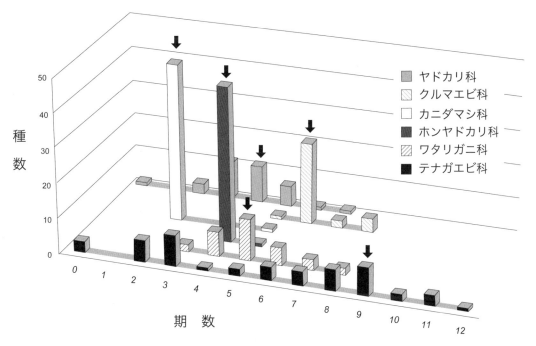

**図2　十脚目の科内におけるふ化から変態までの期数の変異例**
　期数0は直接発生を示す。データはふ化・飼育による例にもとづく。下矢印（↓）を付した棒は，その科内で最も頻度の高い期数を示す。科の配置は見やすくするために分類上の順とはなっていない。クルマエビ科はゾエア期（プロトゾエア＋ゾエア（ミシス））のものである。

**発生型**

　幼生発生は期数と期間の関係でみたばあい 3 つの発生型，すなわち通常発生（normal development）と短縮発生（abbreviated development），および直接発生（direct development）に大別できる。

**通常発生**：それほど卵黄をもたない小型卵から小型の幼生としてふ化し，プランクトン摂餌により外からの栄養を得て成長するプランクトン栄養発生型（planktotrophic development）の種でみられる。通常という名が示すとおり，その分類群のほとんどの種が含まれ，標準的かこれに近い期数になる。脱皮の間隔や回数，および形質の変化が規則的である。

**短縮発生**：大量の卵黄をもつ大型卵から大型の幼生としてふ化し，内からの栄養を得て短期間で成長する卵黄栄養型発生（lecithotrophic development）の種でみられる。その分類群の標準的な期数よりもあきらかに少なく，かつ通常発生でみられるいくつかの形質が省略あるいは先行して現れる。なお，短縮発生では幼生形質がみられなくなった期をもって幼体とみなす。

**直接発生**：大型卵から幼生を経ずに直に幼体としてふ化し，幼生形質はみられない。期数がゼロの短縮発生との見方もできる。なお，直接発生の対語として間接発生（indirect development）があるが，あまり使われない。

　通常発生と短縮発生の区別には相対的な一面があるのは否定できない。一つの分類群のなかでも，単に標準的な期数より 1 つや 2 つ少ないだけでは短縮発生といえず，上記の要件のほかに所要日数，形態分化の度合い，環境条件，さらに個体変異も併せ，その分類群のなかで比較するべきである。また，仮に複数の分類群で比べてみれば，たとえばクモガニ科はワタリガニ科に比べ相対的に短縮発生であるとの見方も可能ではある。なお，標準的な期数よりもあきらかに多いものについて伸張発生（extended development）とよばれるばあいがある。以下に具体例をいくつか述べる。

　テナガエビ科のテナガエビ属（*Macrobrachium*）のなかでも通常発生の種では 9 期で約 20 日間かかるのに対し，短縮発生の種では 2 期で 24 時間以内にポストラーバになるものがある。また，ワタリガニ科のベニイシガニ（*Charybdis (Charybdis) acuta*）は同科の標準的な 6 期，約 24 日でポストラーバ（メガロパ）になるが，ミナミベニツケモドキ（*Thalamita danae*）ではこの半分の 3 期，かつ 9 日でなり，短縮発生とみなせる。なお浮遊期間については，クモガニ上科での例のように，99％以上が 2 回目の脱皮でポストラーバになるが，水温によっては 1 週間〜1 カ月以上と種により大きな日数差がみられる。しかしこの差自体に対して短縮発生という語は使われない。十脚目に限らないが，小型卵を多数抱卵するグループでは摂餌しながら長い浮遊生活をおくり，逆に大型卵を少数抱卵するグループは無摂餌で卵黄栄養による短縮発生の傾向が強い。現実的にみて，通常発生と短縮発生の境界となるふ化直前の卵径は，たとえばコエビ下目では 1 mm 前後と思われる。

　この他，発生型に関してはさまざまな考え方があるが，ここでは分類群と発育段階の判別に必要な範囲での用語とその語法を示しており，十脚目の幼生における 3 つの発生型を述べるにとどめる。

　なお，ここでは幼生発生が対象であるため，受精からふ化までの胚発生は扱っていない。わが国での十脚目の胚発生に関する研究は幼生発生に比べるとかなり少ないものの，いくつかの優れた業績が知られている [23, 1029, 1095]。

以上に述べた初期発育段階における幼生期の検索について，根鰓亜目を例として**検索図1**に示した。

## 幼生の基本体制

　一般に甲殻類は体節の付加あるいは分節による増節（anamorphosis）により発生が進行する。ノープリウスはふ化時には頭胸部や腹部が未分化であるが，その後に分化し，ゾエア後期からポストラーバまでには体節数も成体と同じ「頭部5節＋胸部8節＋腹部7節＝20節」となるのが一般的である。浮遊期であるノープリウスとゾエアでは付属肢に遊泳毛をもつ外肢が発達するが，底棲歩行に移行するポストラーバではこれらは退縮し，運動の主体が外肢から内肢へと交代する。幼生だけにしかない器官もほとんどないため，形態を記述する用語は成体，幼生ともほぼ同じになるが，研究者間での統一基準はない[17, 18]。なお，ここではゾエアまたはゾエア相当期の一般的な概形について，便宜的に以下の3型に分ける。

　エビ型：全体の輪郭が棒状で，頭部と胸部は一体化し，腹部より小さいか同大。
　カニ型：全体の輪郭が球状で，頭部と胸部は一体化し，腹部より大きい。
　葉体型：全体の輪郭が背腹に扁平な葉状で，頭部と胸部は分かれる〔イセエビ下目〕。

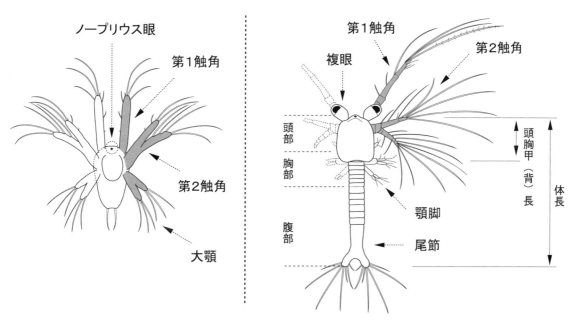

**図3　幼生の基本体制 - ノープリウス（左）とプロトゾエア（右）**
　クルマエビ科の例。

**おもな部位**（図 3 ～ 5）

　**頭胸部**（cephalothrax）：頭部（cephalon）と胸部（thorax）を合わせたよび方で，それぞれの体節の背板（tergum）が合体してできた背甲（carapace）で覆われる。一般に幼生の背甲は頭部から胸部までを覆うため，頭胸甲とよばれる。また，フィロソーマのように頭部と胸部が分かれるばあいは頭甲または頭盾（cephalic shield）とよばれる。表面にいくつか棘状の突起をもつことが多いが，まったくないものから，多数の棘で覆われるものまで，その数と形，長さは分類群により多種多様である。これらのなかで目立つものとしては，前方に突出する額棘［額角 / 鼻棘］（rostral spine/rostrum），背中部から真上または斜め後上方に突出する背棘（dorsal spine），側方から水平，または斜め下方に突出する側棘（lateral spine）がある。前方に突出する額棘については，とくにエビ類では額角が使われることが多く，これに合わせた背角や側角という表現もある。背棘と側棘で後方に曲がるばあいには，後背棘（posterodorsral spine）や後側棘（posterolateral spine）の語が使われることがある。また，背面の正中線上に柱状突起（column, pilier）あるいは背器官（dorsal organ）とよばれる鈍端の小突起をもつばあいがあり，感覚器官の一種と考えられている[20]。これら以外にも分類群によっては線状に隆起した稜（carina）をはじめとして二重ヒダ構造等，特異な形のもの，また表面が細く線状に凹んだ溝（groove）もある。視覚器官として，ノープリウスではノープリウス眼（nauplius eye）とよばれる単眼が，またゾエア以降は複眼（compound eye）をもつ。通常ふ化時は固着眼（immovable / sessile eye）であるが，ほとんどのばあい次の期から眼柄（eyestalk）をもつ有柄眼（movable / stalked eye）となり可動となる。ゾエアでは個眼（ommatidium）の角膜（cornea）輪郭は六角形が密集した蜂の巣状であるが，短尾下目以外はポストラーバ以降に正方形となることが多い。ポストラーバ（メガロパ）の胸板（sternum）の底節に近い部分に尖端，あるいは鈍端の胸板突起（sternal cornea）がワタリガニ科などでみられる。なお，複眼の上部に眼上棘（supraorbital spine）がみられることがある。

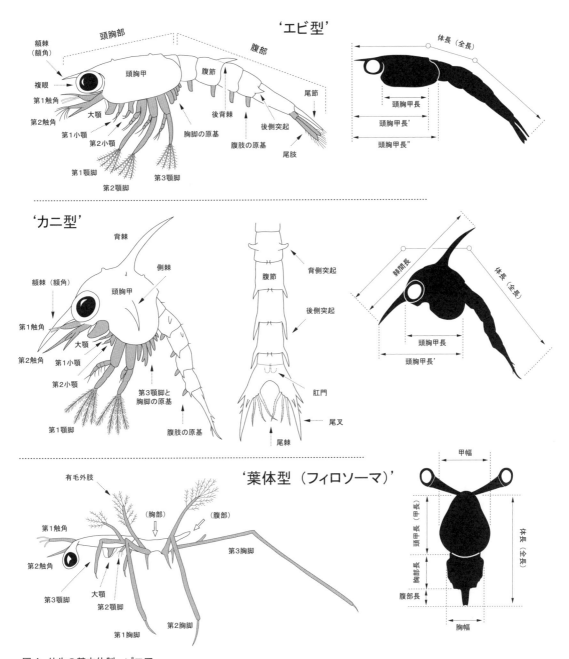

**図4 幼生の基本体制 - ゾエア**
上段はエビ型ゾエアと計測部位，中段左はカニ型のゾエアと計測部位，中段右は同腹部，下段は葉体型（フィロソーマ）と計測部位．本図は特定の種を示すものではない．

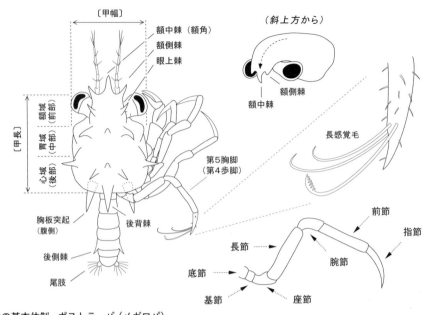

**図5　幼生の基本体制 - ポストラーバ（メガロパ）**
　　短尾下目のメガロパの例。本図は特定の種を示すものではない。

　腹部（pleon/abdomen）：ノープリウスでは後期に増節伸長する。ゾエア初期は5つの腹節（pleonite/pleomere/abdominal somite）と尾節（telson）からなり，中・後期に第6腹節が分節する。腹節には分類群によってさまざまな突起類がみられ，例としては側突起（lateral process, lateral knob）または後側突起（posterolateral process），背側突起（dorsolateral process），襟状突起（collar）などがあげられる。また図6に例示したように，特定の腹節の後縁部が側後方に拡がり，翼状に張り出したような形の腹節後葉（posterior overhang）となるばあいがある。各腹節にはゾエア後期から腹肢（pleopod）の原基が出現し，これらはポストラーバから遊泳毛が発達し機能的になる。第6腹節の腹肢はとくに尾肢（uropod）とよばれ，尾節とともに尾扇（tail fan）を形作る。

　尾節（telson）：後方に尾棘（telsonal / caudal spine）を複数対持ち，また一部が大きく伸びて二叉状の尾叉（telsonal fork/caudal furca）を形作ることも多い（図7）。形状は分類群によって変異に富み，さらに発育段階によって変化するため，種や期の同定に役立つ形質の一つである。逆にいえば変異に富むがために分類も難しいが，輪郭をもとに大きくグループ分けすれば円形，三角形，四角形，および二叉形になる。さらに各グループを「系」としてまとめ，ある分類群に特有な形に対し，その派生形として以下のように別名称で区別するばあいがある（()内は該当する分類群の例）。

・円系：半月形（クダヒゲガニ科），匙形（ソコシラエビ属），円形（スナホリガニ科）
・三角系：逆Y字形（オトヒメエビ科），五角形（サラサエビ科），三葉形（シロピンノ属）
・四角系：長台形（ホンヤドカリ属），逆台形（ヤワラガニ科），鉾形（センジュエビ科）
・二叉系：縦長叉形（ヘイケガニ上科），横長叉形（アカザエビ科），多岐形（サクラエビ科）

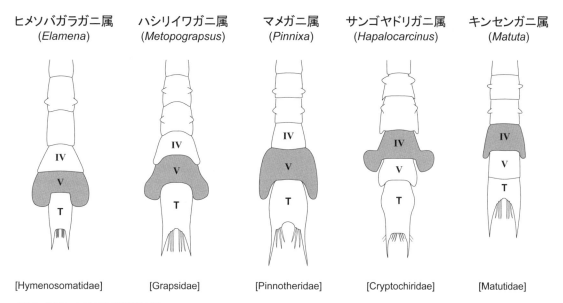

**図 6　腹節における腹節後葉の例**
　左からヤワラガニ科，イワガニ科，カクレガニ科，サンゴヤドリガニ科，キンセンガニ科。ローマ数字は腹節の番号，Tは尾節を示す。

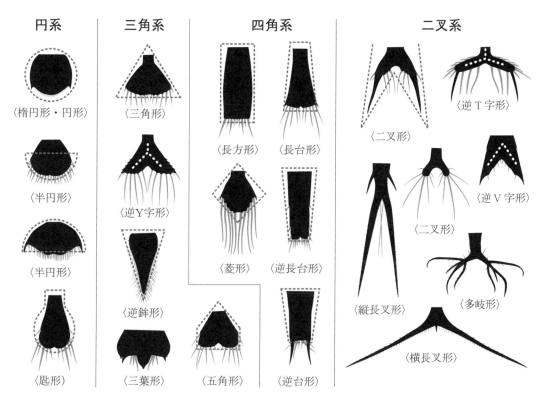

**図 7　さまざまな尾節の形**
　左から順に円系，三角系，四角系，二叉系およびこれらの派生形の尾節を示す。

総論　11

なお，尾棘は多くのばあい根元で関節しており，剛毛とよぶべきかもしれないが，とくに太いため棘の字をあてている。尾棘の数と配置は分類群や期によってほぼ一定であり，たとえば3対の尾棘がある状態を「3+3」のように尾叉式（furcal formula）で表すばあいがある。

**付属肢**（図8）

頭胸部から腹部まで表2のようにそれぞれの機能に対応した付属肢がある。基本は二叉型で，原節（protopod）とこれから外肢（exopod）と内肢（endopod）が分岐する。原節は底節（coxa）と基節（basis）が合わさった状態を指す。さらに前底節（precoxa）を加える例もあるが，その存在は体壁との癒合によりはっきりしないことが多い[20]。基部からさらに副肢（epipod）や鰓原基（gill bud, branchial rudiment）が出ることもある。変態後の内肢は基本的に5節で，先端から順に指節（dactylus），前節（propodus），腕節（carpus），長節（merus），座節（ischium）からなる。また，指節が可動指（movable finger）となり，前節とともに鋏状（chelate）あるいは亜鋏状（subchelate）の鋏脚（cheliped）を形成するばあいがある。頭部には前方から順に2対の触角，1対の大顎がノープリウスからあり，ゾエアになると2対の小顎が加わり，摂食のための口部付属肢（口肢）（oral appendages, mouth parts）を構成する。続く胸部には3対の顎脚（maxilliped）と，5対の胸脚（pereiopod）からなる胸肢（thoracopod）がゾエアからみられる。このうち顎脚は成体とは異なり，

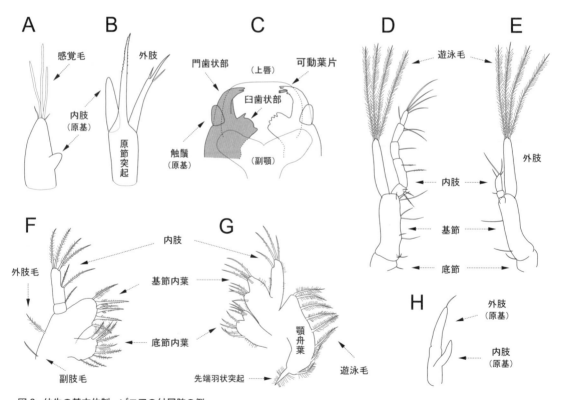

図8 幼生の基本体制 - ゾエアの付属肢の例
　短尾下目の例。A：第1触角，B：第2触角，C：大顎，D：第1小顎，E：第2小顎，F：第1顎脚，G：第2顎脚，H：第3顎脚，I：尾肢。

表2　コエビ下目の幼生期の区分表（テナガエビ科を基準にしたもの）

| 付属肢 | 幼生期 | 変態前 | | | 変態後 |
| | | ノープリウス | プロトゾエア | ゾエア | ポストラーバ |
|---|---|---|---|---|---|
| 頭部 | 触角 | + | + | + | + |
| | 大顎 | + | + | + | + |
| | 小顎 | − / r | + | + | + |
| 胸部 | 顎脚 | − | r / + | r / + | + |
| | 胸脚 | − | − | − / r / + | + |
| 腹部 | 腹肢 | − | − | − / r | + |
| | 尾肢 | − | − | − / r / + | + |

＋：ある，−：ない，r：原基。
グレー（■）の部分は外肢に遊泳毛をもち機能的な状態を示す。

おもに遊泳に使われる。胸脚は一般に変態前には原基で存在し，非機能的である。なおポストラーバ以降，胸脚のうちで後方4対は歩行に用いられることが多く，歩脚（walking legs, ambulatory legs）ともよばれる。以下それぞれの付属肢について，前方から体節順に番号を付して解説する。なお［　］内は別称を示す。

① **第1触角**［先触角］（antennule, first antenna）：頭部の第1番目の付属肢で，ノープリウスやゾエアの初期において分岐や分節をしない。円錐状または棒状で先端に感覚毛（aesthetasc）と短剛毛をもつ。なお，中期から後期にかけて内肢の原基が現れるが，本来の内肢ではないとする説もある[21]。感覚毛は，薄く脆弱なチューブ状構造のため，標本の状態によっては視認しにくく，さらに単純毛は短小なばあいに見落とされる可能性がある。変態後は成体のように基部の3節が太い柄部（peduncle）になり，その先から2本の細長く，多数に分節した鞭状部（flagellum）が伸びる。

② **第2触角**［後触角］（antenna, second antenna）：一般にノープリウスでは外肢に遊泳毛をもつ二叉型である。ゾエア初期は原節突起と外肢からなり，後期には内肢の原基がみられる。外肢が平板状のものを鱗片［触角鱗］（antennal scale, scaphocerite）とよぶこともある。変態後は基節から鱗片と1本の細長く，多数に分節した鞭状部が伸びる。

③ **大顎**［大鰓］（mandible）：咀嚼のために原節部が内側に膨出し，歯列をもつように特化した付属肢と考えられている。ノープリウスでは二叉型の付属肢であるが，ゾエアでは門歯状部（incisor process）と臼歯状部（molar process）からなり，ポストラーバになると，後者が退縮するばあいが多い。他の付属肢とは異なり，とくにゾエアでは左右で数や形が異なる突起類が噛み合う，細部で左右非対称，かつ立体的に複雑な形状である。また，左側（ゾエア側から見て）または両側の門歯状部内縁に可動葉片（lacinia mobilis）とよばれる小突起，あるいは門歯状部と臼歯状部の間に櫛状の棘列をもつことがある。触髭（palp）はゾエア後期に原基が現れる。付属肢のなかでも観察が難しい部位であるため，他に比べて記載が不十分か，時には省かれていることもあったが，近年は走査型電子顕微鏡などによる三次元画像により

総論　13

データは増えつつある[22, 24]。このように大顎は複雑な形状ではあるが，その概形で3タイプに分けられる。すなわち，コエビ下目は先端が扁平な棒状，ザリガニ下目やイセエビ下目では背腹に扁平，短尾下目では二叉状の突起である。また付属肢ではないが，大顎を前後から挟むかたちで上唇（labrum）と，副顎（paragnath），あるいは下唇（labium）や擬顎とよばれる突起があり，摂食時は大顎や小顎と協働することで食物片を取り込む補助的な役割を担い，これらで口器（mouthparts）を構成する。なお，上唇は触角より後方に位置するが，発生学的には頭部に癒合した先節（ocular somite, acron）由来の変形した付属肢との見方もある。

④ **第1小顎**［小鰓］（maxillule, first maxilla）：原節と内肢からなり，原節はさらに内側に基節内葉（basal endite）と底節内葉（coxal endite）が張り出す。また根鰓亜目の初期ゾエアにおいては外肢葉（exopodal lobe）をもつ。これは基節内葉の外側部にみられ，第2小顎の顎舟葉に対応する突起であり，根鰓亜目のすべて，コエビ下目とアナエビ下目の一部，および近縁のオキアミ目で見られる原始的な形質とされている。同様にヌマエビ科，ロウソクエビ科とタラバエビ科の一部と，大部分の短尾下目ゾエアでは1期以降に，外肢毛（exopod seta）とよばれる剛毛が同じ位置に出現するが，これが外肢葉に対応するものかについては不明である（図9）。なお，多くの短尾下目では中・後期になると，さらに底節外側に副肢毛（epipod seta）がみられる。大顎の次に位置し，摂食の補助的機能もあるため，基節内葉には太い犬歯状毛をもつものが多い。

⑤ **第2小顎**［小鰓］（maxilla, second maxilla）：原節と内肢からなり，前者は基節内葉と底節内葉に分かれる。これらはとくに短尾下目において，さらに背側分葉（dorsal lobe）と腹側分葉（ventral lobe）に分かれることがある。外肢は変形して扁平な顎舟葉（scaphognathite）となり，その後方は初期において背方に尖った先端（羽状）突起（apical plumose process）となるばあいがある。この他，異尾下目と短尾下目において，内葉や顎舟葉の発達パターンをもとにした分類が試みられている[25-28]。

⑥ **第1顎脚**（first maxilliped）：底・基節と，ここから分岐した内肢，外肢からなる。ゾエアの外肢は単節で，先端には遊泳のための長い羽状毛がある。

⑦ **第2顎脚**（second maxilliped）：第1顎脚と同じ構成であるが，短尾下目では内肢の節・毛数はより少ないことが多い。

⑧ **第3顎脚**（third maxilliped）：第1・2顎脚と同じ構成であるが，一般に異尾下目や短尾下目のゾエア初期では原基の状態であることが多い。

⑨ ～ ⑬ **胸脚**（pere(i)opod）：ノープリウス後期，あるいはゾエアから原基としてみられる。ただし，イセエビ下目のフィロソーマでは1期から発達しており，遊泳や捕食に使われる。5対あるが，発生後期には多くのばあい，前方の胸脚は鋏脚となる。

⑭ ～ ⑲ **腹肢**（pleopod）：第1～5腹節の腹面にあり，遊泳に使われる。ゾエアの後期に原基として出現し，ポストラーバで周縁毛をもち機能的となる。

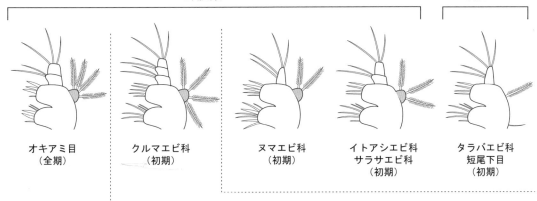

**図9 外肢葉と外肢毛の例**
オキアミ目,根鰓亜目およびコエビ下目の幼生期にみられる第1小顎の外肢葉と,これら以外の分類群でみられる外肢毛を模式的に示したもの。オキアミ目では全幼生期にわたって,これ以外の分類群では初期にのみ出現する。

## 棘・剛毛・突起類（図10）

体表や付属肢にはさまざまな形状の棘・剛毛や突起類がある。これらの名称はとくに研究者,あるいは分類群で用語や用法が異なる[28-30]。ここでは原則として,体表からの突出物のなかで,根元から毛窩（setal socket）で関節しているものを剛毛（seta/hair）,関節がなく突出しているものを棘（spine）または突起とする。剛毛の根元がやや膨らんでいる部分を基膨部（ampulla）,また剛毛本体を一次剛毛（primary seta）としたばあい,これからさらに分枝した二次剛毛（secondary seta）,三次剛毛（tertiary seta）について,それぞれ枝細毛（setule）,枝微毛（setulette）とよぶことがある。同じく棘についても,本体から分枝しているものは枝歯（spinule）,枝微歯（denticule / spinulette）となる。以下,おもな剛毛の種類について述べる。

- 単純毛（simple seta）：二次的に枝分かれせず平滑で,単純な剛毛。またこの剛毛のなかで,体表面をおおう微小なものを微毛（microtrichia）,短小で鉤状に曲がったものを鉤毛（短鉤毛）（hamate seta）とよぶことがある。
- 羽状毛（plumose seta）：両側に細毛が列生するもので,ゾエアの顎脚の外肢先端にある遊泳毛が典型的な例である。また,細毛がややまばらに輪生するものを冠状毛（pappose seta）とよぶことがある。
- 小歯状毛（denticulate seta）：両側に小歯突起が列生するもの。
- 羽歯状毛（plumodenticulate seta）：上記の羽状毛と小歯状毛が混在するもの。
- 鋸歯状毛（serrate seta）：片側または両側が細毛列ではなくて鋸歯状になったもの。
- 犬歯状毛（cuspidate seta）：上記の剛毛の中で特に幅太く短い刺状のものを区別した名称であるが,関節しないものは犬歯棘（cuspidate spine）とよばれる。
- 感覚毛（aesthetasc）：第1触角の先端にあり,毛というよりは極薄のチューブ状のもの。短尾下目の第1ポストラーバ,すなわちメガロパの一部で第5胸脚先端のゆるく湾曲した1～3本

の剛毛も感覚毛とよばれることがあるが,本書ではこちらは長感覚毛(feeler)として区別する。この長感覚毛の機能は不明であるが,慣習的に「感覚」という字が充てられている。

剛毛や棘のほかの突起類としては,上記「2 おもな部位」で述べたものがある。

なお,抱卵亜目では上記の剛毛類のなかで,尾節の尾棘のうち最外棘から内側に向かって2番目が,これより内側に隣接するものに比べて著しく細いか,または短小の羽状毛になっているものがある。おもに異尾下目で見られることから,異尾小毛(anomuran hair)とよばれる。この小毛は図11に例示するように分類群によって位置や長さが異なる。また,短尾下目クモガニ上科の初期ゾエアの頭胸甲下側縁には,クモガニ小毛(majid seta)とよばれる剛毛がある。Bocquet[31]はアケウス属(*Achaeus*)のゾエアを記載したときに下側縁の前方に他より大きくて羽毛状の剛毛に注目した。Bourdillon-Casanova[32]はこれに対して他の下側縁の剛毛と異なることから,前端毛(soie antérieure)と名付け,その後,Heegaard[33]が「maiid spine」と記した。当初この小毛はクモガニ上科に特有の剛毛という扱いであったが,現在では他科のゾエアにもあることが確認されている[34]。そうなると「クモガニ」小毛という名は適切でないかも知れないが,そのばあいでも,いずれも2期以後にみられ,1期からあるのはクモガニ上科のみである。

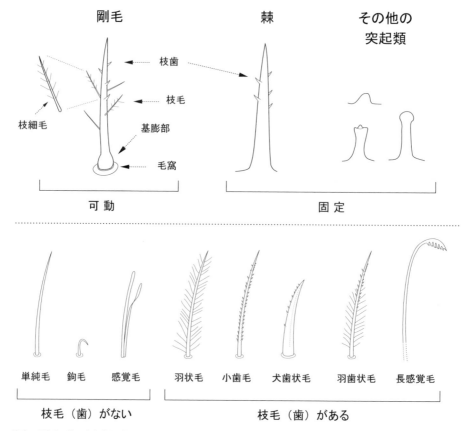

図10 幼生の剛毛,棘,突起類の分類
体表から関節するものを剛毛,その他の固定したものを棘とよぶ。これらは本体から二次的に分枝するものとしないものに大別できる。

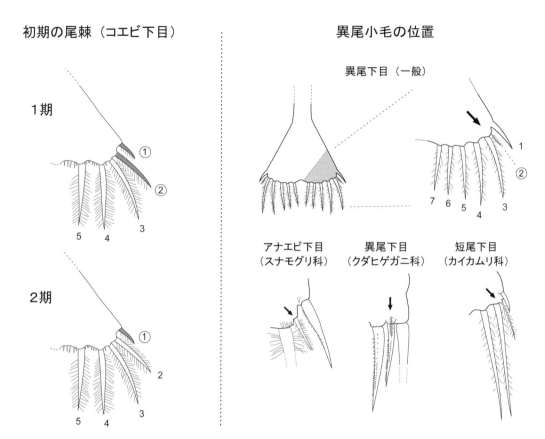

図11 コエビ下目の尾棘の初期変化と異尾下目を中心とした異尾小毛の例
　　　左はコエビ下目の初期ゾエアにおける尾棘（①と②）枝毛の変化。右は異尾下目を中心とした異尾小毛の例。

**付属肢の毛式**

　ゾエアの付属肢の剛毛配列については，毛式（hair formula）という表記法がある。これまで短尾下目ゾエアの付属肢において，小顎と顎脚の内肢の剛毛配列は，期や個体による変異がほとんどない，安定した形質として知られてきた。これらの形質を比べやすいように表現したのが毛式である[35, 37]。毛式の表記法は研究者間で統一されているわけではないが，ここでは基準となる例を以下に示す（図12 参照）。

　1）付属肢の基部から先端に向かって記す，2）単節のばあいは，剛毛束ごとに「＋」でつないで本数を記す，3）分節するばあいは，各節の剛毛数を「，」で区切って本数を記す。これら表記法のなかで，記す方向については，ゾエアの通常姿勢からみると，付属肢が背側→腹側，上（基部）→下（先端）に向かっていることに由来すると思われる。論文によっては逆に「先端→基部」の方向で記されていることもあり，また，背（外）側の羽状毛を区別して「I」を使うこともある。研究者によっては，内肢以外にも変異の大きな部位や剛毛群まで独自の表記をするばあいもあり，論文を参照するときには注意が必要である。なお，この剛毛配列はまれに齢・期や個体で変化する例もあり，絶対不変のものではない。すべての研究者が毛式を使っているわけではないが，短尾下目

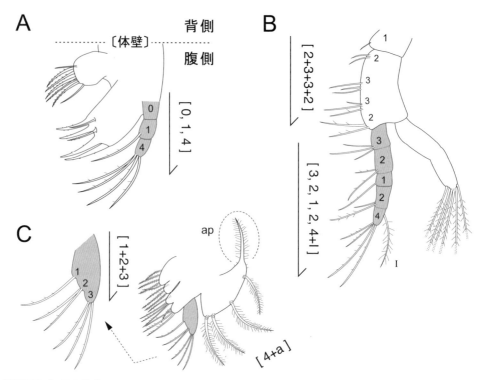

**図12　短尾下目ゾエアの毛式**
小顎と顎脚の内肢等において，基部から先端に向かい，複数節のばあいは各節の剛毛数を「,」で区切り（A，B），単節ならば剛毛束ごとに「＋」でつないで記す．また背側の羽状毛を区別して「I」を使うことがある．また第2小顎の顎舟葉は羽状毛数と，先端羽状突起（apical process）があるばあいは「4＋a」のように記す（C）．図中のグレー域は内肢を示す．

ゾエアのグループ間で比較するときに重宝するのは確かである．なお，おもな短尾下目の分類群における毛式を**付表 C-3** に示した．

### 鰓とその配列

　成体の胸部節には呼吸器官の鰓が発達している．各体節の体壁側に側鰓（pleurobranchia），付属肢と体との関節部に関節鰓（arthrobranchia），副肢上に脚鰓（podobranchia）があり，これに副肢の有無を加えた配列，すなわち鰓式（gill formula）が分類形質の一つとして使われることがある．一般にゾエアでは発達した鰓はみられないが，後期からポストラーバにかけて原基として現れ，成長とともに発達して機能的となる．一例を表3に示す．

### 色素胞

　色素胞（chromatophore）の色と位置が同定に役立つことがあり[35, 36, 39-41]，過去の研究においても記載があるものが多い．ただし固定によって時間が経つと消失してしまうのが欠点である．生体を観察できるばあいは，分類群によっては有用な形質である．

18

表3　鰓式の例（ビワガニ属のメガロパ）

| 鰓 ＼ 体節 | 変態前 | | | 変態後 | | | | |
|---|---|---|---|---|---|---|---|---|
| | I | II | III | I | II | III | VI | V |
| 触角 | − | − | − | − | 1 | 1 | − | − |
| 大顎 | − | 1 | 2 | 2 | − | − | − | − |
| 小顎 | − | 1 | − | − | − | − | − | − |
| 顎脚 | 1 | 1 | r | − | − | − | − | − |

−：なし，e：副肢，r：退縮。
鰓と副肢の数を合わせて「8＋3e」と表現されることがある。
Williamson [697] のデータを参考に作成。

**内部器官**

　ノープリウス初期では無摂餌のために消化系が未発達であるが，後期には消化管が完成する。ゾエア以後は中腸腺（mid-gut gland）または肝膵臓（hepatopancreas）をはじめとした基本的な構成要素は成体と大きく変わらず，たとえば眼柄内の内分泌系組織もそろって機能している [42]。ただし，胃臼（gastric mill）とその発達度合いは口器を含んだ摂餌行動の変化に対応している [43, 44]。なお，内部形態の研究についてはマイクロ CT などの最新技術により大きく進展しており，詳しくは Spitzner [1106] や Melzer [1107] の総説を参照されたい。

**体の大きさ**

　幼生の大きさを表すばあい，形状が変化に富むため，統一された計測基準はない。ただ現実的には計りやすさと再現性の点から頭胸甲（背甲）長（carapace length）で表すことが多い。ただ，これも形状に合わせて計りやすい2点間を取るために，複数の測り方が可能である（図4右）。たとえばコエビ下目の成体であれば，頭胸甲の眼窩後端から中央後端までの正中線の長さを標準とするが，同じことを短尾下目の初期ゾエアに当てはめようとすると，複眼が全体に占める割合が大きく，頭胸甲の長さとしては使いにくい。また計測のしやすさから，額棘と背棘，あるいは側棘の先端間の棘間長（interspine distance）として，それぞれ全長や全幅として使うこともあるが，とくにプランクトン標本のばあい，長い棘類は破損して使えないことが多いのが難点である。また，発育環境によっては棘の長さに個体変異がみられるばあいもあるため，可能なかぎり多くの標本にもとづいた数値が必要である。

　ちなみに頭胸甲に長い棘類などがあると，一種の錯視効果により実際の長さの比率とは違って感じられたりするので，実測による確認は大切である。さらに，論文で示されることの多い側面図や背面図は二次元表現であり，これだけだと実際の三次元の形を直感的に理解するのは難しい。たとえばメガロパで，クモガニ科のように水平方向に額棘が突出しているばあいはわかりやすいが，ショウジンガニ科のようにちょうどカギ鼻状に下垂していると，背面からだけでは，その有無自体がわかりにくい。よって，比較参照する文献で一つの方向からの図しかなく，具体的な記述もないばあい，この点にも留意した方がよい。いずれにしても，個々の論文で記された大きさの定義に注意し，同じ基準で比べる必要がある。

### § メモ：最大の幼生は何か？

　ゾエアのように体型や発生型が変化に富むものを，同じものさしで比較しようとするのはそもそも無理がある。この無理を承知のうえで幼生をみていくと，十脚目のなかで最大とされるのはセミエビ科ゾウリエビ属（*Parribacus*）のフィロソーマで，最終期には体長が80mmにも達する。また，スナホリガニ科では頭胸甲長だけで6.5mmに達するものがある。さらにセンジュエビ科では80mmを超える例もあるが，この科の幼生に関する知見があまりに少なく，どこまでが幼生なのかとの問題もあり，今のところ参考に止める。いずれにしても比べる基準を同じにそろえないと，それこそ話にならない。そこで通常発生の種のなかで，ふ化時の頭胸甲長ということに限ってみると，短尾下目のゾエアでは，最大は1.1mmのアカモンガニ属（*Carpilius*）と思われる。また，体長ならばアサヒガニ科やヘイケガニ科，カニダマシ科などのように長大な棘をもつ種が候補にあがる。もちろん同じ分類群であっても，より発育が進んだ状態でふ化する短縮発生の種では大きくなるし，そもそも同一種であっても抱卵時の栄養等の環境により，ふ化時の幼生の大きさにも影響がある。ちなみに最小の例となると，山々のなかで最低峰を見つけ出すのが難しいのと同じになってしまうが，短尾下目ならばふ化時の頭胸甲長が0.3mmのカラッパ属（*Calappa*）であろう。以上のことをもとに，参考までに図13に示した。

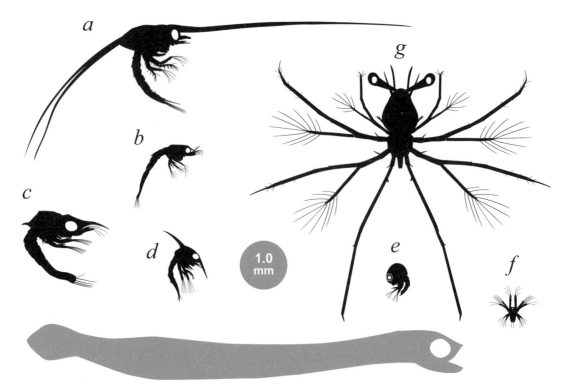

**図13　幼生の大きさの比較**
　　ふ化直後のノープリウス，ゾエア，フィロソーマ，およびマイワシの初期稚魚の大きさを模式的に示したもの。中央の円は直径1mm。a：イソカニダマシ，b：ウリタエビジャコ，c：ヒラコウカムリ，d：コイチョウガニ，e：オオシロピンノ，f：クルマエビ，g：イセエビ。

# 成体の分類との関係

　生物学では種にもとづいて研究が行われるため，その基準となる学名や体系が変わることは関連分野にも少なからぬ影響を及ぼす。このことは研究や産業の現場に近いほど深刻である。たとえば近年，クルマエビ科では大きな属名の変更が行われたことに対し，水産業現場での混乱をまねくだけのもので受け容れがたいとの意見が出されたことがある[45]。その後，問題の属名はおおむね元に戻ったようであるが，基礎分野と応用分野，さらに産業界との関わりについて無関心であってはならない一例と感じる。幼生のばあいであれば，ある分類体系にゾエアの形態分類の結果を当てはめていても，元が変われば，また整合性を取らなければならない。もちろん，新しい学名と分類表の位置に機械的に当てはめれば済むが，やはり幼生形態にもとづく体系と大きく乖離するばあいは問題となる。過去には幼生形態から成体の分類体系が見直されることも多かったが，今では分子系統学の進展により遺伝子解析による見直しが主流となっている。幸いにしてこれまでは幼生形態による分類は遺伝子解析の結果との相性が良く，問題はあまりなかったが，今後さらなる変化も予想される。いずれにせよ，ものさしとしての成体の分類はいずれかの体系を選ばねばならない。十脚目はオキアミ目などと共にホンエビ上目を構成する。本目については，長らく長尾族，歪尾族，短尾族という，世間一般の「エビ，ヤドカリ，カニ」に対応した分類が親しまれてきたが，他分野の成果を取り入れつつ，全体を根鰓亜目と抱卵亜目に大別し，さらに下目・上科で細分されるようになった。ここでの日本産とは，日本沿岸域で棲息が確認される種に加え，近海の海流域も含むばあいがある。

　以上をふまえ，本書では図14に示すように，De Grave *et al.*[46] の分類を基準に，日本産の種については各種図鑑[47, 48] のリストを参考とし，また DecaNet (World List of Decapoda （www.decanet.info/)) により各分類群における最近のデータと照合しながら用いた。

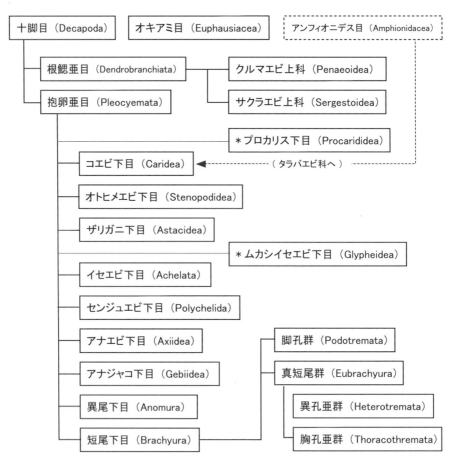

図14　十脚目の下目レベルの分類体系
　　　＊印はわが国には産しない下目。

## 幼生属（種）について

　かつて成体の新種として記載されていたもので，ゾエアやメガロパをはじめとしてほとんどが専門用語の幼生名として残っている。しかし現在でも成体が不明のままで便宜的に使われているばあいがあり，これを幼生属（larval genus）あるいは幼生種（larval species）とよぶ。わが国では相川[36]が未同定のプランクトン標本について命名した例がよく知られている。また同じように，'megalopa sp.1'などの便宜的な表現もよく使われる。

# 同定の基本的手法

## 分類群

幼生記載研究で種同定，すなわち幼生と成体との対応を決める手法は，以下の３つに大別できる。

採集：採集された標本を形態にもとづき一連のグループとしてまとめ，過去の記載や成体の地理
的分布，繁殖時期などの生態学的な知見も加味して同定する。[間接的]

飼育：直接的。種名が分かっている抱卵雌から受精卵やふ化幼生を得て，これらを飼育するか，
または採集された幼生を種同定ができる段階まで飼育する。[直接的]

DNA：採集された標本からDNAを抽出し遺伝子解析により同定する。[直接的]

研究史上，飼育技術が大きく発展する1950年代以前の研究では採集に，その後は飼育によるものが主流となる。種名がわかっていて記載する点では飼育が理想的だが，現実には抱卵雌の確保や飼育が困難な種もあり，ふ化からポストラーバまで連続飼育して追った，全期飼育（complete larval development）の例は少なく，決して採集が不要となったわけではない。近年はこれらを補うDNAバーコード法（DNA barcoding）も一般的となっている。なお，これ以外の化学的同定方法として，抗原抗体反応を利用した免疫学的手法もある。さらにプランクトンのように複数種の群集に対して，種組成をまとめて調べるばあいにはメタゲノム解析（metagenomic analysis）という手法もある。しかしこれら新手法も万能ではなく，基礎的なデータが少ない分類群については，これら形態以外の技術をうまく組み合わせて調べることが大切である。

## 発育段階

幼生発生におけるもう一つの重要要素である発育段階（期）の判別については，いままでのところ形態によるほかない。化学的な技法としてリポフスチンの量で年齢査定法もあるが，これは成体での年単位の話であって，幼生のように，通常１ヶ月程度の短い期間のばあいには適用できない。

## § メモ：沈黙の形質 - なかったのか，それとも見なかったのか？

すべての幼生の記載を一人でやり切るのは不可能なので，どうしても過去の論文を参照せざるを得ない。一方，分類群の研究が進むほどに，比較すべき形質は増える傾向にある。そのため，比較しようとする形質が記されていない論文に遭遇することが多々ある。たとえば，カニ類のゾエアの記載論文においては，第１小顎の副肢毛をはじめ，顎脚底節の剛毛の有無や胸脚原基，あるいは大顎の具体的な形状についても，おおよそ1960年頃より前は無記述の論文のほうが多い。そうなるとこれらの形質が本来ないのか，解剖時の欠損，あるいは研究者が見なかったのかの判断は不可能に近い。なにしろ'沈黙の形質'なので向こうから語りかけてくることはない。やはり自ら同じものを得るか，新たな記載があるまで待つしかない。ただ幸いなことに，最近では幼生記載の論文でもその研究に用いた証拠標本が大学や博物館に保管される例が増えており，いくらかでも研究環境は改善されているように思う。いずれにしても論文の公表は研究の終着点ではなく，次の研究への出発点でもあることを忘れてはならない。

総論　23

# 第Ⅱ部　各論

　ここでは各分類群別に幼生形態の概要を述べる。最初に参考となる他亜綱・他目について触れ、その後に十脚目の下目以下の分類群での解説をする。これらの内容に関係する検索図については第Ⅲ部の検索図、また関連する詳細なデータについては第Ⅳ部の資料編を参照されたい。

## 他亜綱・他目の幼生について

　甲殻綱には共通の初期幼生としてノープリウスが、これより後の発育段階については各分類群に特有の幼生が知られている。十脚目ではゾエアやメガロパがその代表例であるが、これらに形態がよく似た幼生をもつ分類群がある。これらは実際にプランクトン中でもよく見られるものもあり、十脚目の幼生を調べる上でも参考になると思われる。最初にこれらの分類群で、十脚目でみられるのと同等の発育段階の幼生について概説する。なお近年、甲殻綱を亜門に昇格させることも多くなっているが、ここでは綱として扱う。

## 橈脚亜綱（Subclass Copepoda）

　ほとんどの種が小型の浮遊性であるが、底棲性や寄生性の種も多い。成体も幼生もプランクトンとして最もよくみられる例である。幼生はすべてノープリウスで、その後の幼体はコペポディッド(copepodid) とよばれる。

【ノープリウス】
　全体の輪郭は楕円形で平滑。額部下面に1対の前頭糸（frontal filament）をもつ。第1触角は初期段階から分節する。また摂食もするため、これに対応して大顎あるいは第2触角の顎基部が発達する。

## 蔓脚亜綱（Subclass Cirripedia）

　成体は水中の固定物や他の生物に付着する。一部にフクロムシ類のような寄生性の種もあるが、幼生はすべてノープリウスであり、これらはプランクトンとして見ることが多い。

【ノープリウス】
　全体の輪郭は楕円形で平滑。前頭糸、触角および大顎の形状は上記の橈脚綱に似るが、頭胸甲は側方あるいは後方に角突起を持ち、他亜綱とは容易に判別できる。

# トゲエビ亜綱（Subclass Hoplocarida）

　一見エビ類に似た外観のためか，一般の図鑑でも十脚目と併せて掲載されることが多い。食用種として知られるシャコ（*Oratosquilla oratoria*）は本亜綱のなかの口脚目（Order Stomatopoda）に属する。

【ゾエア・ポストラーバ相当期】

　幼生はゾエアに似た姿をしており，成体と同じく第2胸肢（顎脚）がちょうどカマキリの前脚のような亜鋏を持つ長大な捕脚（raptorial limb）となるため，他の分類群とは容易に判別できる。頭胸甲はやや扁平であるが，種によっては風船状あるいは円盤状で体を覆うばあいもある[54]。シャコ類ではかつてアリマ（alima），アンチゾエア（antizoea），エリクタス（erichtus），シュードゾエア（pseudozoea），シンゾエア（synzoea）と5つもの異なる幼生期名が使われていた。しかし，ふ化・飼育や詳細な生態観察による研究により，それぞれが異なる種の幼生に付けられていた名称であることが判明した。最近は混乱をさけるため，単に1期（齢），2期幼生とよばれる[55]。ただ，現在でも慣例的にアリマという名称が使われることも多い。


# オキアミ目（Order Euphausiacea）

　成体は頭胸甲が胸部を完全に覆わずに鰓が露出し，また前方の胸肢は顎脚とならない点が十脚目と異なる。十脚目の根鰓亜目と同じく卵は海中に放卵された後，胚発生が進む。ただし，一部の種では胸肢で抱卵し，幼生はメタノープリウスまたは偽メタノープリウス（pseudometanauplius）でふ化する。いずれにしても十脚目のゾエアより前の段階でふ化する。

【ノープリウス】

　頭胸甲の輪郭は楕円形で平滑であるが，一般にノープリウス後期になると，前縁部が多数の鋸歯状突起をもつようになる。上記の他亜綱とは異なり，前頭糸がない。第1触角は全期にわたって単節で，先端毛の数は同じ期であれば十脚目よりも少ない傾向がある。無摂餌で，大顎の顎基部は発達しない。

【ゾエア・ポストラーバ相当期】

　ノープリウスより後の発育段階はクルマエビ上科に似ており，形態の異なる前半と後半に分かれる。前半のカリプトピス（calyptopis）がプロトゾエアとゾエア前期，後半のフルキリア（furcilia）がゾエア後期とポストラーバに相当する。カリプトピスにおいて，胸肢は第1番目のみが発達し顎脚とよばれるが，一時的なもので，フルキリアでは胸肢がすべて同形となり，顎脚に分化しない。また，第2小顎の外肢は十脚目と異なり，とくに顎舟葉を形成しない。複眼はカリプトピスでは頭胸甲の内側にあるが，フルキリアでは有柄となって外側から見える。本目の特徴の1つである発光器はフルキリアからみられる。なお，以前は第1ポストラーバに相当するものとしてキルトピア（cyrtopia）が使われていたが，現在はフルキリアの最終期として扱われている。

　以上の分類群でのノープリウスまたはゾエア・ポストラーバ相当期の検索については，**検索図2**に示した。

各論：他亜綱等／根鰓亜目　　25

# 十脚目（Order Decapoda）
# 幼生の記載率について

　現在，日本の沿岸から記録されている十脚目は2,768種で，全体の9割以上は抱卵亜目で占め，さらに下目レベルでみれば，最大の割合を占めるのは短尾下目である。これらのなかで幼生期の記載があるのは全体の11.9%になる。また，下目あたりで記載率の最も高いのは，種数による下目の大きさも考慮すれば25.4%の短尾下目であろう。（**図15**参照）

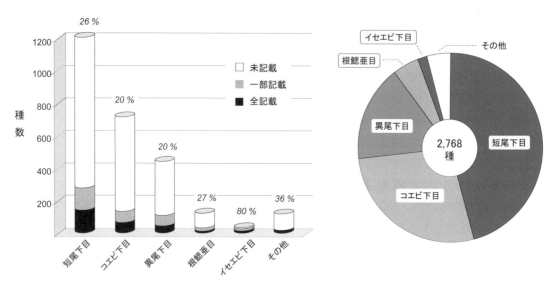

図15　十脚目における幼生記載率と成体の種数
　　　各カラム上の数字は全体の記載率を示す。

## 根鰓亜目（Suborder Dendrobranchiata）

　成体の種数は十脚目全体の5%以下と少ないが，クルマエビやサクラエビなどの水産重要種が多い。このため資源研究や増養殖技術の基礎として，浅海性のクルマエビ科を中心に多くの種でふ化・飼育によるほか，多方面から生活史に関して研究成果がある[56]。その反面，深海性のチヒロエビ科などでは断片的な記載に限られ，ほとんどの種で生活史は未知のままである。
　幼生はノープリウスでふ化し，3〜5回の脱皮を経てゾエアとなる。ゾエアは6〜7期あるが，その前期と後期では形状が大きく異なり，付表C-2で示したように，それぞれがプロトゾエア（protozoea），ミシス（mysis），エラフォカリス（elaphocaris）などグループにより特有の名でよばれてきた。ここで用いる幼生期名は発生順に「ノープリウス → プロトゾエア → ゾエア → ポストラーバ（…稚エビ）」とする。本亜目の幼生期の大まかな区分を表4にまとめた。

表4　根鰓亜目の幼生期の区分表（クルマエビ科を基準にしたもの）

| 幼生期<br>体部位 | | ノープリウス※1 | | プロトゾエア | | ゾエア（ミシス） | | ポスト<br>ラーバ |
|---|---|---|---|---|---|---|---|---|
| | | 前期 | 後期 | 前期 | 後期 | 前期 | 後期 | |
| 頭胸部 | 額棘上の小棘 | | | − | − | − | − | + |
| | 複眼 | − | − | r | + | + | + | + |
| | 第1触角の内肢 | − | − | − | − | + | + | + |
| | 第2触角の外肢 | 棒状 | 棒状 | 棒状 | 棒状 | 板状 | 板状 | 板状 |
| | 第1小顎の外肢葉 | − | r | + | + | + | + | + |
| | 胸脚 | | | − | r | rb | + | + |
| 腹部 | 腹肢 | | | − | − | r | rb | + |
| | 尾肢 | | | − | + | + | + | + |

ｒ：原基（または縮小），ｒｂ：二叉原基，－：ない，＋：ある（または有機能）。
※1：標準的な期数を6としたばあい，おおむね前期が1〜3期，後期が4〜5期に相当。

　本亜目では抱卵亜目のゾエアに相当するプロトゾエア＋ゾエアにおいて，原則として以下の共通点があげられ，抱卵亜目のコエビ下目のゾエアとも容易に判別できる。

① 概形はエビ型で，頭胸甲の額棘は水平方向。
② 第1触角の原節はプロトゾエアから分節し，ゾエアで内肢原基が現れる。第2触角の外肢はプロトゾエアでは分節するが，ゾエアで無節かつ平板状となる。
③ 大顎の門歯状部と臼歯状部は明瞭に分かれず，可動葉片をもたない。
④ 第1小顎は初期に外肢葉をもち，第2小顎の内肢は3節以上に分節する。
⑤ 顎脚はゾエアから有毛かつ機能的となる。
⑥ 尾節の尾肢はプロトゾエアの後期に原基が現れ，ゾエアで有毛かつ機能的となる。

　また，第2触角にみられる平板状の外肢（鱗片）は，異尾下目の一部と短尾下目の大部分を除き，他下目のゾエアにおいてほぼ共通する。
　第1ポストラーバは基本的に幼体に近い形である。一般に根鰓亜目の幼生期において第1ポストラーバとその後では，短尾下目のように大きな形態変化はなく，漸進的である。このため，とくにプランクトン標本では，基準となるべき飼育等による連続データの裏付けがないと，形態による同定は困難である。
　これまで本亜目で短縮発生の例は知られていない。海中に放たれた受精卵はおよそ1日半かけて胚発生が進み，ノープリウスでふ化する。ふ化直後は体内の卵黄を消費するため無摂食で，脱皮を重ねてプロトゾエアとなる。ここから摂食が始まり，さらにゾエアからポストラーバとなり，稚エビ（幼体）から成体へと成長していく。また，本亜目の各科における幼生記載状況を付表A-1に示す。

# クルマエビ上科（Superfamily Penaeoidea）

　わが国の沿岸域に産するのは，チヒロエビ科，オヨギチヒロエビ科，クルマエビ科，クダヒゲエビ科，イシエビ科の5科であり，これらには多くの水産重要種が含まれる[57]。幼生記載はクルマエビ科に集中しており，記載率は実に35%に達する。これは，十脚目全体でも科レベルの平均的な幼生記載率が10%前後であることを考えると，20種以上からなる中程度の科としては，かなり高いといえる。一方でこれ以外の，とくに深海性のグループは採集や幼生飼育が難しく，抱卵雌からのふ化により連続飼育して全期追った例は少ない。生活史の研究例でも断片的なものが多く，ほとんど手がつけられていないグループといってよい。

## チヒロエビ科（Family Aristeidae）

　日本産は5属8種。ヒカリチヒロエビ属（*Aristeus*）やツノナガチヒロエビ属（*Aristaeomorpha*）など海外からの例を含め，3種で幼生記載がある[58-64]（科の幼生記載率38%）。いずれもプランクトン標本をもとにしている。標準的なノープリウス・ゾエア期数は不明。なお，特異な形態で知られてきたミツトゲチヒロエビ属（*Cerataspis*（= *Plesiopenaeus*））については，研究史もふくめて別途メモを記したのでそちらを参照されたい。

【ノープリウス】　図16（A）

　概形は一般的なクルマエビ上科のもので，脱皮ごとに腹部が伸長して付属肢の原基および尾叉が発達する。第1触角の剛毛は1期(齢)には単純毛であるが，2期(齢)以降は一部が羽状剛毛となる。なお，最終齢には大顎の基部に顎基が現れる。

【プロトゾエア / ゾエア】　図16（B）

　**頭胸部**：頭胸甲の概形は一般的なクルマエビ上科の形態をしており，付属肢の発達過程も基本的にクルマエビ科のばあいと同様である。プロトゾエアでは，2期以降，頭胸甲は眼柄とほぼ同長の額棘と短い眼上棘をもつ。第1触角は第2触角よりもやや長いか同長である。第1小顎は外肢葉をもつ。ゾエアでは頭胸甲の額棘はより伸長し上歯が現れ，第1小顎の外肢葉はなくなる。

　**腹　部**：腹節には突起類がみられない。尾節は全体に対する尾叉が短く，後縁中央の凹みは深くて尾節長の半分以下である。

【ポストラーバ（第1）】

　下記のミツトゲチヒロエビ（*Cerataspis monstrosus*）とヤワチヒロエビ（*Hemipenaeus carpenteri*）以外では，種名が確定した例がない。なお，Williamson (H.C.) の総説で引用されているヒカリチヒロエビ属のものは，むしろオヨギチヒロエビ科に似ている。

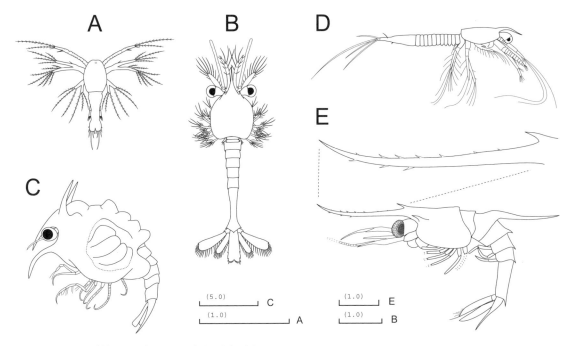

**図16　チヒロエビ科とオヨギチヒロエビ科の幼生の例**
　　A：ツノナガチヒロエビ（*Aristaeomorpha foliacea*）の最終齢ノープリウス，B：同，第2プロトゾエア，C：ミツトゲチヒロエビ（*Cerataspis monstrosus*）のポストラーバ，D：スベスベチヒロエビ属（*Gennadas*）の一種の第1プロトゾエア，E：同属の後期ミシス．AとBはHeldt[58]，DはGurney[1]にもとづき作図，Cは沖縄近海，Eは九州沖合のプランクトン標本による．

## § メモ：いわゆる"怪物幼生"について

　海洋生物研究の黎明期には，成体か幼生か不明なまま標本が数多く記載された．その後の生活史研究の積み重ねによって多くは種が判明してきたものの，いくつかは不明なままで，そのなかに"怪物幼生"とあだ名された幼生がある．最初は1828年にイルカの胃内容物から取り出された標本により記載された[65]．そのときの種小名が'*monstrea*'（怪物）というとおり，きわめて変わった形で，生時は美しい青色の，一度見たら忘れられない幼生である．この幼生は北緯40度から南緯40度の範囲内で，世界各地から採集されてきたが，すべてポストラーバである．わが国での初記録は琉球諸島から九州間の黒潮域で採集されたものであり[61,62]，その後も同海域からたびたび採集されている[62,65]．発見当初から付属肢や鰓式により原始的なクルマエビ上科に属するとされてきたが，より下位レベルでの同定は未解決のままであった．このような中で近年，遺伝子解析によりミツトゲチヒロエビの幼生であることが示された[63]．海外では「180年来の幼生の謎を初めて解明！」などと一般誌でも紹介されたほどであるが，日本では話題にならなかったようである．ただ，ポストラーバという中間段階の標本しか知られておらず，形態があまりにも成体と異なるため，抱卵雌からのふ化・飼育による変態時の記載が待たれる．注目すべきは，Gurney[1]も言及したように，

すでに1930年代において Burkenroad [66] が「*Cerataspis* は *Aristaeomorpha* と *Plesiopenaeus* の幼生である」と述べていることである。ただ惜しいことに，その論文中で根拠が示されておらず，どのようにしてこの結論に至ったかは不明である。クルマエビ上科ではこの他，異様に長大な尾叉を幼生属 '*Cerataspides*' が古くから知られるが，いまだ成体についての手がかりはない。

## オヨギチヒロエビ科（Family Benthesicymidae）

日本産は3属12種。わが国で種名が確定した幼生記載はなく，海外で本科の一種（*Amalopenaeus elegans* （= *Gennadas elagans*)）のプランクトン標本にもとづく例のみである [58, 59, 68]。本科ではノープリウスが知られておらず，まだ全期記載の例はない。プロトゾエアは3～4期，ゾエアは4期または6期ある。ポストラーバについては，標準的なノープリウス・ゾエア期数は不明。なお，横屋 [69] がプランクトンから「亜科 Aristeinae の幼生」として記載したゾエアは，前述の特徴から本科のものと思われる。体長は地中海産の上記の種（*A. elegans*）では，第3ゾエアで2.3mm である。

【プロトゾエア / ゾエア】 図 16（D,E）

頭胸部：プロトゾエアは頭胸甲長の半分程度の額棘をもつ。ゾエアの頭胸甲は長い額棘と眼上棘をもち，他科に比べて額棘が長い。

腹　部：ゾエアの第2腹節は後方に長く伸びる背中棘をもつ。尾節はチヒロエビ科と似た形状であるが，尾節に対して尾叉が長く，後縁中央の凹みは深く，尾節長の半分を超え，また尾肢より長い。

【ポストラーバ（第1）】

頭胸部：額棘は短く，眼柄の上面には球状突起がみられる。

腹　部：腹節は平滑となり，尾節は尾肢より短くなる。

## クルマエビ科（Family Penaeidae）

日本産は10属48種。17種で幼生記載があり [70-98]，このうち13種は全期である（科の幼生記載率35%）世界的にみてもふ化・飼育による研究が先行した数少ないグループである。これらの基礎知見は養殖や種苗放流などの産業分野に広く活用され，「つくる漁業」の中心になっていった [99]。研究開発の歴史も古く，Kishinouye [100] によるクルマエビ属（*Penaeus*）のノープリウスの記載に始まり，藤永元作 [84] による全期の記載を経て現在にいたるまで，ヨシエビ属（*Metapenaeus*）をはじめ，生活史や種苗生産に関連した数多くの研究がある [101]。本科はノープリウスでふ化するが，例外的にプロトゾエアでふ化する例がサルエビ（*Trachysalambria curvirostris*）で知られている [96]。標準的なノープリウス期数とゾエア期数はそれぞれ6。発育段階の判別での参考となる形質の変化について，クルマエビ属での例を付表 B-1 にまとめた。参考までに，倉田 [56] によるクルマエビの脱皮成長でみた発育段階（齢）の範囲とこれらに対応する期名を示すと表5のようになる。

表5 クルマエビの脱皮齢と幼生期の対応（倉田[56]より）

| 脱皮齢 | 幼生期 |
| --- | --- |
| 第1〜6齢 | ノープリウス |
| 第7〜9齢 | プロトゾエア（後期ゾエア） |
| 第10〜12齢 | ミシス（後期ゾエア） |
| 第13〜14齢 | ポストラーバ（第1） |
| 第15齢以降 | 稚エビ |

　なお本科で，かつて長い眼柄をもつプランクトン標本が独立した種として記載されていたが，最近になってマイマイエビ属（*Atypopenaeus*）の幼体であることがわかった[102]。また，ベニガラエビ属（*Penaeopsis*）は国内産種での幼生の記載はないが，海外の同属種で例があり[103]，それによれば本科幼生の一般的な特徴をもつ。

## 【ノープリウス】　図17（A-B）

　体の概形は洋梨状で，第1・2触角と大顎の3対の付属肢と後端の尾棘だけの単純な形である。体の先端部中央にはノープリウス眼が一つあり，この後ポストラーバでも残る。齢が進むにつれて後半部が伸長し，3対の付属肢上の剛毛数も増していくが，この時期は無摂食のため口部付属肢も未発達である。大顎より後方の付属肢は伸長するものの，まだ原基の状態に止まる。遊泳はおもに触角を使って行われる。1期と2期ではほとんど外見上の差はないが，付属肢の剛毛がふ化直後の1期では単純毛であるのに対し，2期以降では羽状毛となる点が異なる。これ以降の齢においては，後端部にある尾棘が2対から7対へ増加すると同時に，尾部も二叉状となる。この時期，各付属肢の分節は初期に不明瞭だが，後期になると明瞭になる。第1触角と第2触角の原節は，前者が3期から，後者が4期から分節する。大顎は摂餌には使われず，後期になると基部に咀嚼部の原基がふくらみとして現れる。

## 【プロトゾエア／ゾエア】　図17（C-D），図18

　**頭胸部**：頭胸甲はプロトゾエアの1期では頭部を覆うが，後縁は胸部に達しない。小顎や顎脚も現れるが，まだ第2触角も遊泳に使われる。1期から次の脱皮までの間に複眼が現れるが，まだ無柄で頭胸甲に覆われている。2期からは頭胸甲上に額棘などが現れ，また頭部に比べて胸部と腹部の伸長が著しく，一般的なエビ型の体型に近づく。頭胸甲には2期から額棘とその脇に眼上棘が現れる。眼上棘は副棘をもつが，次の3期になくなる。第1触角は初期にはノープリウスと基本的に変わらないが，第1ゾエアからは柄部と外肢・内肢が分化して基部に平衡器が現れる。第2触角は後期から外肢の形状は平板状の鱗片へと変化する。口部付属肢も発達し，大顎は門歯状部と臼歯状部に分かれて咀嚼できるようになり，小顎や顎脚も剛毛をもち機能的となる。なお第1小顎の原節（基・底節部）の外側に，第1〜3プロトゾエアと第1〜2ゾエアでは外肢葉があるが，第3ゾエアには消失する。

　**腹　部**：第3プロトゾエアからは胸部節に胸脚の原基が，また腹節にも突起がみられるほか，第6腹節が分離して尾肢が現れる。

【ポストラーバ（第1）】 図17（E），図18
　頭胸部：概形はゾエアに比べ，幼体（稚エビ）に近づくが，その変化は漸進的である。頭胸甲の額棘の上縁歯は数と大きさが増していく。尾節は二叉状で，後縁の尾棘は8対で，ゾエアから変化はないが，中央の凹みは小さくなり，前後の幅がほぼ同じになる。ゾエアまでは一般に各付属肢の外肢は内肢よりも長大であるが，この期を境に内肢が発達し，外肢はしだいに退縮し，内外肢の長短が逆転していく。第2触角の内肢は伸長して外肢とほぼ等長になる。大顎は触鬚が，また第1小顎では基・底節内葉の剛毛類がより発達する。ゾエアに比べて第2小顎は顎舟葉が大きくなり，内肢はやや縮小する。第1～3胸脚は成体のように鋏脚となる。
　腹　部：腹肢が機能的となり，これにより遊泳するのが行動面での特徴である。このようにまだ遊泳性が高いが，この後齢を重ねるにつれて底生性が顕著となる。

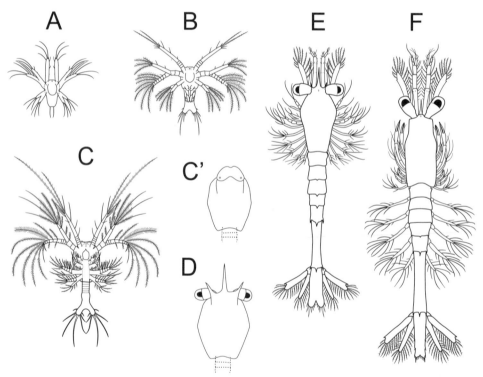

図17　クルマエビ科の幼生の例（その1）
　　A：クルマエビ属（*Penaeus*）の第1ノープリウス，B：同，第6ノープリウス，C：同，第1プロトゾエア，C'：同，頭胸甲（背面），D：第3プロトゾエアの頭胸甲（背面），E：同，第1ミシス（第4ゾエア），F：同，第1ポストラーバ。A～DはHudinaga[84]，EとFはHeldt[67]にもとづき作図。

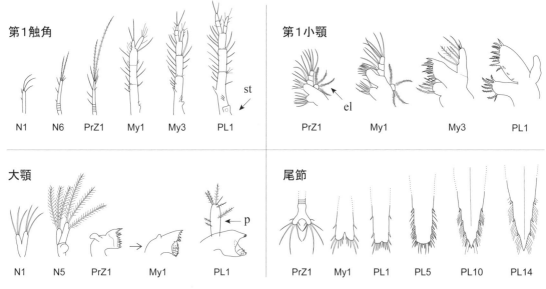

図18 クルマエビ科の幼生の例(その2)
　　クルマエビ (*Penaeus japonicus*) における付属肢等の発達。左上:第1触角,左下:大顎,右上:第1小顎,右下:尾節。図中の略号は,My:ミシス,N:ノープリウス,PrZ:プロトゾエア,PL:ポストラーバ,el:外肢葉,p:触髭,st:平衡胞。なお,略号に付いた数字は期数。図はすべて Hudinaga[84] にもとづき作図。

## クダヒゲエビ科（Family Solenoceridae）

　日本産は6属14種。わが国での幼生記載の例はないが,海外では Heegaard[62] によるモノグラフをはじめ,プランクトンにもとづく記載がある。また大西洋産のアルゼンチンアカエビ (*Pleoticus muelleri*) においてふ化・飼育とプランクトン標本により全期が記載されている[105]。標準的なノープリウスとゾエアの期数はそれぞれ6である。

【ノープリウス】
　洋梨形の概形で,これはクルマエビ上科において一般的である。

【プロトゾエア/ゾエア】　図19
　頭胸部:頭胸甲は1期から頭胸甲に1対の眼上棘と,後縁に1対の後方棘,および背器官の突起を,またクダヒゲエビ属 (*Solenocera*) とワタリクダヒゲエビ属 (*Mesopenaeus*) はさらに二叉型の側棘をもつ[106,107]。この後,期が進むにつれ頭胸甲上面や,とくに周縁部の棘状突起の数が増え,ゾエアとともにこの点で他のクルマエビ上科のゾエアとは容易に判別できる。第1小顎の外肢葉は第2ゾエアでなくなるが,1本の外肢毛がみられる。

【ポストラーバ(第1)】　図19
　頭胸甲は長大な湾曲した額棘や眼上棘,後側棘をもつ特異な形状をしている。他のクルマエビ上科と同様に第1〜第3胸脚は鋏脚となる。額棘上歯の並びは成体と同様である。

### イシエビ科（Family Sicyoniidae）

　日本産は1属9種。わが国での幼生記載の例はないが，北米大西洋産のイシエビ属（*Sicyonia*）の一種（*S. brevirostris*）ではノープリウスは5期，プロトゾエアは3期，ゾエアは3または4期である[108]。

**【ノープリウス】** 図19（A）

　体の概形は洋梨形で，3対の付属肢をもつクルマエビ上科の一般的な形状である。ただし期数はまちまちで，上記の例では5期となっているが，6期あるいは8期の例もあって今後の研究が待たれる。

**【プロトゾエア/ゾエア】** 図19（B-C）

　頭胸部：頭胸甲の額棘はプロトゾエアでは短小で眼上棘はない。他のクルマエビ上科に比べると第1触角の長さが第2触角の約1.5倍以上と長いのが特徴である。ゾエアからは頭胸甲に額棘のほかに短い眼上棘がみられる。

　腹　部：第1～5腹節の腹面中央には突起をもつ点で他のクルマエビ上科のゾエアとは異なり，また背側や側面にはない。第6腹節は後背棘と後側突起をもつ。第1小顎の外肢葉は第2ゾエアからなくなる。

**【ポストラーバ（第1）】**

　頭胸部：クルマエビ上科の他科と同じく第1～第3胸脚は鋏脚となる。

　腹　部：ゾエア期と同様にどの腹節にも後背棘がない。

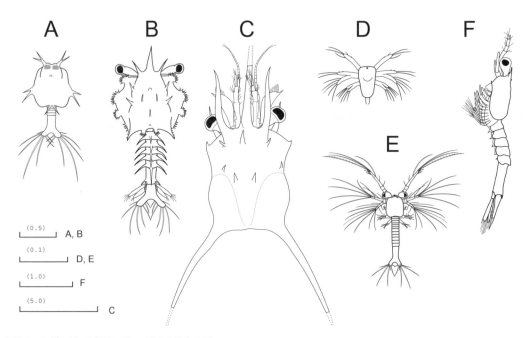

図19　クダヒゲエビ科とイシエビ科の幼生の例
　　A：クダヒゲエビ科の一種（*Pleoticus muelleri*）の第1プロトゾエア，B：同，第3プロトゾエア，C：クダヒゲエビ属（*Sloenocera*）の後期ミシスの頭胸部の背面。D：イシエビ属の一種（*Sicyonia brevirostris*）の第1ノープリウス，E：同，第2プロトゾエア，F：同，第1ミシス。AとBはCalazans[107]に，D～FはCook & Murphy[108]にもとづき作図。Cは琉球海域のプランクトン標本による。

## サクラエビ上科（Superfamily Sergestoidea）

　根鰓亜目のもう一つの上科で，2科からなる。水産重要種を含むサクラエビ科において幼生記載率は約36％と高いだけでなく，小グループであるユメエビ科は全種で記載がおこなわれている。一部の例外を除き，幼生と同様に成体も浮遊性である。また一般にノープリウスは，1期で第1触角上の剛毛数が4本以下とクルマエビ上科より少ない。

## サクラエビ科（Family Sergestidae）

　日本産は10属25種。9種で幼生記載があり[109-119]，このうち4種は全期である（科の幼生記載率36％）。一般にゾエアは甲殻上に棘突起を多数もつ独特の形態であるが，アキアミ属（*Acetes*）ではむしろユメエビ科に似る。クルマエビ上科と同じく，本科独自の幼生期名が長く使われてきた事実もあるので，前例にならいここでも便宜上，別の期名も（）内に併記する。発育段階の判別への参考となる形質の変化について，サクラエビ属（*Lucensosergia*）での例を**付表B-2**にまとめた。これまでの飼育実験によれば，同種では海水温20℃のばあい，33時間でふ化し，その後ノープリウスは約3日でプロトゾエア（エラフォカリス）になって摂食を始め，18日で第1ポストラーバ（マスティゴプス）に達する[119,120]。標準的なノープリウス期数は3，ゾエア期数は6。

【ノープリウス】　図20（A）

　概形はクルマエビ上科と同様であるが，1期から第1触角上の剛毛数は4本以下である。期数については，たとえば同じサクラエビであっても2〜4まで論文により異なる[117,119]。また，アキアミ属では3〜6期であり[110,112]，今後は抱卵雌の採集海域や飼育条件による変異性を調べる必要がある。第2触角の内肢は2期から分節する。

【プロトゾエア／ゾエア】　図20（B-F）

頭胸部：頭胸甲の形状はプロトゾエア（エラフォカリス）ではクルマエビ上科と同様であるが，体表上に棘類が多いのが特徴である。ただし，アキアミ属では短い額棘と後背中棘，1対の眼上棘と後側棘のみである。なお付属肢ではないが，この属では上唇に1本の長い棘がある。この時期にカスミエビ属（*Sergia*）では体表上の棘上にさらに長い枝棘があるが，サクラエビ属ではこれが短い微棘である。ゾエア（アカントソーマ）では各腹節は長い1対の側棘と1本の背棘をもつ。いずれの棘もさらに枝分かれし，いわば棘の籠でおおわれたような特徴的な形状である。ただし，アキアミ属は額棘のみで一般的なエビ型である。第1触角はゾエアに内肢原基が出現し，伸長する。顎脚・胸脚はプロトゾエアからゾエアまで，第1顎脚と第2顎脚の外肢遊泳毛数はそれぞれ7→12，および6→8と増加する。

腹　部：ゾエアになると尾肢の原基が現れる。

【ポストラーバ（第1）】　図20（G）

頭胸部：頭胸甲や腹部にあった棘が減少・縮小し，より成体型に近い。この傾向はサクラエビ属で顕著であり，カスミエビ属ではより後期まで残っている。第1触角の内肢はこの時期に分節する。顎脚の外肢は退化または消失する。

腹　部：腹肢は遊泳毛が生じて機能的となる。

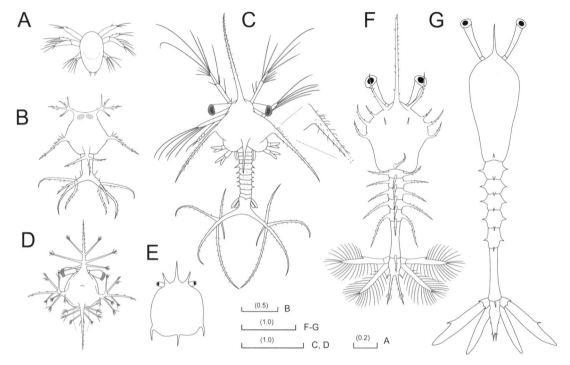

**図 20　サクラエビ科の幼生の例**
　　A：サクラエビ (*Lucensosergia lucens*) の第 1 ノープリウスの背面，B：同，第 1 ゾエア（第 1 エラフォカリス）の背面，C：同，第 2 ゾエア（第 2 エラフォカリス）の頭胸甲の背面，D：キタノサクラエビ (*Eusergestes similis*)，の頭胸甲の背面，E：アキアミ (*Acetes japonicus*) の第 3 ゾエアの頭胸甲の背面，F：サクラエビの第 4 ゾエア（第 1 アカントソーマ）の背面，G：同，第 1 ポストラーバ（マスティゴプシス）．スケール上 () 内数字の単位はミリメートル．A～B と F～G は Omori [116]，D は Rao [112]，E は Knight & Omori [114] にもとづき作図．C は相模湾のプランクトン標本による．

## ユメエビ科（Family Luciferidae）

　全世界で 7 種，わが国からは 1 属 6 種が知られているが [121, 122]，最近になって遺伝子解析による分類の見直しが行われた [123]．日本産は全種で全期が記載されている [124]（科の幼生記載率 100％）．根鰓亜目のなかでは珍しくほとんどの種が抱卵するが，抱卵亜目では腹肢に卵を付着させるのに対し，本科は胸肢で抱く点が異なる [125, 126]．ただし卵塊の胸肢への付着は弱くて　簡単に外れてしまうため，実際の抱卵状態の観察は難しい．なお，ユメエビ属（*Lucifer*）内での抱卵（産卵）数や発生日数の変異については，棲息海域の環境条件への適応現象と考えられている [126]．標準的なノープリウス期数は 4，プロトゾエアとゾエアの期数は 3 と 2．本科の発育段階の判別での参考となる形質について，ユメエビ属での例を付表 B-3 にまとめた．

【ノープリウス】　図 21（A）
　産卵後 36 時間でふ化し，平均体長は 0.20mm である [124]．概形はクルマエビ上科のものと同様の洋梨形であるが，第 2 触角の先端毛が二叉状になっている点で次のサクラエビ科やクルマエビ科とは異なる．また生時は体色や色素胞の分布で種の同定が可能とされる [124]．

36

【プロトゾエア／ゾエア】 図21（B-J）

　頭胸部：頭胸甲はプロトゾエアでは額棘と1対の後側棘，および後背中棘をもつ．なお，Brooks[125]はユメエビの幼生はプロトゾエアからシゾポッド期（schizopod stage）に変態するとしているが，現在の幼生区分ではこれらはゾエア期にまとめられる．第1小顎には外肢葉がある．第1顎脚の外肢遊泳毛は4本である．なお，成体は第4胸肢を欠くが，この時期では発達しているのが興味深い．ただし第5胸肢は原基としても見られない．

　腹　部：ゾエアの概形は頭胸部より腹部が長く，腹節の形状も含め成体に近い．

【ポストラーバ（第1）】 図21（K）

　頭胸部：概形は側扁し，触角と複眼がこれより後の付属肢から離れて位置するなど，大きさと生殖腺の発達以外では，ゾエアよりもさらに成体に似た形状である．また，第4胸脚も退縮する．成体と同じく鰓はみられない．

　腹　部：腹肢は遊泳毛が生じて機能的になる．尾肢および尾節棘長の比により，ユメエビ属内での種の同定は可能とされる[124]．

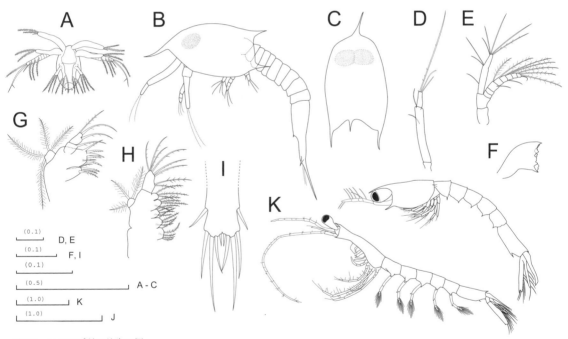

図21　ユメエビ科の幼生の例
　A：ユメエビ（*Lucifer typus*）の第3ノープリウスの背面，B：ケフサユメエビ（*Belzebub penicillifer*）の第2プロトゾエアの側面，C：同，頭胸甲の背面，D：同，第1触角，E：同，第2触角，F：同，大顎，G：同，第1小顎，H：同，第2小顎，I：同，尾節，J：ナミノリユメエビ（*Belzebub intermedius*）の第4ゾエア（原著ではプロトゾエア後の第1ゾエア），K：同，第1ポストラーバ（メガロパ）．スケール（）内数字の単位はミリメートル．AおよびJ～KはHashizume[124]，B～Iは相模湾のプランクトン標本による．

【検索図】十脚目の各下目のゾエアの検索について**検索図3～4**に，また根鰓亜目のプロトゾエアとゾエアの検索について**検索図5～6**に示す．

# 抱卵亜目（Suborder Pleocyemata）

　亜目名が示すとおり，雌が受精卵を腹肢に付着させてふ化時まで保護するグループで，種数は十脚目の9割以上を占める。胚発生のなかで卵ノープリウス期（egg nauplius stage）を経た後，通常はゾエアでふ化し，その後に変態してポストラーバとなる。根鰓亜目とは異なり，プロトゾエアに相当する幼生期はない。総論で述べたとおり，第1ポストラーバは分類群によってさまざまな名称が使われてきたが，ここでは便宜上それぞれの下目でなじみのある幼生名を優先的に用いる。なお，日本に産しないプロカリス下目（Infraorder Procarididea）とムカシイセエビ下目（Infraorder Glypheoidea）は，どちらも稀産で，生態をはじめとした情報がほとんどなく，幼生に関する知見もない。前者には，卵径と抱卵数，および成体の地理分布からみて浮遊性の幼生期をもつ可能性が[49, 50]，また後者は雌の生殖孔の大きさから推定すると，大型卵で短縮発生の可能性がある[51]。

# コエビ下目（Infraorder Caridea）

　いわゆるエビ類（蝦）のなかでは最大のグループで，日本産は14上科にわたり500種以上が知られている。深海種の多いサンゴエビ上科（Superfamily Stylodactyloidea）とリュウグウエビ上科（Superfamily Campylonotoidea）では幼生に関する知見はまだない。

　幼生の形態変化は漸進的で，変態は概して緩やかで区切りが不明瞭な例も多く，さらにゾエアの期数も変異に富む。ここで用いる幼生期名は発生順に「ゾエア → ポストラーバ（… 稚エビ）」とする。本下目の幼生期の大まかな区分を表6にまとめた。

表6　コエビ下目の幼生期の区分表（テナガエビ科を基準にしたもの）

<table>
<tr><th colspan="2">幼生期<br>体部位</th><th colspan="3">ゾエア[※1]</th><th>ポストラーバ<br>（第1期）</th></tr>
<tr><th colspan="2"></th><th>前期</th><th>中期</th><th>後期</th><th></th></tr>
<tr><td rowspan="5">頭胸部</td><td>額棘上の小棘</td><td>−</td><td>＋</td><td>＋</td><td>＋</td></tr>
<tr><td>第1触角</td><td>−</td><td>−</td><td>無節</td><td>分節</td></tr>
<tr><td>第2触角</td><td>外＞内</td><td>外＝内</td><td>外＜内</td><td>外≪内</td></tr>
<tr><td>大顎</td><td>ur</td><td>ur</td><td>ur</td><td>br</td></tr>
<tr><td>第1・2胸脚</td><td>r</td><td>r</td><td>ch</td><td>ch</td></tr>
<tr><td rowspan="2">腹部</td><td>腹肢</td><td>−</td><td>r</td><td>rb</td><td>＋</td></tr>
<tr><td>尾肢</td><td>−</td><td>＋</td><td>＋</td><td>＋</td></tr>
</table>

br：2分岐型，ch：鉗脚，r：原基（または縮小），rb：二叉原基，ur：非分岐型
−：ない，＋：ある（または有機能）。
※1：標準的な期数を9としたばあい，おおむね前期が1～3期（齢），中期が4～6期，後期が7～9期に相当。

ゾエアには原則として以下の共通点があげられる。

①概形はエビ型で，頭胸甲の額棘は水平方向。
②第1触角の原節は1期には未分節，第2触角の外肢は幅広い平板状で，初期には先端部が分節（環節）する。
③大顎は門歯状部と臼歯状部が明瞭に分かれず，門歯状部に可動葉片をもつことがある。
④第1小顎の内肢は2節以下で，原節は一般に外肢葉をもたず，第2小顎の内肢は単節。
⑤ふ化時にすべての顎脚が有毛かつ機能的であり，外肢が内肢より長い。
⑥尾節の2番目の尾棘の枝毛は1期には内縁のみで，2期から内外両縁にもつ（図11）。

このほかに，参考となる形質として，顎脚の外肢先端にある遊泳毛の配置と，尾節後縁の尾棘長の分布があげられる。遊泳毛については，図22のように一般的な対称型の他，科によっては非対称型がみられ[127, 128]，具体的には，外肢の中心軸を基準にして遊泳毛が左右対称で階段状に配置するものと，互い違いに非対称的に配置するものとに分かれる。とくに後者でⅡのタイプのばあい，互いに隣接しているために低倍率で検鏡すると，先端に3本の遊泳毛があるように見える。科での対称性については以下のようにグループ分けできる。

・対　称　型：ヌマエビ科，テナガエビ科，ツノメエビ科，テッポウエビ科，タラバエビ科
・非対称型：オキエビ科，モエビ科，ロウソクエビ科，ウキカブトエビ科，エビジャコ科
・両方の型：ヒメサンゴモエビ科

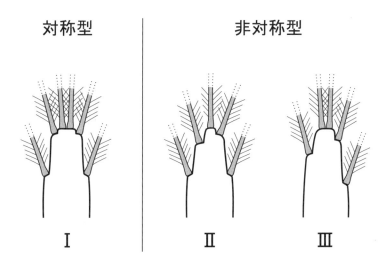

図22　コエビ下目における顎脚外肢の遊泳毛の配列パターン
　　Ⅰ：先端部から階段状に1対ずつ左右対称に生えているもの，
　　Ⅱ：先端に1本，これに接してわずか下に1本，反対側のわずか下に1本が生えているもの，
　　Ⅲ：先端に一対，少し下に1本，反対側のやや下に1本が生えているもの。

次に，ゾエアの尾節後縁の尾棘長について，図23のように1期における最長棘を100%とした相対値での分布パターンをグラフ化すると，分類群により一定のパターンがみられ判別の参考になる。ここでは，いわゆる棒グラフの峰（山）が1つのものを単峰型，2つを二峰型とする。また，本下目の各科における幼生記載状況を付表A-2に示す。

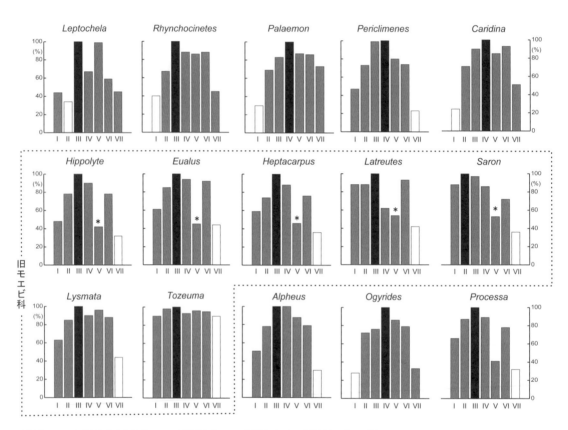

図23　モエビ科を中心とした，コエビ下目ゾエアの尾節における尾棘長の分布パターン
　　　棒グラフは，各属・種の第1ゾエアにおける最長棘を100%とした相対値を示す。横軸は最外側の尾棘から順にⅠ～Ⅶの番号で表している。■は最長，□は最短でその中間は■で示す。グラフの元データは標本あるいは各文献の原図から左右両側で計測し，原則として一つの属について2種または同一種で2例以上での平均値によるもの。モエビ科の＊印はとくに注目すべき外側から5番目の尾棘を示す。

# オキエビ上科（Superfamily Pasiphaeoidea）

　オキエビ科のみからなる小さな分類群であるが，シラエビ（*Pasiphaea japonica*）など水産重要種が含まれる。

## オキエビ科（Family Pasiphaeidae）

　日本産は 4 属 15 種。5 種で幼生記載があり [129-138]，このうち 4 種は全期である（科の幼生記載率 33%）。標準的なゾエア期数は 4。短縮発生のグループとしてトサカオキエビ属（*Parapasiphae*）があり，長径が 4mm 近くになる大型卵から，より発達した状態でふ化する [136, 138]。なお，深海性の希産種であるショウジョウエビ（*Glyphus marsupialis*）は，卵径が 4.0 ～ 4.5mm とかなり大型卵で [139]，短縮発生の可能性が高い。卵黄栄養型発生のシラエビ属（*Pasiphaea*）のばあい，頭胸甲長にほとんど変化がないまま，ふ化後 8 ～ 13 日でポストラーバになる [134]。

【ゾエア】　図 24（A-J）

　頭胸部：頭胸甲はソコシラエビ属（*Leptochela*）では短い額棘をもち，背中線にそって複眼の直後と後端部に小背瘤があり，また前側下縁ならびに後側下縁にはそれぞれ小歯が列生する。複眼はシラエビ属では 1 期から有柄である。第 1 触角の基部は左右が密接する。第 2 触角の先端は分節するばあいがある。第 1 小顎の内肢は 2 節で，原節は基・底節内葉に分かれる。第 2 小顎の内肢は単節で，基・底節内葉はそれぞれが背腹 2 葉に分かれる。顎脚の外肢先端の遊泳毛は非対称に配置する。

　腹　部：腹節には短縮発生のトサカオキエビ属ではすでに 1 期で腹肢原基がある。ソコシラエビ属では尾節は丸みのある三角形または長い匙形であるが，シラエビ属では三角形状の尾節に 1 期から尾肢原基がみられるなど短縮発生の特徴を示す。通常発生の種では尾棘長の分布は二峰型である。

【ポストラーバ（第 1）】　図 24（I）

　頭胸部：ソコシラエビ属では第 2 顎脚に外肢がなく，成体のように鋏脚の両指内側に鋸歯状に棘が列生する。シラエビ属ではやや側扁した体型で，鋏脚の形態などソコシラエビ属と同様，成体によく似ており，この時期から摂餌行動も始まる。

　腹　部：腹肢は第 2 ～ 5 腹肢が有毛で機能的となるが，まだ第 1 腹肢がなく，第 2 ポストラーバから原基が出現する点が他のコエビ下目と異なる。

各論：コエビ下目　41

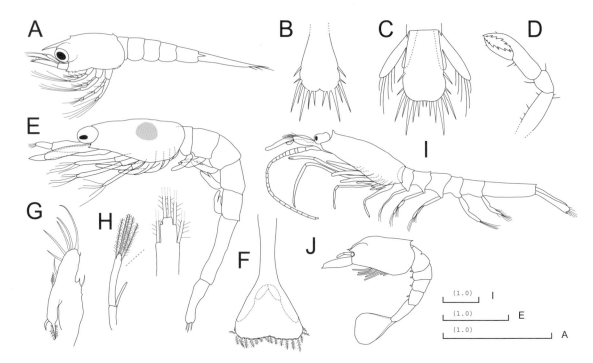

図 24 オキエビ科の幼生の例
A：マルソコシラエビ（*Leptochela aculeocaudata*）の第 1 ゾエアの側面，B：同，尾節の背面，C：同種の第 3 ゾエア尾節の背面，D：ソコシラエビ（*Leptochela gracilis*）のメガロパの第 1 胸脚，E：シラエビ（*Pasiphaea japonica*）の第 1 ゾエアの側面，F：同，尾節の背面，G：同，第 2 小顎，H：同，第 1 顎脚と外肢先端，I：同種のメガロパの側面，J：トサカオキエビ（*Parapasiphae sulcatifrons*）の初期ゾエア。スケール ( ) 内数字の単位はミリメートル。A〜C は倉田 [130]，D は Sekiguchi [132]，E〜H は Nanjo & Konishi [134]，I は Kemp [133] にもとづき作図。

# ヒオドシエビ上科（Superfamily Oplophoroidea）

　本上科は1科のみであったが，旧ヒオドシエビ科からヒオドシエビ属（*Acanthephyra*）やマルヒオドシエビ属（*Hymenodora*）などがまとめられて独立したため，2つの科からなる[140]。

## ヒオドシエビ科（Family Acanthephyridae）

　日本産は7属24種。4属5種で幼生記載がある[138, 141-143]（科の幼生記載率8%）。ほとんどがプランクトン標本にもとづく記載である。サガミヒオドシエビ（*Acanthephyra quadrispinosa*）のばあい，飼育により得られた5期の体長は5.0mmである[141]。標準的なゾエア期数は不明であるが，9以上と思われる。

【ゾエア】　図25（A-C）

　頭胸部：頭胸甲は背中の前後に1個ずつ小背瘤があり，また前腹縁には鋸歯状の突起列がある。第1小顎の内肢は2節で原節は基・底節内葉に分かれ，外肢葉はない。なお，これらが退縮している例もある。第2小顎の内肢は段のある単節で，基・底節内葉はそれぞれ背腹2葉に分かれる。

　腹　部：尾節は丸みのある二叉型で，1期の尾棘はコエビ下目に一般的な7対で，尾棘長の分布は単峰型である。第2～3腹節の下縁には鋸歯状の突起列がある。第3腹節の後背縁には短い突起があり，ここより後部は下方に強く屈曲する。

【ポストラーバ（第1）】

　頭胸部：頭胸甲は額棘の他に触角上棘と前側角棘をもつ。胸脚には外肢がみられる。

　腹　部：第3腹節は他より大きく屈曲する。

## オキヒオドシエビ科（仮称）（Family Oplophoridae）

　ラテン語科名がオキヒオドシエビ属（*Oplophorus*）をもとにしているため，ここでは仮に和科名を'オキヒオドシエビ科'とする。日本産は3属7種。このうち2属2種は全期である[133, 143]（科の幼生記載率14%）。標準的なゾエア期数は4と思われる。わが国からの幼生記載はなく，海外でのマルトゲヒオドシエビ属（*Systellaspis*）の例[142, 144]にもとづき述べる。

【ゾエア】　図25（D,E）

　頭胸部：頭胸甲は短い額棘をもち，また体内に大きな卵黄塊がある。大顎は1期ですでに触鬚をもち，第1・2小顎では退縮傾向があるなど短縮発生の特徴を示す。

　腹　部：腹節には1期から腹肢原基が，また尾節には二叉型の尾肢原基があるなど，短縮発生の特徴を示す。

【ポストラーバ（第1）】　図25（F）

　頭胸部：頭胸甲の額棘は長く，上下縁に歯をもつ。

　腹　部：第3～5腹節に短い後背中棘をもつ。

各論：コエビ下目　43

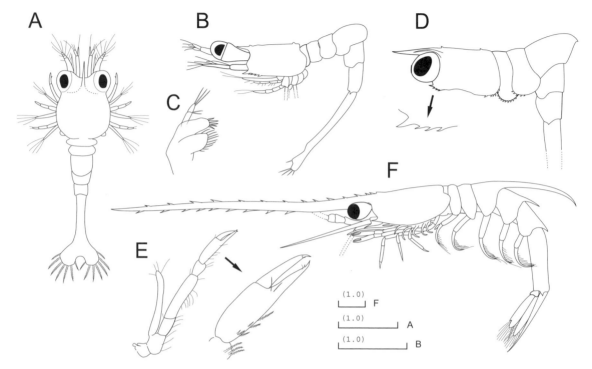

**図 25 ヒオドシエビ上科の幼生の例**
A：ヒオドシエビ属（*Acanthephyra*）の第 1 ゾエアの背面，B：同，第 2 ゾエアの側面，C：同，第 1 ゾエアの第 1 小顎，D：オキヒオドシエビ（*Oplophorus spinosus*）のメガロパの側面，E：同，第 1 胸脚。スケール上（）内数字の単位はミリメートル。A～C は Lebour [557]，D は Fernandes et al. [178]，E と F は Gurney [142] にもとづき作図。

　以上のほか，Gurney [142] は上記 2 科の特徴として，1）第 5 腹節以外は棘類がない，2）第 1・2 腹節の側板は後期に鋸歯状になることをあげ，また興味深い点としてマルトゲヒオドシエビ属とオキヒオドシエビ属では上唇に小棘があると述べている。

# ヌマエビ上科（Superfamily Atyoidea）

　淡水産のヌマエビ科のみからなり，一部には観賞魚として流通している種がある。生活史全般に関していくつかの総説がある[145-147]。

## ヌマエビ科（Family Atyidae）

　日本産は7属29種。3属11種で幼生記載があり[147-157]（科の幼生記載率34%），このうち9種は全期である。生活史は多様で，通常発生ではヌマエビ属（*Paratya*）やヒメヌマエビ属（*Caridina*）が知られている一方，カワリヌマエビ属（*Neocaridina*）のように短縮発生の例も多い。標準的なゾエア期数は9。なお，ヤマトヌマエビでは，9期のゾエアから直に稚エビに変態するとされているが[148]，腹肢の形態からはポストラーバと思われる。飼育条件でみると，ヌマエビは純淡水では変態しないが，ヌカエビは可能である。

**【ゾエア】　図26（A-I）**

　頭胸部：頭胸甲は短い額棘があり，腹側下縁は平滑である。複眼は通常1期では無柄であるが，短縮発生のカワリヌマエビ属では有柄である。第1触角と2触角は一般的なコエビ下目の形状をしている。第1小顎の内肢は単節で，原節は初期に外肢葉をもつばあいがある。第2小顎の内肢は段のある単節で，基・底節内葉はそれぞれ背腹2葉に分かれ，底節内葉の背側葉は腹側葉より小さい。初期に第1・2顎脚の外肢は内肢の倍近い長さで，第3顎脚では両者はほぼ等長である。

　腹　部：腹肢は5期から原基がみられる。尾節の輪郭は後縁中央が凹んだ三角形で，尾棘長の分布は二峰型である。なお，腹肢の発達をみると，7期からはそれまで原基状で無毛であった内外肢が有毛となり，また第2腹節の側板も前後方向に拡がり，コエビ下目成体の特徴が出始める。よって実質的に7期からポストラーバとなり，9期以降には第2触角や胸脚等でより成体に近づくとの見方もできる。このような漸進的発生の幼生は「不完全な幼体」と考えるべきとの意見もある[8]。

**【ポストラーバ（第1）】　図26（G', J-K）**

　頭胸部：第2触角の内肢は伸長し，外肢をはるかに超える。鋏脚先端の剛毛束などで成体の特徴がみられる。

　腹　部：カワリヌマエビ属は成体に近い形でふ化し，直接発生とよべるかもしれないが，尾節は尾肢のないウチワ状，かつ尾棘の対数も通常発生の第1ゾエアと同じ7対で，これは幼生の特徴である。このように，より前の期（ゾエア）の形質が残る現象は，Gore[158]による定義では逆行発生（retrogressive development）とよばれる。腹肢は周縁毛が発達し機能的となる。

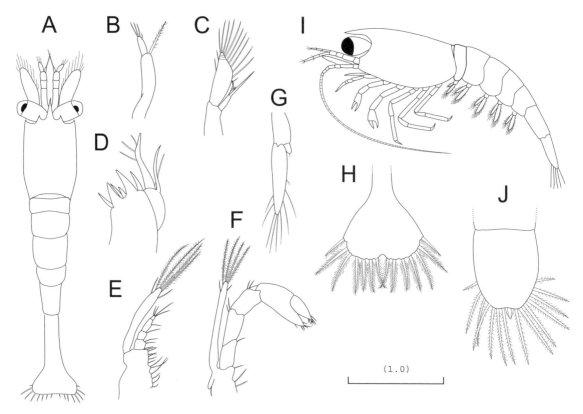

**図 26　ヌマエビ科の幼生の例**
A：ヌカエビ（*Paratya improvisa*）の第 2 ゾエアの背面，B：同，第 1 ゾエアの第 1 触角，C：同，第 2 触角，D：同，第 1 小顎，E：同，第 1 顎脚，F：同，第 1 ポストラーバ（原著では第 9 ゾエア）の第 1 胸脚，G：同，腹肢，H：同種の Ishikawa [155] の記載における第 1 ゾエアの尾節，I：コツノヌマエビ（*Neocaridina brevirostris*）の第 1 ポストラーバの側面，J：同，尾節。スケール（ ）内数字の単位はミリメートル。A〜G は Yokoya [156]，H は Ishikawa [155]，J は Shokita [150] にもとづき作図。

# イトアシエビ上科（Superfamily Nematocarcinoidea）

　本上科は４科からなり，日本産はミカワエビ科，イトアシエビ科およびサラサエビ科の３科からなる。なお，イトアシエビ科はかつてヒオドシエビ科に含まれていたことがある。いずれも水産重要種は知られていない。

## ミカワエビ科（Family Eugonatonotidae）

　日本産はミカワエビ（*Eugonatonotus chacei*）の１属１種のみで，プランクトン標本にもとづくポストラーバの記載はあるが，ゾエアに関する知見はまだない [159-162]（科の幼生記載率 100％）。本種のポストラーバは大型のため，かつて新属新種のエビ '*Galatheacaris abyssalis*' として記載され，さらに上科まで新設された [159]。しかし後に遺伝子解析，当該模式標本と稚エビ標本の比較，および分布データも加えた検討の結果，幼生であることが判明した [161]。

【ポストラーバ（第１）】

　頭胸部：側面からみた頭胸部は楕円形で，額棘は短い。体長は３〜5cm と，幼生としてはかなり大型であり，かつてセミエビ科やセンジュエビ科の大型幼生がそうであったように，新種の成体とされた要因の１つかもしれない。大顎の門歯状部と臼歯状部の間には櫛歯状に棘が並ぶ。第３顎脚内肢は７節からなる。胸脚はほぼ内肢と同じ長さの外肢をもつ。これら付属肢の形状は成体としてみれば特徴的であるが，幼体としてはそうとはいえない。

　腹　部：各腹節の後下縁は尖り，第３腹節は最も大きく背中稜がある。尾節は先細りの逆鉾形で後端には２本の長い尾棘をもつ。腹肢は有毛かつ機能的で，第１腹肢以外は内肢に内突起をもつ。

## イトアシエビ科（Family Nematocarcinidae）

　日本産は１属６種。わが国での記載はないが，南極海とアルゼンチン沖のツノナガイトアシエビ（*Nematocarcinus longirostris*）において，ふ化・飼育およびプランクトン標本にもとづく２期までと後期ゾエアの記載 [163] がある（科の幼生記載率 17％）。このアルゼンチン沿岸で採れた後期ゾエアは少なくとも５期以上と思われるが，腹肢原基の発達状態からみると，さらに多くの期があると推定される。このように標準的なゾエア期数は不明であるが，５以上と思われる。この他に海外産種ではいくつか記載があるが，いずれも断片的で全期の記載はまだない。

【ゾエア】

　頭胸部：頭胸甲は短い額棘をもち，額棘の直後には小背瘤がみられる。大顎は門歯状部と臼歯状部が区分され，中間の縁には棘状突起をいくつかもつ。第２触角の原節には外肢の倍近く長い羽状毛がある。第１小顎は２節の内肢，および原節には初期に３本の羽状毛をもつ外肢葉があるが，これが本科すべてに当てはまるかどうかは，記載例が少なく不明である。第１〜３顎脚の外肢は１期において先端に３本の遊泳毛をもつとされるが，これは横屋 [127] による分類では非対称タイプⅡまたはⅢの可能性がある。後期になると第３腹節は背側が尖った

各論：コエビ下目　　47

瘤状に大きく突出するとともに，各顎脚の外肢は発達し，内肢に比してかなり長くなる。

腹　　部：後期において第3腹節は背方に大きく尖り，ここで腹部は強く屈曲する。尾節は丸い匙形で，後縁には他のコエビ下目のゾエアと同じく1期では7対，また2期で8対の尾棘をもち，尾棘長の分布は単峰型である。


## サラサエビ科（Family Rhynchocinetidae）

日本産は2属15種。6種で幼生記載があり[164-171]，このうち1種は全期である（科の幼生記載率40%）。短縮発生の例はまだ知られていない。発育段階の判別への参考となる形質の変化について，サラサエビ属（*Rhynchocinetes*）での例を付表 B-4 にまとめた。

【ゾエア】　図27（A-H）

頭胸部：頭胸甲は1期では額棘のみがあり，中・後期に眼上棘をもつようになる。第1触角の外肢は単節で，内肢部には1本の羽状毛がみられる。第2触角は1期では原節末端に外肢よりかなり長い羽状毛があり，また後半期になると内肢は著しく伸張して体とほぼ同長か，これ以上となり，先端部はやや太く丸みをおびた鞭状になる。第1小顎の内肢は2節で，原節に初・中期には外肢葉をもつが，後期になくなる。第2小顎は2節の内肢と，内側が2分葉した基・底節内葉，および顎舟葉からなる。顎脚外肢の先端の遊泳毛の配置は非対称型である。

腹　　部：第3腹節が最も大きく，後期になると背方に丸く膨らむ。尾節の輪郭は五角形で，尾棘長の分布はサラサエビ属が単峰型，アカモンサラサエビ属（*Cinetorhynchus*）は二峰型である。

【ポストラーバ（第1）】　図27（J）

頭胸部：頭胸甲の額棘は，サラサエビにおいては，成体のように可動となるが，これ以外の種では第2ポストラーバ以降に可動となる。後期のゾエアで特徴的であった，第2触角の長大な鞭状部（内肢）は体長以下の長さとなり，先端部も一般的な先細りの形状となる。

腹　　部：第3腹節は他の節より大きい。尾節は先細りの平板状。

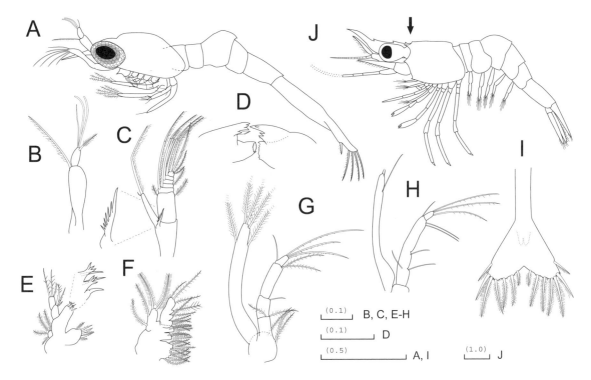

**図27 サラサエビ科の幼生の例**
A：サラサエビ科の一種の第1ゾエア側面，B：同，第1触角，C：同，第2触角，D：大顎，E：第1小顎，F：第2小顎，G：第1顎脚，H：第2顎脚，I：尾節，J：サラサエビ（*Rhynchocinetes uritai*）の第1ポストラーバの側面（矢印は可動額棘の根元）。スケール ( ) 内数字の単位はミリメートル。A〜Iは相模湾産のプランクトン標本，Jは毎原 169) にもとづき作図。

各論：コエビ下目　49

# イガグリエビ上科（Superfamily Psalidopodoidea）

イガグリエビ科（Family Psalidopodidae）のみからなる小さな分類群である。日本産は 1 属 2 種。幼生について知見はまだないが，海外産のイガグリエビ属（*Psalidopus*）の一種（*P. barbouri*）で発育卵からふ化直前の胚を取り出した例がある [172]。それによれば，この段階ですでに腹肢原基が発達しており，短縮発生の可能性が高い。

# オハラエビ上科（Superfamily Bresilioidea）

深海産の 2 科と浅海産の 1 科からなる。前者については近年の深海探査の進展により，多くの種が発見されつつある。これらは熱水噴出孔周囲の特殊な環境に分布し，わが国の海域では沖縄周辺海底の熱水生物群集から記録されている。なお，日本にも分布し，1 属 3 種が知られるセキヨウエビ科（Family Bresiliidae）では幼生に関する知見はない。

### オハラエビ科（Family Alvinocaridae）

日本産は 7 属 12 種。1 種で幼生記載があるが [173]，全期の記載例はまだない（科の幼生記載率 8%）。本科では，オハラエビ（*Alvinocaris longirostris*），カリブ海の水深 5,000m で発見されたツノナシオハラエビ属（*Rimicaris*）の一種（*R. hybisae*）において抱卵個体からふ化直前の胚，およびプリゾエアと思われる画像が，またインド洋のツノナシオハラエビ（*R. exoculata*）のふ化直後の画像が示されている [174-177]。また，大西洋産の抱卵雌からのふ化による記載がある [178]。いずれも小型卵からふ化し，通常発生と思われるが，1 期において口部付属肢は未発達で，少なくとも初期は未摂餌で発育すると思われる。

### カミソリエビ科（Family Disciadidae）

日本産は 1 属 1 種。わが国からの幼生記載はないが，海外産のカミソリエビ属（*Discias*）の一種（*D. sp.*）について，プランクトン標本からの中・後期ゾエア記載があり [178]，それによればヒオドシエビ科に似た形態である。

# テナガエビ上科（Superfamily Palaemonoidea）

浅海から深海，さらに陸水まで広い範囲に分布する。産業上では食用だけでなく観賞用としても流通する。近年の成体分類で大きな変化があり，ヨコシマエビ科，フリソデエビ科およびニセヤドリエビ科の 3 科が遺伝子解析と形態の再検討によりテナガエビ科に包含され，さらにテナガエビ科内のテナガエビ亜科とカクレエビ亜科も 1 つの科にまとめられた [179-180]。この結果，わが国に産する本上科は 1 科のみとなった。なお，幼生形態がとくに異なる旧 'ニセヤドリエビ科（Anchistioididae）'

は別に解説する。

### テナガエビ科（Family Palaemonidae）

浅海域から陸水までさまざまな環境に棲息し，コエビ下目中で最大の科である．日本産は71属191種．9属27種で幼生記載があり [14, 15, 52, 182-216]，このうち18種は全期である（科の幼生記載率14％）．海産種ではほとんどが通常発生であるが，オーストラリア産のトゲナシヤドリエビ属（*Laomenes*）の一種（*L. minuta*），およびサンゴに虫（エビ）こぶを作って棲息するサンゴヤドリエビ（*Paratypton siebenrocki*）では発生胚や卵の状態からみて短縮発生の可能性がある [217, 218]．淡水産種では短縮発生が多い．通常発生の標準的なゾエア期数は9前後．発育段階の判別での参考となる形質の変化について，スジエビ属（*Palaemon*）での例を付表 B-5 にまとめた．

【ゾエア】 図28（A-H）

**頭胸部**：頭胸甲はやや長めの額棘をもち，その先端は眼柄を超える．第1触角の外肢は単節で先端には感覚毛と羽状毛をもち，初期において内肢部には一本の長い羽状毛のみをもつ．第2触角の内肢は単節で先端に長い羽状毛をもち，中期以降に伸長する．大顎は左側，または左

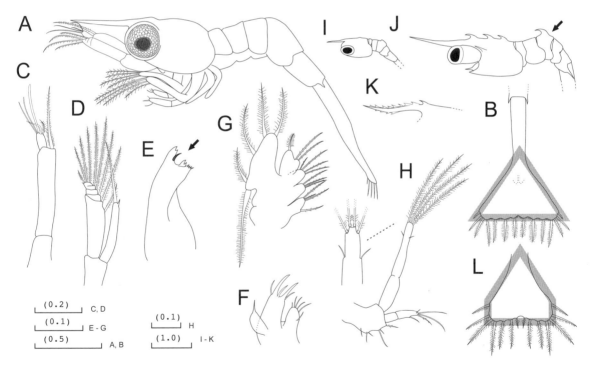

図28　テナガエビ科の幼生の例（その1）

A：スジエビモドキ（*Palaemon serrifer*）の第1ゾエアの側面，B：同，尾節の背面とその輪郭（グレー帯線），C：同，第1触角，D：同，第2触角，E：同，左側の大顎（矢印は可動葉片），F：同，第1小顎，G：同，第2小顎，H：第1胸脚とその外肢先端部，I：アシナガスジエビ（*Palaemon ortmanni*）の第1ゾエアの頭胸部の側面，J：同，第8ゾエア，K：同，第1ポストラーバ（メガロパ）の額棘（角），L：クサイロモシオエビ（*Coralliocaris graminea*）の第1ゾエアの尾節とその輪郭．スケール上（）内数字の単位はミリメートル．A～Hは瀬戸内海産の抱卵雌からの標本，I～Kは倉田 [14]，LはGurney [181] にもとづき作図．

右両方の門歯状部に可動葉片をもつことがある。第1小顎の内肢は単節で,原節に外肢葉(毛)はみられない。第2小顎の内肢は基部内側に内葉が張出し,先端に1本と内葉に0～2本の剛毛をもつ。また基節内葉は2片に分かれるが,ほとんどのばあい,底節内葉は単片であり,これは本科ゾエアの特徴の1つでもある。第1～3顎脚の外肢先端の遊泳毛は対称的に配置し,また初期から中期までは外肢は内肢より長い。胸脚は後期に第1,第2胸脚が鋏脚となり,また第5胸脚は中期以後に大きく伸張する。

**腹　部**：腹節では第5腹節に後側突起があるが,その出現期は種により異なる。また種によっては中期以後,第3腹節に前方へ鈎状に曲がった背棘が発達する。これらのゾエアは,かつて成体が不明であったとき,この背棘が一般とは逆方向の前向きであることから,幼生属としてレトロカリス（‘*Retrocaris*’）の名が付けられた。日本産の種では現在までのところ,スジエビ属のアシナガスジエビ（*P. ortmanni*）とフトユビスジエビ（*P. macrodactylus*）,およびフウライテナガエビ属（*Brachycarpus*）のフウライテナガエビ（*B. biunguiculatus*）の3種が該当する。尾節の輪郭は後縁がほぼ直線状の三角形で,尾棘長の分布は単峰型である。また,2期で尾肢の原基がみられ,3期では尾肢が分化する。肛門棘は中期以後にみられる。短縮発生では他科のばあいと同様,尾節はウチワ状の半円形で多数の尾棘をもつ。

　なお,旧カクレエビ亜科の種では腹部は,期が進むにつれて頭胸甲後端から背上方に立ち上がるとともに,第3腹節で山型に強く屈曲し,側面からみて体全体がZ字あるいはN字の輪郭となるグループと,直線的なグループに分かれる。前者にはかつて幼生属としてメソカリス（‘*Mesocaris*’）の名がつけられていた。尾節の輪郭は,最外の尾棘がこれより内側の尾棘列よりやや離れて位置する五角形で,尾棘長の分布は単峰型である。

## 【ポストラーバ（第1）】

**頭胸部**：頭胸甲の額棘上縁には全長にわたって小歯がならび,下縁にも複数の小歯がみられる。さらに前縁には触角上棘（antennal spine）,鰓前棘（branchiostegial spine）や前側角棘（pterygostomial spine）をもつが,眼上棘がみられなくなる。第2触角の鞭状部（内肢）は大きく伸長し,頭胸甲長よりも長い。大顎は門歯状部と臼歯状部が大きく分岐し,可動葉片はない。鋏脚は第2胸脚が第1胸脚より長大となる。

**腹　部**：腹節は一般に後側突起は退縮し,アシナガスジエビなどのいわゆるレトロカリス型に特有な第3腹節の前向き背棘もみられなくなる。腹肢は有毛で機能的になる。尾節後端の尾棘が3対あり,亜科の特徴である2対となるのは,これより後である。なおこれまでも述べたように,幼生発生が漸進的かつ個体変異が大きい種では,どこからポストラーバとするかが研究者によって異なることがある。よって,論文を参照するばあい,この点に注意した方がよい。

　Bruce[184]はテナガエビ科やヨコシマエビ科を旧カクレエビ亜科のゾエアと比較し,これら2科をテナガエビ科の1亜科に位置づけるべきであるとしている。最近のテナガエビ上科での遺伝子解析では,旧フリソデエビ科と旧ヨコシマエビ科が互いに最も近く,またこれら2科は旧カクレエビ亜科に近いという結果になり[219],幼生形態による分類と合致している。

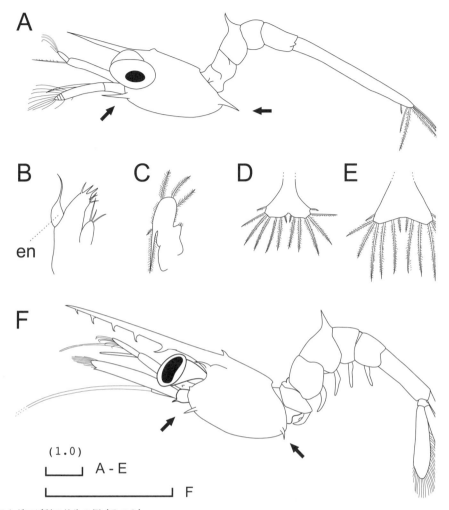

図 29 テナガエビ科の幼生の例（その2）
　　A：サンゴヤドリエビ属の一種（*Anchistioides antiguensis*）の第1ゾエアの側面（矢印は本科ゾエアに特徴的な棘類），B：同，第1小顎，C：同，第2小顎，D：同，尾節，E：同，第2ゾエアの尾節，F：ニセヤドリエビ科の最終齢ゾエアと同定された幼生．en：内肢．Aのスケール上（）内数字の単位はミリメートル．Gurney[181, 220]にもとづき作図．

## 旧'ニセヤドリエビ科'

　かつてテナガエビ上科の新科として扱われ，現在は科の1属に戻っているが，特異な形状であるため別に述べる．わが国から幼生の記載はなく，カリブ海のニセヤドリエビ属（*Anchistioides*）の一種（*A. antiguensis*）で Gurney[220] がふ化・飼育により記載した例をもとに述べる．

【ゾエア】　図 29（A-E）

　頭胸部：頭胸甲は長い額棘のほかに，前縁に前側角棘を，後側縁に一対の側棘をもつ．第1小顎は旧カクレエビ亜科に似るが，第2小顎は内肢や基底節内葉は退化傾向にある．また本科と同定された最終期ゾエアでは，額棘が伸長するとともに下側に鉤状棘をもち，また長大な第5胸脚をもつ特異な形状である．

各論：コエビ下目　53

腹　部：第3腹節には後方に曲がった鉤状の背棘をもち，尾節は中央部がやや凹んだ三角形で，尾棘長の分布は単峰型である。

【ポストラーバ（第1）】　図29（F）

プランクトン標本から本科と思われる後期幼生の記載はあるが，まだ種の確定に至っていない。


# テッポウエビ上科（Superfamily Alpheoidea）

　成体はおもに浅海産の大きな分類群で，形態や生態も多様性に富む。いずれの科も第2胸脚（歩脚）の腕節が分節し，かつ第1胸脚は左右ともに鋏脚になるか，またはならない点で共通している。また，旧来のモエビ科（以下旧モエビ科）は6つの科に分割された[221]。かつて Gurney[1] は旧モエビ科の幼生について「形態変異があまりに大きく，他のコエビ類から単独の科として区別する特徴を決められない」と述べたが，これを反映した分類になったともいえる。なお，この旧モエビ科のリュウグウモエビ科（Family Barbouriidae）では海外産種も含めて幼生記載はない。


### テッポウエビ科（Family Alpheidae）

　日本産は21属140種。5属16種で幼生記載がある[222-239]（科の幼生記載率11%）。種数が多いわりに全期の記載がなく（短縮発生を除く），生活史の知見に乏しい。抱卵数や卵径，第1ゾエアの形態から判断すると，通常発生の種が大部分であるが，テッポウエビ属（*Alpheus*）の一部やツノテッポウエビ属（*Synalpheus*）で短縮発生の種が知られる。標準的なゾエア期数は不明であるが，9以上と思われる。なお，北海道の日本海側のプランクトン標本から記載されたテッポウエビ属の9期ゾエアは[230]，腹肢原基の発達度からみて最終期の可能性が高い。

【ゾエア】　図30(A-G)

頭胸部：頭胸甲の額棘はないか，あっても微小で目立たず，後期に伸長しても眼柄を越えない。第1触角は3期以降に外肢（外鞭）と内肢（内鞭）が分かれ，また柄部が分節する。初期の段階では第2触角外肢の先端部は環状に分節するが，不明瞭なばあいもある。一般に口部付属肢を構成する大顎と小顎は他科に比べ未発達である。顎脚の内肢先端には通常の剛毛ではなく，太い犬歯状毛をもち，とくに第3顎脚の内肢先端は初期から槍状に尖るのが特徴である。第1・2顎脚の基部内縁には数本の短棘をもつことが多い。また顎脚の外肢先端の遊泳毛は対称的に配置する。第5胸脚の原基はすでに初期から他の胸脚よりも長く，中期以降になると内肢が著しく伸長する。とくに長槍状に尖った指節が特徴的で，他科と容易に判別できる。

腹　部：腹節には通常，後側突起がない。尾節は三角形の輪郭で，尾棘長の分布は単峰型である。

【ポストラーバ（第1）】

　これまで，ふ化・飼育によりポストラーバまで達したのは，テッポウエビ属の一種（*A. heterochaelis*）やツノテッポウエビ属の一種（*S. brooksi*），アザミサンゴテッポウエビ（*Racilius*

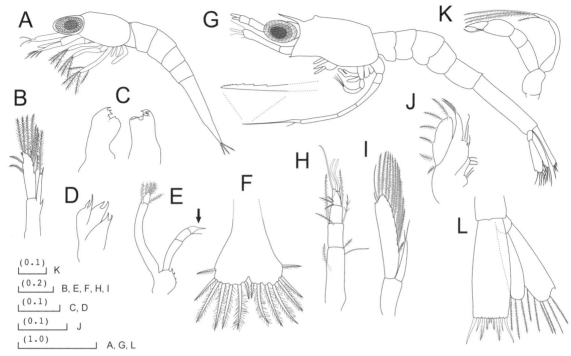

図30　テッポウエビ科の幼生の例
A：シンエンテッポウエビ（*Vexillipar repandum*）の第1ゾエア側面，B：同，第2触角，C：同，大顎，D：同，第1小顎，E：同，第1顎脚，F：同，尾節，G：テッポウエビ属（*Alpheus*）の一種の第3ゾエア側面，H：同，第1触角，I：同，第2触角，J：同，第2小顎，K：同，第3顎脚，L：同，尾節。スケール（）内数字の単位はミリメートル。Aは枕崎沖の抱卵雌からのふ化標本による。B〜FはSaito *et al.* 239)にもとづき作図。G〜Lは相模湾産のプランクトン標本による。

*compressus*）など，短縮発生の例しかない [235, 240, 241]。これらのばあい，複眼の部分は頭胸甲に覆われ，また第2胸脚の腕節も分節するという成体の特徴がすでにみられる。ちなみにDobkin [241]はゾエアとポストラーバの両方の特徴をもったこのような幼生を偽幼生（pseudo-larva）と名づけている。

## ヒメサンゴモエビ科（Family Thoridae）

旧モエビ科のグループで，日本産は8属74種。5属17種で幼生記載があり [127, 242-255]，このうち9種は全期である（科の幼生記載率23％）。大部分の種が通常発生であるが，イバラモエビ属（*Lebbeus*）のように短縮発生の例もある。ここでは，わが国の藻場や岩礁に普通にみられるツノモエビ属（*Heptacarpus*）のアシナガモエビ（*H. rectirostris*）や，イソモエビ属（*Eualus*）および科名の由来となっているヒメサンゴエビ属（*Thor*）を例として解説する。標準的なゾエア期数は9。

【ゾエア】　図31（A-I）

頭胸部：頭胸甲の額棘は短小であり，これ以外の突起類がなく，また腹節にも棘類がない。第1触角）はやや内側に湾曲し，互いに離れて位置する。第2触角は外肢先端に環節をもつばあいがある。大顎は左側に可動葉片をもつ。第1小顎の内肢は2節または単節，原節は外肢毛をもたない。第2小顎の内肢は単節であるが4葉（段）に分かれる。顎脚外肢の遊泳

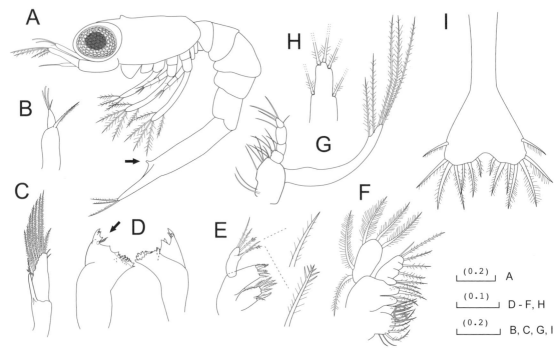

図 31　モエビ科の幼生の例
　　　A：アシナガモエビ（*Heterocarpus rectirostris*）の第1ゾエア側面，B：同，第1触角，C：同，第2触角，D：同，大顎（矢印は可動葉片），E：同，第1小顎，F：同，第2小顎，G：同，第1顎脚，H：同，第1顎脚外肢の先端，I：同，尾節．スケール（）内数字の単位はミリメートル．図はすべて瀬戸内海産の抱卵雌からのふ化標本による．

毛の配置は非対称であるが，対称的な属もある．胸脚は中期以降に前方から順に伸長し，機能的となる．
　腹　部：第4・5腹節の後側突起の有無は同属内でも種によって異なる．腹肢原基は後期から発達する．尾節の輪郭は三角形で，後側縁の尾棘長の分布は二峰型である．また，腹面には鈍端の肛門棘がみられる（図31A，矢印）．

【ポストラーバ（第1）】
　頭胸部：本科の成体は第2胸脚の腕節がさらに分節するのが特徴の一つであるが，本科においては通常はこの時期から現れる．
　腹　部：第3腹節の側板は成体同様，前後節をおおう．腹肢は有毛かつ機能的となる．

## モエビ科（Family Hippolytidae）

　旧モエビ科のグループで，日本産は9属20種．3属5種で幼生記載があり[127, 256-259]，このうち4種は全期である．（科の幼生記載率30％）．通常発生での標準的なゾエア期数は9．
【ゾエア】
　頭胸部：頭胸甲の額棘は通常は短く，初期には触角先端を超えないが，トガリモエビ属（*Tozeuma*）ではこれを超える．第2触角の外肢先端部は初期に分節する．大顎は可動葉片をもつばあい

がある。第1小顎の内肢は単節で，原節はナガレモエビ属（*Hippolyte*）以外は外肢毛をもたない。第2小顎の内肢は単節。顎脚の外肢遊泳毛の配置は非対称。

腹　部：腹節の後側突起は第5腹節のみにもつ第4・5腹節にもつ（ホソモエビ属（*Latreutes*），サンゴモエビ属（*Saron*））か，第5腹節のみにもつ（ナガレモエビ属，トガリモエビ属）。また，トガリモエビ属では第3腹節に背方向に反った特徴的な背中棘をもつ。腹肢原基は後期から発達する。尾節の輪郭は後縁中央が凹んだ三角形（ナガレモエビ属，トガリモエビ属）または匙形（ホソモエビ属，サンゴモエビ属）で，後側縁の尾棘長の分布は多峰型である。

【ポストラーバ（第1）】

頭胸部：頭胸甲の額棘は扁平となり上下縁に歯をもつようになる。第1・2胸脚は鋏脚となり，第2胸脚は他の旧モエビ科のばあいと同様に腕節が分節する。

腹　部：第3腹節の側板は成体同様，前後節を覆う。


## ヒゲナガモエビ科（Family Lysmatidae）

旧モエビ科のグループで，本科に食用種はいないが，観賞用に取引される種が多い。日本産は2属9種。わが国からの記載例はなく，ここでは海外のヒゲナガモエビ属（*Lysmata*）での例 [260-262] をもとに述べる。（科の幼生記載率 22%）。短縮発生は知られていない。標準的なゾエア期数は9または8と思われる。

【ゾエア】

頭胸部：頭胸甲の額棘は頭胸甲長の半分以下で，中期以降に上縁歯がみられる。眼柄は3期以降に基部が伸長する。第1触角は3期以降に内外肢が分かれて柄部も分節し，また1期において先端の感覚毛のうち1本が扁平なヘラ状のばあいがある。また，後期には内外の鞭状部に分かれて伸長し，それぞれが多数に分節する。第2触角は初期に外肢先端が分節するが，中期以降は単節となり，後期には多数の節からなる内肢が伸長する。大顎は可動葉片をもつ。第1小顎の内肢は単節で，原節は外肢毛をもたない。第2小顎は単節の内肢と基・底節内葉に分かれた原節，および顎舟葉からなる。第1顎脚，第2顎脚，第3顎脚の内肢はそれぞれ4節，3節，4節からなるが，第3顎脚では2番目と4番目の節が長い。胸脚は中期以降に第5胸脚が種によっては体長の2倍以上まで著しく伸長し，かつ前節が幅広の櫂状になり，他科とは容易に判別できる。

腹　部：腹節は第5腹節のみ後側突起をもち，その他は平滑。腹肢原基は後期から発達する。尾節の輪郭は最外側の尾棘と2番目が離れて位置する五角形で，また尾棘長の分布は，最も内側を除きほぼ同じの単峰型。

【ポストラーバ（第1）】

頭胸部：頭胸甲の額棘は上縁歯に加えて下縁歯をもつようになる。眼柄は根元の細長く伸びた部分がなくなる。大顎には成体と同様に触鬚がない。胸脚では第1胸脚は鋏脚となり，第2胸脚の腕節は成体と同じように分節する。また中・後期に特異な櫂状の前節をもっていた第5胸脚は一般的な形状となる。第1〜4胸脚には退縮した外肢がみられる。

腹　部：腹節は成体とほぼ同じ形状となり，腹肢は有毛で機能的となる。

各論：コエビ下目　　57

### キノボリエビ科（Family Merguiidae）

旧モエビ科のグループで，日本産は1属1種のみで，幼生記載はない。海外ではパナマ産のキノボリエビ属（*Merguia*）の一種（*M. rhizophorae*）で5期のゾエアが記載されており[263]，これを参考に述べる。標準的なゾエア期数は不明。

【ゾエア】

頭胸部：第2触角は1期で頭胸甲長より長く，2期には分節した鞭状部が体長を超えるまで伸長する。第1小顎の内肢は単節で，原節は外肢毛をもたない。第2小顎の内肢は単節。顎脚の外肢の遊泳毛の配置は非対称。

腹　部：第5腹節は後側突起をもつ。尾節は丸みをおびた三角形で尾棘長の分布は単峰型。

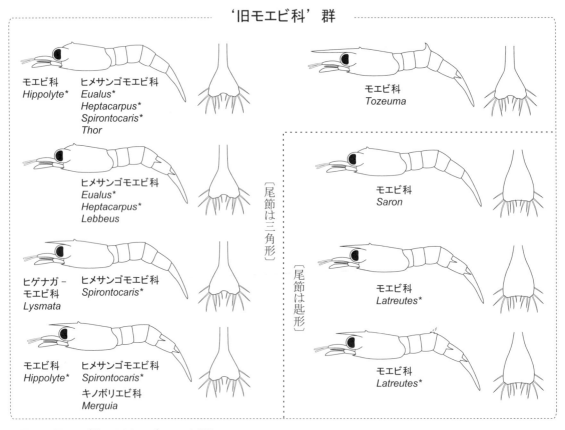

図32　旧モエビ科にみられるゾエアの多様性
　　　旧モエビ科グループのおもな属の第1ゾエアについて，腹節や尾節の概形などにもとづき8つにグループ分けした模式図。
　　　*印は，複数の科や属にまたがるものを示す。

## 旧モエビ科のゾエアにみられる多様性

旧モエビ科の幼生は科内だけでなく属内での変異も大きい。イソモエビ属，ツノモエビ属，トゲモエビ属（*Spirontocaris*），ナガレモエビ属のように同一属内でも変異がみられ，逆に他属と形質が重複する種もある。また，ヒゲナガモエビ属やトガリモエビ属など一見して判別できる特徴ある形態の属もある。このように多様なグループであっても一定の基準で類型化し，まとめることは可能である。日本産の属では図32で模式的に示すとおり，第1ゾエアの頭胸甲と腹節の突起，および尾節の概形により以下の8つのグループ分けが可能である。

グループ1：尾節は三角形。額棘はないか，微小で眼柄を越えない。腹節には背棘や後側突起がない。

グループ2：尾節は三角形。額棘はないか，微小で眼柄を越えない。腹節には後側突起がある。

グループ3：尾節は三角形。額棘は眼柄を越える。腹節には背棘や後側突起がない。

グループ4：尾節は三角形。額棘は眼柄を越える。腹節には後側突起がある。

グループ5：尾節は三角形。額棘は眼柄をかなり越える。腹節には背棘と後側突起がある。

グループ6：尾節は匙型。額棘はないか，微小で眼柄を越えない。腹節には背棘や後側突起がない。

グループ7：尾節は匙型。額棘は眼柄を越える。腹節には後側突起がある。

グループ8：尾節は匙型。額棘は眼柄を越える。腹節は背棘（第1ゾエアでは原基）と後側突起がある。

なお，現在幼生が未知の属・種で記載が進めば，さらに多様性の幅が拡がる可能性もある。

## ツノメエビ科（Family Ogyrididae）

日本産は1属2種。わが国からの幼生記載はないが，北米産のツノメエビ属 *Ogyrides*）の一種（*O. limicola*）での例[265] をもとに述べる。ふ化・飼育によるゾエアは9期からなるが，同じ海域で採集されたプランクトンでは8期しか判別できず，また平均体長は後者のほうが大きい。標準的なゾエア期数は9。

【ゾエア】

頭胸部：頭胸甲の額棘は微小で，齢が進むとやや伸長するが，短小で眼柄を越えることはない。第1触角は原節末端に1本の長い羽状剛毛と単節の外肢をもつ。第2触角の外肢先端部に環状節がある。大顎は左側に可動葉片をもつ。第1小顎の内肢は単節で，原節には外肢毛をもたない。第2小顎の内肢は単葉である。顎脚先端の遊泳毛は対称的に配置。胸脚はテッポウエビ科のように第5胸脚がほかの胸脚より先行して著しく伸長することはない。

腹　部：腹節には突起類がみられない。尾棘長の分布は旧モエビ科の大部分の属とは異なり，単峰型である。

各論：コエビ下目　59

【ポストラーバ（第1）】
　頭胸部：頭胸甲の腹側縁は剛毛列がみられ，またこの時期からすでに成体の特徴でもある長い眼柄をもつ。第1・2胸脚は，すでに第7ゾエアから鋏脚となっているが，ポストラーバではテッポウエビ上科の特徴である第2胸脚の分節した腕節がみられる。
　腹　部：腹節には突起類がなく，腹肢原基は6期以降から，また尾肢は3期みられる。1期の尾節の輪郭は三角形。

## § メモ：目立つ幼生

　一般にプランクトン標本で同定をおこなうばあいには，何段階もの検索項目を経てようやく科レベルに達することができる。しかしながら，十脚目の中には特異な形状により，一見して科レベル以下での同定が可能な例がいくつかある。ここでは旧モエビ科での3つの例をあげておく（図33）。すなわち，ヒゲナガモエビ属とトガリモエビ属で，いずれも中期以降にこのような形態に変化する。ヒゲナガモエビ属では中期以降に第5胸脚，場合によっては他の胸脚も体に比べて著しく伸長するとともに，先端は幅広い櫂状となる。これらはかつて成体不詳の幼生属としてエレトモカリス（'Eretmocaris'）の名よばれていた[264]。また，トガリモエビ属では額棘が非常に長く頭胸甲長の2倍以上に達し，かつ第3腹節には先端が前向きの鉤状となった長大な背棘をもつ。ここで注目したいのは，いわゆる地味で平凡なエビ型のゾエアが大多数を占めるコエビ下目だからこそ，これらが目立つということである。

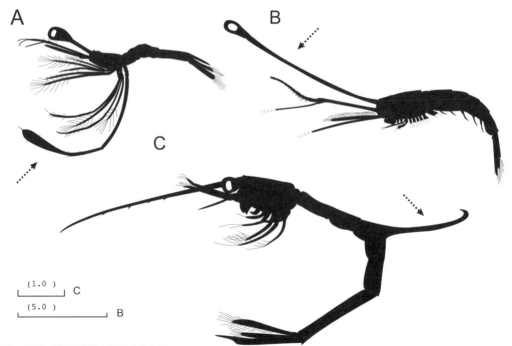

図33　旧モエビ科の特異な形の幼生の例
　　A～B：ヒゲナガモエビ属の一種，C：トガリモエビ属の一種。AはGurney[1]，BはSpence Bate[320]，CはGurney[558]にもとづき作図。

# ロウソクエビ上科（Superfamily Processoidea）

　浅海産の小さなグループで1科のみからなる。成体は第1胸脚において右側片方だけが鋏脚となり，また第2胸脚は左右で長さが異なるのが大きな特徴である。

### ロウソクエビ科（Family Processidae）

　日本産は4属15種。2属2種において幼生記載があるが（科の幼生記載率13％），わが国からの記載例はなく，海外産のロウソクエビ属（*Processa*）の例[266, 267]にもとづいて述べる。通常発生のみが知られ，標準的なゾエア期数は8。

【ゾエア】　図34（A-C）

頭胸部：頭胸甲の額棘は1期には痕跡的，あるいはあっても微小で，中期以降にやや伸長するが，眼柄を越えない。また第2ゾエアから眼上棘がみられるようになる。第1触角の基部は左右が離れて位置し，期が進むにつれて外側にやや湾曲した形状となる。第2触角の外肢先端の分節はみられない。大顎は左側に可動葉片をもつ。第1小顎の原節の外縁には初期（1～3期，種によっては全期）に外肢毛がみられ，また内肢は2節からなる。第2小顎の内肢は単節であるが，内側には4段に分かれた剛毛束がある。顎脚の外肢先端の遊泳毛は非対称的に配置する。胸脚は中期以降に発達するが，とくに第1胸脚は6期で右側が鋏脚化する[266]。

腹　部：腹節は，第5腹節に一対の小さな後側突起をもつほかは突起類がない。腹肢の原基は後期に現れる。尾節の尾棘長の分布はモエビ科の主要属と同じで二峰型である。

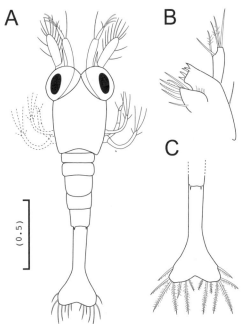

図34　ロウソクエビ科の幼生の例
　　ヨーロッパ産のロウソクエビ属（*Processa*）の第1ゾエア。A：全体の背面，B：第1小顎，C：尾節。スケール上（）内数字の単位はミリメートル。Gurney[220]にもとづき作成。

# タラバエビ上科（Superfamily Pandaloidea）

　成体は第1・2胸脚（歩脚）が左右対称で，後者は鋏脚となるが，テナガエビ上科やテッポウエビ上科の一部のように長大になることはない。最近の分類上の変更としては，従来のタラバエビ科に加え，オキナガレエビ上科の2科，および別の目であったアンフィオニデス類が編入された。またタラバエビ科の4属が新しくクラゲエビ科（Family Chlorotocellidae）としてまとめられた[268]。なお，クラゲエビ科のビシャモンエビ（*Miropandalus hardingi*）では直接発生の可能性が示されており[269]，海産のコエビ下目では珍しい例といえる。

## タラバエビ科（Family Pandalidae）

　日本産は8属65種で，ちなみに‘モロトゲエビ属（*Pandalopsis*）’は最近タラバエビ属に編入された[342]。6属19種で幼生記載があり[270-289]，このうち7種は全期である。（科の幼生記載率29%）。本科では通常発生のほか，冷水性の種では卵黄栄養で初期成長する多く，幼生期が記載された日本産種のうち，半数以上が短縮発生である。なお，日本産の主要な属では卵径・卵数と期数についてまとめられた報告がある[290, 291]。標準的なゾエア期数は9前後。第1ポストラーバまでの期数は少なくとも通常発生で7以上であり，また期の区分について Williamson[292] は尾節の前後幅と尾棘対の数をもとにした5期の区分を提唱している。なお，ボタンエビ（*Pandalus nipponensis*）のように卵黄栄養で発生する種では，ふ化時から大型で，口部付属肢の大顎と第1小顎は退化傾向を示す。さらに，大顎触髭や胸脚，腹肢の原基をもち，尾節は半円形で周縁に多数の尾棘があるなど短縮発生の一般的な特徴を示す。また，オキナガレエビ属では五角形である。

【ゾエア】　図35（A, C-G），図36（A-D）

　**頭胸部**：頭胸甲の額棘は初期には短小であるが成長とともに伸長する。また2期から出現する眼柄の根元は細くくびれる傾向にある。第1触角は外側に湾曲し，他科に比べ，その基部は左右に離れて位置することが多い。初期の第2触角の先端部はオキナガレエビ属（*Thalassocaris*）を除き，分節する。大顎は通常，左側に可動葉片をもつ。なお，以上の特徴に加えて，最近の研究によれば，タラバエビ属（*Pandalus*），ジンケンエビ属（*Plesionika*），ミノエビ属（*Heterocarpus*）の主要3属において第1触角の外肢には感覚毛と羽状毛のほかに，先端が平たいスプーン状になった特殊な剛毛を1本もつ[293]。第1小顎内肢は単節で，初期には原節の外縁に外肢毛をもつばあいがある。第2小顎は基・底節内葉ともに2片に分かれるが，オキナガレエビ属では後者は単葉である。顎脚外肢先端の遊泳毛は非対称に配置する。

　**腹　部**：腹節は一般に突起類をもたない。尾節の輪郭は丸みを帯びた三角形であるが，テナガエビ科やモエビ科とはやや異なり，中央部がより凹んでいるので，むしろ逆V字形あるいは逆ハート形に近い。

【ポストラーバ（第1）】

　**頭胸部**：この時期において，成体の特徴の一つである第2胸脚の腕節の分節が明瞭となる。なお，これは短縮発生のふ化直後の幼生においても同様である。

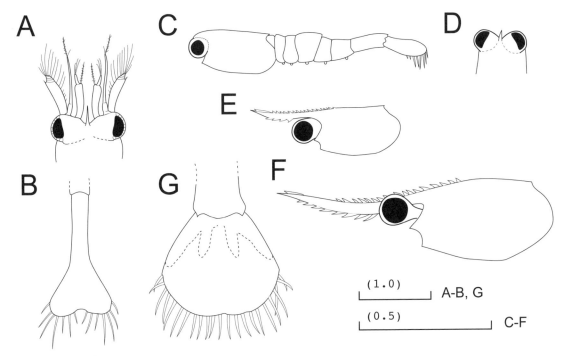

図 35　タラバエビ科の幼生の例
　A：トヤマエビ（*Pandalus hypsinotus*）第 1 ゾエアの頭胸甲の前方背面，B：同，尾節の背面，C：ボタンエビ（*Pandalus nipponensis*）第 1 ゾエアの側面，D：同，頭胸甲の前方背面，E：同，尾節の背面，F：同，第 2 ゾエアの頭胸甲の側面，G：同，メガロパの頭胸甲の側面．スケール上（）内数字の単位はミリメートル．図は倉田[270]および Taishaku *et al.*[282]にもとづき作成．

腹　部：腹肢が有毛かつ機能的となる以外，一般に後期ゾエアとの大きな差異はみられない．

## アンフィオニデス属（*Amphionides*）について

　Williamson[294]が独立した目としたが，近年の遺伝子解析により，タラバエビ科内で所属が未確定の属（種）（taxon inquiendum）とされた[295]．わが国では相模湾，東シナ海周辺で表層〜 1,300m の範囲で採集記録がある[296, 297]．幼生はアンフィオン（amphion）とよばれ，ゾエアに相当する．全部で 11 期からなるとされている[297]．しかし最近の画像解析を併用した形態比較によれば，より多くの期からなることが示唆されている[298]．いずれにしても生態をはじめとして十分な知見に乏しい．アンフィオンの形態は前後に長くて扁平な頭胸甲をもち，概形はエビ型というよりは葉体型であり，中腸腺の形状，また後期には第 1 顎脚とこれより後の顎脚や胸肢が離れて配置するなど，一般のコエビ下目とはかなり異なる．さらに，大顎は前後に平たくて先端部と根元の間の咬合縁に櫛歯状の棘列をもつ点ではイセエビ下目に似ており，大顎とこれを前後から挟む上唇と副顎を比べると，両者が大顎を覆ってしまうイセエビ下目と，大顎が露出しているこれ以外の十脚目との中間的な状態である[299]．このように，幼生形態を見る限りでは，コエビ下目のなかでかなり異質な存在といえる．

# ウキカブトエビ上科（Superfamily Physetocaridoidea）

深海性のエビであり，ウキカブトエビ科のみからなる。

### ウキカブトエビ科（Family Physetocarididae）

ウキカブトエビ（*Physetocaris microphthalma*）1属1種のみからなる。頭胸甲上部が前方に大きく伸びた，ラテン語属名が示すとおりマッコウクジラを思わせる特異な形をしている。わが国から幼生の記載例はないが，北米産の抱卵雌から第1～2ゾエアが記載されている[300]。卵径やふ化ゾエアの概形から通常発生と思われる。標準的なゾエア期数は不明。

【ゾエア】 図36（E）

頭胸部：成体の特異な形状とは異なり，全体としてコエビ下目ゾエアに一般的な体型といえる。頭胸甲の額棘は短く，複眼を超えない。第1触角の先端部には感覚毛の他に1本の羽状毛をもつ。第2触角外肢は先端部が丸みをおび，分節しない。第1小顎の内肢は単節で，原節に外肢毛はみられない。顎脚の外肢先端の遊泳毛は階段状に配置する非対称型である。

腹　部：腹節には突起類がない。尾節は丸みを帯びた三角形であり，1期では7対の尾棘をもち，尾棘長の分布は単峰型である。

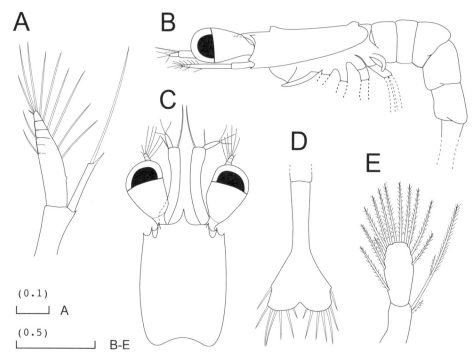

図36　タラバエビ科オキナガレエビ属，およびウキカブトエビ科の幼生の例
　　A：オキナガレエビ（*Thalassocaris crinita*）第1ゾエアの第2触角，B：オキナガレエビ属の一種（*T. obscura*）第2ゾエアの頭胸部側面，C：同，背面，D：同，尾節背面，E：ウキカブトエビ（*Physetocaris microphthalma*）第1ゾエアの第2触角。スケール上（ ）内数字の単位はミリメートル。Menon & Williamson [288]およびFoxton & Herring [300]にもとづき作図。

# エビジャコ上科（Superfamily Crangonoidea）

　成体の第1胸脚は亜鋏状であり，また大顎は門歯状部だけからなり，触髭もないのが特徴である。2科からなり，浅海から深海まで広い範囲で生息する。

## エビジャコ科（Family Crangonidae）

　日本産は18属74種。9属21種で幼生記載があり [127, 275, 301-317]，このうち11種は全期である（科の幼生記載率29%）。短縮発生の種ではキタザコエビ（*Sclerocrangon boreas*）のように雌エビがふ化幼生をしばらく保育するという，コエビ下目のなかではヌマエビ科の一部とともに珍しい習性が知られている [316, 318]。標準的なゾエア期数は6前後。発育段階の判別への参考となる形質の変化について，エビジャコ（*Crangon affinis*）の例を**付表 B-6** にまとめた。なお，エビジャコ属（*Crangon*）の幼生については林 [319] による概説がある。

### 【ゾエア】 図 37（A-E）

**頭胸部**：頭胸甲の額棘は短く，また眼上棘はないばあいが多い。第1触角の基部は左右で密着するか，わずかに離れる。第2触角の先端部は明瞭に分節しない。大顎は通常，左側に可動葉片をもつが，左右両方の種もある。第1小顎の内肢はほとんどの属が単節であるが，カワリエビジャコ属（*Vercoia*）のように2節のばあいもあり，また原節は外肢毛をもたない。第2小顎の内肢は単葉で，基・底節内葉はそれぞれ2片に分かれ，顎舟葉の周縁部の羽状剛毛は1本が背側，ほかは腹側に向く。顎脚の外肢先端の遊泳毛は非対称に配置する。なお，ヤツアシエビ属（*Paracrangon*）の成体は第2胸脚が退縮または欠失しているが，ふ化時すでに胸脚は4対である [313]。

**腹　部**：腹部の第5腹節の後縁にはほとんどの属で1対の後方棘があり（図 37A，矢印），本科ゾエアの特徴の一つである。また第3腹節に後背棘をもつことがある。尾節の概形は一般に三角形である。尾節の尾棘長の分布は，エビジャコ属では二峰型のモエビ科に似るが，最短は最外棘であり，また同じ二峰型であっても，最内棘も5番目の棘も共に最長棘の50%以上である点で区別でき，またタラバエビ科は単峰型なので，これらと区別できる。

### 【ポストラーバ（第1）】

**頭胸部**：背腹に扁平で，第1胸脚は亜鋏をもち，成体型に近い。また，ポストラーバに相当する状態でふ化するキジンエビ属（*Sclerocrangon*）では尾節を除けば，ほぼ幼体に近い形である [318]。ただし，キジンエビ（*S. salebrosa*）とキタザコエビは同属でどちらも典型的な短縮発生の形態だが，卵径・抱卵数が異なるとともに，尾節の形状も異なっている点が興味深い。

**腹　部**：第3腹節の背棘はなくなり，尾節は先細のヘラ状で後端に4本の長い尾棘をもつ。

各論：コエビ下目　65

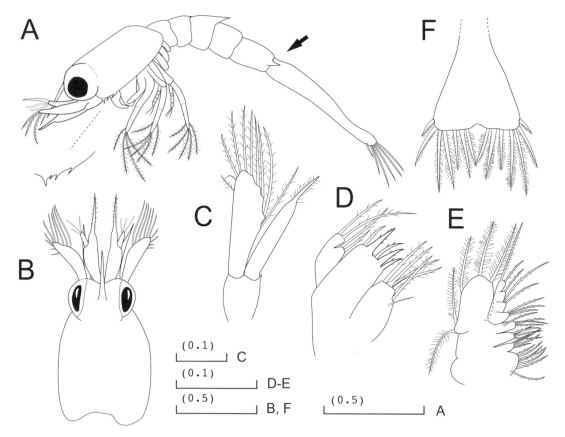

図37 エビジャコ科の幼生の例
　A：アムールエビジャコ（*Crangon amurensis*）の第1ゾエアの側面，B：同，頭胸甲の背面，C：同，第2触角，D：同，第1小顎，E：同，第2小顎，F：同，尾節の背面．スケール上（）内数字の単位はミリメートル．A〜FはKonishi & Kim [307]にもとづき作図．

## エビジャコ科の幼生におけるグループ分け

　倉田[305]は本科幼生に関し，それまでの研究で提案されてきた4つのグループを示したが，これを最近の記載を含めて日本産属のゾエアに適用すると以下のようになる（ただし，クロザコエビ属（*Argis*）のような短縮発生種を除く）．

　　グループ1：第1小顎内肢は単節．→エビジャコ属．
　　グループ2：第1小顎内肢は2節．→シンカイエビジャコ属（*Philocheras*），カワリエビジャコ属．
　　グループ3：第1小顎は単節で，第3腹節は長い後背棘をもち，尾節は逆Y字形．→ホソシンカ
　　　　　　　イエビジャコ属（*Pontophilus*）．
　　グループ4：第1小顎は単節で，第5腹節に後側突起なし．→イワエビ属（*Pontocaris*）．

## トゲヒラタエビ科（Family Glyphocrangonidae）

日本産は 1 属 9 種。1 種で幼生記載があるが，全期記載の例はまだない（科の幼生記載率 11%）。Spence Bate [320] がトゲヒラタエビ属（*Glyphocrangon*）の一種（*G. granulosis*）の発生卵から取り出した胚を記載し，この段階ですでに胸脚や腹肢の原基が存在すると述べており，基本的に短縮発生である可能性が高い。その他，種名がわかっているのは，フロリダ沿岸に棲息する本属の一種（*G. spinicauda*）で，抱卵雌から発眼卵を外してふ化させたのが唯一の例であり [321]，これより後の期はまだ知られていない。この論文によれば，ゾエアはあまり活発に遊泳しない。よって，表層プランクトンとして採集されず，幼生期での移動範囲もあまり大きくないと考えられている。

【ゾエア】図 38（A）

頭胸部：頭胸甲には短い額棘以外に突起類はない。第 1 触角は 2 分岐の原基状。第 2 触角の外肢は多数の周縁毛をもち，内肢は分節するが剛毛類がない。第 1 小顎は原基状で棘や剛毛がない。第 2 小顎も顎舟葉はあるが内肢は無毛の棒状。第 1 ～ 3 顎脚の外肢は遊泳毛をもつが，内肢は退縮傾向を示す。

腹　部：尾節の輪郭は幅広の匙状で，後縁中央に鈍端の小突起があり，また後縁には 40 本以上の短い尾棘のほか，左右の両端に 4 本ずつ長い尾棘をもつ。

わが国では深層プランクトンから本科に属すると思われる複数期のゾエアが記載されている [305]。そのなかでも全体に多数の長い棘と枝棘をもつ特異な形態のゾエアがある（図 38B）。所属については，エビジャコ科との見方もあるが [321]，これまで本科各属の抱卵雌からのふ化・飼育により，いわば消去法的に検討されてきたなかでは，いまだ合致する例はない。また，大西洋のプランクトンから記載された，成体が不明の 'Problemacaris' とされた幼生属では多数の棘をもつ点で酷似しているが，これについて Gordon [322] はモエビ科の *Leontocaris* 属と推定している。

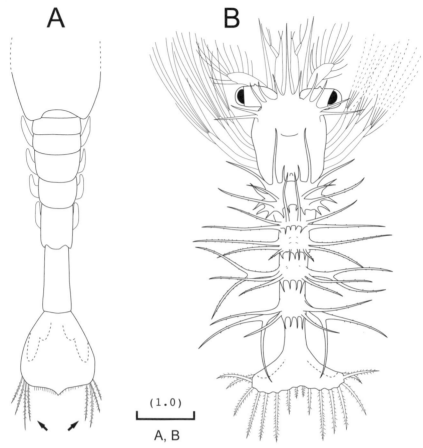

図38 トゲヒラタエビ科の幼生の例
　　A：トゲヒラタエビ属の一種（*Glyphocrangon spinicauda*）の第1ゾエア腹部の背面．B：北海道近海で採集された本科と思われる第2ゾエアの背面．スケール上（）内数字の単位はミリメートル．Dobkin [321] および倉田 [305] にもとづき作図．

【検索図】コエビ下目のゾエアの検索について初期を検索図7～8に，また中・後期を検索図9～10に示す．

# オトヒメエビ下目（Infraorder Stenopodidea）

これより短尾下目までの 8 つの下目は，かつて爬行類または歩行類（Reptantia）とよばれていたグループである。本下目は 3 つの科からなり，日本産は 2 科である。残りの 1 科はバハマ諸島の海底洞窟からのみ知られ，幼生を含めた生活史に関する知見はまだない。

表 7　オトヒメエビ下目の幼生期の区分表（オトヒメエビ科を基準にしたもの）

| 体部位 | 幼生期 | ゾエア[※1] | | | ポストラーバ（第1期） |
|---|---|---|---|---|---|
| | | 前期 | 中期 | 後期 | |
| 頭胸部 | 頭胸甲長と額棘長 | CL ≪ RL | CL<RL | CL ≦ RL | CL>RL |
| | 第2触角の内肢 | 単節 | 分節 | 分節 | 分節 |
| | 第1胸脚の副肢 | − | r | r | + |
| 腹部 | 腹肢 | − | − | r | + |
| | 尾肢 | − | + | + | + |
| | 異尾小毛 | + | − | − | − |

CL：頭胸甲長，RL：額棘長，r：原基（または縮小），−：ない，+：ある（または有機能）。
※1：本科では全期の完全な記載例がないが，標準的な期数を 9 と仮定したばあい，おおむね前期が 1 〜 3 期（齢），中期が 4 〜 6 期，後期が 7 期以降に相当。

本下目は小さな分類群であるが，Martin & Goy [323] は系統分類上，幼生の研究が望まれるわりにその論文数は意外に少ないと評している。また，幼生記載のほとんどがプランクトン標本にもとづくものである。ここで用いる幼生期名は発生順に「ゾエア → ポストラーバ（… 稚エビ）」とする。ゾエアには原則として以下の共通点があげられる。

① 概形はエビ型で，頭胸甲の額棘は水平方向。
② 第2触角の外肢先端部が分節（1期のみ）。
③ 大顎の門歯状部と臼歯状部は明瞭に分かれず，可動葉片をもたない。
④ 第1小顎の内肢がないか退縮し，第2小顎の内肢は単節。
⑤ 胸脚のうち，顎脚の基節は底節と等長か長い。
⑥ 尾節は異尾小毛をもつ（初期のみ）。

幼生期の大まかな区分を表 7 にまとめた。また，各科における幼生記載状況を付表 A-3 に示す。

各論：オトヒメエビ下目 / ザリガニ下目　69

**ドウケツエビ科（Family Spongicolidae）**

　日本産は5属13種。2属2種で全期記載されている[324-326]（科の幼生記載率15%）。共棲性のグループはこれまで知られるかぎりでは直接発生で，クボドウケツエビ（*Spongiocaris japonica*）では平均卵径が1.69mmの大型卵から幼体（稚エビ）でふ化する[325]。なお，Spence Bate[320]はチャレンジャー号航海の研究者 Willemoes-Shum からの私信をもとに，ドウケツエビ（'*Spongicola venustus*' ?）とされる種のふ化ゾエアを記載したが，その抱卵雌の情報が乏しく種名には疑問が残る。ゾエアの標準的な期数はデータ不足であるが，5前後と思われる。発育段階の判別への参考となる形質の変化について，サンゴヒメエビ属（*Microprosthema*）での例を付表 B-7 にまとめた。

**【ゾエア】　図 39（A-F）**

　頭胸部：頭胸甲は額棘のみをもち，1期では額棘長は頭胸甲長より短いが，後期には同長かこれをやや超える。第1触角は1期において柄部が2節で，内肢は先端に1本の羽状剛毛，外肢は2本の感覚毛と1本の羽状毛をもち，内肢は3期に分節する。第2触角は1期において柄部は単節で，内肢は2本の羽状毛，外肢（鱗片）は環節した先端部に8本の羽状毛をもち，内肢は3期に分節する。大顎の門歯状部と臼歯状部は明瞭に分離しない。第1小顎は内肢を欠き，また原節は外肢毛をもたない。第2小顎の顎舟葉の羽状毛数は5本で変化しない。第1顎脚は基節と底節が不明瞭に分節した原節，階段状に3分節した内肢，および単節で先端に遊泳毛をもった外肢からなる。第2顎脚の基節は底節より長く，内肢は5節からなり，外肢は先端に遊泳毛をもち，第3顎脚も基本的に同じである。また顎脚外肢の遊泳毛数はふ化時から増加しない。第1胸脚は1期から有毛かつ機能的である。

　腹　部：腹節は背面に棘がない。尾節は初期において後縁中央が切れ込んだ逆 Y 字状で，両側縁は突起がなく平滑で，後縁には7対の尾棘をもち，外から2番目は異尾小毛となる（2期まで）。また3期から尾肢が分化する。

**【ポストラーバ（第1）】　図 39（G）**

　頭胸部：大顎に触鬚原基が出現する。第1小顎は内肢原基が明瞭になり，顎脚が口器に変化，胸脚も発達して鋏脚となる。

　腹　部：腹肢が有毛・機能的になる。また，尾節はやや丸みをおびたヘラ状で，背面には3対の棘，後縁は3本以上の尾棘をもつ。平均体長はサンゴヒメエビで2.52mm あり，これからさらに2回の脱皮を経て，ふ化後46日で稚エビとなる。なお，直接発生の例としてクボドウケツエビのふ化直後の稚エビを示す（図39H）。

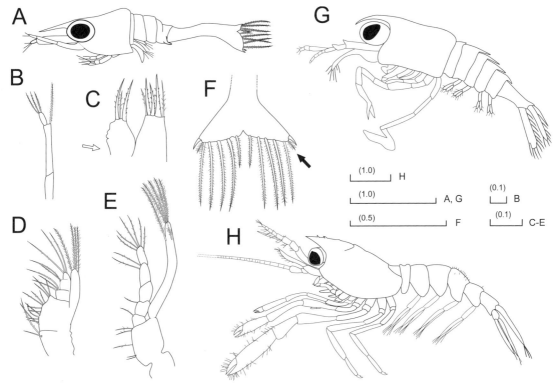

図39 ドウケツエビ科の幼生の例
　A：サンゴヒメエビ (*Microprosthema validum*) の第1ゾエアの側面，B：同，第1触角，C：同，第1小顎（白矢印は本来は内肢のある部位を示す），D：同，第1顎脚，E：同，第2顎脚，F：同，尾節（黒矢印は異尾小毛を示す），G：同，メガロパの側面，H: クボドウケツエビ (*Spongicola japonica*) のふ化直後の稚エビ。AとG，およびHのスケール ( ) 内数字の単位はミリメートル。A～GはGhory *et al.* [324]，HはSaito & Konishi [325]にもとづき作図。

## オトヒメエビ科（Family Stenopodidae）

　日本産は3属18種。1種で幼生記載がある [327-330]（科の幼生記載率6%）。通常発生のみが知られるが，リュウジンエビ属（*Richardina*）では卵径が2mm以上と大きいことから，短縮発生の可能性もある [327]。わが国では幼生の記載例がなく，ここでは海外産のオトヒメエビ属（*Stenopus*）での記載をもとに述べる。ゾエアの標準的な期数は不明であるが，9以上と思われる。

【ゾエア】　図40（A-D）

頭胸部：頭胸甲はその長さの2倍に達する長大な額棘を有し，2期からは眼上棘が出現する。第1触角はドウケツエビ科に似るが，内肢は発達せず1本の長い剛毛がみられる。第2触角は4期に内肢が分節する。大顎は過去の論文で記載がないか，または簡単な記述のみであるが，数少ない図版から判断すると，頭胸甲にくらべて大顎は大きい。第1小顎の内肢は小突起状に退化する。このほかの付属肢はドウケツエビ科と同様だが，第2小顎の顎舟葉の周縁毛数や顎脚外肢の遊泳毛数は期ごとに増加する。

腹　部：第3腹節の後縁には長大な背中棘をもつが，海外産の種ではこれがない例もある [330]。尾節はドウケツエビ科と同じ逆Y字形で，外縁は小棘が鋸歯状にならび，初期に異尾小毛をもつ。

**【ポストラーバ（第1）】** 図40（F）

**頭胸部**：全長は約10mmで，額棘は頭胸甲長の半分以下に退縮し，額角上縁歯をもつ。第1・2触角の鞭状部が著しく伸長し，また色素の分布も含め成体に近い。第3顎脚は有毛の，また第1・2胸脚は無毛の退縮した外肢をもつ。

**腹　部**：第3腹節の背棘は退縮する。尾節は角張った匙形で後縁には2本の尾棘をもつ。

　オトヒメエビ属を含めたいくつかの種では，プランクトン標本から同定した種数がその海域で棲息する成体の種数を上回り，さらに成体が分布しない海域からも後期のゾエアが採集されることが知られている[118]。これに関しては，幼生が成体の棲息地から離れた海域で育つ長距離分散型幼生（teleplanic larva）であり，浅いサンゴ礁など底棲生活に適した場に達するまで変態しない結果，幼生期が長くなるためとの説もある[329]。いずれにしても種や発育段階が確定するまでは仮説であり，今後のふ化・飼育による観察や，遺伝子解析により回答が得られるであろう。

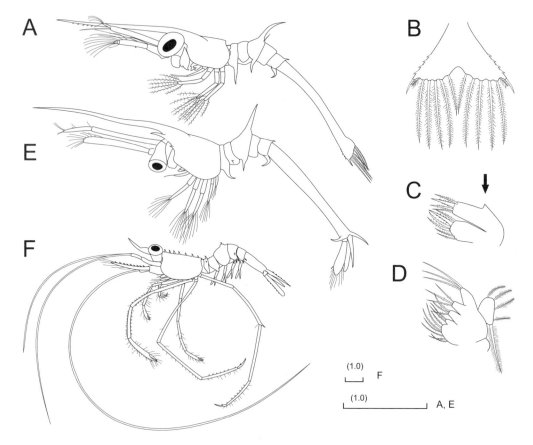

**図40　オトヒメエビ科の幼生の例**
　　A：オトヒメエビ（*Stenopus hispidus*）の第1ゾエアの側面，B：同，第1ゾエアの尾節，C：同，第1小顎（矢印は退化した内肢を示す），D：同，第2小顎，E：第4ゾエアの側面，F：メガロパの側面。AとFのスケール上（ ）内数字の単位はミリメートル。A～EはGurney[1, 327]，FはLebour[328]にもとづき作図。

# ザリガニ下目（Infraorder Astacidea）

　本下目は３つの上科からなる。淡水産のザリガニ上科はすべて直接発生であるが，参考までに加えた。ここで用いる幼生期名は発生順に「**ゾエア → ポストラーバ（… 稚エビ）**」とする。ゾエアには原則として以下の共通点があげられる（直接発生種を除く）。

① 概形はエビ型で，頭胸甲の額棘は水平方向。
② 第１触角の原節はふ化時には分節せず，第２触角の外肢は平板状で分節しない。
③ 大顎は先端に向かって偏平で，門歯状部と臼歯状部は明瞭に分かれず，これらの間に櫛状の棘列をもつ。
④ 第２小顎の内肢は単節。
⑤ 顎脚の基節は底節とほぼ等長か長く，胸脚はふ化時から一部が発達する。
⑥ 尾節後縁には中央棘があり，初期に異尾小毛をもつばあいがある。

　本下目での幼生記載状況については**付表 A-4** に示す。


# ザリガニ上科（Superfamily Astacoidea）

　陸水産のアジアザリガニ科（Family Cambaroididae），アメリカザリガニ科（Family Cambaridae）とザリガニ科（Family Astacidae）の３科からなり，わが国に３種が棲息する。このうちアジアザリガニ属（*Cambaroides*）のニホンザリガニ（*Chambaroides japonicus*）のみが日本固有種で，他は移入種である。全種が直接発生で，ふ化後の稚エビは親ザリガニの腹肢に付着するための尾節帯（funiculus）をもち，しばらく親エビの近くにとどまる。ただし，ふ化時の尾節は楕円形で尾扇を形成しないなど，真の稚エビとはいえない。ニホンザリガニはよく知られた種ではあるが，その幼体の形態記載は意外に少ない[331]。


# アカザエビ上科（Superfamily Nephropoidea）

　アカザエビ科のみからなり，水産重要種が含まれる。

## アカザエビ科（Family Nephropidae）

　日本産は４属８種。このうち３種で全期記載がある（科の幼生記載率38%）[332-337]。ふ化時から胸脚と腹肢の原基が発達し，第６腹節もすでに分節しているなど，基本的に短縮発生である。日本産種のゾエア期数は２であるが，アカザエビ（*Metanephros japonicus*）のようにポストラーバでふ

化する例もある[335]。なお，食用種として知られる海外産のウミザリガニ属（*Homarus*）は，3期のゾエアを経てポストラーバとなる。

【ゾエア】 図41（C-E）

　頭胸部：頭胸甲は長めの額棘をもつ。第1触角は未分節の棒状，第2触角は内肢が未分節で，平板状の外肢は先端部に周縁毛をもつ。大顎をはじめとする口部の付属肢は，短縮発生かつ無摂餌のゾエアでみられるように未発達である。また，これらに続く第1～3胸脚も発達した鋏脚形の原基としてみられるが，まだ機能的ではない。

　腹　部：第2～5腹節の後縁には背中棘が，また尾節の後縁に中央突起がある。参考までに，ヨーロッパアカザエビ（*Nephrops norvegicus*）の尾節は，ちょうどカジキ類の尾ビレのように側方に幅広く伸長した特徴的な形をしている（総論の図7参照）。

【ポストラーバ（第1）】

　頭胸部：頭胸甲には，はっきりとした頸溝が現れ，口器を構成する大顎～顎脚も発達して摂餌するようになる。胸脚は機能的となり，外肢は退縮する。

　腹　部：腹肢は有毛で機能的となる。尾節の輪郭はまだ逆台形で長方形ではないが，中央棘がなくなり，全体としてほぼ成体型に近い。

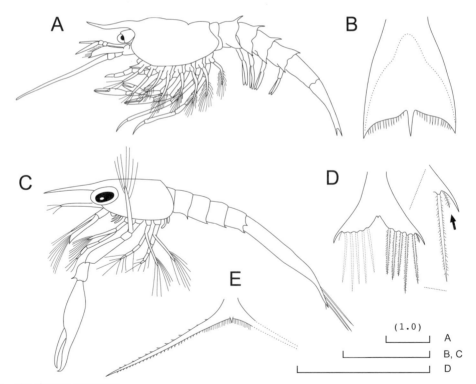

**図41　ザリガニ下目の幼生の例**
　　A：ミナミアカザエビ（*Metanephrops thomsoni*）の第1ゾエアの側面，B：同，尾節，C：ショウグンエビ（*Enoplometopus occidentalis*）の第1ゾエアの側面，D：同，尾節（矢印は異尾小毛），E：ヨーロッパアカザエビ（*Nephrops norvegicus*）の後期ゾエアの尾節。スケール上（）内数字の単位はミリメートル。AとBは内田・道津[332]，CとDは岩田・他[334]，EはSars[338]にもとづき作図。

# ショウグンエビ上科（Superfamily Enoplometopoidea）

　1科1属12種からなる小さな分類群で，かつては広義の旧アナジャコ下目（= アナエビ下目 + アナジャコ下目）に属していた。

## ショウグンエビ科（Family Enoplometopidae）

　日本産は1属4種で，1種で幼生記載があるが[341]，全期記載の例はまだない（科の幼生記載率25%）。これまでにショウグンエビ（*Enoplometopus occidentalis*）と大西洋産の別種（*E. antillensis*）で記載があるが[339, 340]，顎脚や胸脚などいくつかの形質で異なる。最も発生が進んだ8期以降でも腹肢原基がみられないことなどから，変態までの期数はこれより多いと思われる。なお，第1ポストラーバ（デカポディッド）とされる標本が，インド洋で採れたマグロ類の胃内容物から記載されている[341]。

【ゾエア】　図41（A-B）

　頭胸部：頭胸甲はほぼ同長の長い額棘をもつ。第2触角外肢は初期に先端に環節をもつ。第1小顎はショウグンエビでは内肢が単節で，原節は外肢毛をもたないが，別種（*E. antillensis*）では内肢が3節で，初期に外肢葉をもつ。第2小顎の内肢もショウグンエビは単節であるが，別種で5段からなる。顎脚は基部の底節が基節よりも短い。胸部付属肢については，ショウグンエビではふ化時すでに第1～3胸脚が発達し，とくに第1胸脚は長大な鋏脚となるが，同属の別種では5期から出現する。いずれのばあい，本科の特徴である長大な鋏脚（第1胸脚）はすでにみられる。

　腹　部：第1～4腹節の後下棘や第5腹節の後側棘は，種によって出現期が異なる。尾節は逆V字形で初期には異尾小毛をもち，3期からは尾肢が発達して尾扇を形成するとともに，中央棘が伸長する。上記の大西洋産の種ではさらに尾節の中央棘は1期ではないなど，初期において異なる。

【検索図】オトヒメエビ下目とザリガニ下目のゾエアの検索について，**検索図11**にまとめて示す。

# アナエビ下目（Infraorder Axiidea）

　本下目とアナジャコ下目は，かつての爬行類のなかで歪尾類の一部とされていたが，後に旧'ア
ナジャコ下目'（'Thalassinoidea'）として独立し，さらに近年2つの下目に分けられた。このよう
に分類上の位置が何度も変えられてきたが，ここでは Poore et al. [343] の分類をもとに述べる。なお，
ショウグンエビ属は旧アナジャコ下目からザリガニ下目に移された [344]。成体は一見エビ類に似る
が，額角および第2触角の外肢は，根鰓亜目やコエビ下目とは異なり，発達しない。また，ほとん
どの種の頭胸甲にタラッシナ線（linea thalassinica）とよばれる線状の非石灰化部がみられる。河
口の干潟域に棲息する種以外は，生態もよく知られておらず，幼生の記載も乏しい [345, 346]。なお，
アナエビ下目の8科中，幼生記載があるのは2科のみである。

　ここで用いる幼生期名は発生順に「ゾエア → ポストラーバ（… 稚エビ）」とする（アナジャコ
下目も同じ）。本下目とアナジャコ下目の幼生期の大まかな区分を表8にまとめた。

表8　アナエビ・アナジャコ下目の幼生期の区分表（アナジャコ科を基準にしたもの）

| 幼生期\体部位 | | ゾエア[※1] | | | ポストラーバ（第1期） |
|---|---|---|---|---|---|
| | | 前期 | 中期 | 後期 | |
| 頭胸部 | 第1触角 | – | – | 無節 | 分節 |
| | 第2触角 | 外＞内 | 外＝内 | 外＜内 | 外≪内 |
| | 大顎 | ur | ur | ur | ur |
| | 第1・2胸脚 | r | r | ch | ch |
| 腹部 | 腹肢 | – | r | rb | ＋ |
| | 尾肢 | – | ＋ | ＋ | ＋ |

ch：鉗脚，r：原基（または縮小），rb：二叉原基，ur：非分岐型，－：ない，'＋：ある（ま
たは有機能）。
※1：標準的な期数を5としたばあい，おおむね前期が1期，中期が2・3期，後期が
4・5期に相当。

ゾエアには原則として以下の共通点があげられる。

① 概形はエビ型で，頭胸甲の額棘は水平方向。
② 第1触角の原節はふ化時には分節せず，第2触角の外肢先端は初期から棘状に尖る。
③ 大顎の門歯状部と臼歯状部は明瞭に分かれず，可動葉片をもたない。
④ 第1小顎の内肢は3節以下で外葉葉をもたず，第2小顎の内肢は分節する。
⑤ 顎脚の基節は底節とほぼ等長か短い。
⑥ 尾節には中央棘があり，初期に異尾小毛をもつ。

　幼生は成体と同じく，一見コエビ下目に似るが，上記の②～⑤で異なる。概形は第1ポストラー
バ以後から成体に近くなる。なお，Gurney [1] は旧アナジャコ下目のゾエアを 'homarine gruoup' と
'anomuran group' に分けたが，前者はアナエビ下目，後者はアナジャコ下目にそれぞれ対応し，こ

れは遺伝子解析の結果ともほぼ一致する[347, 348]。発育段階の判別での参考となる形質の変化について，スナモグリ属（*Neotrypaea*）での例を付表 B-8 にまとめた。また，本下目の各科における幼生記載状況を付表 A-5 に示す。

## アナエビ科（Family Axiidae）

　日本産は 19 属 35 種で，2 属 2 種で幼生記載があり[349-351]，このうち 1 種は全期である（科の幼生記載率 6%）。抱卵雌が得にくいことなどもあり，これまでの幼生の記載例はプランクトン採集によるものが主である。わが国からの例はほとんどなく，海外でのふ化・飼育による例を参考に述べる。なお，倉田[350] が石狩湾のプランクトンから記載した未同定種（*Axius* sp. B）のゾエアは，ジュズヒゲアナエビ（*Boasaxius princeps*）のものと思われる。標準的なゾエア期数は 8 前後と思われる。短縮発生の種も知られている[345]。

【ゾエア】　図 42（A-B）

　頭胸部：頭胸甲は眼柄を越える額棘をもつ。第 1 触角は数本の長感覚毛と長い羽状毛をもつ。第 2 触角の内肢先端には 1 期に 3 本の羽状毛があり，外肢先端は棘状に尖る。第 1 小顎の内肢は 3 節（3 段と表現されるばあいもある）である。第 2 小顎の顎舟葉の後葉はふ化時に長い羽状毛をもつ。顎脚・胸脚は底節と基節がほぼ等長である。

　腹　部：第 2 〜 5 腹節に後方に湾曲した長い後背棘をもつ。尾節は後縁に中央棘があり，外側から 2 番目の尾棘は初期には異尾小毛となる。

【ポストラーバ（第 1）】

　頭胸部：頭胸甲の額棘は頭胸甲長の半分以下のやや扁平で幅広の額角となり，両側縁上に歯をもつ。頸溝はあるが，タラシナ線はまだ見られない。

　腹　部：各腹節の棘類はないか，あるいは退縮する。尾節は後縁が半円板状となり，中央棘はなくなる。

## スナモグリ科（Family Callianassidae）

　日本産は 7 属 14 種で，1 属 3 種で全期の幼生記載がある[352-355]（科の幼生記載率 23 %）。ほとんどの種が通常発生であるが，短縮発生も知られている[356]。一般にふ化幼生は水表面に捕捉されてへい死することが多く，飼育は困難である。標準的なゾエア期数は 5。

【ゾエア】　図 42（C-H）

　頭胸部：頭胸甲は長い額棘のみをもつ。第 1 触角は 1 期には数本の長感覚毛と 1 本の羽状毛からなるが，3 期以降は内肢が分化する。第 2 触角は外肢先端に棘をもつが環節はない。大顎はほぼ左右対称で，コエビ下目のように全体が細長くならない。第 1 小顎の内肢は 3 節からなる。第 2 小顎内肢の内側は 3 つに分葉する。顎脚の底節と基節がほぼ等長である。

　腹　部：第 2 腹節にほかより長く湾曲した後背棘をもち，尾節は後端に中央棘をもつ。

各論：アナエビ下目 / アナジャコ下目　　77

【ポストラーバ（第1）】 図43（I）

　頭胸部：体の概形は成体に近く，第1・2胸脚は鋏脚になり，生態的には潜砂行動も始まる。

　腹　部：第3〜5腹節の腹肢は有毛で機能的となる。尾節は平板状の四角形で，後縁の棘は退縮する。

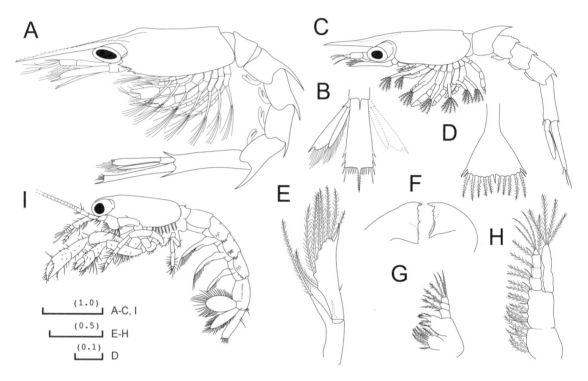

図42　アナエビ下目の幼生の例

　A：アナエビ科アナエビ属の一種（*Axius* sp.）の第5ゾエア側面，B：同，尾節，C：スナモグリ科のスナモグリ（*Nihonotrypaea petalura*）の第5ゾエア側面，D：同，第1ゾエアの尾節，E：同，第2触角，F：同，大顎，G：同，第1小顎，H：同，第1顎脚，I：同，メガロパの側面．スケール（）内数字の単位はミリメートル．AとBは倉田[350]，C〜Iは Konishi *et al.*[352]にもとづき作図．

# アナジャコ下目（Infraorder Gebiidea）

　成体の一般的な特徴はアナエビ下目に似る。一部の種が釣り餌あるいは地域的に食用とされる以外，産業重要種は知られていない。

　幼生は日本産の３科で記載があり，それらのゾエアには原則として以下の共通点があげられる。


① 体の概形はエビ型で，頭胸甲の額棘は水平方向。

② 第１触角の原節はふ化時には分節せず，第２触角の外肢は平板状で先端は初期から棘状に尖る。

③ 大顎の門歯状部と臼歯状部は明瞭に分かれず，可動葉片をもたない。

④ 第１小顎の内肢は３節以下で外肢葉をもたず，第２小顎の内肢は単節。

⑤ 顎脚の基節は底節より長い。

⑥ 尾節には中央棘がなく，初期に異尾小毛をもつ。


　アナエビ下目とは⑤と⑥の２点で異なる。また体型は異尾下目や短尾下目に似るが，頭胸部に対して腹部が太めで，おおよそ 2/3 以上であることが多く，やや細めの異尾下目とは異なる。

## アナジャコ科（Family Upogebiidae）

　日本産は６属20種で，１属３種で全期記載がある [222, 350, 357-359]（科の幼生記載率15%）。アナジャコ属（*Upogebia*）での標準的なゾエア期数は４または５。短縮発生の種も知られている [360, 361]。

**【ゾエア】　図43（A-E）**

　頭胸部：頭胸甲の額棘は眼柄を越え，腹部は後背棘や側棘をもたない。第１触角は２期から内外肢が分岐する。第２触角の内肢はふ化時に３本の羽状毛をもつ。大顎はほぼ左右対称で，門歯状部と臼歯状部ははっきり区分される。第１小顎の内肢は２または３節からなる。第２小顎の内肢は単葉で，顎舟葉の後葉はふ化時には未発達である。顎脚の底節は基節のほぼ 1/3 前後と短く，この点では異尾下目や短尾下目に似る。

　腹　部：尾節の輪郭は三角形で中央棘はない。

**【ポストラーバ（第１）】　図43（F）**

　頭胸部：頭胸甲の額棘は退縮し鈍端となり，タラシナ線は見られないものの，成体の特徴をほぼ備える。第１触角をはじめとする各付属肢も同様である。

　腹　部：腹肢は有毛で機能的となる。尾節は後縁の尾棘がなくなる。


## ハサミシャコエビ科（Family Laomediidae）

　日本産は４属９種。ハサミシャコエビ（*Laomedia astacina*），およびカギノテシャコエビ属（*Naushonia*）の一種で部分的な幼生記載がある [362, 363, 365]（科の幼生記載率11%）。海外産のカギテシャコエビ属の別種（*N. crangonoidea*）でのふ化・飼育とプランクトン標本を合わせた記載 [364]，およびスナシャコエビ属（*Axianassa*）の一種（*A. australis*）での記載 [368] を参考にすれば，標準的なゾエア期数は７または８となる。

【ゾエア】 図43（G）
　頭胸部：頭胸甲は細長く，額棘は短く上方に反り返り，複眼と口器がユメエビ科のように離れた位置にある。大顎および副顎は左側が鎌状で左右非対称であり，十脚目のなかでも特異な形態である。第1小顎は内肢が単節である。第2小顎は内肢が単節で小さく，顎舟葉は後葉がない点で，ヤドカリ上科に似る。
　腹　部：腹節の下縁には前方に強く曲がった鉤状の側棘があるのが特徴的である。尾節は中央部が深く切れ込んだ逆V字形である。

【ポストラーバ（第1）】
　頭胸部：第1胸脚は鎌状の指節をもつなど，ほぼ成体と同じ形状となる。
　腹　部：腹節の鉤状側棘はなくなり，尾節は尾棘のない楕円の板状となる。

## オキナワアナジャコ科（Family Thalassinidae）

　日本産は1属1種で，部分的な幼生記載がある [366, 367]（科の幼生記載率100%）。全期の記載例はまだなく，標準的なゾエア期数は不明。

【ゾエア】
　頭胸部：頭胸甲の額棘は眼柄を超える。大顎および副顎は左側が鎌状で左右非対称。第1小顎の内肢は単節。第2小顎の内葉や基・底節内葉は退縮傾向を示す。第2顎脚は内肢が外肢の3倍以上と著しく長く，これは今までのところ本科のみで知られる特徴である。
　腹　部：腹部は第3・4腹節にそれぞれ一対の短い後側突起をもつ。尾節は三角形。

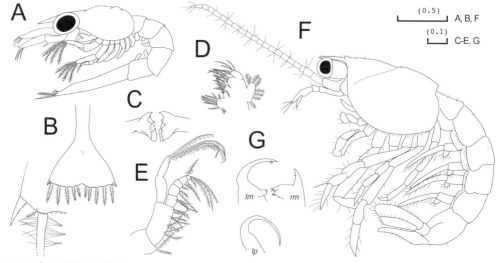

図43 アナジャコ下目の幼生の例
　A：アナジャコ科のアナジャコ（*Upogebia major*）の第1ゾエア側面，B：同，尾節と後側縁の拡大，C：同，大顎，D：同，第1小顎，E：同，第1顎脚，F：メガロパの側面，G: *Naushonia* 属の一種の大顎と左下唇（副顎）。スケール（）内数字の単位はミリメートル。各図はKonishi [357, 365] にもとづき作図。

【検索図】アナエビ下目とアナジャコ科目のゾエアの検索について，まとめて**検索図12**に示す。

# イセエビ下目（Infraorder Achelata）

　かつては３つの科からなっていたが，ヨロンエビ科がイセエビ科に組み入れられて２つの科となり，センジュエビ上科は独立した下目となった[369]。種数はそれほど多くないものの，食用としての水産重要種が多いため，長年にわたり水産資源および増養殖の研究対象となってきた。わが国でもすでに明治初期から研究があり[370-372]，また幼生についての総説もいくつかある[373, 378, 393, 435, 451, 465, 480, 498]。

　幼生の形態がとくに十脚目のなかでも特異なため，幼生期名も他下目とは区別して使われてきた。ここで用いる幼生期名は発生順に「**フィロソーマ → プエルルスまたはニスト（… 稚エビ）**」とする。また，フィロソーマについては，その形態的特徴から，体を「頭部，胸部，腹部」に区分する。本下目の幼生期の大まかな区分を**表９**にまとめた。また，本下目の各科における幼生記載状況を**付表 A-6** に示す。

表9　イセエビ下目の幼生期の区分表（イセエビ科を基準にしたもの）

| 体部位 | 幼生期 | フィロソーマ[※1] | | 後期1[※2] | プエルルス[※3] |
|---|---|---|---|---|---|
| | | 前期 | 中期 | 後期1[※2] | プエルルス[※3] |
| 頭部 | 棘類 | + | + | + | -/r |
| | 第1触角 | − | − | 無節 | 分節 |
| | 第2触角 | 外＞内 | 外＝内 | 外＜内 | 外≪内 |
| 胸部 | 第3顎脚 | r | r | ch | ch |
| | 第1・2胸脚 | + | + | + | + |
| | 第3・4胸脚 | + / − | + | + | + |
| | 第5胸脚 | − | + / − | + | + |
| 腹部 | 腹肢 | − | r | rb | + |
| | 尾肢 | − | + | + | + |

ｒ：原基（または縮小），−：ない，＋：ある（または有機能）。
※１：標準的な期数を 10 としたばあい，おおむね前期が１〜３期，中期が４〜７期，後期が８〜10 期に相当。※２：最終期には胸部に鰓原基が出現する。※３：第１ポストラーバ（セミエビ科ではニスト）。

　フィロソーマの飼育は 1970 年代までは非常に難しかったが，その後の飼育技術の進展によりふ化からの連続飼育の成功例も増えていった。さらにプランクトン標本の DNA 解析による同定も盛んに行われるようになった[374-377]。フィロソーマには原則として以下の共通点があげられる。

① 概形は葉体型で，頭部や胸部に比べて腹部は通常かなり小さく，複眼にはふ化時から柄部があり，ノープリウス眼も中期まではみられる。
② 第１触角の原節はふ化時には分節せず，第２触角は尖棒状で分節しない。
③ 大顎は先端に向けて偏平で，門歯状部と臼歯状部の間には櫛状に棘列をもつ。
④ 第１小顎の内肢はないかまたは小突起としてみられ，第２小顎の内肢は退縮する。

⑤ 第 1 顎脚は原基状で，胸脚の外肢で遊泳し，変態直前の最終期に鰓原基が出現する（ヨロンエビ属を除く）。

⑥ 尾節は半円形。

　これらのなかで，⑤については顎脚で遊泳するゾエアとは異なるが，「胸部付属肢による遊泳」という Williamson [9] の定義に合致するため，ゾエア相当期とされる。ラテン語名の「phyllosoma（＝葉のような体）」のとおり特徴ある外見のためか，プランクトン研究の黎明期の 18 世紀後半から知られ [378]，19 世紀後半に Dohrn [379] がセミエビ類のふ化・飼育によって立証するまでは，浮遊性の種として扱われていた。なお，短縮発生の例は知られていない。頭胸甲は上述のように背腹に偏平で，通常は胸部全体を覆わず，頭甲あるいは頭盾とよばれる。また，頭甲を含めた頭部を前体部（forebody），胸部と腹部を合わせた後方を後体部（hindbody）とよぶことがある。イセエビ科のように脱皮回数が多いばあい，齢と期の乖離も大きい。たとえば，イセエビ属のフィロソーマは形態上 10 期または 11 期に区分されるが，飼育下で観察されたイセエビではプエルルスまでの脱皮回数が 20 ～ 31 回，到達日数は 231 ～ 417 日と個体変異が大きい [380]。よって天然でもかなりの変異幅があると思われる。また，飼育による個体は天然より小型になる傾向が知られている [382]。第 1 ポストラーバであるプエルルスまたはニストの外観は成体に似るが，口器は未発達で摂食せず，生理学的にみても幼体ではない [381]。

## イセエビ科（Family Palinuridae）

　日本産は 6 属 20 種。6 属 17 種で幼生記載があり [382-434]，このうち 7 種は全期記載である（科の幼生記載率 85%）。食用種が半分近くあり，わが国では増養殖をめざした技術開発が地道に進められてきた [435-437]。発育段階の判別での参考となる形質の変化について，イセエビ属での例で，松田 [414] による 10 期としたばあいを付表 B-9 に示す。なお，松田 [414] は付属肢等の形質ではなく，体長 5mm と 15mm を境として初・中・後期を区分している。本科ではとくに属にまで下げたレベルとし，イセエビ属から順に解説する。

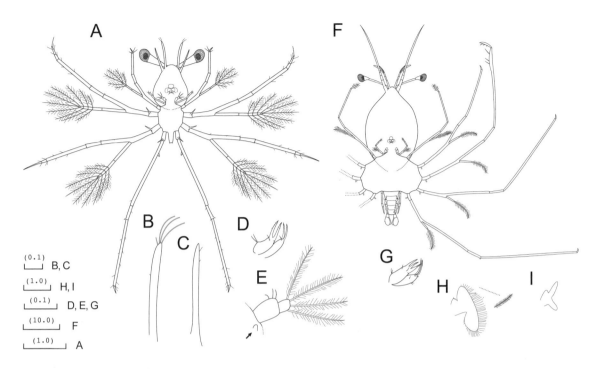

**図44** イセエビ科イセエビ属におけるフィロソーマの例
　　A：イセエビ（*Panulirus japonicus*）の第1期フィロソーマの腹面，B：同，第1触角，C：同，第2触角，D：同，第1小顎，E：同，第2小顎（矢印は第1顎脚の原基），F：同種の第10期フィロソーマの腹面図，G：同，第1小顎，H：同，第2小顎，I：同，第1顎脚．スケール（ ）内数字の単位はミリメートル．A〜Eは三重県産の抱卵雌からの標本，F〜Iは黒潮沿岸域のプランクトン標本による．

## イセエビ属（*Panulirus*）

水産重要種を多く含む．標準的なフィロソーマの期数は10である．

【フィロソーマ】　図44（A-I）

　**頭部**：頭甲は初期には洋ナシ形で胸部よりも幅が大きいが，中期以降は前後に長い楕円形となり，胸部より小さくなるグループと，逆に大きくなるグループに分かれる．第1触角は棒状で先端に感覚毛をもち，4期以後に分節する．第2触角の柄部は中期から分節する．図45で示すように上唇，大顎，副顎，第1小顎が口器を形成している．第1小顎は内肢を欠き，底節内葉と基節内葉からなり，後者前端の2本の犬歯棘は6期から3本となる．第2小顎は2節からなり，初期から中期にかけて基節部の前縁に2または3本の短い単純毛を，顎舟葉に相当する先端節は4本の羽状毛をもつ．第1顎脚は変態まで原基のままである．第2顎脚は初期には内肢のみであるが，後期に外肢原基をもつ．

　**胸部**：第3顎脚に外肢をもち，この点でわが国沿岸に分布するセミエビ科と判別できる．なお，南半球に棲息するミナミイセエビ属（*Jasus*）は外肢をもたないが[438, 439]，チヒロミナミイセエビ属（*Projasus*）では外肢がある[440]．胸脚は第1〜3胸脚が1期から発達し，遊泳毛をもった外肢がある．第3顎脚と胸脚の根元腹面には底節棘（coxal spine）があるが（'基節棘'とする

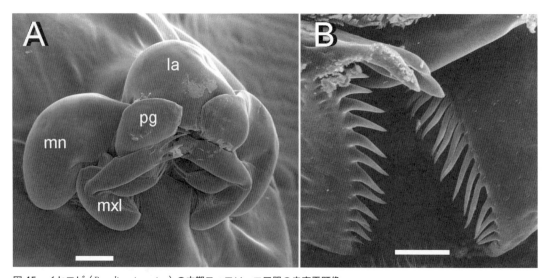

図 45　イセエビ（*Panulirus japonicus*）の中期フィロソーマ口器の走査電顕像
　　　　A：全体，B：大顎先端。スケールは 0.2mm。図中の略号は，la: 上唇, mn：大顎, mxl：第 1 小顎, pg：副顎。

例もある），後期までに退縮する。また，胸脚の関節部に外肢下棘（subexopodal spine）をもつことがある。第 4・5 胸脚は中期から原基が出現し，伸張して機能的となる。なお，本属を含めイセエビ科では第 5 胸脚に外肢はない。

**腹部**：体全体からみてかなり小さい。尾節は初期には原基の状態で，中・後期から発達する。

【プエルルス】

概形は成体とほぼ同じであるが，初期において透明で，稚エビへと脱皮するまでに体の前方から色素が沈着していく。第 2 触角の鞭状部の先端節の形状にいくつかのパターンがある。口器は未発達で，次の稚エビまで摂食行動はみられない。

## イセエビ属フィロソーマのグループ分け

イセエビ属の成体は George & Main [441)] により 4 つのグループに分けられ，この内の 3 つがわが国沿岸に棲息している。幼生についてこれらのグループに対応するフィロソーマの特徴をまとめると次のようになる（図 46）。

　'*longipes*' グループ：初期から中期にかけてのフィロソーマの第 2 小顎の基節部にある剛毛は 3 本で，後期の頭甲の輪郭はレモンの実のような前後につき出た楕円形で，第 2 触角の先端は尖り，胸脚に外肢下棘はない［イセエビ，カノコイセエビ（広義），アカイセエビ］

　'*penicillatus*' グループ：初期から中期にかけてのフィロソーマの第 2 小顎の基節部にある剛毛は 2 本。後期の頭甲の輪郭は前方にやや拡がったウチワのような楕円形で，第 2 触角の先端は尖り，胸脚に外肢下棘はない［シマイセエビ］

　'*homarus*' グループ：初期から中期にかけてのフィロソーマの第 2 小顎の基節部の剛毛は 3 本。後期の

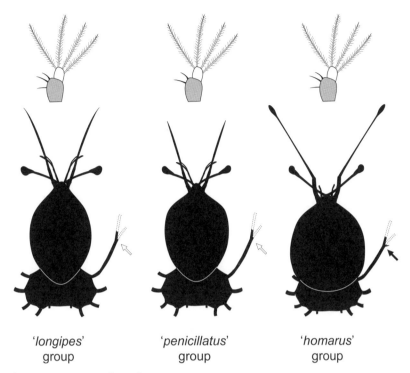

**図 46　イセエビ属フィロソーマの3グループ**
初期の第2小顎基部の前縁毛（上段）と後期の概形（下段）のちがい模式的に示す．矢印は外肢下棘．Berry [419]，井上 [411]，松田 [414]，Minagawa [424]，Matsuda *et al.* [425] を参考に作図．

頭甲の輪郭は幅広い楕円形で，胸脚に外肢下棘をもち，第2触角の先端がヘラ状となるばあいがある［ケブカイセエビ，ニシキエビ，ゴシキエビ］

## ウデナガリョウマエビ属 (*Justitia*) とリョウマエビ属 (*Nupalirus*)

　これら2属は以前，1属にまとめられていたが，再び2属に戻された．両属の幼生は酷似しており，まとめて扱う．イセエビ下目のラテン語名「Achelata」は鋏脚がないという意味であるが，リョウマエビ属の成体雄は第1胸脚の先端が亜鋏となる．プランクトンにもとづき10期に区分されているが，ふ化直後の1期はまだ知られておらず，また変態後のプエルルスも未記載である．

### 【フィロソーマ】　図47（A～E）

　頭部：頭甲の輪郭は楕円形であるが，リョウマエビ属よりウデナガリョウマエビ属のほうがやや幅広い．口器を構成する付属肢は基本的にイセエビ科と同様であるが，リョウマエビ属の後期において第1小顎の内肢が小突起としてみられる．

　胸部：概形は五角形で，第3胸脚間の下縁中央部が凹んでおり，この点でイセエビ属やワグエビ属と異なる．第3顎脚および胸脚の底節棘と外肢下棘はなく，また中・後期に第1および第3胸脚の先端が鋏状に，第2胸脚の先端は亜鋏状となるのが特徴である．本属では抱卵雌からのふ化による記載例はまだなく，これまでのプランクトン標本の同定は形態比較などにもとづいていたが，その根拠の1つには成体の亜鋏状の第1胸脚が幼生でも対応しているとの論理も

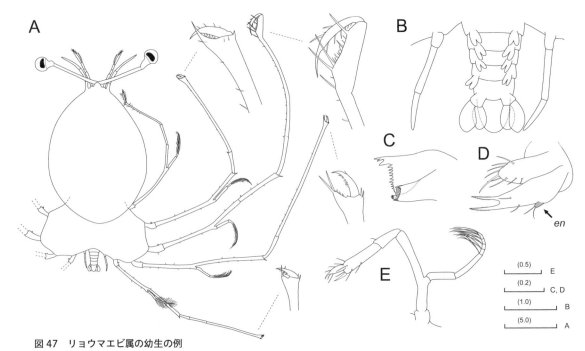

**図 47　リョウマエビ属の幼生の例**
　琉球列島沖で採集されたリョウマエビ（*Nupalirus japonicus*）の 8 期フィロソーマ。A：全体の背面，B：同腹部と第 5 胸脚の腹面，C：大顎，D：第 1 小顎（en：痕跡的な内肢），E：第 2 顎脚。スケール上（）内数字の単位はミリメートル。Konishi *et al.* [385]より抜粋。

あったと思われる。ただし，鋏状の胸脚についてはワグエビ属の後期フィロソーマでも知られており，本属だけの特徴とはならない。

**腹部**：後期に第 2～5 腹節は腹肢原基を，また第 6 腹節の尾肢原基は尾扇を形成する。

### ハコエビ属（*Linuparus*）

　ふ化後の 1 期と，プランクトン採集に基づく 4 期フィロソーマが知られているだけで[387,388]，中期以後の発育段階は，プエルルスも含めてまだ不明である。

【フィロソーマ】

**頭部**：頭甲の輪郭は初期と中期においてクリ形であり，縦長の楕円形のイセエビ属とは異なる。また 1 期の平均体長はハコエビのばあい，2.58mm または 2.55mm とイセエビ属の倍近くある[390,392]。ただし，これは本属が 1 期から大きいというよりは，むしろイセエビ属が科の中で小型であると考えるのが適切かもしれない。第 1・2 触角は眼柄より短い。第 1 小顎の内肢は後期に小突起としてみられる。第 2 小顎の先端節の周縁毛は 1 期ですでに 6 本と多く，中期まで 4 本のままである他属とは異なる。

**胸部**：第 3 顎脚と胸脚には底節棘と外肢下棘がある。第 4 胸脚だけでなく，第 5 胸脚の原基もすでに 1 期からみられる。

**腹部**：尾節は初期・中期において後端両側に尾突起をもつ。

### ワグエビ属（*Palinustus*）

わが国においてフィロソーマの記載例はない。また，現在までにふ化・飼育あるいは DNA 解析による同定の例もなく，プランクトン採集による後期の断片的な記載[442]のみである。

【フィロソーマ】 図 48（B）

頭部：頭甲は後期においてややうちわ状に拡がった楕円形で，背面の前縁部には表皮隆起（cuticular elevation），あるいは鈍端の額角対（blunt-horns）をもつ（図 49B，矢印）。この形質は今のところ本属にのみ知られている。ただし，幼生記載でのフィロソーマの図は慣例的に腹面から描かれることが多いため，背面の突起類についての情報は少ない。よって今後，この形質が再検討される可能性がある。第 1 触角は第 2 触角の柄部より長く，かつ第 2 触角の柄部には棘がある。第 1 小顎は内肢をもたないが，該当する位置に長めの剛毛がある。

胸部：第 3 顎脚および胸脚には底節棘および外肢下棘をもつ。上述の本属の一種で最終期が記載された例では，第 5 胸脚以外の胸脚先端は鋏状または亜鋏状となる。これは最近までリョウマエビ属の特徴とされてきたものである。ちなみに，本属の成体は亜鋏状の胸脚をもたない。これらの鋏あるいは亜鋏状の胸脚が幼生の一時期だけのものかどうか，連続飼育などを含めた今後の研究がまたれる。いずれにせよ，リョウマエビ属とは他の形質が異なるので判別は可能である。参考までに，表 10 にイセエビ科の 5 属について主要なフィロソーマの形質を比較したものを示す。

腹部：イセエビ科の他属と同様である。

表 10　イセエビ科の 5 属の中・後期フィロソーマの形質比較※1

| 属名 | 頭甲 | | | 胸部 | 第 3 顎脚 | | 第 1 胸脚 |
|---|---|---|---|---|---|---|---|
| | 輪郭 | 覆う範囲 | 背面額角対 | 後縁の凹み | 底節棘 | 外肢下棘 | 亜鋏 |
| イセエビ属（*Panulirus*） | 楕円形 | 頭部～胸部 | − | 第 4 胸脚間 | + | − / + | − |
| リョウマエビ属（*Justitia*） | 洋梨形 | 頭部～胸部 | − | 第 3 胸脚間 | − | − | + |
| ワグエビ属（*Palinustus*） | 団扇形 | 頭部～胸部 | + | 第 4 胸脚間 | + | + | + |
| クボエビ属（*Puerulus*） | 円形 | 頭部～腹部 | − | − | + | − | − |
| ヨロンエビ属（*Phyllamphion*） | 四角形 | 頭部～腹部 | − | − | + | − | − |

＋：ある，−：ない。※1：ハコエビ属（*Linuparus*）では中・後期が知られていない

【プエルルス】

室戸岬からワグエビ（*Palinustus waguensis*）とされる個体が採集されている[394]。また，アフリカ東岸からの記載例がある[444]。これらによれば，第 1 触角が長い第 1 節をもち，かつ第 2 触角の柄部先端を超える，頭胸甲の前部に 1 対の截形角をもつなど本属成体の特徴が認められる。

### クボエビ属（*Puerulus*）

幼生名のプエルルスと同じで紛らわしい属名である。幼生記載はプランクトン標本にもとづく断片的なものがほとんどである。なお，Prasad & Tampi[445]は本属の一種（*Puerulus sewelli*）のふ化

直前胚を解剖し，彼らが以前にプランクトンから記載した個体[428]と比較して，この種の1期としたが，後にふ化・飼育による研究から他属とされた[446]。プランクトン標本にもとづき11期に区分されている。プエルルスはまだ知られていない。

【フィロソーマ】 図48（A）

**頭部**：頭甲は後期になるとほぼ円形で，後縁が胸部すべてと腹部の半分以上を覆い，背面からはまるで円盤状の頭甲だけがあるように見える。このように頭甲が大きい幼生は，次のヨロンエビ属とともに，フィランフィオン（phyllamphion）とよばれていたことがある。この幼生名は19世紀半ばにReinhardt[447]がフィリピンのルソン島付近で採集し記載した'新種'にさかのぼる。上述の海外産の種では，ふ化時の体長は平均2.4mmである。第1触角は先細な棒状であり，第2触角には根元に近い外側に1本の太い棘がある。第1小顎は単節の内肢を1期からもつ。第2小顎は基節に4本の剛毛，また顎舟葉に相当する先端節には6本の周縁毛がある。

**胸部**：第3顎脚と胸脚には初期に底節棘をもつが，外肢下棘はない。

**腹部**：イセエビ科の他属と同様であるが，初期から尾肢原基がみられる。

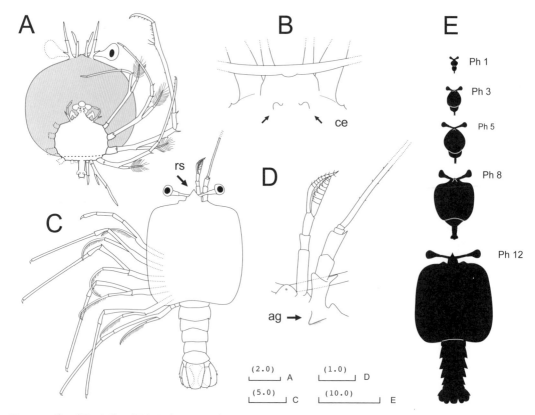

図48　ワグエビ属，クボエビ属およびヨロンエビ属の幼生の例
　　A：クボエビ属（*Puerulus*）の後期フィロソーマの腹面，B：ワグエビ属（*Palinustus*）の中期フィロソーマの頭甲前縁の背面拡大図，C：ヨロンエビ属（*Phyllamphion*）の中期フィロソーマの背面，D：同触角部分の拡大図。図中の略号は，ag：触角線開口部の突起，ce：表皮隆起，rs：額角。スケール上（）内数字の単位はミリメートル。AはJohnson[387]，BはGurney[496]，EはMichel[434]およびSims[497]を参考に作図。CとDはマリアナ海域のプランクトン標本にもとづく。

### ヨロンエビ属（*Phyllamphion*）

　プランクトン標本にもとづき 12 期に区分されているが，まだふ化・飼育による全期記載の例はない。上述のようにこれまで幼生名として使われていたが，最近になって，原記載にもとづき，これまでの *'Palinurellus'* に代わり成体の属名となった[448]。

### 【フィロソーマ】　図 48（C ～ E）

　**頭部**：頭甲の輪郭は初期には洋ナシ形であるが，中期以降は丸四角形となるのが特徴である。とくに後期には後縁が胸部のほとんどを覆い，この点でイセエビ科の他属とは概形が異なる。また，頭甲の前端に明瞭な額角をもつ点で他のイセエビ下目の幼生と容易に判別できるが，この特徴がはっきりするのは 3 期以降である。第 1 触角は内側に 1 棘をもつ。第 2 触角はふ化時から二分岐する。第 1 小顎に単節の内肢が 1 期からある。第 2 小顎は基節に 3 本の剛毛を，先端節（顎舟葉に相当）に 5 本の周縁毛をもつ。第 1・2 顎脚はイセエビ属と同じである。

　**胸部**：第 3 顎脚の基本的な形態は底節棘をもつなど，イセエビ属と同じである。胸脚は 1 期から第 4 胸脚の原基がみられる。

　**腹部**：初期には細長い棒状で後側端に 1 対の尾棘をもち，中・後期から腹節が明瞭となり，腹肢や尾肢の原基が発達する。本属では鰓原基は最終期より早期に出現するのが特徴である。なお，一般にフィロソーマは生時，体の透明さが特徴のひとつであるが，本属やリョウマエビ属では橙色の色素斑がみられる[449]。

### 【プエルルス】

　わが国からの報告例はないが，南太平洋のポリネシア海域から本属と思われるプエルルスが記載されている[397]。

## § メモ：プランクトン標本の手強さ

　天然幼生の採集のみにもとづく論文で，たとえば「本種の第 2 ～ 9 期フィロソーマを採集し…」と書かれているものの，その結論に至った具体的な根拠が述べられていないことは意外に多い。おそらくは専門家が読むぶんには周知のこととして省かれてきたのであろう。この方法では，標本の形態の類似度や大きさによってグループ分けし，さらに可能ならば，想定される成体の地理分布や繁殖期などを参考にして種の同定と発育段階の再構成を行うことになる。イセエビのように浮遊期が長期でかつ広域にまたがるばあい，成体の分布との関連づけが難しくなるため，誤同定の可能性も少なくはない。さらに現実のプランクトン標本では，採集時の損傷や固定時の付属肢脱落などで不完全な状態が多々ある。このように不利な条件下では，ときに科レベルですら判別が困難なばあいがある。実際のところ，このような種では研究データが増えるにつれ，同定結果が二転三転している例もある。この一方，形態だけにもとづく古い論文の同定が新しい DNA 解析によって再確認される例もあり，このようなときは経験に支えられた研究者の鑑識眼に敬服させられる。よって原著論文を読むときは，種の同定も含めて発育段階がどのような手法で記載されたかも大切なポイントとなる。

## セミエビ科（Family Scyllaridae）

　日本産は 12 属 20 種。この内 9 属 15 種で幼生記載があり [387, 389, 398, 415, 416, 419, 450-485]，このうち 8 種は全期である（科の幼生記載率 75%）。分布はイセエビ科とは異なり，日本海側沿岸にも棲息する。フィロソーマの特徴として，第 3 顎脚に外肢がなく，あっても後期で小さな原基の状態に止まることがあげられる。また後期での平板状の第 2 触角など，同じフィロソーマでもより成体型を想起させる。大きさは一般にイセエビ科より大きく，後期フィロソーマは体長で 70mm を超える例があるなど，肉眼でも容易に見つかることが多い。このため，古くからその存在が知られており，De Haan [455] が '*Phyllosoma guerini*' の名で記載した，ウチワエビと思われるフィロソーマは，日本産の十脚甲殻類の中で最古の幼生の記録である。発育段階の判別への参考となる形質の変化について，ウチワエビ属のばあいを付表 B-10 に示す。なお生態面では，一部の種のフィロソーマはクラゲ類に付着して移動し，ときには傘部を摂食する習性がある [486-488]。

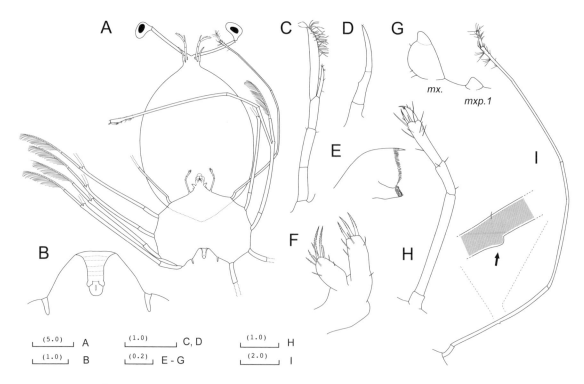

図 49　セミエビ属の後期フィロソーマの例
　　A：全体の腹面，B：腹部の拡大，C：第 1 触角，D：第 2 触角，E：大顎，F：第 1 小顎，G：第 2 小顎（mx.）と第 1 顎脚（mxp.1），H：第 2 小顎，I：第 3 顎脚。スケール（）内数字の単位はミリメートル。張・他 [498] を改変作図。

## セミエビ亜科（Subfamily Arctidinae）

　わが国では 2 属 3 種が分布し，どちらの属も幼生記載がある。標準的なフィロソーマの期数は 9 である。本亜科の 2 属のフィロソーマはかなり形態が異なるため，属別に解説する。

【フィロソーマ】　図 49（A-I）

### カザリセミエビ属（*Arctides*）

頭部：頭甲の輪郭は初期から中期にかけては洋ナシ形で，後期には細長い楕円形となり，胸部より幅小のため一見イセエビ属に似ている。参考までに 4 つの亜科の初期と後期の概形変化を図 50 に示す。第 1 触角は棒状で第 2 触角より長いが，後期にはやや短くなる。第 2 触角は初期には 2 叉の棒状で，後期に平板状となる。第 1 小顎は内肢が退化し，初期において基節内葉は犬歯棘を 3 本，底節内葉は 2 本の剛毛をもつ。第 2 小顎は初期には 2 節からなり，先端部に 3 本の羽状毛をもち，後期には先端部が葉状に拡がる。第 1 顎脚は後期になって原基が出現し，最終期には 3 葉形となる。第 2 顎脚は初期と中期には単枝であるが，後期に外肢原基をもつようになる。

胸部：第 3 顎脚は外肢をもたないが，後期になると外肢原基が小さな疣状突起として認められる。胸脚には外肢下棘がなく，第 3 胸脚の指節は後期になると細棘をもった長鎌状で目立つ。第 5 胸脚は後期に発達し有毛外肢をもつ，この特徴は後述のセミエビ属の一部やウチワエビ亜科のゾウリエビ属とも共通する。胸部の後縁中央部は後期に前方（上方）に向かって凹む。

腹部：腹部は初期ではほぼ前後幅が等しく，後期になるとやや前方が幅広となる。また中期以降に腹肢原基が発達する。

### セミエビ属（*Scyllarides*）

頭部：頭甲の輪郭は初期から中期にかけては洋ナシ形で，後期には楕円形となる。第 1 触角は棒状で常に第 2 触角より長いが，後期にはやや短くなる。第 2 触角は初期には 2 叉の棒状で，後期に平板状となる。大顎はイセエビ科と同様である。第 1 小顎は，内肢が退化し，初期において基節内葉は 3 本，底節内葉は 2 本の棘をもつ。第 2 小顎は初期には 2 節からなり，先端部に 3 本の羽状毛をもち，後期には先端部が葉状に拡がる。第 1 顎脚は後期になって原基が出現し，最終期には 3 葉形となる。第 2 顎脚は初期と中期には単枝であるが，後期に外肢原基をもつようになる。

胸部：第 3 顎脚は外肢をもたないが，後期になると外肢原基が疣状突起として認められる。胸脚には外肢下棘がなく，第 3 胸脚の指節は後期になると細棘をもった長鎌状でとくに目立つ。第 5 胸脚は後期に有毛外肢が発達するか原基がみられる。後期における胸部後縁の凹みが，第 4 胸脚間にあり，かつ第 5 胸脚で有毛外肢が原基状の種（セミエビ等）と第 5 胸脚間にあり，かつ第 5 胸脚に有毛外肢をもつ種（*S. aequinoctialis* 等）の 2 グループに分かれる。

腹部：腹部は初期ではほぼ前後幅が等しく，後期になるとやや前方が幅広となる。また中期以降に腹肢原基が発達する。

各論：イセエビ下目 / センジュエビ下目　　91

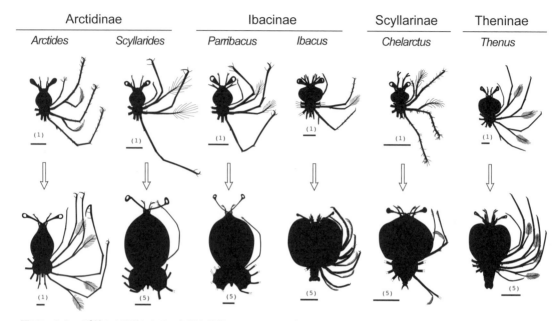

図50 セミエビ科の4亜科における初期と後期のフィロソーマ概形
左から，カザリセミエビ属（*Arctides*），セミエビ属（*Scyllarides*），ゾウリエビ属（*Parribacus*），ウチワエビ属（*Ibacus*），ヒメセミエビ属（*Chelarctus*），ウチワエビモドキ属（*Thenus*）の1期と後期と最終期の比較。スケール（）内数字の単位はミリメートル。Coutures [450], Johnson [387], 張・他 [465, 498], 道津・他 [459, 460], Konishi & Sekiguchi [469], Higa & Shokita [470], Mikami & Greenwood [485] を参考に作図。

【ニスト】イセエビ科と同じく，概形はほぼ成体に近く，かつ次の稚エビになるまで摂餌をしない。以下，ほかの亜科でも同様である。

## ウチワエビ亜科（Subfamily Ibacinae）

日本産は2属4種。食用種として，ウチワエビ（*Ibacus ciliatus*）があり，増養殖のための種苗生産技術の開発も行われてきた [489-491]。また，ゾウリエビ（*Parribacus japonicus*）が一部地域で食用に漁獲されている。標準的なフィロソーマの期数は，ウチワエビ属が7，ゾウリエビ属は11以上である。本亜科の2属はかなり形態が異なるため，属別に解説する。なお，ゾウリエビ属のニストについての記載は現在まで1例だけである [468]。

【フィロソーマ】

### ウチワエビ属（*Ibacus*）

頭部：頭甲の輪郭は初期には横長の楕円形で，後期になると横方向に張り出し，前縁中央部は強く凹んで，輪郭は2葉のハート形となる。また，中期から頭甲前縁の第2触角基部近くの背面には1対の小歯が出現する。第1触角と第2触角どちらも初期から2叉型である。口器を形成する大顎〜第1小顎，および第2小顎〜第3顎脚は本科の他種と同様に発達する。

胸部：すべての胸脚に外肢下棘をもち，指節はすべてほぼ等長であり，また中期以降には外肢をもつ。ふ化時から第4・5胸脚の原基があるなど，全体的に後述のウチワエビモドキ属（*Thenus*）

に似る。

腹部：腹部は後期になると幅が拡がり，後述のヒメセミエビ亜科やウチワエビモドキ属のように胸部の半分以上となる。


## ゾウリエビ属（*Parribacus*）

頭部：頭甲は初期に洋ナシ形であるが，後期において前方に向けてやや拡がった倒卵形になる。第1触角は初期には棒状，後期に分節する。第2触角は初期に二叉型で，中期に内分枝が退縮し剣状に尖った突起となるが，後期になると下部の外側に小突起をもち，最終期には分節して大きく拡がる。口器を形成する大顎～第1小顎，および第2小顎～第3顎脚は，本科の他種と同様に発達する。

胸部：1期には頭部幅より小さいが，中・後期にはほぼ同幅となる。胸脚には外肢下棘がなく，第5胸脚は中期以降に伸長し，有毛外肢をもつ。胸脚の指節はプランクトン標本での欠損が多いため記載は稀であるが，短い鉤状で，各胸脚でほぼ等長と推定される。

腹部：腹節は中期でも，頭部・胸部に比して著しく小さく，腹肢原基も後期まで発達しない。


## ヒメセミエビ亜科（Subfamily Scyllarinae）

本亜科では学名の変更が多く，過去の幼生論文でも実際に記載された種が何であったかが問題になることが多い。たとえば，フタバヒメセミエビ（*Crenarctus bicuspidatus*）における過去のフィロソーマ記載については，これらの一部は別種か，逆に別種で記載されたものが本種であった可能性も指摘されている[470]。これは本亜科に限ったことではなく，プランクトン標本だけにもとづく記載の宿命ともいえる。標準的なフィロソーマ期数は8または9。

【フィロソーマ】　図51（A～H）

頭部：頭甲は初期には，やや上下に縮まった洋ナシ形あるいは菱形の輪郭であるが，後期では下方あるいは横が幅広の楕円形となる。第1触角は棒状で，初期には第2触角より長い。第2触角は初期・中期まで単枝状であるが，最終期には小さな外肢原基がみられる。第1小顎の内肢は退化し，基節内葉と底節内葉からなる。第2小顎は2節からなり，初期には顎舟葉にあたる先端節に4本の羽状毛をもつ。第1顎脚は中期以降に原基が出現し，最終期には2葉型となる。第2顎脚の外肢原基は中期から出現する。

胸部：第3顎脚の外肢原基は後期から出現する。胸脚は外肢下棘をもち，指節は後期においてもほぼ等長である。また第5胸脚は外肢をもたない。

腹部：初期には頭甲や胸部に比して小さいが，後期になると前方に向かって幅が拡がり，最終期には頭甲幅の半分以上に達して，体全体に対する比率が大きくなる。尾節は初期において後側方に太く湾曲した棘をもつ。

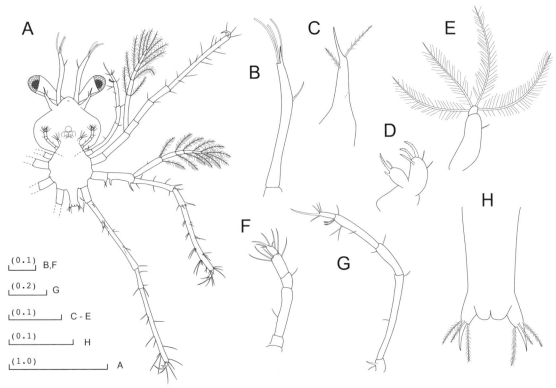

図51　ヒメセミエビ（*Chelarctus cultrifer*）の第1期フィロソーマ
A：全体の腹面，B：第1触角，C：第2触角，D：第1小顎，E：第2小顎，F：第2顎脚，G：第3顎脚，H：腹部。スケール（）内数字の単位はミリメートル。三重県産の抱卵雌からの標本にもとづく。

## ウチワエビモドキ亜科（Subfamily Theninae）

　本亜科ではふ化時からすでに第5胸脚や尾肢の原基をもち，これについては，一般に幼生期が長いイセエビ下目の中では短縮発生的な傾向がみられるとの意見もある[492]。標準的なフィロソーマ期数は4で，かつ期と齢はほぼ一致する。

## ウチワエビモドキ属（*Thenus*）
【フィロソーマ】
　頭部：頭甲の概形は初期において横に幅広く，胸部幅の約2倍あり，また第3顎脚の基部までを覆う。後期にはウチワエビ属と同様，前縁中央部が凹んだハート形となる。第1触角は棒状で初期には中央部の内側に微小な突起がある。第2触角は初期には第1触角はふ化時では半分以下の長さでかつ棒状であるが，最終期である4期にはほぼ等長でかつ平板状となる。口器および第1小顎〜第2顎脚に至る付属肢は，本科の共通パターンで発達する。
　胸部：第3顎脚は中期から外肢原基が出現する。胸脚は外肢下棘をもち，それぞれ先端に鉤状の指節をもつが，セミエビ属などのように特定の胸脚で長鎌状にはならない。第5胸脚は外肢をもたない。

**腹部**：後期になると前方に向かって腹節幅が拡がった逆台形となり，胸部に比して大きな比率を占めるようになる。

【検索図】イセエビ下目のフィロソーマの検索について，初期を**検索図13〜14**に，中・後期を**検索図15〜16**に示す。


# センジュエビ下目（Infraorder Polychelidea）

すべて深海産で，中生代に浅海で棲息していたエリオン上科（Superfamily Eryonoidea）のいわゆる生きた化石として現世では1科のみが知られる。球状に膨らみ多数の棘をもつ特異な形状のためか，稀産であるにもかかわらず，海外では幼生も含め切手図案にまでなっている[499]。眼柄はあるが複眼は退化し，第1〜4胸脚（属によっては第5胸脚まで）が鋏脚となっているのが特徴である。生活史も含めた生態はほとんどわかっていない。幼生に関する知見は，とくにゾエア相当期がきわめて少なく，他下目のように共通点を示すことはできないが，今までのところ以下の特徴があげられる。

① 概形はカニ型で，大小多数の棘や突起をもち，額棘は水平または下方向。角膜部のない退化した眼柄をもつ。
② 第1触角の原節はふ化時には分節せず，第2触角の外肢は棒状で分節しない。
③ 大顎の門歯状部と臼歯状部は明瞭にと分かれず，ふ化時から触髭原基をもつ。
④ 第1小顎の内肢はないか原基状で，第2小顎の内肢は退縮。
⑤ ふ化時から胸脚の一部が発達し，鋏脚をもつ。
⑥ 尾節は逆三角形。

ゾエアからいつどのようにポストラーバに，さらに稚エビ（幼体）になるかについては，まったくの未知である。幼生記載状況については**付表A-7**に示す。これまで本下目では連続した発育段階の記載もなく，全幼生期数も不明なため，期区分を示すことはできない。

なお，多棘で大きな袋状の頭胸部をもつ形態は，たとえば端脚目のウミノミ科幼生のフィソソーマ（physosoma）でもみられ[500]，深海の浮遊生活への適応の一例かも知れない。


## センジュエビ科（Family Polychelidae）

日本産は6属13種。3属3種で部分的な幼生記載がある[501-505]（科の幼生記載率17%）。本科のポストラーバは最大長が数cmとかなり大型で，かつ印象に残る特異な外観からか，古くからプランクトン研究者には知られていた。最初は浮遊性の種と考えられ，*"Eryoneicus"* という属名が与えられていたが，後に頭胸甲上の棘配列の比較から，本科の幼生であることが明らかにされた[507]。

しかし成体も幼生も，ともに深海性であるため，採集が稀なだけでなく，いまだ飼育に成功した例はない。幼生の記載も Bernard [508] のように成体との対応関係を直ちにつけず，幼生属のままで扱った報告がほとんどである。このような状況であるが近年，抱卵雌からのふ化によるプリゾエアの記載 [501]，また遺伝子解析による種の同定と幼生記載が行われつつある。イセエビ下目のフィロソーマと同じく，胸脚の外肢で遊泳・移動する時期がゾエア，腹肢で遊泳する時期がポストラーバに相当するが，どちらもエリオネイカスとよばれることが多い。幼生期間は不明であるが，ふ化時の頭胸甲長が 1 mm ほどであるのに対し，ポストラーバ後期には数 cm 以上に達するばあいもあり，巨大幼生といえる。ただし，これらのいくつかの記載された標本は幼生ではなく，成体であるとの意見もある。脱皮ごとの成長率から推定すると，かなり長期の浮遊幼生期をすごすと思われる。

【ゾエア】 図 52（A）

頭胸部：頭胸甲の概形は球状で，長い額棘のほか表面に多数の棘と剛毛をもち，胸脚が発達している。なお，この特徴はプリゾエアですでに見られる。頭胸甲の突起類のなかで特徴的なのは，尖端の棘のほかに，前後に 1 本ずつある鈍端の柱状突起である。これらは種によってさまざまな形状がみられ，幼生のグループ分けにも用いられている [508]。ちなみにこの柱状突起は，たとえばクダヒゲエビ科でも似たものがみられ，背器官と相同であるともいわれている [1, 19, 509]。複眼は退化して柄部のみがある。付属肢で特徴的なのは第 1・2 胸肢で，ふ化時から鋏脚となる。また，小顎の内肢は退化している。

腹　部：頭胸部に比べてかなり小さく，腹節や尾節には多数の棘をもつ。腹肢の原基は 2 期から出現する。

【ポストラーバ】図 52（B～J）

頭胸部：頭胸甲の額棘は退縮し，頭胸部の付属肢は細長い鋏脚をはじめとして成体型に近い。しかし，まだ前後に伸長せず，かつ背腹に偏平ではなく，その背中には柱状突起（図 651，ap と pp）がみられる。第 2 触角の基部には触角腺の開口部をもつ触角腺突起（renal process/ phymacerite）がある。

腹　部：腹節には特徴的な背突起や稜をもつことが多い。尾節はイセエビ下目とは異なり，長三角形状の逆鉾で尾端は尖る。

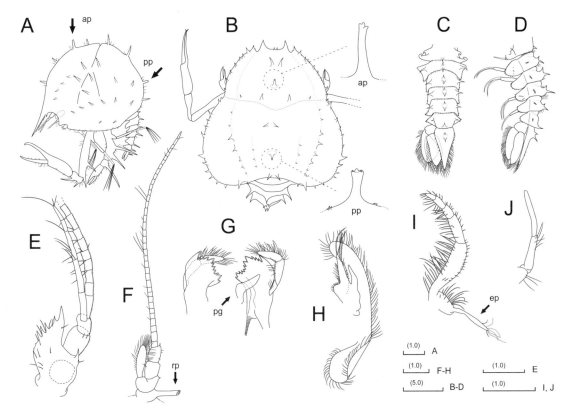

図 52 センジュエビ科の幼生の例
A：初期ゾエアの側面，B：エリオネイカスの背面，C：腹部の側面，D：腹部の側面，E：第 1 触角，F：第 2 触角，G：大顎と副顎，H：第 2 小顎，I：第 3 顎脚，J：第 1 腹肢。図中の略号は，aa：前方柱状突起，aa：後方柱状突起，ep：副肢，pg：副顎，rp：触角腺突起。A は Selbie [506] にもとづき作図，B〜J は Konishi et al. [504] にもとづき作図。

# 異尾下目（Infraorder Anomura）

　成体はエビ型，ヤドカリ型，カニ型の三態に大別され，形態だけでなく生態でも多様性に富む分類群である。かつては歪尾類として旧アナジャコ下目までも含んでいた。

　幼生は成体に対応するかのように多様性に富む。ここで用いる幼生期名は「**ゾエア → メガロパ（… 稚ガニまたは稚エビ）**」とする。本下目の幼生期の大まかな区分を**表 11** にまとめた。また，本下目の各科における幼生記載状況を**付表 A-8** に示す。

表11　異尾下目の幼生期の区分（ホンヤドカリ科を基準にしたもの）

| 体部位 | 幼生期 | ゾエア[※1] | | | メガロパ |
|---|---|---|---|---|---|
| | | 前期 | 中期 | 後期 | |
| 頭胸部 | 棘類 | ＋ | ＋ | ＋ | -/r |
| | 第1触角 | － | － | 無節 | 分節 |
| | 第2触角 | 外＞内 | 外＝内 | 外＜内 | 外≪内 |
| | 第1・2胸脚 | r | r | ch | ch |
| 腹部 | 腹肢 | － | r | rb | ＋ |
| | 尾肢 | － | r | ＋ | ＋ |

ｒ：原基（または縮小），ｒｂ：二叉原基，－：ない，＋：ある（または有機能）。
※1：標準的な期数を4としたばあい，おおむね前期が1期，中期が2・3期，後期が4期に相当。

　ゾエアは多様性に富むために一般化は難しいが，原則として以下の共通点があげられる。

① 概形はエビ型またはカニ型で，頭胸甲の額棘は水平または斜め下方向。
② 第1触角の原節はふ化時には分節せず，第2触角の外肢は平板状で分節しない。
③ 大顎の門歯状部と臼歯状部は明瞭に分かれず，咬合面はほぼ同大で，可動葉片をもたない。
④ 第1小顎の内肢は3節以下で外肢葉はなく，第2小顎の内肢は単節。
⑤ 顎脚の基節は底節の倍以上の長さがある。
⑥ 尾節の最外側の尾棘は1期から固定型，2番目は異尾小毛（原則は初期のみ）となる。

　これらを要約すれば，「エビ類とカニ類の中間的なかたち」となる。また，変態後のメガロパ（第1ポストラーバ）の概形は成体に近い。短縮発生の種はほとんどなく，南米に産するタンスイコシオリエビ科（Family Aeglidae）や深海産の科，ヤドカリ科の一部に限られている。なお，旧来の分類では左右対称型のツノガイヤドカリ科からはじまるが，近年の分類[46, 510-512]をふまえ，コシオリエビ上科から解説する。

# コシオリエビ上科（Superfamily Galatheoidea）

　下目中の種数は多いものの，わが国では幼生の記載例は少なかった。しかし1990年代に入って多くの種で記載が行われるようになってきた。さらに深海生物調査の進展にともない，このグループの知見は増えており，また幼生については胚発生を含めた総説[513]がある。


## コシオリエビ科（Family Galatheidae）

　日本産は7属38種。4属6種で幼生記載があり[514-518]，このうち3種は全期である（科の幼生記載率16%）。短縮発生の例は知られていない。標準的なゾエア期数は4または5。

【ゾエア】

**頭胸部**：頭胸甲は額棘と1対の後側棘をもち，後側棘の周縁は鋸歯状に棘列が並ぶ。額棘は1期では尖棒状であるが，期が進むにつれて平板状になる。複眼は初期には，長径が頭胸甲長の半分近くになり，全体として短小の頭胸部に比べて大きな眼をもつ印象がある。第1触角は感覚毛のほかに1本の長い羽状毛をもつ。第2触角の外肢は平板状で周縁に羽状毛をもつ。第1小顎の内肢は2節または単節である。第2小顎の顎舟葉は後方に長い先端突起をもつ。第1顎脚の内肢は5節，第2顎脚の内肢は4節からなる。第3顎脚は1期には原基として存在する。

**腹　部**：第4・5腹節に1対の短い後側突起をもつ。尾節は中央部が凹んだ逆Y字状で，異尾小毛が後期まである。

【メガロパ】

　腹肢の外肢は周縁毛が発達し，遊泳移動に用いられる点以外，概形はほぼ成体に近い。


## チュウコシオリエビ科（Family Munididae）

　日本産は8属34種。3属4種で幼生記載があり[519-521]，このうち*Sadayoshia*属の一種（*S. tenuirostris*）は全期である（科の幼生記載率12%）。短縮発生の例は知られていない。標準的なゾエア期数は4または5。

【ゾエア】　図53（A-H）

**頭胸部**：頭胸甲は額棘と1対の後側棘をもち，後側棘の周縁は鋸歯状に棘列が並ぶ。第1触角は感覚毛のほかに1本の長い羽状毛をもつ。第2触角は平板状の外肢をもち，その表面は微棘が点在し周縁には羽状剛毛がある。第1小顎は単節の内肢をもつが，2節の種もある。第2小顎の顎舟葉は後方に長い先端突起をもつ。第1顎脚の内肢は5節からなる。第3顎脚は1期には原基として存在する。

**腹　部**：尾節は中央部が凹んだ逆Y字状で，異尾小毛をもつ。

【メガロパ】

　異尾下目に共通であるが，腹肢を使って遊泳移動する点を除けば，概形はほぼ成体に近い。

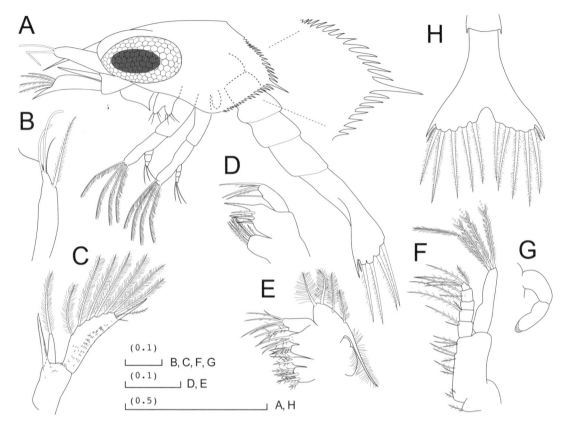

**図 53 チュウコシオリエビ科の幼生の例**
チュウコシオリエビ属（*Munida*）の第1ゾエア。A：全体の側面，A'：同，後側棘周縁の拡大図，B：第1触角，C：第2触角，D：第1小顎，E：第2小顎，F：第1顎脚，G：第3顎脚の原基，H：尾節。スケール（）内数字の単位はミリメートル。相模湾産のプランクトン標本による。

## シンカイコシオリエビ科（Family Munidopsidae）

　日本産は3属14種。2属2種で幼生記載があるが[522-524]，全期記載はまだない（科の幼生記載率14％）。これまでに知られている例はすべて短縮発生である。なお，深海熱水鉱床の特殊な環境に棲息するゴエモンコシオリエビ（*Shinkaia crosnieri*）では卵黄栄養発生のゾエアが知られている[523]。ノルウェー産のシンカイコシオリエビ属（*Munidopsis*）では，2期または3期でメガロパになる。多量の卵黄物質を体内にもち，摂餌行動はみられない。なお，メガロパを経ずにゾエアから幼体（稚エビ）に脱皮する種も知られる[525]。標準的なゾエア期数は2または3。

【ゾエア】
　頭胸部：頭胸甲は幅広い偏平な額棘をもち，その側縁には剛毛類がある。具体的な記載はないが，過去の図から判断すると，1期から複眼が有柄である。頭胸部の付属肢は短縮発生の幼生でよくみられるように，機能的な状態ではない。1期から分岐した第1触角をもつ。
　腹　部：腹節にはふ化時から腹肢原基をもつ。

## 【メガロパ】

　頭胸部と腹部，および付属肢の基本的な形態は，発達度合いは別としてほぼ成体型に近い。

## カニダマシ科（Family Porcellanidae）

　日本産は 13 属 44 種。8 属 21 種で幼生記載があり [366, 526-546]，このうち 5 種は全期である（科の幼生記載率 48%）。Osawa [539] はイソカニダマシ属（*Petrolisthes*）のゾエアを 6 つのグループに分けたが，このなかの 3 グループが日本産種である。発育段階の判別への参考となる形質の変化について，コブカニダマシ属（*Pachycheles*）での例を**付表 B-11** で示す。標準的なゾエア期数は 2。ただ例外として，オーストラリア産の *Petrocheles* 属では 5 で [547, 548]，尾節の形状はコシオリエビ科のような逆 Y 字形であり，3 期からは尾肢が現れる。ちなみに近年の遺伝子解析によれば，この属は本科に属さない可能性がある [549]。これまで短縮発生の例は知られていない。

## 【ゾエア】　図 54（A-J）

　　頭胸部：頭胸甲は水平方向に著しく長い額棘と後側棘をもち，表面には微棘列がある。この長大な棘により，異尾下目だけでなく十脚目のなかでも判別は容易である。大きさは 1 期の棘間長でも 5 〜 10mm 前後と非常に大きい。第 1 触角は先細りの棒状，第 2 触角の外肢は棒状であり，また内肢は 2 期に伸長し外肢先端を超える。第 1 小顎の内肢は単節で，第 2 小顎の顎舟葉はコシオリエビ科のように先端突起をもつが，ない種もある。第 1 顎脚の内肢は 5 節または 4 節からなる。

　　腹　部：尾節は菱型で肛門棘をもち，一部の種では尾棘先端部には枝細毛のほかに鉤状棘列がある（図 54G'）。

## 【メガロパ】

　頭胸部と腹部，および付属肢の基本的な形態は，発達度合いは別としてほぼ成体型に近い。

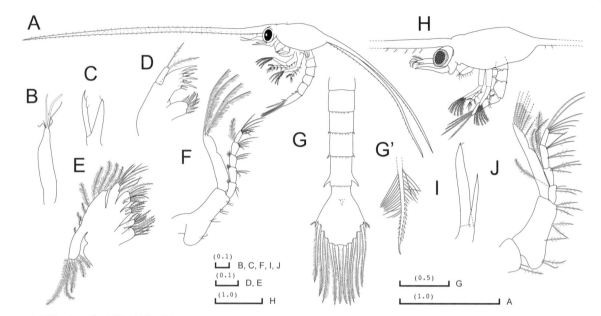

図 54 カニダマシ科の幼生の例
A：イソカニダマシ（*Petrolisthes japonicus*）の第1ゾエアの側面，B：同，第1触角，C：同，第2触角，D：同，第1小顎，E：同，第2小顎，F：同，第1顎脚，G：同，腹部と尾節，G'：同，尾節の第3尾棘の拡大図，H：コブカニダマシ属（*Pachycheles*）の第2ゾエア頭胸部の側面，I：同，第2触角，J：同，第1顎脚。スケール（ ）内数字の単位はミリメートル。A～GはMuraoka & Konishi [541]にもとづき，I～Jは相模湾産のプランクトン標本による。

## ワラエビ上科（Superfamily Chirostyloidea）

　小型種のグループで，ワラエビ科とツノコシオリエビ科（仮称）からなる。なお，わが国には産しないキワ科（Family Kiwaidae）は，近年の遺伝子解析により独立した上科となった[552]。

### ワラエビ科（Family Chirostylidae）

　日本産は2属26種。1属3種で幼生記載があり[553-555]，このうち1種は全期である（科の幼生記載率12％）。これまでに知られている例はすべて短縮発生である。飼育により全期が得られたのはムギワラエビ属（*Chirostylus*）での1例[555]のみであるが，著しく細長い鋏脚・歩脚など，ほぼ成体の特徴を示す。

【ゾエア】 図55（A–D）

　頭胸部：短縮発生の種群は，頭胸甲や腹部の表面には多数の棘をもつ。他の短縮発生のゾエアと同様，第2触角や，口器を構成する大顎および小顎には摂食のための剛毛・棘類が未発達である。なお，ムギワラエビ属では第2触角は原節突起と内肢原基からなり，外肢がみられない。

　腹　部：それぞれの腹節には1対の長い後側突起があり，1期から腹肢原基がある。また第5腹節はメガロパになるまで分節しない。尾節に異尾小毛がなく，また最外側だけでなく，すべての尾棘が固定（非関節）型である。

## 【メガロパ】

　頭胸部と腹部，および付属肢の基本的な形態は，発達度合いは別としてほぼ成体と同型である。

## ツノコシオリエビ科（仮称）（Family Eumunididae）

　日本産は1属7種。わが国からの幼生記載はないが（科の幼生記載率0%），最近になってニューカレドニア付近で採れたツノコシオリエビ属（仮称）（*Eumunida*）抱卵雌から第1ゾエアの記載が行われ[520]，これにもとづき解説する。全体的に一般のワラエビ上科やコシオリエビ上科よりは，むしろ次のヤドカリ上科に似る。ゾエアの形態からみて通常発生と思われるが，標準的なゾエア期数は不明。

## 【ゾエア】

頭胸部：頭胸甲は長い額棘のみで，後側縁に後側棘や棘列をもたない。第1触角は数本の感覚毛と1本の長い羽状毛，第2触角は枝棘のある原節突起と，先端に2本の羽状毛をもつ内肢，および平板状で周縁に羽状毛をもつ外肢からなる。第1小顎内肢は3節からなり，第2小顎の顎舟葉は前方葉のみをもつ。第1顎脚と第2顎脚の内肢はそれぞれ5節と4節からなり，またどちらの底節も剛毛をもたない。

腹　部：第3・4腹節に短い，また第5腹節には長い後側突起があるほかは突起類をもたない。尾節は幅広の三角形で後縁中央はやや凹む。

## § メモ：長い棘は何のため？

　異尾下目のカニダマシ科や短尾下目のヘイケガニ科などのゾエアは，体の大きさに比してきわめて長い棘をもつことで知られる。この棘の機能についてはさまざまな説があるが，カニダマシ科のゾエアを使った魚類の行動実験では，体サイズをより大きく見せて稚魚などからの捕食を抑止する，あるいは水平方向の遊泳を補助する役割が可能性としてあげられている[550, 551]。ただし，これらの説では，カクレガニ科の一部のように棘類をもたないゾエアの存在についての説明が難しくなる。

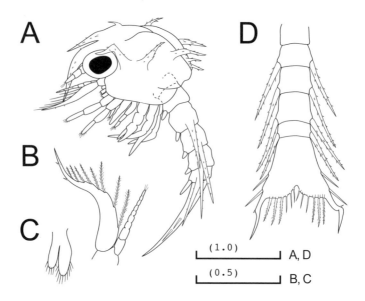

図 55 ワラエビ科の幼生の例
　　A：クモエビ属（*Uroptychus*）の第 1 ゾエア，B：同，第 2 触角，C：同，第 5 腹肢，D：同，腹部の背面。スケール（）内数字の単位はミリメートル。Pike & Wear [556]にもとづき作図。

# ヤドカリ上科（Superfamily Paguroidea）

　本上科は異尾下目において種数の大半を占める。一般にヤドカリ類は，巻き貝の殻に入って生活する身近な磯の生き物として知られている。しかし，このイメージからかけ離れた形態や生態の種も少なからずあり[559]，多様性に富んだ一面をもっている。また種数がかなり多い一方で，ふ化から稚ヤドカリに至る全期が記載されているのは全体の 1 割にも満たない。かつては 'ヤドカリ上科'（'Superfamily Coenobitoidea'）とホンヤドカリ上科（'Superfamily Paguroidea'）に分けられていたが，現在は 1 つの上科にまとめられている[560]。ただし上科の和名でみると，新旧が同名の「ヤドカリ上科」となり，どちらの意味で使っているのか，文献を読むばあい注意を要する。本上科のメガロパはグラウコトエ（またはグローコテ）とよばれることがある。

## ツノガイヤドカリ科（Family Pylochelidae）

　日本産は 3 亜科 5 属 17 種。2 属 2 種で幼生記載があり[561, 562]，全期記載の例はまだない（科の幼生記載率 18％）。これまでに知られる例はすべて大型卵からふ化する短縮発生である。いずれにしてもふ化から変態まで全期の記載例はなく，繁殖生態を含め，生活史に関する知見はきわめて少ない。メガロパについてはインド洋から採集されたものが第 1 稚ガニ（ヤドカリ）とともに記載されており[563]，腹肢の状態などを除きほぼ成体型に近い。標準的な期数は不明。

【ゾエア】　図 56（A，F）
　頭胸部と腹部：大量の卵黄塊をもち，また頭胸甲や腹節に長い棘をもつばあいがある。ちなみに

このゾエアとメガロパ，あるいは稚ガニを足して合わせたような形状のふ化幼生に対し，適切な表現が難しいためか，かつて胸脚原基が出現する後期ゾエアに使われていたメタゾエアの語が充てられたこともある。いずれも尾節の尾棘をはじめ，ゾエアに特有な形質をもつので，総論での定義によりゾエアとしておく。このような1期での大型ゾエアはすべての亜科で知られており，いずれも卵黄栄養性の短縮発生であるが，それら形態には変異がある。これまでに知られているツノガイヤドカリ属（*Pomatocheles*）とトガリツノガイヤドカリ属（*Trizocheles*）ではいずれもプリゾエアあるいはこれに近い状態であり，胚外被を脱ぎ捨てた完全なゾエアではないが，尾節や触角などで一般的なヤドカリ上科の後期ゾエアの特徴を示す。カルイシヤドカリ属（*Pylocheles*）では頭胸甲に額棘と眼窩下棘を，各腹節には1対の長い後側突起をもつ一方，すでに胸脚や腹肢の原基および第6腹節が分離しているなど，後期ゾエアの特徴を示す。いずれも摂食をせず，口器を含め各付属肢は未発達である。

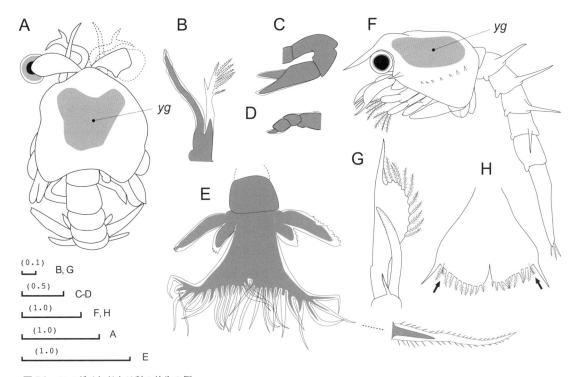

**図56　ツノガイヤドカリ科の幼生の例**
A：ツノガイヤドカリ（*Pomatocheles jeffreysii*）のふ化直後プリゾエアの背面，B：同，第2触角，C：同，第1胸脚（鋏脚），D：同，第5胸脚，E：同，尾節の背面，F：カルイシヤドカリ（*Pylocheles mortensenii*）の第1ゾエアの側面，G：同，第2触角，H：同，尾節の背面，yg：卵黄塊．スケール（ ）内数字の単位はミリメートル．A～EはKonishi & Imafuku[561]，F～HはSaito & Konishi[562]にもとづき作図．

各論：異尾下目　105

## ヤドカリ科（Diogenidae）

　日本産は13属83種。5属10種で幼生記載があり[32, 564-578]，このうち7種は全期である（科の幼生記載率12%）。成体では一部の例外はあるものの，左右の鋏脚の大きさが同じか，または左が大きいグループである。ほとんどの種が通常発生であるが，ヒメヨコバサミ属（*Paguristes*）とヤッコヤドカリ属（*Cancellus*）の一部ではメガロパでふ化する短縮発生の種もある[579-581]。標準的なゾエア期数は3〜7と種による変異が大きい。ただ，コエビ下目やイセエビ下目などとはことなり，齢と期はほぼ一致している。

### 【ゾエア】　図57（A-F）

**頭胸部**：頭胸甲は額棘をもち，ほとんどの属では後側縁は丸く平滑であるが，サンゴヤドカリ属（*Calcinus*）では後側突起がある。なお，額棘はとくにヤドカリ属（*Dardanus*）では太くて長く，その一部は背稜をなす。第1触角は単節で，先端部に数本の感覚毛と1本の長い羽状毛をもつ。第2触角は平板状の有毛外肢（鱗片）と，先端に羽状毛をもった棒状の内肢をもち，また原節末端には1期で1本，後期に大小2本の棘をもつようになる。第1小顎の内肢は3節からなり，基節内葉は1期で2本の太い犬歯棘と数本の剛毛が，また底節内葉には6〜9本の剛毛があり，犬歯状棘については期ごと増加する。第2小顎の内肢は単節であり，基節内葉と底節内葉はそれぞれ2分葉し剛毛を有する，また顎舟葉はコシオリエビ上科とは異なり，初期には前方葉だけがあり，後期に後方葉も出現する。第1顎脚の内肢は5節からなり，各節の背側には1本の長い羽状毛がある。第2顎脚の内肢は4節からなる。第3顎脚および胸脚の原基は1期からみられる。腹部はそれぞれの腹節後方に背中棘と第5腹節の後側縁に後側突起をもつ種が多いが，ヨコバサミ属（*Clibanarius*）ではない。

**腹　部**：尾節は幅広で，輪郭がほぼ正三角形，あるいは逆V字形であり，異尾小毛は後期までみられるばあいが多い。また，中期以降に第6腹節が分節し，腹肢原基も出現する。

　本科のゾエアは属による形態変異が大きい。図58に，これまでに知られる日本産7属のゾエアの概形について，頭胸甲と尾節の形態にもとづき，6つのグループに分けたものを模式的に示す。

### 【メガロパ】　図57（G-I）

　頭胸部と腹部，および付属肢の基本的な形態は，発達度合いは別としてほぼ成体と同じである。たとえば，頭胸甲の額棘は退縮し，眼柄基部には鱗片突起がない。左右鋏脚は同大か，左が右より大きいが，その差はまだ成体のように大きくない。触角はこの時期から一般に第1触角よりも第2触角の方が長くなるが，ヒメヨコバサミ属では両触角がほぼ等長である。胸脚は第4〜5胸脚が第2〜3胸脚より短小であるなど，基本的に成体型である。また，腹部はまだ左右相称的に同大の腹肢および尾肢をもつ。

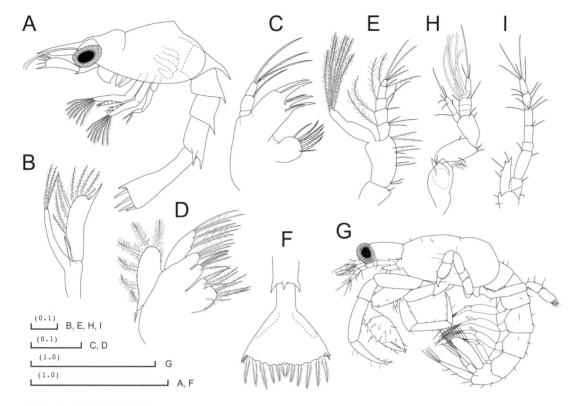

図57 ヤドカリ科の幼生の例
A：ヒメヨコバサミ属（*Paguristes*）の第2ゾエアの側面，B：同，第2触角，C：同，第1小顎，D：同，第2小顎，E：同，第1顎脚，F：同，尾節，G：同属のメガロパの側面，H：同，第1触角，I：同，第2触角。スケール（）内数字の単位はミリメートル。相模湾産のプランクトン標本による。

## ヤドカリ上科のメガロパについて

　初期発生における概形の変化において，成体型を示す時期は短尾下目を除き，ほとんどの分類群で第1ポストラーバ，すなわちここではメガロパである。しかし，ヤドカリ上科については成体が貝殻等を利用するという生態に適応して，とくに腹部や後方胸脚を中心に特化した形態であり，これらの形質がすべて出そろう第1稚ガニ（ヤドカリ）とゾエアの間に位置するメガロパにおいて，概形も中間的なばあいが多い。たとえば，鋏脚の大きさでは成体同様に左右の差が出始め，さらに第4～5胸脚（歩脚）も特化した形状である。一方，腹部は尾節も含めて左右相称のままで，あたかもツノガイヤドカリ科の成体を見ているようである。しかし，これまでふ化・飼育によるメガロパの記載例は数多くあるものの，成体分類における重要な形質である鰓式や第3顎脚の基部に言及している例がほとんどなく，十分な形質の比較をしにくい現状がある。

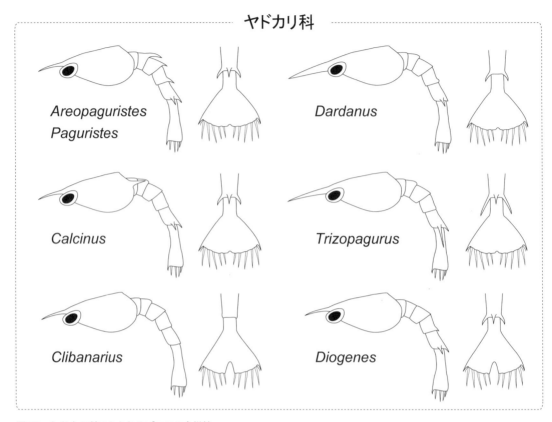

図 58　ヤドカリ科にみられるゾエアの多様性
　　　おもな属の第1ゾエアにおいて、頭胸甲や尾節の概形などにもとづき6つにグループ分けした模式図。図の作成はこれまでの上科内の引用文献を参考にした。

## オカヤドカリ科（Family Coenobitidae）

　日本産は2属8種。2属6種で幼生記載があり[582-589]、このうち5種は全期である（科の幼生記載率75％）。標準的なゾエア期数は5であるが、ヤシガニ（*Birgus latro*）などでは個体変異が知られている[584]。これまでに知られる例はほとんどが通常発生であるが、オーストラリアから短縮発生の種も知られている[590]。発育段階の判別での参考となる形質の変化について、オカヤドカリ属（*Coenobita*）での例を付表 B-12 にまとめた。

【ゾエア】　図 59（A-E）

　頭胸部：付属肢などの形態は基本的にヤドカリ科とほぼ同じで、たとえば頭胸甲の後側縁は角がなく、第2小顎の顎舟葉は初・中期に後方葉を欠き、また幅広な三角形の尾節をもつ。上科内における他科とのちがいとして、第1顎脚の基節の基部にある鉤状突起があげられる。

　腹　部：オカヤドカリ属では第2〜5腹節に背中棘があり、第2腹節のものがほかより大きいが、ヤシガニでは第5腹節のみに後側突起と背中に1対の棘をもち、背中棘がない。

【メガロパ】

　頭胸部と腹部、および付属肢の基本的な形態は、発達度合いは別としてほぼ成体と同じである。

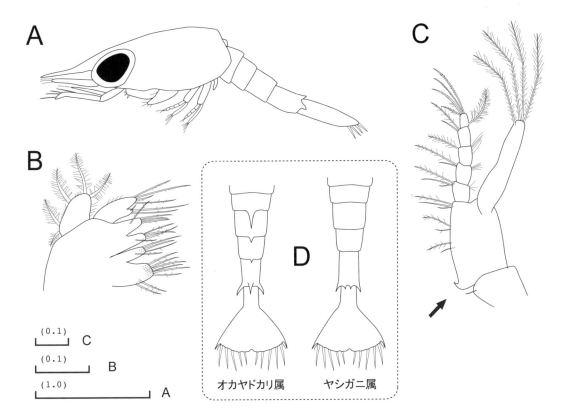

図 59　オカヤドカリ科の幼生の例
　　A：ヤシガニ (*Birgus latro*) の第１ゾエアの側面，B：同，第２小顎，C：同，第１顎脚（矢印は基節の鉤状突起を示す），D：ヤシガニ属とオカヤドカリ属のゾエア腹部を比較した模式図。スケール（）内数字の単位はミリメートル。Aは Reese & Kinzie [583] にもとづき作図。B と C は沖縄産のふ化標本による。

ただし，成体の特徴として，第１触角の柄部が著しく長いことがあげられるが，この時期ではまだ他のヤドカリ上科の種と比べ大きな違いはみられない。なお，本科の成体は陸上生活をするが，変態直後のメガロパは一時的に他のヤドカリ類と同じく貝殻を利用することが知られている。

## オキヤドカリ科（Family Parapaguridae）

　日本産は７属 19 種。２属２種で幼生記載があり[591, 592]，全期記載の例はまだない（科の幼生記載率 5%）。深海に棲息し，次のホンヤドカリ科とともに右鋏脚が大きいグループである。このほか成体の分布からシンカイオキヤドカリ属（*Parapagurus*）と推定されるゾエアが大西洋などのプランクトン標本から報告されている[593, 594]。標準的なゾエア期数は不明であるが，５以上と思われる。

【ゾエア】　図 60（A-F）
　頭胸部：頭胸甲は背稜のある額棘をもち，後側棘はない。また表面は平滑か，または多数の疣状突起をもつ。第１触角は先端に数本の感覚毛と剛毛，やや下部に長い１本の羽状毛をもつ。第２触角は柄部の原節と内肢，および平板状の外肢からなる。その原節先端には１本の突起があり，外肢の半分に達するほど長いばあいがある。また内肢は先端に３本の羽状毛をもち，

外肢の先端部は尖らず，1期で周縁に10本前後の羽状毛がある。第1小顎の内肢は3節からなり，先端節に3本，次節に1本の剛毛をもつ。また基節内葉に2本の犬歯棘を，底節内葉に数本の剛毛を1期にもつ。第2小顎の内肢は単節で，基・底節内葉はそれぞれが2葉に分かれ，先端部に剛毛をもつ。また顎舟葉は初期には前方葉のみで，後期に後方葉が出現する。第1顎脚内肢は5節，第2顎脚内肢は4節からなり，それぞれの外肢先端には第1ゾエアで4本の羽状遊泳毛をもつ。

腹　部：腹節（図60B, F）は平滑であるが，後方に湾曲した後側突起をもつ例も報告されている。尾節は中央部が大きく凹んだ逆Y字形で，肛門棘はみられない。

【メガロパ】

大西洋からオキヤドカリ属（*Sympagurus*）のメガロパが採集された例がある[593]。他の異尾下目のばあいと同様，基本的に成体型である。ただし，腹部や尾節などは左右対称であるが，鋏脚は成体同様に右側が大きい。ちなみに，ヤドカリ上科でのメガロパの別称であるグローコテとは，Milne-Edwards（1830）が新種として記載し，後にBouvier[594]がヤドカリ類の幼生であることを明らかにした '*Glaucothoe peronni*' の属名に由来する。

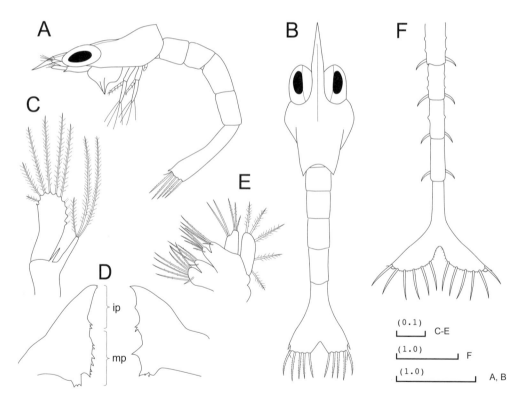

図60　オキヤドカリ科の幼生の例

A：ユメオキヤドカリ（*Sympagurus diogenes*）の第1ゾエアの側面，B：同，背面，C：同，第2触角，D：同，大顎（ip：門歯状部，mp：臼歯状部），E：同，第2小顎，F：大西洋産の本科のシンカイオキヤドカリ属（*Parapagurus*）と推定される第1ゾエアの腹部。スケール（）内数字の単位はミリメートル。A～EはWilliamson & von Levetzow[592]，FはLebour[595]にもとづき作図。

## ホンヤドカリ科（Family Paguridae）

　日本産は 31 属 121 種。6 属 21 種で幼生記載があり [129, 578, 596-622]，このうち 14 種は全期である（科の幼生記載率 17%）。本科内での期数は，ヤドカリ科に比べ変異があまりないのが特徴である。ほとんどが通常発生であるが，中米産の *Lithopagurus* 属においては短縮発生の種が報告されている [623]。ちなみに日本全国に分布するホンヤドカリ（*Pagurus filholi*）の学名は北米沿岸に棲息する近似種 '*Eupagurus samuelis*' が使われていた。その後に日本産は別種である可能性が指摘されて再検討されたわけであるが，そのきっかけは，第 2 触角内肢の形状など幼生形態の差異であった [624]。発育段階の判別での参考となる形質の変化について，ホンヤドカリ属（*Pagurus*）での例を**付表 B-13**にまとめた。この表でゾエアでの形質をみると，2 期と 3 期では特に大きな変化がなく，本科での一般的な傾向と思われる。標準的なゾエア期数は 4。

### 【ゾエア】　図 61（A-J）

**頭胸部**：形態については属間での変異があるが，これについては後で触れるので，ここでは最も種数および記載例の多いホンヤドカリ属を中心に述べる。頭胸甲は額棘をもち，また後側縁は鋭角で後方に突出する。第 1 触角は先端に数本の感覚毛と，やや下部に 1 本の長い羽状毛をもつ。第 2 触角は原節と，先端が尖った内肢と平板状の外肢（鱗片）とをもち，原節末端はふ化時で 1 本，後期には大小 2 本の棘をもつ。第 1 小顎の内肢は 3 節からなる。第 2 小顎の内肢は単節で，顎舟葉は初期には前方葉のみであるが，ほとんどのばあいは後期に後方葉が現れる（**図 62D'**）。このような顎舟葉の発達パターンはヤドカリ上科に特有で，Van Dover *et al.* [25] の分類ではタイプ 1 に属する。第 1 顎脚と第 2 顎脚はそれぞれ 5 節と 4 節の内肢をもち，1 期には各節の背側に長細毛の束をもつが，2 期から長い羽状剛毛となる。外肢先端に 1 期で 4 本の遊泳毛があり，以後 2・3 期が 7 本，4 期が 8 本と増加する。第 3 顎脚および胸脚は 1 期から原基がみられる。

**腹　部**：腹節背面には短い後方棘が 2 対のみあり，背中央にはない。尾節は細長い長台形で，初期には腹面の中央部には肛門棘がある。ただしこの肛門棘については，コエビ下目等のゾエアにおいても知られているが，そもそも論文中での記述は散発的である。これに限ったことではないが，記載において肛門棘への言及がないばあい，実際になかったのか，この形質をみていないだけなのか，判断しかねるばあいが多い。さらに本文中に記述はないが，図でのみ示されるか，あるいはこの逆のばあいもあり，文献から形態を比較する際には注意が必要である。

### 【メガロパ】　図 61（K）

　頭胸部と腹部，および付属肢の基本的な形態は，発達度合いは別としてほぼ成体と同じである。腹部は左右対称で分節がはっきりしている。なお，ヤドカリ類の成体分類で鰓式は重要な形質の 1 つであるが，この時期のデータはきわめて少ない。欧州産のホンヤドカリ属の研究では，ゾエアの 3 期から胸脚の一部に原基が出現し，メガロパの時点で 9 〜 11 対の原基となる [625]。

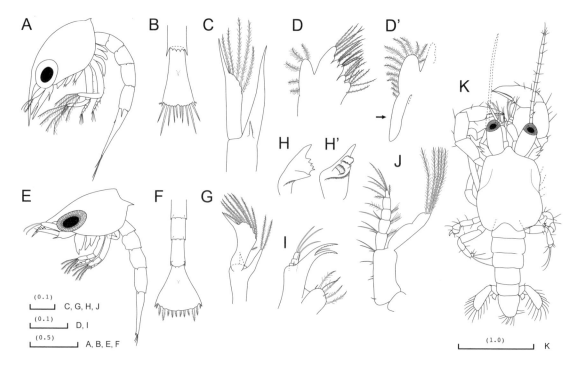

図61　ホンヤドカリ科の幼生の例
　　　A：テナガホンヤドカリ（*Pagurus middendorffii*）の第1ゾエアの側面，B：同，第5腹節と尾節の背面，C：同，第2触角，D：同，第2小顎，D'：同，第4ゾエアの顎舟葉，E：カイガラカツギ属（*Porcellanopagurus*）の第1ゾエアの側面，F：同，第5腹節と尾節の背面，G：同，第2触角，H：同，大顎（外面），H'：同，大顎（内面），I：同，第1小顎，J：同，第1顎脚，K：ホンヤドカリ科のメガロパの背面．スケール（）内数字の単位はミリメートル．A～Dは Konishi & Quintana [603]にもとづき作図，E～Kは相模湾産のプランクトン標本による．

## ホンヤドカリ科のゾエアにおける多様性

　本科内の属は図62に示すように，主として頭胸甲と腹部の形態により6つにグループ分けができる．頭胸甲上の棘類については，基本的にはホンヤドカリ属でみられる額棘と後側棘をもつパターンであるが，ゼブラヤドカリ属（*Pylopaguropsis*）では短い側棘がみられ[626]，逆にサメハダホンヤドカリ属（*Labidochirus*）では，タラバガニのように上方に反った長い後側棘をもつ．さらにわが国には産しないが，後側縁に棘のない種群（*Phimochirus*属など）もある[627]．腹部には，一般に腹節の背面後縁には中央棘はないが，例外的に一部の種ではある．尾節はヤドカリ科とは逆に幅の狭い三角形が基本パターンであるが，カイガラカツギ属（*Porcellanopagurus*）などのように幅広の三角形に近いばあいもある[621]．また本科のなかで，アワツブホンヤドカリ（*Propagurus miyakei*）は，概形がホンヤドカリ属に似るものの，ふ化時から胸脚原基があること，および第2触角の基節末端に2本の突起があることで他属と異なる[622]．なお，Roberts[628]はホンヤドカリ属の幼生について，ゾエアの尾節幅や第5腹節の後側突起長，およびメガロパも含めた第2触角の形状等にもとづきA～Dの4グループに分けている．

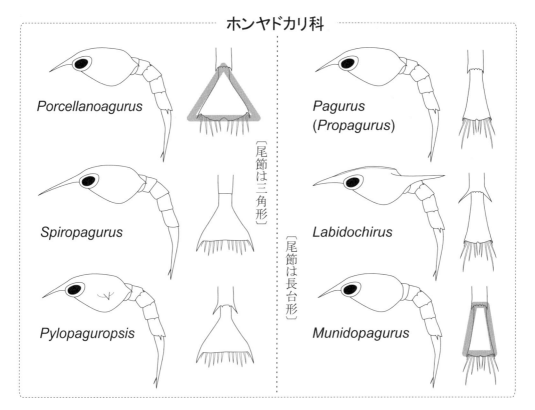

**図 62　ホンヤドカリ科のゾエアにみられる多様性**
おもな属の第 1 ゾエアについて，頭胸甲や尾節の概形などにもとづき 6 つのグループに分けた模式図。図の作成はこれまでの上科内の引用文献を参考にした。

## タラバガニ上科（Superfamily Lithodoidea）

　異尾下目には，外観がカニ型のグループがいくつかあり，その代表格がタラバガニ上科である。タラバガニ（*Paralithodes camtschaticus*）といえば，明治から昭和の前半にかけてわが国のカニ漁業とカニ缶産業の主力種であった[629]。しかし，1970 年頃をピークに漁獲は減少の一途をたどり[630]，現在は輸入主体でかつての面影はない。本上科には重要な漁獲対象種が含まれ，数多くの資源調査研究に加え，種苗生産の技術開発[631]も行われてきた。本上科はかつてホンヤドカリ上科に入れられていたが，最近の形質の見直しを含めた系統解析の結果，現在これとは別の上科として位置づけられている[632]。さらにタラバガニ科を構成していた 2 つの亜科はそれぞれ科に昇格した。これまでに両科合わせて 15 属 128 種が知られており，このなかで 3 属 11 種が漁獲対象となっている。わが国からは 9 属 25 種を産する。ゾエアの概形はホンヤドカリ科に似るが，知られるかぎりでは尾節に肛門棘がない点で異なる。発育段階の判別での参考となる形質の変化について，ヒラトゲガニ属（*Hapalogaster*）での例を**付表 B-14** にまとめた。短縮発生については，基本的に全期数が 3 ならば 3 期が，期ならば 2・3 期を省いて考えればよい。なお最近，分類サイト DecaNet では，また元の 1 科 2 亜科に戻されている。

### ヒラトゲガニ科 (Family Hapalogastridae)

日本産は4属4種。3属4種で幼生記載があり[275, 638, 639]，このうち1種は全期である（科の幼生記載率25%）。標準的なゾエア期数は4。後述のように概形ではかなり科内変異があるが，ここでは代表例として，ヒラトゲガニ属について述べる。なお本属は'ショウジョウガニ属'とも呼ばれていた[629]。

【ゾエア】　図63（A-E）

頭胸部：頭胸甲は長い額棘と下方に曲がった短い後側棘をもつ。第1触角は1期に先端に数本の感覚毛と1本の長い羽状毛をもち，その後に内肢原基が伸びる。第2触角は原節と，先端が尖った内肢と平板状の外肢とをもち，原節末端は大小2本の棘をもつ。第1小顎の内肢は3節からなり，根元から先端に向かって2，1，3本の剛毛をもつ。第2小顎の内肢は単節で先端部に4本，やや下部に3本の剛毛をもつ。また顎舟葉は1期では前方葉のみで5本の羽状毛をもち，4期に後方葉が出現する。第1顎脚と第2顎脚はそれぞれ5節と4節の内肢をもち，1期には各節の背側に長細毛の束があるが，2期から長い羽状毛に代わる。また外肢先端に1期で4本の遊泳毛があり，以後2期と期が7本，4期が8本と増加する。第3顎脚はふ化時には原基状であるが，2期からは内外肢が分化してそれぞれ羽状剛毛をもつようになる。

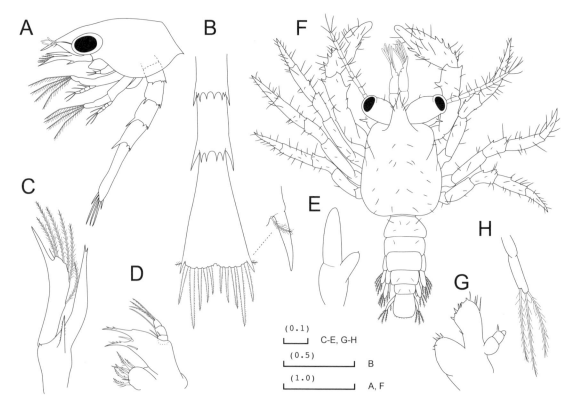

図63　ヒラトゲガニ科の幼生の例

A：ヒラトゲガニ（*Hapalogaster dentata*）の第1ゾエアの側面，B：同，尾節，C：同，第2触角，D：同，第1小顎，E：第3顎脚，F：同，メガロパの背面，G：同，第1小顎，H：同，尾肢。スケール（ ）内数字の単位はミリメートル。Konishi[638]にもとづき作図。

腹　部：腹節は背面後縁には棘をもつが，中央棘はない。尾節は細長い長台形であり，肛門棘がなく，ふ化時には8対の尾棘を後縁にもち，最外棘は固着で残りは可動で，最内棘は他の棘よりかなり短い。他科と同じく，外側から2番目は異尾小毛となる。

【メガロパ】　図63（F-H）

　頭胸部と腹部，および付属肢の基本的な形態は，発達度合いは別としてほぼ成体と同じである。たとえば，口器部分は第1小顎のように，突起や剛毛類が退縮し，第3顎脚の座節には破砕のための櫛状歯（crista dentata）がまだみられない。腹節は左右対称で，尾肢は単肢である。またゾエア期とは異なり，摂餌をしないのが特徴的で，これはイセエビ下目のプエルルスやニストでも同じである。Anger[640]はホンヤドカリ属の発生でみられる，このような現象を二次的卵黄栄養（secondary lecithotrophy）と名づけている。この無接餌の状態に対応するように，一時的に退縮した口器をもつ[641]。


## タラバガニ科（Family Lithodidae）

　日本産は7属21種。5属8種で幼生記載があり[275, 639, 642-657]，このうち7種は全期である（科の幼生記載率38%）ヒラトゲガニ科と同様，本科においても属間の変異は大きく，ここではタラバガニ属（*Paralithodes*）を代表として述べる。標準的なゾエア期数は4。ただしハナサキガニ（*P. brevipes*）のように3の種もあり，またエゾイバラガニ属（*Paralomis*）は卵黄栄養型の短縮発生で，2しかない。

【ゾエア】　図64（A-G）

頭胸部：頭胸甲は額棘と，やや長めで上方に少し反った後側棘をもつが，同属のハナサキガニでは短く下方に曲がっている。第1触角は1期に先端部に6〜7本の感覚毛と数本の単純毛と，やや下部に1本の羽状毛をもち，中期に内肢原基が伸びてくる。第2触角は内外肢ともに細長く伸び，原節末端は大小2本の棘をもつ。第1小顎の内肢は3節からなり，根元から先端に向かって2，1，3本の剛毛をもつ。第1顎脚と第2顎脚の内肢はそれぞれ5節と4節からなり，剛毛配列はヒラトゲガニ属と同様である。なお，これは十脚目の幼生全般にいえることであるが，天然採集でも人工飼育でも突起や剛毛は完全な左右対称ではなく，異常形あるいは左右非対称な例がしばしばみられる。このように形態の個体変異を考慮し，断片しか得られなかった標本で形質の判別をするばあいには注意が必要である。

腹　部：腹部の各腹節の後縁には2対の背棘と後側突起もち，タラバガニにおいては第4腹節のこれらの背・側突起はほぼ等長であるが，同属のハナサキガニでは側棘が背棘より長く伸びる。尾節は細長い長台形であり，肛門棘がなく，1期に8対の尾棘が後縁にあり，最外棘は固着で残りは可動である。また外側から2番目は異尾小毛となる。

【メガロパ】

　頭胸部と腹部，および付属肢の基本的な形態は，発達度合いは別としてほぼ成体と同じである。ただし腹部は左右対称である。

各論：異尾下目　　115

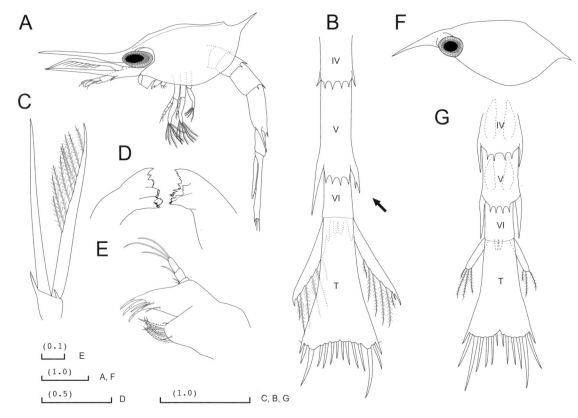

図64 タラバガニ科の幼生の例
　　A：タラバガニ（*Paralithodes camtschaticus*）の第3ゾエアの背面，B：同，腹部（ローマ数字は腹節番号，Tは尾節を表す），なお矢印は異常形の後側棘を示す，C：同，第1触角，D：同，大顎，E：同，第1小顎，F：ハナサキガニ（*Paralithodes brevipes*）の第3ゾエアの頭胸甲の側面，G：同，腹部．スケール（）内数字の単位はミリメートル．A～Eはオホーツク海産のプランクトン標本，FとGは厚岸産のふ化・飼育標本による．

## タラバガニ上科のゾエアにおける多様性

　本上科のゾエアはわが国沿岸の種群に関するかぎりでは，基本的にホンヤドカリ科に似た形態をしている．しかし海外産の属も含めると，とくに頭胸甲や腹部において変異幅はかなり大きくなる．これらの属間の変異について，ここでは頭胸甲と腹部の形態により，海外産の属も含めて便宜的に6つのグループに分け，図65に模式的に示す．

　　グループ1：頭胸甲は額棘のみをもち，各腹節は背面後縁に棘がなく，尾節は細長い台形状　［メンコガニ属（*Cryptolithodes*）］
　　グループ2：頭胸甲は額棘と下方に曲がった短い後側棘をもつ．各腹節は後側突起と背面の後縁に棘をもち，尾節は細長い台形状　［ヒラトゲガニ属，シワガニ属（*Dermaturus*），イバラガニ属（*Lithodes*）とタラバガニ属（一部），およびエゾイバラガニ属（推定であるが，イボガニ属（*Oedignathus*）を加えれば，本上科の半分近くの属がこのグループ）］
　　グループ3：頭胸甲は額棘と長い後側棘をもち，各腹節は長い後側突起と背面の後縁に棘をも

ち，尾節は細長い台形状　［タラバガニ属（一部），エゾイバラガニ属，ウロコガニ属（*Placetron*）（海外産）］

グループ4：頭胸甲は額棘と長い後側棘をもち，その複眼後方の背中に瘤状隆起がある。各腹節は長い後側棘と背面の後縁に棘をもち，尾節は細長い台形状　［フサイバラガニ属（*Lopholithodes*）］

グループ5：頭胸甲は額棘と長い後側棘に加えて背棘をもつ。各腹節は長い後側突起と背面の後縁に棘をもち，尾節は細長い台形状　［*Rhinolithodes* 属（海外産）］

グループ6：頭胸甲は長い額棘と後側棘をもち，各腹節は長い後側突起と背面の後縁に棘をもち，尾節は第4番目の突起が太く長く伸びる逆Y字状　［海外産の *Acantholithodes* 属（海外産）］

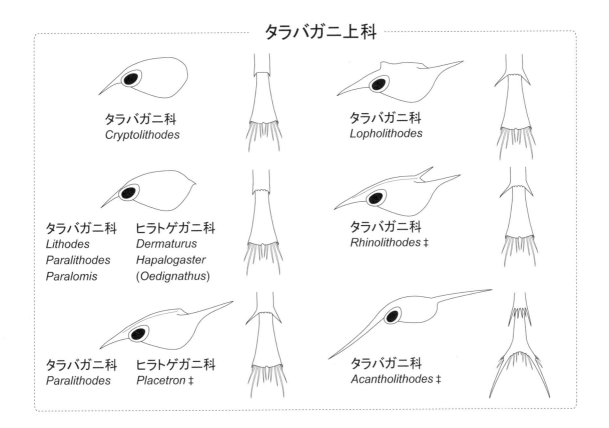

図65　タラバガニ上科のゾエアにみられる多様性
　　おもな属の第1ゾエアについて，頭胸甲や尾節の概形などにもとづき6つのグループに分けた模式図。‡印はわが国には産しないものを示す。模式図のうち，メンコガニ属（*Cryptolithodes*）は Kim & Hong [642]，ウロコガニ属（*Placetron*）と *Rhinolithodes* 属は Haynes [658]，*Acantholithodes* 属は Hong et al. [659]，フサイバラガニ属（*Lopholithodes*）は Haynes [660] を参考に作図。

上記のグループ2と3で大部分の種を占め，それぞれの概形はホンヤドカリ科のホンヤドカリ属とサメハダホンヤドカリ属に似ている種がある。この一方で，1つのグループ内にヒラトゲガニ科とタラバガニ科の属が混在している。かつて両科は1つの科であったことからも予想されるとおり，幼生と成体の分類を一致させるのは難しい。なお，現時点で幼生の記載がないのは，エリタラバガニ属（*Sculptolithodes*），ニホンイバラガニ属（*Neolithodes*），*Glyptolithodes* 属および *Phyllolithodes* 属の4属である。

### § メモ：'カニ化'の命題

　十脚目の進化の視点から，「どのようにしてヤドカリからカニになったのか？」という，いわゆる'カニ化（carcinization）'の命題について，19世紀末の Bouvier [633] に始まり，多くの研究者が関心を寄せ続け [634, 635]，系統発生に関するさまざまな仮説が出されてきた。これらの過程で幼生形態との関係も議論されてきたが，決定的なものはでていない気がする。そもそもこれは「カニはどうしてカニになったのか？」あるいは「カニであるとはどういうことか？」という哲学のような問いにも発展する話である。このためか最近では生物学も越えて，認知心理学を取り入れた研究まである [636]。いずれにしても，幼生や成体という枠を超えた奥深い話題といえる。

### スナホリガニ上科（Superfamily Hippoidea）

　潜砂性で，満潮〜低潮線下の砂浜や水深100m前後の砂底域に棲息する。わが国では上科全体でも5属12種しか知られていない小さなグループである。国内では食用種はないが，海外では唐揚げあるいはスープ材として食される種もある。

### クダヒゲガニ科（Family Albuneidae）

　日本産は1属6種。1属1種で幼生記載があり [129]，全期記載の例はまだない（科の幼生記載率17%）。いずれもプランクトン標本の再構成による例がほとんどである。クダヒゲガニ属（*Albunea*）での標準的なゾエア期数は5と思われる。

【ゾエア】

　頭胸部：頭胸甲は額棘と下垂した側棘をもつ。第1触角は鈍端の円錐状で先端に感覚毛と剛毛をもち，3期以降に分節する。第2触角は原節と外肢からなり，原節は先端に小棘をもった突起をもち，外肢は平板状で周縁に羽状毛をもつ。また，内肢原基は中・後期に出現する。第1小顎は単節の内肢をもつ。第2小顎は単節の内肢と内葉，および顎舟葉からなり，とくに顎舟葉は先端を裁ち切ったような，截形の後方葉をもち，これはスナホリガニ上科のゾエアに共通している。第1顎脚は基節が底節より長く，内肢は5節，外肢は単節である。第2顎脚は内肢が4節からなり，他は第1顎脚と同様である。第3顎脚は2期以降に発達する。なお，わが国に産しないもう1つの亜科（Subfamily Lepidopinae）の幼生形態は本亜科とはかなり異なる。

　腹　部：腹部の第3〜5腹節は後側突起をもつ。尾節は半円形で，異尾小毛をもつが，肛門棘はない。

【メガロパ】
　クダヒゲガニ亜科ではまだ記載がないが，もう1つの Lepidopinae 亜科では頭胸部と腹部，および付属肢の基本的な形態は，発達度合いは別としてほぼ成体と同じである[661]。

## フシメクダヒゲガニ科（仮称）（Family Blepharipodidae）

　日本産は2属2種。2属2種で幼生記載があり[662, 663]，このうち1種は全期である（科の幼生記載率100％）。なお，ここでの科の和名は代表する属和名にもとづく仮称である。発育段階の判別での参考となる形質の変化について，キタクダヒゲガニ属（*Lophomastix*）の例を付表 B-15 にまとめた。標準的なゾエア期数は4または5であるが，キタクダヒゲガニでは3と短縮発生の傾向を示す。

【ゾエア】　図 66（A-F）
　頭胸部：頭胸甲は水平方向に伸びる細長い額棘のみをもつ。第1触角は棒状で，後期に内肢原基が出現する。第2触角の外肢は細い棒状で内肢よりも著しく長い。大顎はやや扁平で，門歯状部と臼歯状部は区別される。第1小顎の内肢は単節で，先端に3本の剛毛と根元に1本の短毛をもつ。第2小顎の顎舟葉は初期から大きな截形の後方葉をもつ。第1顎脚と第2顎脚はともに4節の内肢と単節の外肢からなり，基節は底節より長い。第3顎脚は2期から出現する。

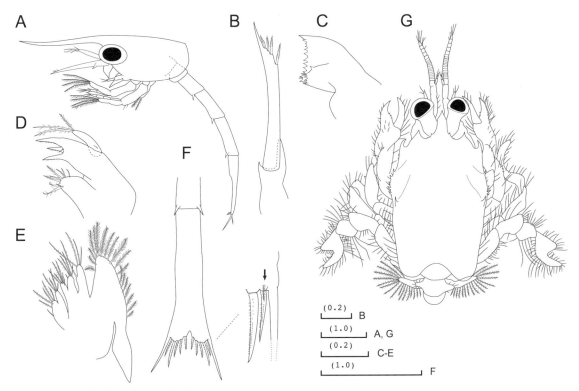

図 66　'フシメダヒゲガニ'科の幼生の例
　A：キタクダヒゲガニ（*Lophomastix japonica*）の第1ゾエアの側面，B：同，第2触角，C：同，大顎，D：同，第1小顎，E：同，第2小顎，F：同，尾節（背面），右上拡大図の矢印は異尾小毛，G：同，メガロパの背面。スケール（）内数字の単位はミリメートル。Konishi[663]にもとづき作図。

腹　　部：腹部は円筒状で頭胸部に比べてかなり細い。尾節は細長い棒状で，すべての期で異尾小
　　　　　毛をもち，肛門棘はない。腹肢は後期から原基が現れる。

【メガロパ】　図 66（G）

　頭胸部と腹部，および付属肢の基本的な形態は，発達度合いは別としてほぼ成体と同じである。
たとえば，胸脚は科名の「瞼のような形の脚」というラテン語が示すように，偏平で鈍端の鎌状に
なり，既に潜砂行動に適応した形となっている。


## スナホリガニ科（Family Hippidae）

　日本産は 2 属 4 種で。1 属 1 種で全期記載がある [664]（科の幼生記載率 25%）。ゾエアは，頭胸
甲上の棘が下垂し，かつ側棘は後方ではなく側方に突出するなど，外見上は短尾下目と似た点が
あり，古くは 19 世紀の F. Müller [665] からはじまって，いくどか類縁性が指摘されたことがある [2,
666]。しかし，大顎は短い円筒状で門歯状部と臼歯状部が分岐せず，第 2 小顎の顎舟葉は截形の後
方葉をもつなど，少なくとも真正カニ類のゾエアとはあきらかに異なる。一方で，異尾下目に属し
ているが，尾節がふ化時から多数の尾棘をもち，かつ異尾小毛をもたないので，上記の特徴とあわ
せると，異尾下目のなかでは特異な存在である。幼生としては大型で，たとえばインドネシアのバ
ンダ海域で採集された，後期ゾエアで頭胸甲長が 6.5mm，額棘長は 10.8mm に達する例があり，
異尾下目のゾエアとしてはこれまでの最大記録である [667]。標準的な期数は 5。

【ゾエア】　図 67（A-F）

　頭胸部：頭胸甲は 1 期には短い額棘をもつだけであるが，2 期では額棘が伸び，1 期になかった
　　　　　側棘が出現し，その後伸長する。なお，複眼は海外産の *Emerita* 属では，1 期から有柄との
　　　　　報告例がある [668, 669]。一般に通常発生の十脚目では，ふ化時は複眼が頭胸甲に固着し，次の
　　　　　期から眼柄が形成されて可動となるので，これは特異な例である。尾節は幅広く扁平な楕円
　　　　　形で独特の形状をしており，尾棘数は増加しない。第 1 触角は鈍端の円錐状。第 2 触角は原
　　　　　節先端が尖り，外肢の基部に短い突起をもつ。スナホリガニ属（*Hippa*）では内肢原基は現
　　　　　れないが，*Emerita* 属では後期に原基が伸長する。第 1 小顎の内肢は小突起状で，先端に 1
　　　　　本の剛毛のみをもつ。第 2 小顎の顎舟葉は大きく，切断形の後方葉をもつのが特徴で，また
　　　　　内肢は突出せず，基・底節との境界は明瞭でない。第 1 顎脚および第 2 顎脚は 4 節の内肢と
　　　　　単節の外肢からなる。第 3 顎脚はみられない。

　腹　　部：尾節は円形または楕円形で後側縁に突起をもつ。

【メガロパ】

　頭胸部と腹部，および付属肢の基本的な形態は，発達度合いは別としてほぼ成体と同形である。

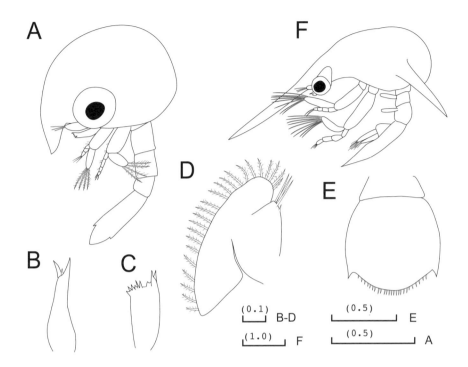

図67 スナホリガニ科の幼生の例
A：ハマスナホリガニ（*Hippa truncatifrons*）の第1ゾエアの側面，B：同，第2触角，C：同，大顎，D：第4ゾエア，第2小顎，E：第1ゾエアの尾節，F：第4ゾエアの側面。スケール（ ）内数字の単位はミリメートル。加藤・鈴木664）にもとづき作図。

## スナホリガニ上科のゾエアにおける多様性

　本上科のゾエア（1期以降）はこれまでに記載された海外産の属も含めると，図68に模式的に示したように，大きく4つにグループ分けされ，これらは以下のように科または亜科にほぼ対応する。

　グループ1：頭胸甲は長く下垂する額棘と側棘をもつ。各腹節は背面後縁に棘がなく，尾節は楕円のうちわ状で，異尾小毛をもたない ［スナホリガニ科のスナホリガニ属と*Emerita*属］
　グループ2：頭胸甲は長い額棘と側棘をもち，それぞれ下垂する。尾節は最外に1対の尾突起と多数の尾棘，および異尾小毛をもつ ［クダヒゲガニ科クダヒゲガニ亜科のクダヒゲガニ属］
　グループ3：頭胸甲は長く水平に伸びる額棘のみをもつ。尾節は細長い筒状で1対の尾突起と複数対の尾棘，および異尾小毛をもつ ［フシメクダヒゲガニ科のフシメクダヒゲガニ属とキタクダヒゲガニ属］
　グループ4：頭胸甲は長く水平に伸びる額棘と後側棘をもつ。尾節は2対の長い尾突起と多数の尾棘をもつが，異尾小毛をもたない ［クダヒゲガニ科の*Lepidopa*属］

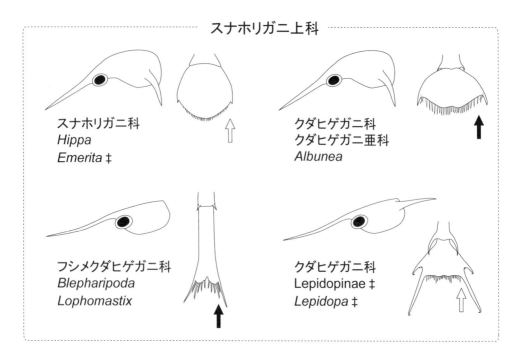

**図 68　スナホリガニ上科のゾエアにみられる多様性**
おもな属の第1ゾエアについて，頭胸甲や尾節の概形などにもとづき4つのグループに分けた模式図．‡印はわが国には産しないものを，また黒矢印と白矢印はそれぞれ異尾小毛の有無を示す．模式図のうち，クダヒゲガニ属（*Albunea*）は Menon [129]，*Emerita*属は Knight [669]，フシメクダヒゲガニ属（*Blepharipoda*）とキタクダヒゲガニ属（*Lophomastix*）は倉田 [662] および Konishi [663]，*Lepidopa*属は Knight [669]，スナホリガニ属（*Hippa*）は加藤・鈴木 [664] を参考に作図．

【検索図】異尾下目のゾエアの検索について**検索図 17 〜 18** に示す．なお，より具体的な同定については，北太平洋域の十脚目の幼生を扱っている Puls [670] の総説などが参考になる．さらに水産重要種を多く含むタラバガニ上科（旧タラバガニ科）の詳細な検索には，Korn *et al.* [639]，倉田 [662]，Jensen *et al.* [652]，および小西・鹿谷 [671] も参照されたい．

# 短尾下目（Infraorder Brachyura）

　一般にカニ類とよばれ，十脚目の種数では 45.3% とおよそ半分を占める。本下目でも近年，成体の分類は大きく変わりつつあり，上科以上のレベルでは以下のように，Guinot [672-674] による生殖孔の開口位置で分ける方法が広く受け入れられている。

1）脚孔群（Section Podotremata）：雌雄ともに胸脚底節〔カイカムリ科，アサヒガニ科など〕
2）真短尾群（Section Eubrachyura）
2a）異孔亜群（Subsection Heterotremata）：雌が胸部，雄が胸脚底節〔クモガニ科，ワタリガニ科，オウギガニ科など〕
2b）胸孔亜群（Subsection Thoracotremata）：雌雄ともに胸部〔イワガニ科，スナガニ科など〕

　ここで分類階級「section」の訳語について補足説明する。この階級は上記の十脚目の分類では下目と上科の間で使われている。一方，国際動物命名規約によれば，科より下位の属あるいは亜属を区分する分類階級とされ，「区」あるいは「節」と和訳されている。そうなると，これらの訳語を充てたのでは混乱を招きかねず，また適訳とも思えない。そこで，三宅 [47] の用例にしたがい「群，亜群」の和訳を充て，また原語の意味にもとづき，それぞれ「脚孔群，異孔亜群，胸孔亜群」とした。以下，上記に加え Ng *et al.* [675] による短尾下目の分類も参考にして解説する。
　幼生期の大きな特徴として，他の下目と変態後の発育段階を比べたばあい，第1ポストラーバ，すなわちメガロパが次の稚ガニ期と形態が大きく異なることがあげられる。本下目は脚孔群と真短尾群に分かれるが，いわゆるカニ類の幼生としての共通点は後者の方にあるので，そちらで述べる。ここで用いる幼生期名は「**ゾエア → メガロパ（… 稚ガニ）**」とする。
　なお，とくに短尾下目のゾエア分類では重要とされる小顎・顎脚の内肢の剛毛配列（毛式）については**付表 C-3** を参照されたい。


# 脚孔群（Section Podotremata）

　コウナガカムリ上科，カイカムリ上科，マメヘイケガニ上科，ホモラ上科，アサヒガニ上科の5上科からなる。なお，マメヘイケガニ上科とアサヒガニ上科をあわせて原始短尾類（Archaeobrachyura）とよぶことがある。本群の各科における幼生発生の記載状況を**付表 A-9** に示す。幼生はプランクトン標本による断片的な記載が多く，日本産の約90種のなかで，ふ化・飼育により幼生期が全記載されているのはわずか3種にすぎない。このように情報も限られているが，後述の真短尾群とは異なり，全体としてカイカムリ上科は異尾下目に近く，ホモラ上科とアサヒガニ上科は真短尾群との中間的な形態といえる。

各論：短尾下目　123

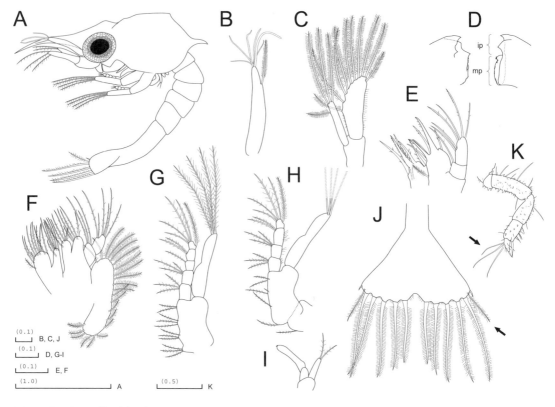

**図 69　カイカムリ科の幼生の例**

A：カイカムリ（*Lauridromia dehaani*）の第1ゾエアの側面，B：同，第1触角，C：同，第2触角，D：同，大顎（ip：門歯状部，mp：臼歯状部），E：同，第1小顎，F：同，第2小顎，G：同，第1顎脚，H：同，第2顎脚，I：同，第3顎脚，J：同，尾節の腹面（矢印は異尾小毛），K：ニホンカムリ（*Paradromia japonica*）のメガロパの第4歩脚（矢印は感覚毛）．スケール（）内数字の単位はミリメートル．A～J は石廊崎産のふ化・飼育標本による．K は Hong & Williamson [686] にもとづき作図．

## コウナガカムリ上科（Superfamily Homolodromioidea）

　日本産はコウナガカムリ科（Family Homolodromiidae）のみで，1属4種．わが国での幼生記載はなく，大西洋産のコウナガカムリ属（*Dicranodromia*）の一種（*D. felderi*）において，抱卵雌の保存標本から発生胚を取り出して記載した1例だけである [676]．ただし，ふ化前の胚なので，真のゾエアとしての形態は不明である．それでも平板状の第2触角外肢などは異尾下目に似ており，また発達した腹肢原基をもつことなどから短縮発生の可能性が高い．

# カイカムリ上科 （Superfamily Dromioidea）

日本産はカイカムリ科とトゲカイカムリ科の2科からなる。

## カイカムリ科 （Family Dromiidae）

日本産は15属36種。6属7種で幼生記載があり [677-687]，このうち3種は全期である（科の幼生記載率19%）。ゾエアは異尾下目に酷似する。通常発生のほかに，海外産種では短縮発生も報告されている [701, 702]。なお，深海性のハリダシカイカムリ（*Takedromia cristatipes*）は卵径と抱卵数から，短縮発生の可能性がある [703]。標準的なゾエア期数は変異が大きいが，5前後と思われる。

【ゾエア】 図69（A-J）

頭胸部：頭胸甲は水平方向に伸びる額棘をもち，さらに短い後側棘あるいは背棘もつ種もある。第1触角は鈍端で，先端に感覚毛とやや下方に羽状毛をもつ。第2触角は内肢と平板状の外肢からなり，基節上部の棘の有無は属によって異なる。大顎の臼歯状部が円盤状で大きいが，突出はせず門歯状部と明瞭に区別されない。第1小顎は2節の内肢をもつが，真短尾群とは異なり，原節の外縁部に剛毛はみられない。これに関連して，Wear [684] はニュージーランド産のワタゲカムリ（*Metadromia wilsoni*）の2期で外肢毛を図示したが，後に保存標本が再検鏡された際には，確認されなかった [686]。第2小顎の顎舟葉はふ化時から有毛の後葉がある。第1顎脚の内肢は5節からなる。第2顎脚の内肢は4節で，真短尾群より多い。第3顎脚は1期から発達している。

腹　部：腹節は第1腹節から後方に幅が小さくなる。尾節に異尾小毛をもつが，異尾下目のものとは異なり，長さは最外尾棘の3倍以上あり，通常は後期までみられる（図029参照）。また，短縮発生のイソカイカムリ属（*Cryptodromia*）の一種（*C. pileifera*）ではみられない [702]。

【メガロパ】 図69（K）

頭胸部：頭胸甲は前方に尖った縦長の楕円形で，前部に短い額中棘と額側棘をもつ。第3・4歩脚は亜鋏脚となって背側に向き，成体の特徴が現れているが，最後の第4歩脚の先端には，真短尾群でよくみられる，先端部が鈎状に曲がった長感覚毛を1～数本もつ。ちなみにこの特徴などをもとに，独立した種とされていた標本がヒラコウカムリ（*Conchoecetes artificiosus*）のメガロパであることが判明した例がある [679]。

腹　部：腹節は後方に向かって幅が狭くなり，第2～5節に腹肢をもち，後側突起はない。尾節は四角形で後端中央が凹み，肛門棘はない。尾肢には痕跡的な内肢があり，基節は無毛で，外肢は14～26本の羽状毛をもつ。

## トゲカイカムリ科 （Family Dynomenidae）

日本産は4属6種。幼生の記載例はまだないが，西インド諸島産のイガグリカイカムリ属（*Acanthodromia*）の一種において，ふ化直前の卵から取り出した胚が記載されている [704]。これは真のゾエアの状態ではないが，コウナガカムリ科と同様，第2触角や尾節は典型的な異尾類のものである。

# マメヘイケガニ上科（Superfamily Cyclodorippoidea）

　日本産は 5 属 10 種。深海性の分類群で，マメヘイケガニ科（Family Cyclodorippidae）ほか 2 科からなる。本上科の幼生についてわが国での記載例はないが，ニュージーランド産のツノダシマメヘイケガニ属（*Cymonomus*）において，ふ化直後のゾエアが記載されている[705]。それによれば，頭胸甲や腹部には長い棘を多数もち，短縮発生の可能性が高い。

# ホモラ上科（Superfamily Homoloidea）

　日本産ではホモラ科とミズヒキガニ科からなり，水産重要種はない。両科ともに短縮発生の例は知られていない。

## ホモラ科（Family Homolidae）

　日本産は 11 属 20 種。3 属 4 種で幼生記載があるが[688-690]，全期記載の例はない（科の幼生記載率 20%）。幼生飼育が困難なため，とくにメガロパ前後での連続した記載が少なく，生活史は不明である。標準的なゾエア期数は不明。

【ゾエア】　図 70（A-H）
　頭胸部：頭胸甲の後側縁には鋸歯状の小棘列からなる特徴的な襞があり，ホモラ属（*Homola*）ではさらに複眼から側面に沿ってもう 1 列が加わり二重の襞となる。また水平方向に伸びる額棘をもち，さらに眼上棘や眼下棘をもつばあいがある。第 1 触角は円錐形で先端に感覚毛と単純毛をもち，後期に内肢原基が発達する。第 2 触角は平板状の外肢と長い原節突起と先端に羽状毛をもった内肢をもつ。大顎の門歯状部と臼歯状部は明瞭に分かれない。第 1 小顎の内肢は 2 節からなる。第 2 小顎の内肢は単節。第 1 顎脚と第 2 顎脚の内肢は，それぞれ 5 節と 4 節からなる。第 3 顎脚は二分岐した原基として 1 期からみられる。
　腹　部：第 1 腹節の背後縁には長い剛毛がみられる。尾節は逆 Y 字または逆 T 字形で異尾小毛はない。

【メガロパ】　図 70（I）
　頭胸部：頭胸甲は縦長で，前（額）域に短い額中棘と長大な眼上棘を，中域と後域にそれぞれ長大な側棘と背棘をもつ。ただし，すべての種が長大な棘類をもつわけではなく，海外産種ではむしろ成体型に近い例もある[706]。第 4 歩脚の指節は曲がった鎌状で，先端部に 1 本の長感覚毛をもつばあいがある。
　腹　部：腹節はほぼ同幅で，第 2 〜 5 節に腹肢をもつ。尾節は丸味を帯びた四角形。尾肢の内外肢は発達し，基節に 4 本，内肢に 17 〜 19 本，外肢に 25 〜 26 本の羽状毛をもつ。

### ミズヒキガニ科（Family Latreillidae）

　日本産は 2 属 2 種。2 属 2 種で幼生記載があるが [689, 691, 692]，全期記載の例はまだない（科の幼生記載率 100%）。和名に「ミズヒキガニ」が付く種でも，現在はホモラ科に属するものがいくつかある。標準的なゾエア期数は不明。

【ゾエア】
　頭胸部：ホモラ科に酷似し，上記同科の特徴がほぼ当てはまる。

【メガロパ】　図 70（J）
　頭胸部：ホモラ科に酷似するが，頭胸甲には側棘や背棘がなく，長大な眼上棘対はやや前方に拡がり，また先端部が短く分岐する点が異なる。また，第 4 歩脚の指節先端には 3 本の長感覚毛をもつ。なお，Aikawa [689] はプランクトン採集した後期（4 期）ゾエアとメガロパをホモラ属の一種（*Homola* sp.）として記載したが，その後の研究によれば，これはホモラ科ではなく本科のサナダミズヒキガニ（*Latreillia valida*）であるとされる [707]。
　腹　部：ホモラ科と同様であるが，第 2 腹節の背面に背瘤が 1 つみられる。尾肢の内外肢は発達し，基節に 1 本，内肢に 15 〜 17 本，外肢に 20 〜 21 本の羽状毛をもつ。

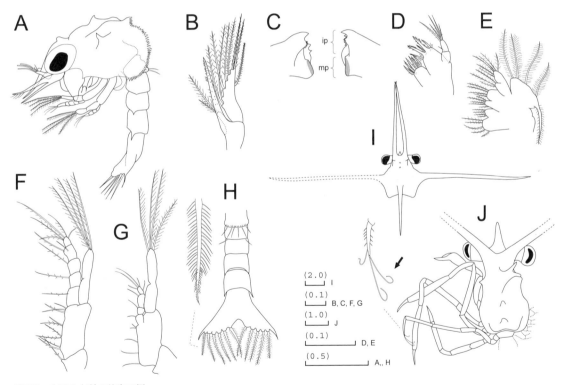

図 70　ホモラ上科の幼生の例
　A：テナガオオホモラ（*Paromola macrochira*）の第 1 ゾエアの側面，B：同，第 2 触角，C：同，大顎（ip：門歯状部，mp：臼歯状部），D：同，第 1 小顎，E：同，第 2 小顎，F：同，第 1 顎脚，G：同，第 2 顎脚，H：同，腹部（尾節）の背面，I：ホモラ科メガロパ幼生の頭胸甲の背面，J：ミズヒキガニ（*Eplumula phalangium*）のメガロパの背面（矢印は指節の感覚毛）。スケール（）内数字の単位はミリメートル。A〜H は Konishi *et al.* [690]，I は Williamson [697]，J は Aikawa [689] にもとづき作図。

# アサヒガニ上科（Superfamily Raninoidea）

アサヒガニ科とビワガニ科の2科からなり，前者は産業重要種を含む。本上科ではこれまで短縮発生の例は知られていない。

## アサヒガニ科（Family Raninidae）

日本産は3亜科7属12種。このうち1属1種は全期である[693-696]（科の幼生記載率17%）。地域特産種としてアサヒガニ（*Ranina ranina*）では増殖への期待から種苗生産の技術開発が行われてきた[708]。本種幼生の飼育は，長い棘が絡みあうことによる損傷などでゾエア期の死亡率がきわめて高く，産業種のカニ類では飼育困難種の1つであったが，皆川・工藤[709]により初めて第1稚ガニまでの飼育に成功した。発育段階の判別への参考となる形質の変化について，アサヒガニ属（*Ranina*）での例を付表 B-16 にまとめた。標準的なゾエアの期数はアサヒガニ亜科で8。

【ゾエア】　図 71（A-F）

頭胸部：頭胸甲はアサヒガニ亜科とノコバアサヒ亜科（仮称）（Subfamily Raninoidinae）では長大でかつ表面が微棘でおおわれた額棘と背棘，および短い側棘をもつ。長大な棘をもつ外観は異尾下目のカニダマシ科に似るが，斜め下方に向いている点で大きく異なる。第1触角は円錐状で先端に感覚毛があり，内肢原基は5期に現れ，また8期前後に分節する。第2触角は異尾下目などのように偏平な外肢をもつ。大顎は臼歯状部が突出し，門歯状部と明瞭に区別される。第1小顎の内肢は2節からなる。第2小顎の内肢は短節で，顎舟葉は1期に5本の羽状毛と後方に長い先端羽状突起がある。また，アサヒガニ属では2期以降に内肢の外側に剛毛がみられる。第1顎脚と第2顎脚の内肢はそれぞれ5節と3節からなり，どちらの顎脚外肢も後期になると，基部にも遊泳毛が加わる。第3顎脚は1期には原基で，5期で二分岐する。

腹　部：腹節は多くの棘突起をもつ。尾節は逆 T 字または逆 Y 字形で，微棘でおおわれた尾叉をもつ。なお，Aikawa[36] が高知沖のプランクトンから記載した幼生種 '*Lithozoea kagoshimaensis*' はあきらかに本科の後期ゾエアである。

【メガロパ】　図 71（G-H）

頭胸部：体の概形は洋ナシ形で，アサヒガニ亜科では額中棘は下垂して目立たないが，ビワガニ亜科とノコバアサヒ亜科では幅広い三角形で水平方向に突出する。第4歩脚の先端節は扁平なオール状で成体とほぼ同じであるが，先端には長く鈎状に曲がった長感覚毛を数本もつ。

腹　部：腹節はほぼ同幅で，第2〜5節に腹肢をもつ。尾節は丸味のある四角形。尾肢の内肢は退縮し，基節は無毛で，外肢は 50 〜 54 本の羽状毛をもつ。

## ビワガニ科（Family Lyreididae）

日本産は1属3種。このうち1種で幼生記載がある[697, 698]（科の幼生記載率33%）。標準的なゾエアの期数はビワガニ属（*Lyreidus*）で6。

【ゾエア】
 頭胸部：額棘と背棘，および側棘をもち，側棘は額・背棘と同程度に長く，先端部がオール状に膨らむ．第1顎脚の内肢は5節からなり，根元節には2本の剛毛をもつ．
 腹　部：腹節や尾節はアサヒガニ亜科とほぼ同じ形状．

【メガロパ】
 頭胸部：第1・2歩脚は針状，第3・4歩脚は葉状で，第4歩脚は先端部に5本の長感覚毛をもつ．
 腹　部：尾肢の基節は無毛で，内肢は原基状に退縮，外肢には40本以上の羽状毛をもつ．

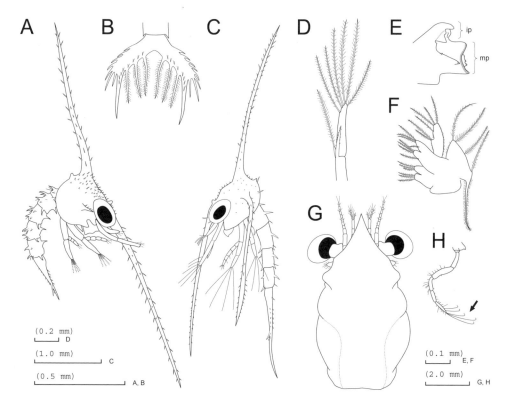

図71　アサヒガニ科の幼生の例
　　A：アサヒガニ (*Ranina ranina*) の第1ゾエアの側面，B：同，尾節，C：ビワガニ (*Lyreidus tridentatus*) の第1ゾエアの側面，D：同，第2触角，E：同，大顎 (ip：門歯状部，mp：臼歯状部)，F：同，第2小顎，G：同，メガロパ頭胸甲の背面，H：同，第4歩脚（矢印は指節の感覚毛）．スケール ( ) 内数字の単位はミリメートル．AとBはAikawa[693]，C〜GはWilliamson[697]にもとづき作図．

検索図：短尾下目のゾエア検索については検索図21〜30，またメガロパは検索図31〜37に示す．

各論：短尾下目　　129

# 真短尾群（Section Eubrachyura）

異尾下目に似た点もみられる脚孔群とは異なり，一般にカニ類とよばれるグループである。成体の種数では十脚目の半数近くを占め，これに比例して幼生の記載率も高い。

幼生期について，短尾下目の主要グループとしての大まかな期区分を**表12**にまとめた。

表12　真短尾群の幼生期の区分（オウギガニ科を基準にしたもの）

| 体部位 | 幼生期 | ゾエア[※1] | | | メガロパ |
|---|---|---|---|---|---|
| | | 前期 | 中期 | 後期 | |
| 頭胸部 | 棘類 | + | + | + | -/r |
| | 第1触角の内肢 | − | − | r | + |
| | 第2触角の内肢 | − | r | r | + |
| | 大顎 | br | br | br | ur |
| | 第1小顎の外縁毛 | − | 1 | 2 | （多数） |
| | 第1胸脚（鉗脚） | − | r | rb | + |
| 腹部 | 腹肢 | − | r | rb | + |
| | 尾肢 | − | − | r | + |

br：2分岐型，r：原基（また縮小），rb：二叉原基，ur：非分岐型，−：ない，+：ある（または有機能）。
※1：標準的な期数を4としたばあい，おおむね前期が1期，中期が2・3期，後期が4期に相当。

ゾエアには原則として以下の共通点があげられる。

① 概形はカニ型で，頭胸甲の額棘は斜め下方向。
② 第1触角の原節はふ化時には分節せず，第2触角は尖棒状で分節しない。
③ 大顎の門歯状部と臼歯状部は明瞭に分かれ，可動葉片をもたない。
④ 第1小顎の内肢は2節以下で外肢葉をもたず，原節の外縁は2期以降に外肢毛や副肢毛をもつ。第2小顎の内肢は単節で，顎舟葉の外周縁は1期には4本の羽状剛毛をもつ前葉と，細く尖った後葉からなるが，2期以降は全体の輪郭が丸くなり，全周縁に羽状剛毛をもつ。
⑤ 顎脚の基節は底節の倍以上の長さがある。
⑥ 尾節は尾叉が発達し，その内側に1〜3対の尾棘，また0〜3本の外側棘や背棘をもつ。

本群では脚孔群や他の下目と比べたばあい，メガロパすなわち第1ポストラーバの形態がこれ以降の稚ガニとは大きく異なる種がほとんどである。また，次のような特徴がある。すなわち，1）概形はカニ型で成体型に近いが，腹部はたたみ込まれず腹肢で遊泳，2）大顎は内側に湾曲した門歯状部のみとなり，触鬚は分節，3）第4歩脚の指節末端に先端が蔓状に曲がった長感覚毛をもつばあいがある，4）尾節の輪郭は四角形か半円形で尾叉がない。以下の各科の形態については，上記①〜⑥以外でその科を特徴づける部分を中心に解説する。

# 異孔亜群（Subsection Heterotremata）

　真短尾群のうち,クモガニ上科をはじめとした,種数の多い分類群を含む25上科からなる亜群で,短尾下目の72%を占める。また,平均の幼生記載率は21%である。また,本亜群の各科における幼生記載状況を付表A-10に示す。なお,以下のゾエアの記述では小顎内肢の毛式を〔〕内に示す。

# ヘイケガニ上科（Superfamily Dorippoidea）

　以前は1つの科にまとめられていたが,現在はかつての亜科が科に昇格している。産業重要種はないが,種によっては頭胸甲各域の隆起とこれらを区切る溝線により人面相を呈することでしばしば話題となる。なお,本上科とカラッパ上科,コブシガニ上科は口郭（buccal frame）が前方に尖っていることから,かつて尖口類（Oxystomata）の名でまとめられていた。

### ヘイケガニ科（Family Dorippidae）

　日本産は4属6種。3属3種で幼生記載があり[689, 710-712],このうち2種は全期である（科の幼生記載率50%）。幼生の飼育は困難で,ふ化から変態までの成功例はまだなく,メガロパはプランクトン標本にもとづく記載のみである。発育段階の判別への参考となる形質の変化について,サメハダヘイケガニ属（*Paradorippe*）での例を付表B-17にまとめた。標準的なゾエア期数は4。

【ゾエア】　図72（A-D）

　頭胸部：頭胸甲は甲長の数倍以上にもなる長大な額棘と背棘をもち,側棘はない。額棘は微棘,背棘は微瘤で表面が覆われる。第1触角は4期に内肢原基が現れる。第2触角の原節突起と外肢はほぼ等長で,外肢先端から約1/3の位置に1対の細棘をもち,内肢原基は3期以降に現れる。第1小顎の内肢は2節で,2期以降も外肢毛がない〔0,4〕。第2小顎の内肢は単節。第1顎脚内肢の根元節の剛毛は3本。第2顎脚の内肢は3節からなる。

　腹　部：全体に細長い棒状である。第1腹節の背面には2期以降に後方に伸びる長剛毛を,また第2腹節は側突起をもつ。腹肢原基は4期に出現する。尾節は本上科に特有の,料理用のカービングフォークのような長い縦長叉形であり,1本の太い外側棘と,内側に尾棘に相当する長い剛毛を1本のみもち,その数は増えない。なお,尾叉が後期に短縮化する例が報告されているが[710, 713],これらは形態異常の可能性がある。

【メガロパ】　図72（E）

　頭胸部：第3・4歩脚は先端が亜鋏状で背側に曲がるなど,成体とほぼ同じ体型で,この点では脚孔群と同じである。

　腹　部：腹節は頭胸甲に比べ細い。尾節は半円状で,尾肢はない。

**マルミヘイケガニ科（Family Ethusidae）**

　日本産は 2 属 12 種。国内からの幼生記載はまだない。抱卵雌からのふ化・飼育による記載は，メキシコ湾産のマルミヘイケガニ属（*Ethusa*）の一種（*E. microphthalma*）で初めて行われた [714]。また，Aikawa [36] が釜山沖から採集したゾエアの中で，幼生種 '*Ethusizoea lineata*' はあきらかに本科に属する。なお，インド洋のプランクトンから本科とされる種（'*Ethusa investigatoris*'）メガロパが記載されているが [129]，原著の図をみると額の突起が 4 歯ではなく 2 歯である。これはヘイケガニ科の特徴であり，種同定には再検討を要する。基本的な形態はヘイケガニ科と同じで，以下これと異なる部分について述べる。

【ゾエア】　図 72（F-G）

　頭胸部：頭胸甲は長大な額棘と背棘に加え，後方に長く伸びた側棘をもつ。また，地中海産のマルミヘイケガニ属の一種（*E. mascarone*）では側棘はあるが短い [33]。第 2 触角の外肢は数対の小棘をもつが，ヘイケガニ科のように他より大きな小棘対はない。第 1 小顎の内肢は 2 節で，1 期から外肢毛をもつ種がある。

　腹　部：基本的にヘイケガニ科と同じ。

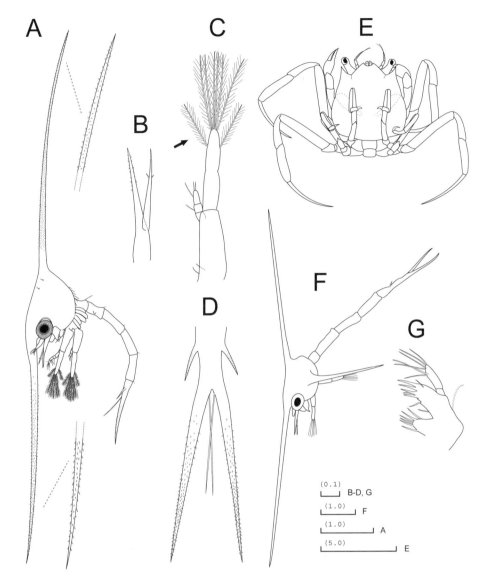

**図 72 ヘイケガニ上科の幼生の例**

A：サメハダヘイケガニ（*Paradorippe granulata*）の第2ゾエアの側面，B：同，第2触角，C：同，第2顎脚，D：同，尾節，E：同，メガロパの背面図，F：マルミヘイケガニ属（*Ethusa*）の第2ゾエアの側面図，G：同，第1小顎。スケール（）内数字の単位はミリメートル。A〜Dは石狩湾のプランクトン標本による。EはQuintana [711]，FとGはAikawa [689] にもとづき作図。

各論：短尾下目 133

# カラッパ上科（Superfamily Calappoidea）

以前のカラッパ科が上科に昇格したもので，国内産では2科が含まれる。

## カラッパ科（Family Calappidae）

日本産は5属23種。1属4種で幼生記載があり [678, 689, 715-718]，全期記載はまだない（科の幼生記載率17%）。これはゾエア期の餌料生物が不明で飼育が困難なことが一因である。標準的なゾエア期数は不明であるが，5以上と考えられる。なお，海外ではカラッパ属（*Calappa*）でプランクトンから得た幼個体を種同定が可能な稚ガニまで飼育した例がある [1066]。

【ゾエア】　図73（A-H）

頭胸部：頭胸甲は額棘，背棘，側棘をもち，額棘には鋸歯状に棘が列生する。第1触角の内肢原基は中期以降に出現。第2触角は額棘より短く，外肢は細く長短2本の剛毛がある。第1小顎の内肢は2節，第2小顎の内肢は単節である。第1顎脚内肢の根元節の剛毛は2本。第2顎脚の内肢は3節からなる。

腹　部：尾節は尾叉上に背棘2本と外棘2本（うち1本は微小で見落としやすい）をもつ。

【メガロパ】

頭胸部：頭胸甲の輪郭は縦長。右鋏脚はまだ本科に特有の，いわゆる缶切りのような形状ではない。第4歩脚に3本の指節先端の長感覚毛をもつ。

腹　部：腹節は背面がやや丸く，後側縁は丸く突出する。尾節の輪郭は後方に狭まった逆台形である。尾肢は基節に1本，外肢に14本の羽状毛をもつ。

## キンセンガニ科（Family Matutidae）

日本産は5属7種。2属2種で幼生記載があり [678, 716-719]，このうち1種は全期である（科の幼生記載率43%）。以下，キンセンガニ属（*Matuta*）を中心にカラッパ科と異なる部分を述べる。標準的なゾエア期数は不明であるが，4以上と思われる。

【ゾエア】

頭胸部：頭胸甲は額棘と背棘をもち，側棘はない。第1触角の内肢原基は5期に現れる。第2触角は原節突起のみで，内肢原基は3期以降に出現する。第1小顎の内肢は2節で，第2小顎の内肢は単節で先端部に4本の剛毛をもつ。第1顎脚の内肢は5節でその根元節の剛毛は3本，第2顎脚の内肢は3節からなる。

腹　部：第2，3腹節に背側突起があり，第4腹節の両側が後方に膨らむ腹節後葉をもつ。腹肢原基は3期以降に現れる。尾節尾叉の外側に3本の細い外棘，内側には1期で3対の尾棘をもつ。

【メガロパ】

頭胸部：頭胸甲の輪郭は縦長である。鉗脚は歩脚に比して著しく大きい。歩脚の指節は扁平なヘラ状で成体の特徴が出始めている。また，第4歩脚には3本の先端が鉤状に曲がった長感覚毛とやや下部に1本の長い剛毛をもつ。

腹　部：尾肢は基節に1本，外肢に10本の羽状毛をもつ．

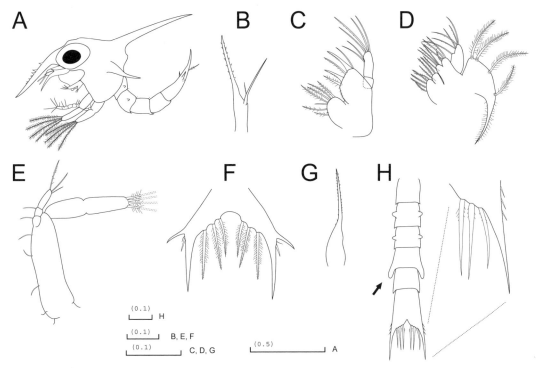

図73　カラッパ上科の幼生の例
　A：コブカラッパ（*Calappa gallus*）の第1ゾエアの側面，B：同，第2触角，C：同，第1小顎，D：同，第2小顎，E：同，第2顎脚，F：同，尾節，G：キンセンガニ（*Matuta victor*）の第1ゾエアの第2触角，H：同，腹部と尾節の背面図．スケール（ ）内数字の単位はミリメートル．A～FはTaishaku *et al.* [715]，G～IはHashmi [719] にもとづき作図．

# コブシガニ上科（Superfamily Leucosioidea）

　日本産は2科からなり，このうちノコバコブシガニ科（仮称）（Subfamily Iphiculidae）ではまだ幼生は知られていない．

### コブシガニ科（Family Leucosiidae）
　日本産は3亜科33属99種．8属13種で幼生記載があり [35, 689, 720-730]，このうち4種は全期記載である（科の幼生記載率13%）．3亜科のうち，ウスヘリコブシガニ亜科（Subfamily Cryptocneminae）で幼生記載がない．本科は科内だけでなく，カクレガニ科のように同属内でも変異が大きいことが特徴である．標準的なゾエア期数は3または4．

【ゾエア】　図74（A-H）
　頭胸部：頭胸甲は額棘，背棘，側棘の有無により4つのグループに分けられるが，これらは成体亜科の区分とは対応しない．また同属内でも種によって別々のグループにまたがるなど，変

異に富む。第1触角の内肢原基は期数が3までの種では出現しない。第2触角は退化的で、小さな半球状か円錐状の突起として存在し、内肢原基は現れない。このような例はカクレガニ科の一部など限られた分類群にしかみられない。第1小顎の内肢は単節または2節からなる。第2小顎の内肢は単節で、1期の顎舟葉周縁の羽状毛は、コブシガニ属（*Leucosia*）などが3本、エバリア属（*Ebalia*）が4本、地中海産の *Ilia* 属が5本と変異がある。第1顎脚内肢の根元節の剛毛は2本。第2顎脚の内肢は単節または2節であるが、テナガコブシ（*Myra fugax*）のように1期に2節であったのが後期に単節化する例がある[724]。

腹　部：第2・3腹節に背側突起をもつ。尾節（図74H）は三角形で後縁は直線状であり、内側3対の尾棘は中央部に片寄って列生する。なお、この形状は本科に特有のものである。

【メガロパ】　図74（I-J）

頭胸部：ゾエアと同様、たとえば頭胸甲の眼上棘、背棘や側棘の有無などで種によって形態に変異がある。ここではヒラコブシ（*Hipyla platycheir*）の例を示す。次の第1稚ガニではほぼそれぞれの種の特徴が現れ始める。第4歩脚の先端に長感覚毛がない種が多い。

腹　部：一般に腹節はほぼ同幅である。第2～5腹節はほぼ同大で背面は丸みを帯び、尾節は後方に狭まった逆台形、あるいは半円の板状。尾肢をもたない。

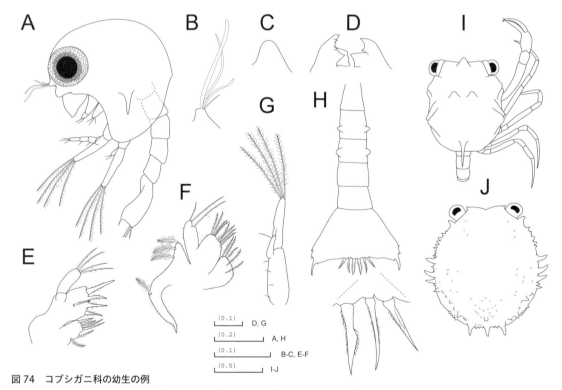

図74　コブシガニ科の幼生の例
A：エバリア属（*Ebalia*）の第1ゾエアの側面，B：同，第1触角，C：同，第2触角，D：同，大顎，E：同，第1小顎，F：同，第2小顎，G：同，第2顎脚，H：同，腹部の背面，I：ヒラコブシ（*Hiplyra platycheir*）のメガロパの背面，J：同，第1稚ガニの頭胸甲。スケール（）内数字の単位はミリメートル。A～Hは相模湾産のプランクトン標本による。I～JはQuintana[722]にもとづき作図。

# クモガニ上科（Superfamily Majoidea）

　頭胸甲の額角が発達し，頭が尖った印象を与えることから，かつてはヒシガニ科やヤワラガニ科とともに尖頭類（Oxyrhyncha）の名でまとめられていた。日本産のものは5科からなり，合計で170種近くが棲息し，短尾下目のなかでは旧オウギガニ科に次ぐ大きな分類群である。なお，各科はほぼ旧クモガニ科の亜科が昇格したものである。本上科のゾエアで注目すべきは，これだけ種数が多く，生態も多様であるにもかかわらず，例外なく以下の共通点をもつことである。

① 期数がすべて2。種数が100を超えるような大きな科で，期数に変異がないのは，他には異尾下目のカニダマシ科しかない。ただ，1例だけ直接発生がオーストラリア産のエダツノガニ属（*Naxioides*）の一種で報告がある[731]。

② クモガニ小毛をもつ。頭胸甲の前側縁の内側から数本の羽状毛が生えているが，このうち，最前方の1本が他より目立って大きい。ただし総論で述べたとおり，クモガニ上科のゾエアがこれをもつのは事実だが，他の上科でも後期にもつ例が知られている。

③ 第2触角の外肢に1対の枝棘と，1期から内肢原基がある。外肢に1対の枝棘をもつが，その位置は中央または先端の2タイプに分かれる。これらについて倉田[732]は，それぞれ「鎌槍型」と「三叉型」という，その特徴をうまく捉えた名称をつけており，ここでもこれを使う。また内肢原基は1期からある。

④ 大顎の触髭原基は2期に現れる。

⑤ 第2小顎の顎舟葉は1期から周縁に8本以上の羽状剛毛と末端に羽状突起をもつ。これらの特徴から，本上科全体が短縮発生の傾向を示すとの見方もある[25]。

⑥ 尾節内側の尾棘は3対で，ヒキガニ属（*Hyas*）の一部などを除き，増加しない。

　標準的なゾエア期数は上述のように本上科では2であり，また外観だけで期の判別は容易である。なお，メガロパは第4歩脚の先端に長感覚毛をもたない。

## クモガニ科（Family Inachidae）

　日本産は12属37種。6属7種で幼生記載があり[228, 689, 732-738]，このうち3種は全期である（科の幼生記載率19%）。本科に含まれているマメツブガニ（*Paratymolus pubescens*）だけは第2触角や尾節などの形状が一般的なクモガニ上科のものとは異なる。ただ，Aikawa[689]以外の記載例がなく，今後の研究が望まれる。

### 【ゾエア】

頭胸部：頭胸甲は背棘を必ずもつが，側棘と額棘はない種もある。第2触角の原節突起は外肢とほぼ等長か，または長い。外肢の形状は鎌槍型または三叉型である。第1小顎の内肢は2節で，第2小顎の内肢は単節である。第1顎脚内肢の根元節の剛毛は3本。第2顎脚の内肢は3節で，その根元節と次節の剛毛数は属により異なる。

各論：短尾下目　137

腹　部：第2・3腹節，または第2腹節に側突起をもつ。また，第2〜5腹節には後側突起があるが，その長短は種群により異なる。腹肢原基は瘤状の隆起として1期からみられ，2期には伸長して外観上もはっきりと確認できる。尾節の尾叉上の外側棘と背棘の有無は属により異なるが，ほとんどのばあい外棘をもつ。

【メガロパ】

　頭胸部：頭胸甲の額棘や各側棘などの有無は種によって異なる。第2触角の柄部は3節，鞭状部は4節または3節からなる。すべての顎脚は口器となり，歩脚が発達する。第4歩脚の指節先端には長感覚毛をもたない。これは本上科において共通であり，以下省略する。

　腹　部：尾肢をもたない属が多い。モクズショイ属（*Camposcia*）では尾肢の基節は無毛で，外肢は6本の羽状毛をもつ。


## タカアシガニ科（Family Macrocheiridae）

　これまでクモガニ科に含まれていたが，最近タカアシガニ（*Macrocheira kaempferi*）の1種のみからなる科として独立した。世界最大の甲殻類として有名である。全期の記載がある[732, 736, 739-742]（科の幼生記載率100%）。

【ゾエア】

　頭胸部：頭胸甲は額棘，背棘，側棘をすべてもつ。第2触角の原節突起は外肢より長く，形状は三叉型。第1小顎の内肢は2節で，第2小顎の内肢は単節である。第1顎脚内肢の根元節の剛毛は3本。第2顎脚の内肢は3節である。

　腹　部：第2・3腹節に背側突起をもつ。また，第3〜5腹節には長い後側突起がある。腹肢原基は瘤状の隆起として1期からみられ，2期には伸長して外観上もはっきりと確認できる。尾節の尾叉上に大小2本の外側棘と背棘をもつ。

【メガロパ】

　頭胸部：頭胸甲の額棘は長く水平に伸び，正中突起は斜め上方に突出，背棘は後方に曲がる。第2触角は8節からなる。

　腹　部：尾節は丸四角形で後縁はやや凹む。尾肢基節は無毛で，外肢は6〜7本の羽状毛をもつ。


## イッカククモガニ科（Family Inachioididae）

　本来は北米東太平洋に産する外来種で，わが国では1970年代にイッカククモガニ（*Pyromaia tuberculata*）が太平洋岸で棲息していることが確認されている[743]。全期記載がある[733, 744, 745]。

【ゾエア】

　頭胸部：頭胸甲は背棘のみをもつ。第2触角で鎌槍型。第1小顎の内肢は2節，第2小顎の内肢は単節である。第1顎脚内肢の根元節の剛毛は3本。第2顎脚の内肢は2節で，本上科のおもな科とは異なる。

　腹　部：第2腹節のみ背側突起をもつ。尾節の尾叉は背棘のみ。

## モガニ科（Family Epialtidae）

　日本産は 3 亜科 33 属 75 種。14 属 18 種で幼生記載があり [540, 689, 740, 746-758, 1099, 1102]，このうち 10 種は全期である（科の幼生記載率 24%）。本科は種数が多いため，亜科別に解説する。発育段階の判別への参考となる形質の変化について，モガニ属（*Pugettia*）での例を**付表 B-18** にまとめた。

### 1）モガニ亜科（Subfamily Epialtinae）

　本亜科はかつて 'Acanthonychinae' の名が使われており，この名称での論文が多い。

**【ゾエア】** 図 75（A-H）

　頭胸部：頭胸甲は側棘がなく，額棘は必ずあるが，背棘はないばあいがある。第 2 触角は鎌槍型のみ。第 1 小顎の内肢は 2 節で，第 2 小顎の内肢は単節である。第 1 顎脚内肢の根元節の剛毛は 3 本。第 2 顎脚の内肢は 3 節からなる。

　腹　部：第 2 腹節のみ側突起をもつ。尾節は外棘があるが背棘はない。

**【メガロパ】** 図 75（I-K）

　頭胸部：頭胸甲には退縮した額棘のみをもつ。次の第 1 稚ガニでは頭胸甲上の主な棘類は成体とほぼ同じ位置にある）。第 2 触角の鞭状部は 4 節。

　腹　部：尾肢は一部の種で基節と外肢の分節が不明瞭。外肢は 5 本の羽状毛をもつ。

### 2）ツノガニ亜科（Subfamily Pisinae）

　最近の分類では，イソクズガニ属（*Tiarinia*）が後述のケアシガニ科から本亜科に移された。なおイソクズガニ属のゾエアは卵黄栄養型発生で，頭部付属肢は退化傾向がみられる。

**【ゾエア】**

　頭胸部：頭胸甲には側棘がなく，背棘は必ずあるが，額棘は退縮しているばあいがある。またコブイボガニ属（*Laubiernia*）などでは，これらに加えて額域に 1 対の瘤状突起をもつ。第 2 触角の外肢は鎌槍型のみ。第 1 小顎の内肢は 2 節。第 2 小顎の内肢は単節である。第 1 顎脚内肢の根元節の剛毛は 3 本。第 2 顎脚の内肢は 3 節または 2 節からなる。

　腹　部：第 2 腹節のみ側突起をもつ。尾節の尾叉には外棘をもち，背棘はない。なお，ツノガニ属（*Hyastenus*）のように外棘が退縮しているばあいがある。

**【メガロパ】**

　頭胸部：頭胸甲は額棘や額棘の側突起などの有無は種によって異なる。第 2 触角の鞭状部は 4 節。

　腹　部：尾肢の基節は無毛，外肢は 4 本の羽状毛をもつ。

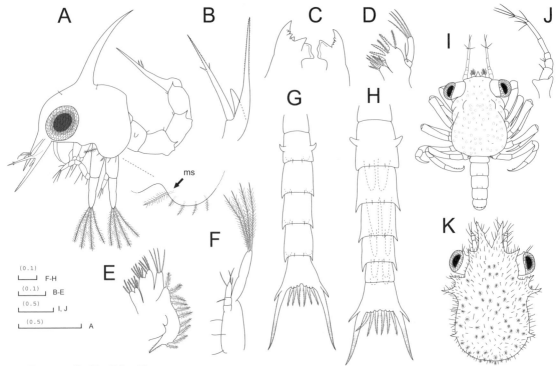

**図 75** モガニ科の幼生の例
A：オオヨツハモガニ (*Pugettia ferox*) の第1ゾエアの側面，B：同，第2触角，C：同，大顎，D：同，第1小顎，E：同，第2小顎，F：同，第2顎脚，G：同，腹部の背面，H：第2ゾエア腹部の背面図，I：同，メガロパの背面，J：同，第2触角（グレーは鞭状部），K：同，第1稚ガニの背面。スケール（ ）内数字の単位はミリメートル。図はすべて噴火湾産のふ化・飼育標本による。

## ケアシガニ科（Family Majidae）

日本産は2亜科13属35種。7属9種で幼生記載があり [732, 736, 759-762]，このうち7種は全期である（科の幼生記載率26％）。本来ならばラテン語科名に合わせて'クモガニ科'となるべきであるが，和名の基となる属は前述のクモガニ科に含まれるため，この科和名を使う。カイメンガニ（*Prismatopus longispinus*）は卵黄栄養型発生で無摂餌なため，口部付属肢に退縮傾向がみられる。なお，以前本科に含まれていた数属はまとめられて別な科（Family Mithracidae）となった。

【ゾエア】
　頭胸部：頭胸甲に額棘はかならずあるが，側棘と背棘はない種もある。第2触角の外肢は鎌槍型または三叉型。第1小顎の内肢は2節で，第2小顎の内肢は単節である。第1・2顎脚はモガニ科に同じ。
　腹　部：第2腹節のみ側突起をもつ。尾節は尾叉に外棘と背棘をもつ。

【メガロパ】
　頭胸部：頭胸甲は額棘や額棘側突起などの有無は種によって異なる。第2触角の鞭状部は4節。
　腹　部：尾節は半円状。尾肢の基節は無毛で，外肢は5～6本の羽状毛をもつ。

## ケセンガニ科（Family Oregoniidae）

　日本産は4属12種。これまでケアシガニ科に含まれていたハリセンボン属（*Pleistacantha*）は，最近の幼生形態と遺伝子解析による再検討により，本科に移された[774]。このため現在はケセンガニ亜科（Subfamily Oregoniinae）とハリセンボン亜科（仮称）（Subfamily Pleistacanthinae）の2亜科からなる。4属6種で幼生記載があり[689, 732, 736, 763-773]，このうち5種は全期記載である（科の幼生記載率50%）。種数は少ないが水産重要種を含むため，生活史に関する調査研究が多く行われ，国内産のズワイガニ属（*Chionoecetes*）では3種すべてで幼生が記載されている。また，ベーリング海などで一時期漁獲されていた，トゲズワイガニ（*Ch. tanneri*）についても幼生の報告がある[775]。

### 【ゾエア】

**頭胸部**：頭胸甲には額棘，背棘，側棘があり，それぞれの表面は微棘で覆われる。第2触角の外肢は三叉型のみ。第1小顎の内肢は2節で第2小顎の内肢は単節である。第1顎脚内肢の根元節の剛毛は3本。第2顎脚の内肢は3節からなる。

**腹　部**：第2・3腹節に側突起を，また第3～5腹節に長い後側突起をもつ。尾節は尾叉に外棘と背棘をもつ。なお，海外産のハリセンボン亜科に属する一種（*Ergasticus clouei*）では尾叉に側棘がなく，2対の背棘と基部の腹側に1対の腹棘がある[774]。

### 【メガロパ】

**頭胸部**：頭胸甲の額棘と額棘側突起は発達して三叉状となる。背棘はケセンガニ属（*Oregonia*），ヒキガニ属とハリセンボン亜科には大きく太い1本，ズワイガニ属には小さく細い1対がある。第2触角の鞭状部は5節。第1～3胸脚の基節に鍵状の突起がある。

**腹　部**：尾肢の基節は無毛で，外肢はヒキガニ属が4本，ズワイガニ属が7本の羽状毛をもつ。


## クモガニ上科のゾエアにおける多様性

　本上科のゾエアは広く共通形質がある反面，図76で模式的に示したように，形質によっては同一科内であっても属による変異が大きい。たとえば，頭胸甲上の棘の有無でみると，ケアシガニ科は5つのグループのうち4つにまたがっている。また，第2触角外肢は，クモガニ科とケアシガニ科には鎌槍型と三叉型の両方がみられる。メガロパについては，記載例はゾエアよりも少なくなるが，頭胸甲上の棘の有無のパターンと第2触角の鞭状部の節数が種によって異なる。なお，クモガニ上科に限ったことではないが，広く分布し入手や飼育が容易なために幼生記載が多い種は，形態データも多くなる。その結果，これまで個体変異が少なく安定した形質と考えられている小顎・顎脚の内肢でさえも，同一産地の複数の抱卵雌からふ化して得たグループ間において変異が報告されている[776]。とくにメガロパの頭胸甲上の棘類は大きさや形がゾエア期に比べて変化に富み，その有無の認識を含め，研究者によって扱いが異なるばあいがある。このように，過去のデータを実際に種の判別で使うばあいには注意が必要である。

各論：短尾下目　141

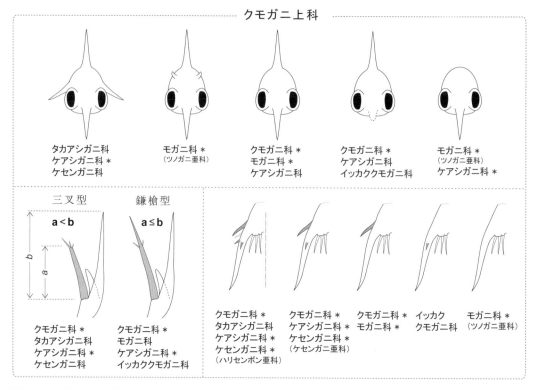

**図76　クモガニ上科のゾエアにみられる多様性**
第1ゾエアが知られている属のいくつかの形質ごとにグループ分けした模式図。A：頭胸甲上の棘の有無による，B：第2触角の外肢（グレー表示部）の枝棘の位置による（鎌槍型と三叉型），C：尾節（左の背面側のみ表示）の尾叉上の側棘と背棘の有無による。

# ヤワラガニ上科（Superfamily Hymenosomatoidea）

　ここから，かつての尖頭類に含まれていたヤワラガニ上科とヒシガニ上科，さらにヒゲガニ類とよばれていたグループを扱う。最近までクモガニ上科に含まれていたが，ここでは独立した上科とする見解[777, 778]に従う。

### ヤワラガニ科（Family Hymenosomatidae）

　日本産は5属12種。4属6種で幼生記載があり[35, 36, 779-782]，このうち3種は全期である（科の幼生記載率50％）。幼生形態および発生型は，後述のように短尾下目としてはかなり特異な点がある。標準的なゾエア期数は3。また，ここではゾエアからの変態後は稚ガニでなく，第1ポストラーバすなわちメガロパになると解釈する。

【ゾエア】　図77（A-G）
　頭胸部：頭胸甲はやや偏平か，あるいは長大な額棘をもち，属によっては背棘と側棘をもつばあいがある。第1触角は中期以降に内肢原基が現れる。第2触角は円錐形で分枝せず，退化的である。根元に1本の剛毛がある。第1小顎の内肢は2節，第2小顎の内肢は単節である。

底節内葉は単葉であり，トウヨウヤワラガニ属（*Halicarcinus*）やソバガラガニ属（*Trigonoplax*）では先端に1本の剛毛のみで，他科での2葉に分かれて数本の剛毛をもつものと比べると特徴的である。顎舟葉の外周縁は1期で3本の羽状毛がある。第1顎脚内肢の根元節の剛毛は3本。第2顎脚の内肢は3節からなる。第3顎脚と胸肢の原基は1期からみられる。

腹　部：第1腹節の背面には1本の長い羽状毛がある。第2腹節には短い側突起がある。腹節はこれら以外にとくに突起類はなく，全体的に平滑である。また，一般に腹節は同幅であるが，ヒメソバガラガニ属（*Elamena*）では第5腹節の側縁が張り出した腹節後葉をもつ。本科幼生の特徴の1つに，第6腹節の分離がなく，腹肢・尾肢の原基が出現しないことがある。尾節は2叉型で，輪郭は後端に向かって幅が狭まった逆台形で，尾叉には背・側小棘がない。

【メガロパ】　図77（H-I）

頭胸部：トウヨウヤワラガニ属，ソバガラガニ属はやや丸味を帯びた三角形である。

腹　部：頭胸甲幅に比べて細く，腹節数は変わらず，また腹肢もみられない。腹肢が出現するのは第3ポストラーバからである。

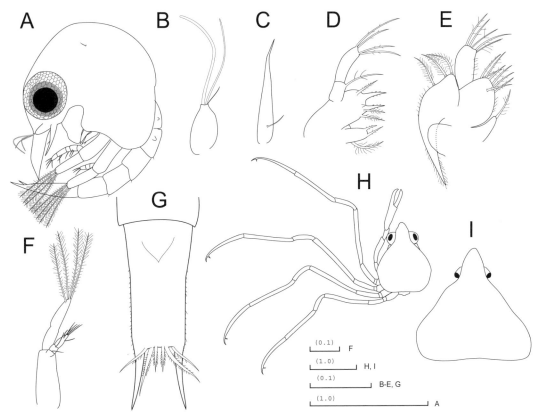

**図77　ヤワラガニ科の幼生の例**
A：ヤワラガニ属（*Halicarcinus*）の第1ゾエアの側面，B：同，第1触角，C：同，第2触角，D：同，第1小顎，E：同，第2小顎，F：同，第2顎脚，G：同，尾節の腹面，H：ソバガラガニの'第1稚ガニ'（第1ポストラーバ）の概形，I：同，'第3稚ガニ'の頭胸甲。スケール（）内数字の単位はミリメートル。A〜Gは相模湾産のプランクトン標本から，HとIは福田[782]にもとづき作図。

**ヤワラガニ科のゾエアの特異性と多様性**

　これまで本科では最終ゾエアから直に第1稚ガニに変態するとされてきたが，次に述べる理由からメガロパに相当する期があると考えられる。一般にはゾエアが変態してポストラーバとなるが，この変態直後の第1ポストラーバ，すなわちメガロパでは腹部は後方に伸び，腹節にある有毛腹肢を使って遊泳・移動することが特徴である。一方，本科では腹部は頭胸部下面にたたみ込まれて運動の主体とはならない。これは成体の特徴であり，メガロパとは言えない。しかし，表13に示すように，一般の真短尾群の科と比較すると，'第1稚ガニ'とは称されるものの，いくつかの成体形質がみられず，真の稚ガニとしての十分条件ではない。むしろ稚ガニの形質が揃うのは'第2稚ガニ'になってからである。よってWillamson[9]の定義によるメガロパには該当しないが，よりメガロパに近い第1ポストラーバとするのが正確な表現と思われる。なお，生態面では本科には保育嚢（brood pouch）をもつ種も知られている[783]。

　本科ゾエアの形態は多様性に富み，特異な形状の種が多く，図78に頭胸甲と腹部を模式的に示す。アリアケヤワラガニ（*Elamenopsis ariakensis*）では額棘と背棘が頭胸甲長の数倍以上で[780]，カニダマシ科やキトウガニ科（Family Orithyidae）のゾエアのような外観である。ニュージーランド産のヤワラガニ属（*Hymenosoma*）の一種（*H. depressum*）では，頭胸甲上の側棘が前上方に向いており，まるで能の鬼面のようである。極めつけは，わが国には産しないヒメソバガラガニ属の一種（*E. cimex*）である[784]。このゾエアの頭胸甲は3枚の板から構成されており，原著者が「... the most unusual larvae ...」と記したとおり，十脚目中でも他に例をみない。

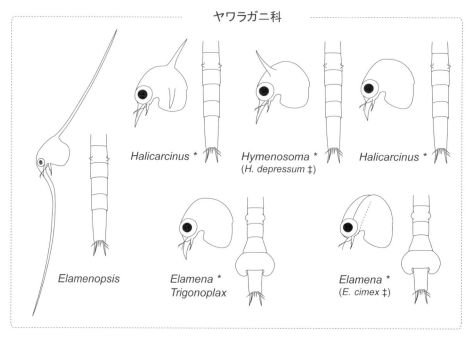

**図78　ヤワラガニ科のゾエアにみられる多様性**
　第1ゾエアが知られている属について，頭胸甲上での棘の有無と長短，腹部の形状などで6つのタイプに分けた模式図。‡印はわが国に産しない属または種で，それぞれWear & Fielder[698]とKrishnan & Kannupandi[784]にもとづき作図。

表13　ポストラーバへの変態時におけるヤワラガニ科と他科とのおもな形質の比較

| 形質 | ヤワラガニ科 | | | 一般の真短尾群の科 | | |
|---|---|---|---|---|---|---|
| | ゾエア後期 | '第1稚ガニ'<br>(第1ポストラーバ) | '第2稚ガニ'<br>(第2ポストラーバ) | ゾエア後期 | メガロパ<br>(第1ポストラーバ) | 第1稚ガニ<br>(第2ポストラーバ) |
| 第1触角<br>内肢 | なし | なし | 原基 | 原基 | 内鞭部として機能 | 内鞭部として機能 |
| 大顎<br>内肢 | なし | 原基 | 触髭として機能<br>（分節） | 原基 | 触髭として機能<br>（分節） | 触髭として機能<br>（分節） |
| 第1顎脚<br>副肢 | 原基 | 未発達 | 発達 | 原基 | 発達 | 発達 |
| 腹部 | 頭胸部から<br>後方に伸長 | 頭胸部下面に<br>たたみ込まれる | 頭胸部下面に<br>たたみ込まれる | 頭胸部から<br>後方に伸長 | 頭胸部から<br>後方に伸長 | 頭胸部下面に<br>たたみ込まれる |
| 腹肢 | なし | 〃 | 原基 | 原基 | 遊泳肢 | （生殖肢） |

# ヒシガニ上科（Superfamily Parthenopoidea）

　本上科は1科のみからなる。小型種がほとんどであるが，甲幅が20cmに達するハリカルイシガニ（*Daldorfia spinosissima*）のような大型種も知られている[785]。

## ヒシガニ科（Family Parthenopidae）

　日本産は2亜科12属34種。2属3種で幼生記載があり[689, 786-789]，このうち1種は全期である（科の幼生記載率9%）。標準的なゾエア期数は5。

【ゾエア】　図79（A-C）

　頭胸部：頭胸甲は額棘と背棘，および短い側棘をもち，額棘はやや上向きに反るのが特徴である。第1触角は最終期に内肢原基が現れる。第2触角は3期から内肢原基が現れ，その後伸長する。第1小顎の内肢は2節で，第2小顎の内肢は単節である。第1顎脚内肢の根元節の剛毛は2本。第2顎脚の内肢は3節。

　腹　部：第2・3腹節には側突起があり，また第3〜5腹節は後側突起がある。腹肢原基は3期から現れ，その後伸長する。第6腹節は3期に分離する。尾節の輪郭は三日月状で，尾叉の先端は内側に湾曲し，1本の背棘をもつ。なお，尾叉内側の尾棘対は増加しないが，5期には中央部に微細な尾棘が認められる。

【メガロパ】　図79（D-E）

　頭胸部：頭胸甲は長い額棘と背棘，および心域に1対の側突起をもつ。第2触角の鞭状部は6節。顎脚・胸脚：第4歩脚の指節先端には1本の先端が曲がった感覚毛をもつ。なお，本科成体の特徴である長大な鋏脚（第1胸脚）については，まだ歩脚（第2〜5胸脚）よりもやや大きい程度であり，次の第1稚ガニにおいて歩脚より目立って大きくなる。

　腹　部：腹節はほぼ同幅。尾肢は他の腹肢より小さく，基節に1本，外肢に5本の羽状毛をもつ。

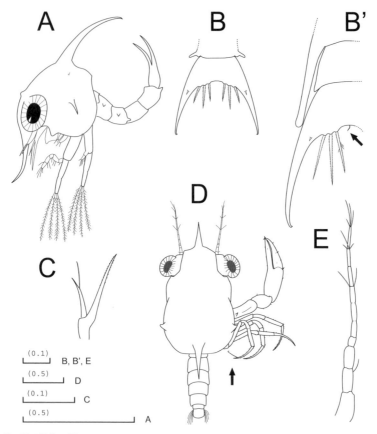

図79 ヒシガニ科の幼生の例
　A：ヒシガニ (*Enoplolambrus validus*) の第1ゾエアの側面，B：同，尾節の背面，B'：同，第5ゾエアの尾節左側（矢印は中央の微尾棘），C：同，第2触角，D：同，メガロパの背面，E：同，第2触角．スケール（）内数字の単位はミリメートル．Kurata & Matsuda [787] にもとづき作図．

# イチョウガニ上科（Superfamily Cancroidea）

　ここから述べる3つの上科は，いずれも第2触角の鞭状部が羽毛状で鬚を連想させることから，かつてヒゲガニ類（Corystoidea）とよばれていた．日本産のものは2科からなる．

### イチョウガニ科（Family Cancridae）

　日本産は5属7種．1属3種で幼生記載があり，いずれも全期である [678, 689, 790-792]（科の幼生記載率43%）．わが国に産するのは小型の非産業種ばかりであるが，海外では大型の食用種が多く，古くから漁業上重要なグループである．イチョウガニ属の学名は，ながらく十脚目の分類学史上では由緒ある「*Cancer*」であったが，近年の研究で大幅に変更となった結果 [794]，日本産の本科からはこの属名をもつ種がなくなった．発育段階の判別への参考となる形質の変化について，コイチョウガニ（*Glebocarcinus amphioetus*）の例を付表B-19にまとめた．標準的なゾエア期数は5．

【ゾエア】 図80（A-G）

頭胸部：頭胸甲は額棘，背棘，側棘をもつ．第1触角の内肢原基は5期に現れる．第2触角の原節突起は外肢より長く，先端部には小枝棘を列生し，3期から内肢原基が発達する．大顎は5期に内肢（触髭）原基が現れる．第1小顎の内肢は2節で，第2小顎の内肢は単節である．第1顎脚内肢の根元節の剛毛は2本．第2顎脚の内肢は3節からなる．

腹　部：腹節の側突起は第2節のみ．尾節の尾叉は2対の外棘をもち，内側にある3対の尾節棘のなかでは最外対の先端部がややふくらみ，その内側が鋸歯状である．

【メガロパ】 図80（H-J）

頭胸部：頭胸甲は短い額棘と背棘をもつ．第2触角の鞭状部は8節からなる．大顎は門歯状部のみとなり，内肢は3節の触髭として機能するようになる．第4歩脚の指節先端には3本の，末端が鉤状に曲がった長感覚毛をもつ．このうちの最先端の1本の先端部は櫛歯状となる．

腹　部：尾肢は基節に1本，外肢に8本の羽状毛をもつが，海外産の同属種では外肢の羽状毛は7～12本と変異がある．

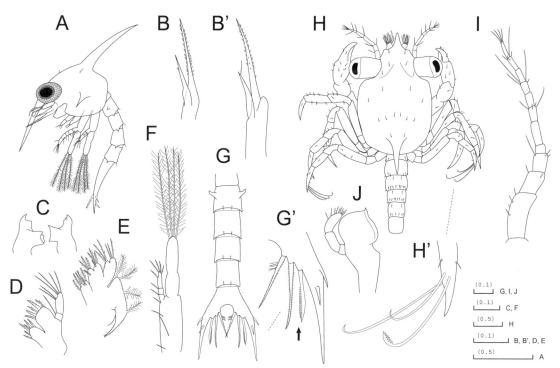

図80　イチョウガニ科の幼生の例
　　　A：コイチョウガニ（*Glebocarcinus amphioetus*）の第1ゾエアの側面，B：同，第2触角，B'：同，第3ゾエアの第2触角，C：同，大顎，D：同，第1小顎，E：同，第2小顎，F：同，第2顎脚，G：同，腹部の背面，H：同，メガロパの背面，H'：同，第4歩脚指節先端の感覚毛，I：同，第2触角，J：同，右の大顎．スケール（）内数字の単位はミリメートル．噴火湾産のふ化・飼育標本および，Iwata & Konishi [791] による．

各論：短尾下目　　147

**§ メモ：プリゾエアの尾節突起**

抱卵亜目では通常発生のふ化のばあい，ゾエアの尾節には共通して７対の突起（尾棘）がみられる。細部の形状などは分類群による差異はあるものの，この「７」という数については，初期ゾエアにおける尾節突起の基本的な数とも考えられる。これに関連して，同じく抱卵亜目でふ化時にみられるプリゾエアで，尾節に対応する胚外被の部分をみると，やはり７対の突起がある。このことについて，この突起の数は幼生における祖先形からの進化を反映しており，たとえば抱卵亜目である短尾下目には根鰓亜目のようにノープリウスの時期はないものの，そのプリゾエアとは後期ノープリウス（メタノープリウス）に相当するものではないかとの意見もある [1, 104]。

# ヒゲガニ上科（Superfamily Corystoidea）

わが国ではヒゲガニ科（Family Corystidae）１科のみが知られ，日本産種は２属２種。論文公表されていないが，ヒゲガニ（*Jonas distincta*）でメガロパの記載例がある [786]。欧州産で別属の種（*Corystes cassivelanus*）において全期が記載されている [795]。

# クリガニ上科（Superfamily Cheiragonoidea）

日本産種はクリガニ科に含まれるもののみである。旧'クリガニ科'の和名は本科が継承し，科のラテン語名はかつて使われていた属名 '*Cheiragonus*' に由来する「Cheiragonidae」が充てられている。おもに寒流域に棲息する。これらはすべて産業重要種であり，種苗生産の技術開発試験も行われた。なお，分類の見直しで別な上科に移ったツノクリガニ科（Family Trichopeltariidae）では幼生の知見はまだない。

## クリガニ科（Family Cheiragonidae）

日本産は２属３種。幼生はすべての種で全期記載されている [796-801]（科の幼生記載率100％）。なお，丸川・全 [797] は前・後２期のメガロパを記載している。しかしその '後期 Megalopa' は本科の特徴を持っているものの，'前期 Megalopa' の方はケセンガニ科，とくにヒキガニ属のものに似ており，少なくとも本科とは思えない。標準的なゾエア期数は５。

【ゾエア】

**頭胸部** 頭胸甲は額棘，背棘，側棘をもち，額棘と背棘の先端部表面は微棘で覆われる。後側縁の腹側内面にはほぼ同長の剛毛が列生する。第１触角は３期に内肢原基が出現する。第２触角は原節突起とその半分以下の外肢，および内肢原基からなる。第１小顎の内肢は２節で，種によっては１期から外肢毛をもつ。第２小顎の内肢は単節で２葉に分かれ，顎舟葉には１期から先端羽状突起がなく，クモガニ科のように多数の周縁毛をもつ。第１顎脚内肢の根元

節の剛毛は2または3本。第2顎脚の内肢は3節からなり，これらの節は2期以降，羽状毛を外側にもつが，これは真短尾群では珍しい。また両顎脚の外肢遊泳毛数が2期に8本あるいは10本に急増するのも特徴である。

腹　部：第2・3腹節には1対の側突起があり，また第3〜5腹節には長く後方に伸びる突起がある。尾節は最外側の棘が尾叉とほぼ同等に長大であり，また尾叉内側の尾棘はふ化時から4対ある。

## 【メガロパ】

頭胸部：頭胸甲の前縁には短い額棘と内側に湾曲した側棘をもつ。また背中稜と両側に瘤状隆起がみられる。第2触角の鞭状部は5節からなる。胸脚の表面には頭胸甲と同様，多数の細毛がある。第4歩脚の先端には長感覚毛をもたない。

腹　部：第5腹節には鈍端の後側突起をもつ。尾肢外肢はケガニが基節に1〜2本，外肢に17〜18の羽状毛をもつ。なお本科では全期飼育によるメガロパの記載がなく，今後の検討を要する。


# ワタリガニ上科（Superfamily Portunoidea）

　頭胸甲の輪郭が横長の長方形あるいは楕円形で，一般のカニのイメージに近く，かつて方頭類（Brachyrhyncha）とよばれていた。日本産では外来種を含めた5科からなり，ガザミやヒラツメガニなど，おもに浅海域に産する中型あるいは小型種を含む。


## オオエンコウガニ科（Family Geryonidae）

　日本産は2属2種。このうち1属1種で全期記載がある [678, 802]（科の幼生記載率50%）。深海産で，全世界で3属5種のみの小さな科であり，その科名から想像されるように古い分類ではエンコウガニ科に含まれていた。わが国の海域では，オオエンコウガニ（*Chaeceon granulatus*）が太平洋岸に分布する。標準的なゾエア期数は4。

## 【ゾエア】 図81（A-B）

頭胸部：頭胸甲は額棘，背棘と短い側棘をもち，背棘は頭胸甲長よりも長い。第1触角の内肢原基が4期に出現する。第2触角は尖った原節突起と外肢からなり，全長は額棘長の半分以上である。原節突起は微棘列がある。外肢は原節突起の半分以下の長さで，先端に2本の長い剛毛をもつ。内肢原基は2期からみられる。第1小顎の内肢は2節。第2小顎の内肢は単節で2葉に分かれ，顎舟葉にはふ化時から8本の羽状毛がある。第1顎脚内肢の根元節の剛毛は2本。第2顎脚の内肢は3節からなる。なお両顎脚の外肢遊泳毛が2期で4本から10本と急増するのはクリガニ科と似ている。

腹　部：第2〜3腹節に側突起が，また第3〜5腹節には後側突起がある。腹肢原基は2期からみられる。尾節は尾叉の最外側の棘がとくに大きく，この直下に1本の小側棘，さらに下方に1本の小背棘をもつ。尾節内側の尾棘対は2期以降に増加する。

各論：短尾下目　149

【メガロパ】 図81（C）
　頭胸部：頭胸甲の輪郭は洋ナシ形で額棘のみをもつ。胸部後端の胸板突起はない。第2触角の鞭状部は8節からなる。第1～4胸脚の底節には1本の短い棘がある。第5胸脚（第4歩脚）の指節先端には長感覚毛がない。ただし，地中海や大西洋に産するGeryon属では先端部に櫛歯状の長感覚毛が3本ある[803]。
　腹　部：腹節はほぼ同幅である。尾肢は基節に1本，外肢に15本の羽状毛をもつ。

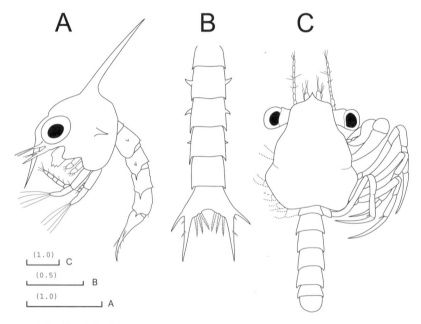

図81　オオエンコウガニ科の幼生の例
　A：オオエンコウガニ（Chaceon granulatus）の第1ゾエアの側面，B：同，第1触角，C：同，メガロパの背面。スケール（）内数字の単位はミリメートル。大西[802]にもとづき作図。

## ミドリガニ科（Family Carcinidae）

　本来はヨーロッパ海域に産する外来種であるが，国内でもミドリガニ属（Carcinus）チチュウカイミドリガニ（C. aestuarii）が内湾域に棲息する。1980年代に入って定着したと思われ[804]，同属のヨーロッパミドリガニ（C. maenas）とともに生態系被害防止外来種のリストに入っている。このように本科は現在日本では1属2種が棲息し，どちらも全期の幼生記載がある[805]。標準的なゾエア期数は5である。

【ゾエア】
　頭胸部：頭胸甲は額棘と背棘をもつが，側棘はない。第1触角の内肢原基は4期に出現する。第2触角は尖った原節突起と外肢から，全長は額棘の半分以下である。外肢は原節突起の半分以上の長さで，先端に2本の微棘と長短2本の剛毛をもつ。内肢原基は2期からみられる。第1小顎はオオエンコウガニ科と同じである。第2小顎の1期における顎舟葉の羽状毛は

4本である。第1顎脚内肢の根元節の剛毛は2本で，中央節（第3節）は1本の長剛毛を持ち，ワタリガニ科のように無毛ではない。

腹　　部：第2腹節のみ側突起をもち，後側突起は見られない。尾節の尾叉には1本の小側棘と2本の小背棘をもつ。内側の尾棘は3対のままで増加しない。

【メガロパ】

頭胸部：頭胸甲の輪郭は洋ナシ形で額棘のみをもつ。胸部後端の胸板突起はない。第2触角の鞭状部は7節。第4歩脚の指節は尖って扁平ではなく，先端に3本の長感覚毛をもつ。

腹　　部：腹節はほぼ同幅である。尾肢は基節が無毛で，外肢に5本の羽状毛をもつ。


## ヒラツメガニ科（Family Ovalipidae）

　日本産は1属2種。このうち1種で幼生記載がある[806, 807]（科の幼生記載率50％）。ふ化・飼育による全期記載は1例しかない[808]。それによればゾエア期数は5であるが，プランクトン採集を併用したヒラツメガニ属（*Ovalipes*）での記載にもとづけば8であるが，発育環境によって期数が異なる可能性もある。

【ゾエア】

頭胸部：頭胸甲は額棘，背棘，側棘のすべてをもつ。第1触角の内肢原基は後期に現れる。第2触角の外肢は原節突起の1/3の長さで，先端に長短2本の剛毛をもつ。第1小顎は2節，第2小顎は単節で2葉に分かれる。第1顎脚内肢の根元節の剛毛は2本で，第2顎脚の内肢は3節からなる。

腹　　部：尾節の後内縁の尾棘は3期以降に増加する。尾叉は1本の外側棘と1本の小背棘をもつ。

【メガロパ】

頭胸部：頭胸甲は前方に尖った輪郭で，胸部後端の胸板突起はない。歩脚は針状の指節をもち，第4歩脚の指節先端に8本以上の長感覚毛をもつ。

腹　　部：第5腹節に後側突起をもつ。尾肢は基節に3本，外肢に22本の羽状毛をもつ。


## シワガザミ科（Family Polybiidae）

　日本産は2属2種。このうちシワガザミ属（*Liocarcinus*）の1種で全期記載がある[809, 810]（科の幼生記載率50％）。標準的な期数は5である。

【ゾエア】

頭胸部：頭胸甲は額棘，背棘，側棘のすべてをもつ。第2触角の外肢は原節突起の1/2の長さであることや第2小顎内肢の剛毛数以外はヒラツメガニ科と同じである。

腹　　部：尾叉は大小2本の外側棘と1本の小背棘をもつ。

【メガロパ】

頭胸部：頭胸甲は前方に尖った輪郭で，胸板突起はない。歩脚は針状の指節をもち，第4歩脚の指節先端に3本の長感覚毛をもつ。

腹　　部：第5腹節に後側突起をもつ。尾肢は基節に2本，外肢に11本の羽状毛をもつ。

各論：短尾下目　151

### ワタリガニ（ガザミ）科（Family Portunidae）

　日本産は 17 属 87 種。8 属 21 種で幼生記載があり[6, 35, 222, 625, 678, 689, 698, 728, 786, 811-837]，このうち 11 種は全期である（科の幼生記載率 24%）。浅海の砂泥域に棲息し，ガザミやノコギリガザミなど水産重要種を多く含み，これらについては種苗生産・放流技術開発が行われてきた[838]。また，国内では未定着であるが，外来種としてアオガニ（*Callinectes sapidus*）が知られている。通常発生のみが知られる。発育段階の判別への参考となる形質の変化について，ガザミ属（*Portunus*）での例を付表 B-20 にまとめた。標準的なゾエア期数は 4 または 5 であるが，6〜8 の例もある。

【ゾエア】　図 82（A-H）

　頭胸部：頭胸甲は額棘，背棘，側棘のすべてをもつ。第 1 触角の内肢原基は 2 期に現れる。第 2 触角の原節突起は額棘の先端を超えることはなく，外肢先端に長短 2 本の棘がある。第 1 小顎の内肢は 2 節。第 2 小顎の内肢は単節で 2 葉に分かれる。第 1 顎脚内肢の根元節の剛毛は 2 本で，中央節（第 3 節）は前期，時には全期を通して無毛であり，これは本科ゾエアにほぼ共通する。第 2 顎脚の内肢は 3 節からなる。

　腹　部：尾節は尾叉の外側に 2 本の側棘と 1 本の背棘をもつ。

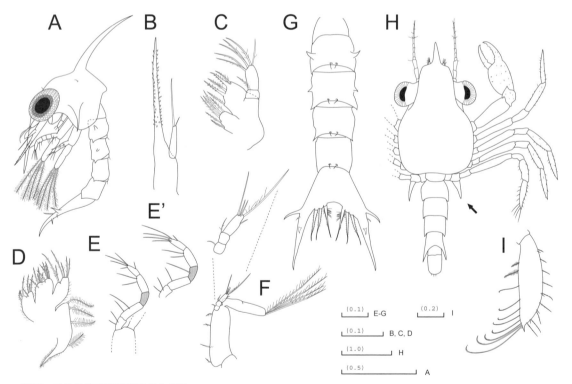

図 82　ワタリガニ科における幼生の例

　　A：トゲノコギリガザミ（*Scylla paramamosain*）の第 1 ゾエアの側面，B：同，第 2 触角，C：同，第 1 小顎，D：同，第 2 小顎，E：同，第 1 顎脚，F：同，第 2 顎脚，G：同，腹部の背面，H：ガザミ（*Portunus (Portunus) trituberculatus*）のメガロパ（矢印は胸板棘），I：同，第 4 歩脚の指節拡大図。スケール（）内数字の単位はミリメートル。A〜G は浜名湖産の抱卵雌からの標本により，また H は大島[822]，I は Kurata[812]にもとづき作図。

【メガロパ】 図82（H-I）

　頭胸部：頭胸甲は縦長で，額棘が発達する。胸部後端腹面には後下方に湾曲しする尖った胸板突
　　　　起があり，これは本科メガロパの特徴の1つである。第2触角の鞭状部は8節からなる。第
　　　　4歩脚の指節は扁平で，先端には数本の鈎状で，先端部が鋸歯状になった長感覚毛をもつ。

　腹　部：腹節はほぼ同幅で，第5腹節には後側突起があるが，トサカガザミ亜科（Subfamily
　　　　Caphyrinae）ではみられない。尾肢は基節に1本か無毛，外肢に9〜13本の羽状毛をもつ。


# エンコウガニ上科（Superfamily Goneplacoidea）

　中・小型種が多く，浅海から深海まで棲息域は広い。形態は多様性に富み，概形ではワタリガニ
類や旧オウギガニ科と区別し難い分類群もみられる。わが国に棲息する5科のうち，2つの科で幼
生記載があるものの，世界的にみても種数のわりに記載例は少ない。また本上科のゾエアは，第2
触角がケブカガニ科に酷似するとされてきたが（Rice [2]），後者とは尾叉上の棘や頭胸甲上の棘長
比において明らかに区別される。


## マルバガニ科（Family Euryplacidae）

　日本産6属9種。2属2種で幼生記載があり [786, 840, 841]，このうち1種は全期である（科の幼生
記載率22%）。かつてはエンコウガニ科の1亜科であったが，現在は科に昇格している。標準的な
ゾエア期数は5。

【ゾエア】 図83（A-C）

　頭胸部：頭胸甲は額棘，背棘と短い側棘をもち，一般に背棘は頭胸甲より長い。第1触角の内肢
　　　　原基は第4期からみられる。第2触角は原節突起と外肢の先端がほぼ同じ。内肢原基は第3
　　　　期からみられる。第1小顎の内肢は2節。第2小顎の内肢は単節で2葉に分かれる。第1顎
　　　　脚内肢の根元節の剛毛は3本。第2顎脚の内肢は3節からなる。

　腹　部：第2と3腹節に側突起をもつ。尾叉は尾叉の外側に1本の尾棘をもつ。第3〜5腹節に
　　　　は後側突起があり，これらは後期に伸長して腹節長を超える。尾叉には棘列がある。なお，
　　　　尾棘数は増加しない。尾節は尾叉の外側に1対の尾棘をもつ。

【メガロパ】 図83（D）

　頭胸部：頭胸甲は肝域に1対の棘がある。第2触角の鞭状部は8節からなる。第4歩脚の指節
　　　　は扁平で，先端に数本の鈎状の長感覚毛をもつ。

　腹　部：腹節はほぼ同幅であり，突起類は見られない。尾肢は基節が無毛で，外肢は8〜9本
　　　　の羽状毛をもつ。


各論：短尾下目　153

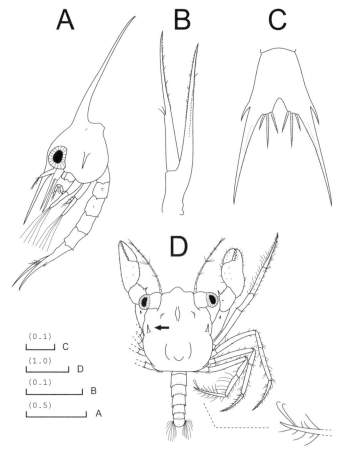

**図83 マルバガニ科の幼生の例**
A：マルバガニ(*Eucrate crenata*)の第1ゾエアの側面，B：同，第2触角，C：同，尾節，D：同，メガロパの背面（矢印は胸板突起），第4歩脚の指節先端を拡大表示．スケール()内数字の単位はミリメートル．Kurata & Matsuda 840)にもとづき作図．

## エンコウガニ科（Family Goneplacidae）

　日本産は12属22種．2属2種で全期記載がある[842, 843]（科の幼生記載率10%）．成体は種数も多く，多様な形態を示す分類群である．標準的なゾエア期数は4である．

**【ゾエア】** 図84（A-D）

　頭胸部：頭胸甲は額棘と背棘，および短い側棘をもつ．後側縁の腹側には歯状の短棘列があり，後期に剛毛列となる．第1触角の内肢原基は第4期からみられる．第2触角は原節突起の先端部に小棘列がみられる．外肢の中央部には内外側にそれぞれ短い剛毛をもつ．内肢原基は第2期からみられる．第1小顎の内肢は2節．第2小顎の内肢は単節で2葉に分かれる．第1顎脚内肢の根元節の剛毛は3本．第2顎脚内肢は3節からなる．

　腹　部：第2と3腹節に側突起をもち，さらに第4と5腹節にもみられるばあいがある．尾節は尾叉の外側に2対の尾棘がある．

【メガロパ】　図 84（E）
　頭胸部：頭胸甲は短い額棘と眼上棘，および眼窩後方に 1 対の棘をもつ。第 2 触角の鞭状部は 8 節からなる。第 4 歩脚の指節は扁平で，先端に数本の鉤状の長感覚毛をもつ。なお，エンコウガニ類の成体では第 3 顎脚の触鬚部（指節〜腕節）が長節の内隅で関節することが多いが，この時期では全体が棒状で，まだこの特徴はみられない。
　腹　部：腹節はほぼ同幅であり，第 3〜5 腹節は後側突起をもつ。尾肢は基節が無毛で，外肢は 7〜9 本の羽状毛をもつ。

### § メモ：化石の幼生

　あまり一般には知られていないようであるが，十脚目の幼生も化石として残っている。イセエビ下目ではフィロソーマの化石がジュラ紀後期から知られている[493]。ちなみに，フィロソーマからの変態は十脚目のなかでは劇的な変化といえるが，ジュラ紀の幼生化石の形態比較にもとづき，かつてイセエビ類の幼生の変態は現世のものより漸進的であったとする説もある[494]。また，ウチワエビモドキ亜科に属するニストの化石が白亜紀の地層から発見されている[495]。より年代が進み，新生代に入って現れたワタリガニ科，あるいはこれに近縁のゾエアの化石が新生代の魚類の胃内容物から確認されており[839]，十脚目の古生物学上では希有な例で，貴重な知見といえる。

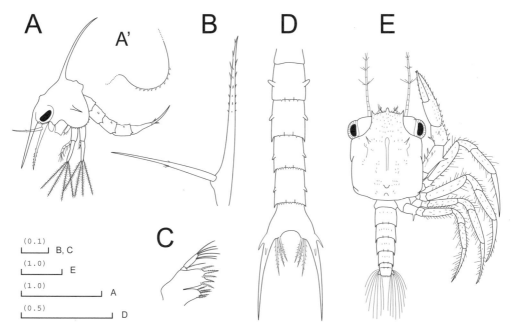

図 84　エンコウガニ科の幼生の例
　　A：エンコウガニ（*Carcinoplax longimanus*）の第 1 ゾエアの側面，A'：同，頭胸甲後側縁の腹側を部分拡大したもの，B：同，第 2 触角，C：同，第 1 小顎，D：同，腹部の背面，E：同，メガロパの背面図。スケール（ ）内数字の単位はミリメートル。図はすべて倉田[842]にもとづき作図。

# メンコヒシガニ上科（Superfamily Aethroidea）

　かつてはいわゆる尖口類に含まれていたが，現在は独立した上科を成している。メンコヒシガニガニ科（Family Aethridae）の1科のみからなり，日本産は5属7種。1種で幼生記載がある[893]。なお，わが国には産しないが，カラッパ科から本科に移され，しばしば「キャリコクラブ（Calico crab）」の名で水族館に展示される *Hepatus* 属において，幼生の記載例がある[844]。それによれば全体的にゾエアはカラッパ科に似た形状である。

# オウギガニ上科（Superfamily Xanthoidea）

　ここでは旧来の‘オウギガニ科’との混同を避けるため，「オウギガニ科」と記すばあいは，現在の狭義のオウギガニ科（Xanthidae *sensu stricto*）を指し，旧来の広義のグループは「旧オウギガニ科」と記す。旧オウギガニ科はかつて単一の‘オウギガニ科’としてまとめられ，短尾下目中で最大の科であったが，現在では複数の科に分けられ，さらに7上科にグループ化された[675, 778]。はじめに解説するオウギガニ上科はおもに浅海域に棲息しており，小型種が多い。日本産は2科からなる。

## オウギガニ科（Family Xanthidae）

　日本産は62属168種。23属38種で幼生記載があり[34, 35, 678, 721, 814, 836, 845-876, 893]，このうち13種は全期記載である（科の幼生記載率23%）。本科は9亜科に分かれ，これまでの旧オウギガニ科が多くの科に細分化された現在でも短尾下目中において最大種数の科である。標準的なゾエア期数は4。例外的に，ムラサキアワツブガニ（*Novactaea pulchella*）のように2期の種もあり，さらに旧オウギガニ科全体ではメガロパでふ化する種もある。また，これまで飼育により全幼生期が記載された旧オウギガニ科では，全体の7割以上が4期である。さらにゾエアだけの記載で確定はしていないものの，付属肢の発達度からみて最終期が第4ゾエアと推定される種が圧倒的に多く，これらをあわせて考えると，実際には旧オウギガニ科の9割近くで4と想定される。発育段階の判別への参考となる形質の変化について，マンジュウガニ属での例を**付表 B-21** にまとめた。

【ゾエア】　図85（A-I）

　**頭胸部**：頭胸甲は額棘と後方に湾曲した背棘，および短く小さな側棘をもち，これらの棘の表面に微棘をもつばあいがある。第1触角の内肢原基は4期から現れる。第2触角の原節突起は額棘とほぼ同長かやや短く，先端部表面は微棘をもつばあいがある。外肢長は原節突起の1/4前後と短く，先端には3本の剛毛あるいは長棘をもつ。大顎の触鬚（内肢）原基は第3期に出現する。第1小顎の内肢は2節。第2小顎の内肢は単節で2葉に分かれる。第1顎脚内肢の根元節の剛毛は2または3本。第2顎脚の内肢は3節からなる。

　**腹　部**：第2・3腹節には背側突起が，また第3〜5腹節には後側突起がある。腹肢原基は第3期に出現する。尾節は二叉状で，後内縁の尾棘はふ化時に3対で，3期になって増加する。

また尾叉は2本の外棘と1本の背棘をもつ.

【メガロパ】 図85（J-K）

頭胸部：頭胸甲の額棘は短い鈍端状であるが，尖端の種もある.また，トガリオウギガニ（*Cycloxanthops truncatus*）では後方に短い背棘をもつが，同属の他種ではこれがなく，属内でも多様性に富む.第2触角の鞭状部は6～8節からなる.第4歩脚指節の先端に1～4本の長感覚毛をもつが，これをもたない種もある.

腹　部：第2腹節から尾節に向かって幅は小さくなる.なお，スベスベマンジュウガニ（*Atergatis floridus*）のメガロパでは4本であるが，本科を含めた旧オウギガニ科全体でみると，大部分の種では3本である.尾肢は基節が1本，外肢は9～11本の羽状毛をもつ.

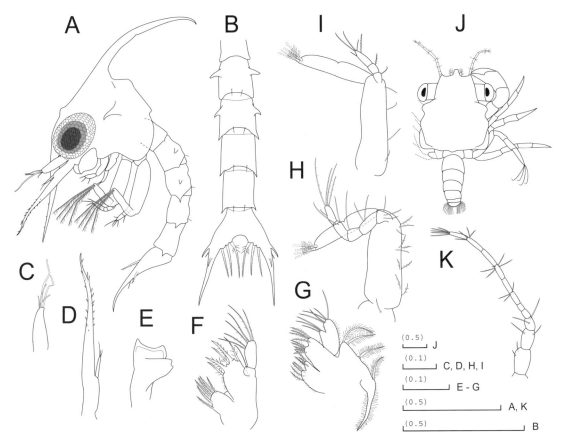

図85　オウギガニ科の幼生の例

A：スベスベマンジュウガニ（*Atergatis floridus*）の第1ゾエアの側面，B：同,腹部，C：同,第1触角，D：同,第2触角，E：同,大顎，F：同,第1小顎，G：同,第2小顎，H：同,第1顎脚，I：同,第2顎脚，J：同,メガロパの背面，K：同,第2触角.スケール()内数字の単位はミリメートル.A～Iは沖縄産のふ化・飼育標本による.JとKはTanaka & Konishi[873]にもとづき作図.

**ミナトオウギガニ科（Family Panopeidae）**

　本来は大西洋や地中海，南太平洋に分布する外来種であるが，1980年代からミナトオウギガニ（*Rhithropanopeus harrisii*），さらにハクライオウギガニ（*Acantholobulus pacificus*）が内湾域で確認された[804, 883]。2属2種で全期の幼生記載がある[877-882]。標準的なゾエア期数は4。

**【ゾエア】**　図86（A-D）

　　**頭胸部**：頭胸甲は甲長の数倍もある長い額棘が特徴的で，背棘は頭胸甲長程度，側棘は短小である。第2触角の原節突起と額棘はともに長大でほぼ同長である。原節突起の先端部には微棘をもつばあいがある。外肢は小突起になっており，先端部に1本の小毛をもった小突起，あるいは痕跡的に1本の小毛があるのみで目立たず，一見外肢がないようにもみえる。内肢原基は3期に現れる。第1小顎の内肢は2節。第2小顎の内肢は単節で2葉に分かれる。第1顎脚内肢の根元節の剛毛は3本。第2顎脚の内肢は3節からなる。

　　**腹　部**：第2腹節のみに背側突起をもつ。第4・5腹節は後側突起をもつが，特に第5腹節のものは長大である。腹肢原基は第3期に出現する。尾節は二叉状で，尾叉は長く，ミナトオウギガニ属（*Rhithropanopeus*）では背棘のみをもつが，ハクライオウギガニ属（*Acantholobulus*）には2本の微小な側棘と，内側に太い棘をもつ。なお，これら以外のわが国では知られていない属では，2本の側棘と1本の背棘をもつ種が多い。

**【メガロパ】**　図86（E）

　　**頭胸部**：頭胸甲の額棘は短い鈍端の三角形状で中央の切れ込みで2葉に分かれ，かつ下方に向く。背棘はない。第2触角の鞭状部は6節または8節。第4歩脚の指節先端の長感覚毛は，ハクライオウギガニ属には1本あるが[877]，ミナトオウギガニ属にはない。

　　**腹　部**：腹節はほぼ同幅で，尾節の後縁中央はやや凹む。尾肢は基節が無毛，外肢に3～4本の羽状毛をもつ。

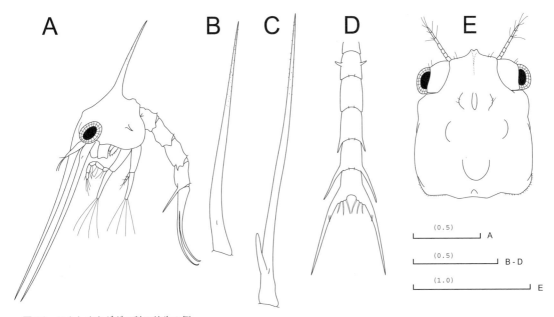

図86 ミナトオウギガニ科の幼生の例
A：ミナトオウギガニ (*Rhithropanopeus harrisii*) の第1ゾエアの側面，B：同，第2触角，C：同，第4ゾエア，D：同，腹部，E：同，メガロパの背面（頭胸甲）．スケール（ ）内数字の単位はミリメートル．図はすべてKurata [880]にもとづき作図．

# アカモンガニ上科（Superfamily Carpilioidea）

本上科は1科で，かつアカモンガニ属（*Carpilius*）1属のみからなる．

## アカモンガニ科（Family Carpiliidae）

日本産は1属2種．どちらも部分的な幼生記載がある[884]（科の幼生記載率100％）．なお，海外ではアカモンガニ属の一種（*C. corallinus*）で第5ゾエアまでが記載されているが[885]，日本産2種とはかなり形態が異なる．標準的なゾエア期数は不明だが，短縮発生の傾向がみられ，3前後と思われる．

【ゾエア】

頭胸部：頭胸甲は額棘と背棘をもつが，側棘の有無は種により異なる．また表面は微棘で覆われ，かつ短い背棘の周囲には長剛毛が取り囲むように出ている．第1触角の内肢原基は前述の種では5期に出現する．第2触角は額棘よりも長く，外肢は原節突起の半分ほどで1期から内肢原基をもつ．また，外肢先端には3本の長い剛毛をもち，内肢原基は1期からみられる．第1小顎の内肢は2節で，1期から外肢毛および副肢毛がある．第2小顎の内肢は単節で2葉に分かれ，顎舟葉はふ化時に15〜17本の羽状毛を前方周縁にもつ．第1顎脚内肢の根元節の剛毛は2または3本．第2顎脚の内肢は3節からなる．

腹部：第2〜5腹節に背側突起をもつ．第3〜5腹節は短い後側突起をもつ．尾節は二叉状で，尾叉は3本の側棘のみをもつ．尾叉内側にはふ化時から5対の尾棘がある．

# ケブカガニ上科（Superfamily Pilumnoidea）

　以前は旧オウギガニ科に含まれていたが，独立した上科となっている。本上科は3科からなり，このうち2科で幼生記載がある。

## ケブカガニ科（Family Pilumnidae）

　日本産は21属71種。9属15種で幼生記載があり [35, 689, 721, 847, 854, 886-908]，このうち11種は全期である（科の幼生記載率21%）。本科は5亜科に分かれるが，これらの中にはウニなどと共生するムラサキゴカクガニ亜科（Subfamily Eumedoninae）のように，最近の研究により他上科から移されたグループも含まれる [789, 909]。ちなみにこの分類の見直しは，幼生形態が1つのきっかけとなっている。これら5亜科のうち，ムラサキゴカクガニ亜科とケブカガニ亜科（Subfamily Pilumninae）で幼生記載がある。なお，ニュージーランドからは，腹肢原基の発達した後期ゾエア，またはメガロパでふ化する短縮発生の種がケブカガニ属（*Pilumnus*）で報告されている [910]。標準的なゾエア期数は4。上述の短縮発生を含めて0，2〜4と変異があるが，科の70%以上の種は4期である。

### 【ゾエア】　図87（A-G）

**頭胸部**：頭胸甲は短い額棘と後方に湾曲した背棘，および短く小さな側棘をもち，これらの棘の表面は微棘で覆われるばあいがある。なお，トラノオガニ（*Benthopanope indica*）のように額棘が退縮して背棘しかないように見える例もある。額棘は第2触角より短く，この点で第2触角と等長，またはやや長いオウギガニ科とは異なる。また種によっては，下部側縁に鋸歯状の小棘列をもち，2期以降に剛毛列が加わる。第1触角の内肢原基は期数が4のばあいは4期，それ以外では2期に出現する。第2触角の原節突起は額棘より長く，先端部表面は微棘あるいは2条の棘列をもつ。外肢は原節突起とほぼ等長で，中央部に大小2本の剛毛あるいは細棘および2条の棘列をもつ。内肢原基は通常は3期から出現する。第1小顎の内肢は2節。第2小顎の内肢は単節で2葉に分かれ，また1期での底節内葉は背側分葉に6本，腹側分葉に4本の剛毛をもつが，オウギガニ科ではこれらは5本と3本である点が異なる。第1顎脚内肢の根元節の剛毛は3本。第2顎脚の内肢は3節からなる。

**腹　部**：第2腹節には背側突起があるが，これより後の第3〜5腹節での有無については種によって異なる。とくに第4・5腹節の背側突起は，ケブカガニ亜科ではないが，ムラサキゴカクガニ亜科ではもつ例が多い。また第3〜5腹節には後側突起をもつが，その長短は種により異なる。腹肢原基は期数が4のばあいは第3期に出現する。尾節は二叉状で，後内縁の尾棘はふ化時に3対で，後期になって1対増える。また尾叉の表面は微棘でおおわれ，2本の外棘と1本の背棘をもつ。

### 【メガロパ】

**頭胸部**：頭胸甲の額棘は短い鈍端状であるが，尖端の種もある。第2触角の鞭状部は5〜7節からなる。第4歩脚の指節先端の長感覚毛は，ケブカガニ亜科ではみられないが，ムラサキゴカクガニ亜科ではトゲコマチガニ（*Tiaramedon spinosum*）では1本ある。

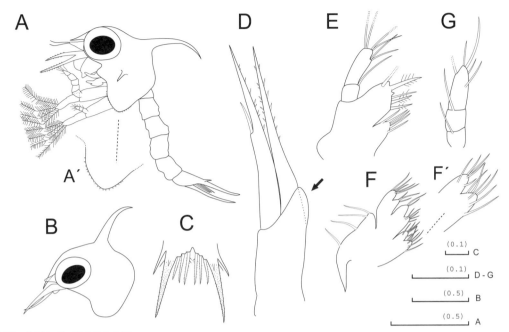

図87 ケブカガニ科の幼生の例
A：ヒメケブカガニ（*Pilumnus minutus*）の第1ゾエアの側面，A'：同，頭胸甲前側縁の拡大，B：スエヒロイボテガニ（*Actumnus setifer*）の第1ゾエアの側面，C：同，尾節，D：同，第2触角（矢印は内肢原基を示す），E：同，第1小顎，F：同，第2小顎，F'：同，底節内葉の拡大，G：同，第2顎脚の内肢。スケール（）内数字の単位はミリメートル。Aikawa [35, 689] にもとづき作図。

腹　部：第2腹節から尾節に向かって幅は小さくなる。尾肢は基節が1本，外肢は6～9本の羽状毛をもつ。

　上述のとおり，本科のゾエア期数はメガロパでのふ化，すなわち0から2，4と変異がある。ここで付表 C-4 に期数が2，3，4である代表的な種について，いくつかのゾエア形質出現のタイミングを示す。たとえば，表中のグレーにしたセルでみると，標準的な4期である種の最終期に出現する触角内肢や腹肢の原基が，短縮発生の種ではそれぞれより早い時期に出現している。一方で，第1小顎外肢毛や顎脚外肢の遊泳毛数は発生のタイプに関わりなく期毎に規則的な変化をみせる。このように通常発生より短縮化していても，すべての形質がいわば前倒しで出現するわけではない。

## ガレネガニ科（Family Galenidae）

　日本産は2亜科3属4種。2属2種で部分的な幼生記載がある [911, 912]（科の幼生記載率50%）。国内ではメガロパまでの記載例はなく，海外での報告 [913] によれば，標準的なゾエア期数は4。なお，科名の由来となっているガレネガニ（*Galene bispinosa*）については，シーボルトの「Fauna Japonica」に産地不詳で記載されたが，以後国内から記録がなく，原記載地にも疑義がある [914]。

【ゾエア】
　頭胸部：頭胸甲は額棘，背棘，および短い側棘をもち，下側縁には小棘が列生する。第2触角は額棘より長く，原節突起と外肢はほぼ等長で，外肢の中央部には2本の剛毛がある。内肢原

基は2期から見られる。第1小顎の内肢は2節。第2小顎の内肢は単節で2葉に分かれる。第1顎脚内肢の根元節の剛毛は3本。第2顎脚の内肢は3節からなる。

腹　部：ゴカクイボオウギガニ属（*Halimede*）では第2〜5腹節に背側突起をもつが，第2腹節が他より大きい。尾節の尾叉は外側に大小2本の側棘，背側に1本の背棘をもつ。スエヒロウスバオウギガニ属（*Parapanope*）では第2・3腹節に背側突起をもち，尾節は尾叉の外側に2本の小側棘，背側に1本の背棘をもつ。

# カノコオウギガニ上科（Superfamily Dairoidea）

ここからの2上科については，最近まで記載情報が未公表または未取得であったため，概略のみを記す。わが国からはカノコオウギガニ科（Family Dairidae）とメガネオウギガニ科（Family Dacryopilumnidae）の2科で計3種が知られる。どちらも小さな科で，両科ともに部分的な幼生記載がある[893]。

# ヒメイソオウギガニ上科（Superfamily Pseudozioidea）

日本産はヒラコウケブカガニ科（仮称）（Family Planopilumnidae）とヘアリーガニ科（Family Pilumnoididae）の2科からなり，どちらも1属1種の小さな科である。これまで後者において全期の幼生記載があり，ゾエアについてアカモンガニ科との類似性が述べられている[997]。

# イワオウギガニ上科（Superfamily Eriphioidea）

日本産では5科からなり，いずれも種数が10前後の小さな科である。本上科はほとんどが中・小型種であるが，これら5科のうちホシハダヒシガニ科（仮称）（Family Dairoididae）では海外も含めて幼生記載はまだない。

### マツバガニ科（Family Hypothalassidae）

日本産はマツバガニ（*Hypothalassia armata*）1属1種からなる。わが国からの幼生記載はないが，ニューカレドニア産の抱卵雌から第1ゾエアが記載されている[893]（科の記載率100%）。ちなみにクモガニ上科のズワイガニも地方名では‘マツバガニ’ともよばれる

【ゾエア】

頭胸部：頭胸甲は額棘，背棘，側棘をもつ。第2触角は後述のイワオウギガニ科と同じである。第1小顎の内肢は2節。第2小顎の内肢は単節で2葉に分かれる。第1顎脚内肢の根元節の

剛毛は 3 本。第 2 顎脚の内肢は 3 節からなる。

腹　部：第 2 ～ 5 腹節に側突起および後側突起をもつ。尾節の尾叉には大小の外棘 2 本，背棘 1
本がある。

## イワオウギガニ科（Family Eriphiidae）

　日本産は 1 属 3 種。全種で部分的な幼生記載がある [854, 893, 915-917, 1105]（科の幼生記載率 100%）。
かつてはイソオウギガニ科とともに亜科であったが，最近それぞれ科に昇格した。和科名は 'イソ
オウギガニ科' とされる例もあるが，ここでは科名の由来となるイワオウギガニ属（*Eriphia*）にも
とづく。標準的なゾエア期数は 4。

【ゾエア】

　頭胸部：頭胸甲は額棘，後方に湾曲した背棘，および短い側棘をもつ。額棘は第 2 触角よりやや
短く，背棘の基部附近に 1 対の単純毛がある。第 1 触角の内肢原基は 4 期に出現する。第
2 触角の原節突起は先端に向かって 2 条の棘列をもつ。外肢は原節突起の 3/4 ほどの長さで，
先端に長短 3 本の棘または剛毛をもち，先端よりやや下部に数個の微棘がある。内肢原基は
2 期に出現する。第 1 小顎の内肢は 2 節。第 2 小顎の内肢は単節で 2 葉に分かれる。第 1 顎
脚内肢の根元節の剛毛は 3 本。第 2 顎脚の内肢は 3 節からなる。

腹　部：第 2 ～ 5 腹節に側突起をもつ。腹肢原基の出現と第 6 腹節の分離は 3 期に起きる。尾節
は尾叉に大小 2 本の側棘と小さな背棘を 1 本もつ。尾叉内側の後縁にはふ化時に 3 対の尾棘
をもち，その後脱皮ごとに 1 対ずつ増加する。

## スベスベオウギガニ科（仮称）（Family Menippidae）

　日本産は 1 属 1 種で，部分的な幼生記載がある [36, 917]（科の幼生記載率 100%）。前述のように
和科名を 'イソオウギガニ科' とする例もあるが，ここではこの名をイソオウギガニ属（*Ozius*）が
含まれる次科に充て，本科にはスベスベオウギガニ属にもとづいた和科名を充てる。海外では大
型種も多く，大西洋岸のストーンクラブ（*Menippe mercenaria*）は水産重要種として知られている。
わが国では Aikawa [36] が横浜産の抱卵雌からふ化させたスベスベオウギガニ（*Sphaerozius nitidus*）
の第 1 ゾエアを幼生種名 '*Grapsizoea nitidus*' の名で記載している。彼の定義した '*Grapsizoea*' とは接
頭語「Grapsi-」が示すように，成体種名が不明なイワガニ類のゾエアに対する仮の名であり，抱
卵雌から得た標本をなぜこのような表現したのかは謎である。ここでは海外産で，本科名を代表す
る *Menippe* 属をもとに解説する。標準的なゾエア期数は 5。

【ゾエア】

　頭胸部：頭胸甲は額棘，後方に湾曲した背棘，および短い 1 対の側棘をもつ。額棘は第 2 触角よ
り長く，背棘の基部附近に 1 対の単純毛がある。複眼は第 2 期から有柄可動となる。第 1
触角の内肢原基は 5 期に出現する。第 2 触角の原節突起は先端部に 2 条の棘列をもつ。外肢
は原節突起の 2/3 以下の長さで，先端に長短 2 本の棘または剛毛をもつ。内肢原基は 2 期に
出現する。第 1 小顎の内肢は 2 節。第 2 小顎の内肢は単節で，剛毛類はイワオウギガニ科と

同じである。

**腹　部**：第2・3腹節に側突起をもち，第4腹節には長く腹側に湾曲した後側突起をもつ。腹肢原基の出現と第6腹節の分離は第3期に起きる。尾節は尾叉に小さな2本の側棘と背棘を1本もち，これらは第2期以降，相対的に小さくなってほとんど目立たなくなる。尾叉内側の後縁にはふ化時に3対の尾棘をもち，その後は期毎に増加する。

**【メガロパ】**

**頭胸部**：頭胸甲の額棘は短い鈍端状である。第2触角の鞭状部は8節からなる。第4歩脚の指節先端には3本の長感覚毛をもつ。

**腹　部**：尾節は丸四角形の平板状。尾肢の基節は無毛で，外肢は11本の羽状毛をもつ。


## イソオウギガニ科（Family Oziidae）

　日本産は6属11種。4属5種で幼生記載があり [814, 854, 918-921]，このうち4種は全期である（科の幼生記載率45%）。科の分類体系の改変が比較的最近のこともあり，本科の和科名は上述のように前の2科に用いられることがあるため注意が必要である。標準的なゾエア期数は4であるが，短縮発生で2期の種もある。

**【ゾエア】**

**頭胸部**：頭胸甲は基本的にイワオウギガニ科と同様である。第1触角の内肢原基は第4期に出現する。第2触角は基本的に上記2科と同様である。内肢原基は2期に出現するが，短縮発生のカノコセビロガニ（*Epixanthus dentatus*）では1期からある。第1小顎は基本的に上記2科と同様であり，外肢毛は2期に出現するが，短縮発生のカノコセビロガニでは1期から見られる。副肢毛についてはイソオウギガニ属では4期に出現するが，他属では記載情報がない。第2小顎の内肢は単節で2葉に分かれ，顎舟葉については上記2科と同様である。第1・2顎脚は基本的に上記2科と同様であるが，オーストラリア南岸やニュージーランドに分布するイソオウギガニ属の一種（*O. truncatus*）では，第1顎脚内肢の根元節〜第4節の剛毛は1本のみである [922]。

**腹　部**：他の部位に比べて種間変異が大きい。短尾下目では多くのばあい，第1腹節に突起類はないが，キバオウギガニ属（*Lydia*）とイソオウギガニ属は第1腹節に鈎状の背棘をもつ [854, 921]。第2腹節，種によっては第3腹節にも側突起をもつ。第3〜5腹節では後側突起をもつばあい，とくに第5腹節のものは長い。腹肢原基は第2期から認められ，また第6腹節は第3期に分離する。尾節は尾叉に背棘を1本のみ，種によっては大小2対の側棘をもつ。尾叉内側の後縁には1期に3対の尾棘があり，3期以降に1対ずつ増加する。

**【メガロパ】**

**頭胸部**：頭胸甲の額棘は短い鈍角状に退縮し，甲表面は短い剛毛が散在する。第2触角の鞭状部は6節。第4歩脚の指節先端には3本の長感覚毛をもつ。

**腹　部**：尾節は半円状または丸味のある逆台形で，後縁に2〜4対の剛毛をもつ。尾肢は基節に1本，外肢に11〜13本の羽状毛をもつ。

# サンゴガニ上科（Superfamily Trapezoidea）

　日本産では3科からなるが，いずれも種数が少なく，すべて小型種からなり，南方のサンゴ礁域を中心に棲息する。成体はサンゴ類と共生関係にある。本上科ではこれまでのところ1期ゾエアだけで，メガロパまでの全幼生期の記載例はまだないが，突起類の多いゾエアの形状から，長い浮遊期を経て変態すると推察されている[923]。

## ヒメサンゴガニ科（Family Tetraliidae）

　日本産は2属10種。1属2種で部分的な幼生記載がある[118, 924-927]（科の幼生記載率20%）。サンゴの間隙などに棲息する小型種である。標準的なゾエア期数は不明。

【ゾエア】　図88（A-B）

**頭胸部**：頭胸甲には額棘と背棘，および側棘が2対あり，それぞれの表面には多数の小棘がみられる。額棘は第2触角より長く，背棘の基部附近に1対の単純毛がある。第2触角の原節突起は先端部に2条の棘列をもつ。外肢は原節突起のおよそ半分の長さで，先端に長短3本

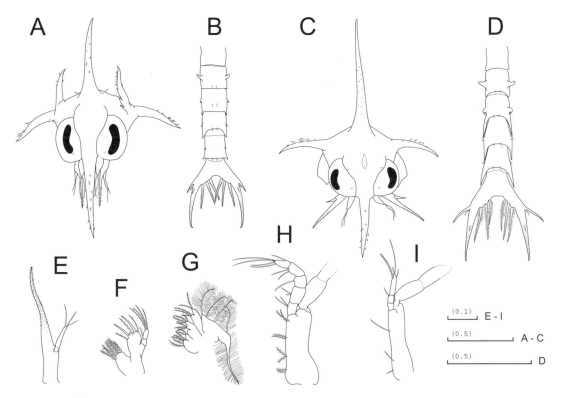

図88　サンゴガニ上科の幼生の例
　　A：ヒメサンゴガニ（*Tetralia glaberrima*）の第1ゾエアの頭胸部の正面，B：同，腹部，C：サンゴガニ（*Trapezia cymodoce*）の第1ゾエア頭胸部の正面，D：同，腹部，E：第2触角，F：同，第1小顎，G：同，第2小顎，H：同，第1顎脚，I：同，第2顎脚。スケール（ ）内数字の単位はミリメートル。Shikatani & Shokita[926]にもとづき作図。

の剛毛をもつ。第1小顎の内肢は2節，第2小顎の内肢は単節で2葉に分かれる。第1顎脚内肢の根元節の剛毛は2本。第2顎脚の内肢は3節からなる。

腹　部：第2～5腹節に側突起をもつ。尾節は尾叉に大小2本の側棘と小さな背棘を1本もつ。尾叉内側の後縁には1期に3対の尾棘をもつ。


## サンゴガニ科（Family Trapeziidae）

　日本産は4属21種。2属7種で部分的な幼生記載がある [835, 924-927]（科の幼生記載率38%）。幼生は2亜科において知られているが，いずれも1期ゾエアのみの記載である。標準的なゾエア期数は不明。

【ゾエア】　図88（C-I）

頭胸部：頭胸甲は額棘と背棘，および側棘をもち，いずれの表面も多数の小棘がみられる。なお海外産種での研究によれば，ホンサンゴガニ属（*Calocarcinus*）では平滑，側棘については，サンゴガニ属（*Trapezia*）が1対，ベニサンゴガニ属（*Quadrella*）が大小2対，またホンサンゴガニ属が大小合わせて4対である [928]。このように，後述の腹部突起類とともに科内変異が大きい。第2触角は基本的にヒメサンゴガニ科と同様である。第1小顎は基本的にヒメサンゴガニ科と同様である。第2小顎の内肢は単節で2葉に分かれ，その他は基本的にヒメサンゴガニ科と同じである。第1顎脚内肢の根元節の剛毛は2または3本。第2顎脚の内肢は3節からなる。その他はヒメサンゴガニ科と同じである。

腹　部：ホンサンゴガニ属とベニサンゴガニ属では第1腹節に背棘をもつ。またベニサンゴガニ属では第2～4腹節に側突起をもち，とくに第3・4腹節のものは側方に長く伸びる。これ以外の属では第2～5腹節に側突起をもつ。尾節は最外の側棘が長く伸び，この下部に短小の側棘と背棘をもち，その他はヒメサンゴガニ科と同じである。


## ドメシアガニ科（Family Domeciidae）

　日本産は3属4種。このうち1種で部分的な幼生記載がある [929]（科の幼生記載率25%）。なお，幼生に関する情報は限られるが，小顎，顎脚内肢や腹部の形態をみるかぎりでは，サンゴガニ上科内だけでなく旧オウギガニ科の他科ともかなり異なっている。標準的なゾエア期数は不明。

【ゾエア】

頭胸部：頭胸甲は額棘と背棘，これらに加えて側棘が大中小あわせて3対あり，いずれの表面も多数の小棘がみられる。第1触角は棒状。第2触角の原節突起は先端部に2条の棘列をもつ。外肢は原節突起の1/3以下の長さで，先端に長短3本の剛毛をもつ。第1小顎の内肢は2節，第2小顎の内肢は単節で2葉に分かれる。第1顎脚内肢の根元節の剛毛は1本。第2顎脚の内肢は3節からなる。その他は基本的に上記2科と同じである。

腹　部：第2・3腹節に側突起，および第4・5腹節に長めの後側突起をもつ。尾叉には最外側棘の内側，すなわち2番目のところに長い剛毛があり，位置的には異尾小毛に合致する点が興味深い。

## 旧オウギガニ科のゾエアにおける多様性

これまで述べてきたとおり，旧オウギガニ科全体としては，標準的なゾエア期数は4で，第1・2小顎内肢の剛毛配列はそれぞれ「1,6」と「3+5」であることなど，大多数で共通する形質はあるものの，これら以外では科レベルだけでなく属や種レベルでの変異を示す形質もある。図89と図90に科または亜科レベルでの変異を，1）頭胸甲上の棘の有無，2）第2触角，3）第1顎脚内肢の根元節，4）腹節の突起類の有無をもとに模式的に示す。なお，スベスベオウギガニ科については，本科の代表属（*Menippe*）のデータによるものである。この図では該当する棘や剛毛の有無が属，または種間で異なるばあいは点線で表示したが，とくにイソオウギガニ科やサンゴガニ科では科内での変異が目立つ。サンゴガニ科では，とくにホンサンゴガニ属が頭胸甲上に大小4対の側棘と背棘根元に長い剛毛をもつなど，科内他属とは異なり，精子の比較形態データ[930]も合わせて，むしろイワオウギガニ科に近いとされる[928]。ただ，腹節の形態ではイソオウギガニ科に近いとも考えられる。また，ドメシアガニ科において尾叉外側に異尾小毛に似た剛毛がみられるのは，真短尾群のなかでは特異な例である。

成体は第4歩脚がないのが大きな特徴で，日本産では1科のみである。かつてエンコウガニ科に含まれる亜科であったがGuinot[672]により独立した上科とされた。外観上，歩脚が3対しかないのはカニダマシやタラバガニなども同様であるが，これらカニ型の異尾類では第4歩脚は小さく折りたたまれたかたちで存在する点で異なる。

各論：短尾下目　167

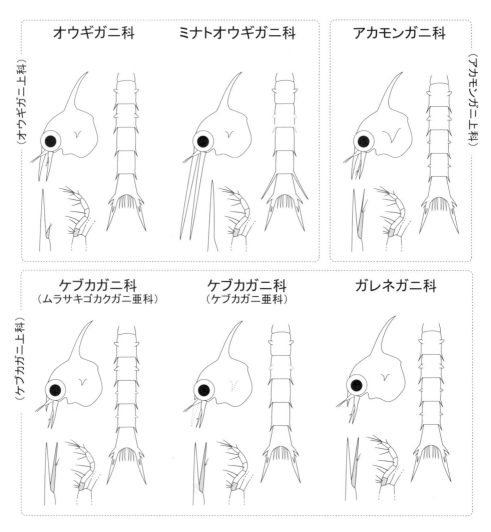

図89 オウギガニ上科のゾエアにみられる多様性（その1）
　日本産のオウギガニ各上科におけるゾエア形質の変異に関して，頭胸甲，腹節・尾節，第2触角，および第1顎脚内肢にもとづき分けた模式図。点線部は種群によってはない形質を示す。Terada [911]，Van Dover et al. [886]，Tanaka & Konishi [873]，Kurata [880]，Clark et al. [884]，Lee & Ko [912]，を参考に作図。

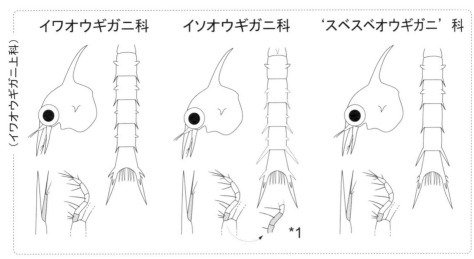
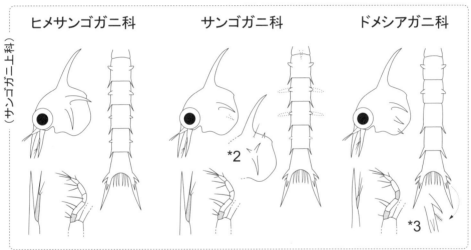

図90　オウギガニ上科のゾエアにみられる多様性（その2）
　前図の続き。点線は種群によってはない部位。＊1 はイソオウギガニ属の一種（*Ozius truncatus*）の第1顎脚内肢，＊2 はホンサンゴガニ属の一種（*Calocarcinus africanus*）の頭胸甲後半部，＊3 はドメシア属の一種（*Domecia acanthophora*）の尾叉上の異尾小毛様の剛毛をそれぞれ強調して示したもので，Wear [910], Clark & Guerao [928], Alves *et al.* [945] を参考に作図。

各論：短尾下目　169

# ムツアシガニ上科（Superfamily Hexapodoidea）

1科のみで24属からなり，このうち8属は化石属である。

## ムツアシガニ科（Family Hexapodidae）

日本産は5属8種。すべて他の動物の棲管などに寄居する小型種である。2属2種で幼生記載があり[721, 931]，このうち1種は全期である（科の幼生記載率25%）。標準的なゾエア期数は3。

【ゾエア】　図91（A-G）

頭胸部：頭胸甲は額棘と後方にやや湾曲した長い背棘，および側棘をもつ。第1触角の内肢原基は第3期に出現する。第2触角は額棘のおよそ半分の長さで，原節突起は先端に向かって2条のまばらな棘列がある。外肢は原節突起と同様にまばらな棘列をもち，中央部に1本の剛毛がある。内肢原基は2期に出現する。第1小顎の内肢は2節。第2小顎の内肢は単節で，顎舟葉はふ化時で前方周縁に6本の羽状毛をもつ。第1顎脚内肢の根元節の剛毛は2本。第2顎脚の内肢は3節からなる。第3顎脚と胸脚の原基は2期から認められる。

腹　部：第1腹節は1本の後方に曲がった背棘，第2腹節に1対の背側突起をもつ。なお，第6腹節は第1稚ガニになって現れるのが特徴である。腹肢原基は2期に出現する。

【メガロパ】　図91（H-I）

頭胸部：頭胸甲の額棘と額棘側突起は発達して三叉状となる。第2触角の鞭状部は6節。第4歩脚は他にくらべてかなり小さく，指節先端には2本の長感覚毛をもつ。次の第1稚ガニで消失し，歩脚は成体と同じ3対となる。

腹　部：尾節は中央部が凹んだ二叉形になっている点が特徴的であるが，南アフリカ産の別属の種（*Spiroplax spiralis*）では一般的な丸四角形である[932]。尾肢はないか，原基状。

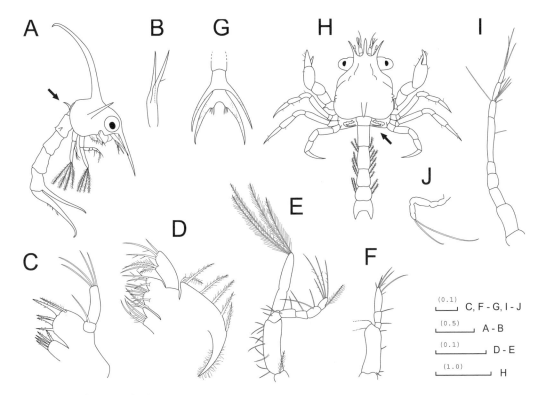

**図 91** ムツアシガニ科の幼生の例

A：ヒメムツアシガニ（*Mariaplax anfracta*）の第 1 ゾエアの側面（矢印は第 1 腹節の背中棘），B：同，第 2 触角，C：同，第 1 小顎，D：同，第 2 小顎，E：同，第 1 顎脚，F：同，第 2 顎脚（外肢は省略），G：同，第 5 腹節と尾節，H：同，メガロパの背面（矢印は第 4 歩脚の位置），I：同，第 2 触角，J：同，第 4 歩脚（第 5 胸脚）。スケール（）内数字の単位はミリメートル。松尾 [931] にもとづき作図。

## ユウレイガニ上科（Superfamily Retroplumoidea）

　化石種が多い分類群であり，日本産ではユウレイガニ科（Family Retroplumidae）1 科のみからなり，1 属 1 種。なお，スナガニ類も'ユウレイガニ'とよばれることがある。今までのところ，海外産も含めて幼生は知られていないが，抱卵個体の卵径が小さいことから，おそらく通常発生のゾエアを出すのではないかと推測されている [933]。

## イトアシガニ上科（Superfamily Palicoidea）

　本上科の分類上の位置については，遺伝子解析などから胸孔亜群に近いとする意見もあるが [934]，ここでは Ng *et al.* [675] にしたがい異孔亜群として扱う。わが国には 2 科が分布する。

## アシブトイトアシガニ科（Family Crossotonotidae）

日本産は1属2種。1種で部分的な幼生記載がある[935]（科の幼生記載率50%）。ちなみに，本科の和名は面白い命名（太い脚の（糸の如く）細い脚のカニ）の例としてよく話題となる。標準的なゾエア期数は不明。

【ゾエア】

**頭胸部**：頭胸甲の表面は網目模様の隆起と小毛で覆われる。額棘と背棘は短小で，側棘はない。背棘の前後に1個ずつ背瘤がある。下側縁の前方に1本の長い羽状毛がある。第2触角の原節突起は先端部が2条の小棘列をもち，また内肢原基は微小な瘤状突起としてみられる。第1小顎の内肢は2節，第2小顎の内肢は単節で分葉しない。第1顎脚内肢の根元節の剛毛は3本。第2顎脚の内肢は3節からなる。第3顎脚と胸肢は原基として1期からある。

**腹　部**：第2〜4腹節に側突起をもつ。尾節は短い尾叉と，中央後縁の背面に半円状の突起をもつ。尾叉は小さな外側棘を1本もち，その根元に1本の短剛毛がある。尾叉内側の後縁にはふ化時に3対の尾棘をもつ。


## イトアシガニ科（Family Palicidae）

日本産は6属8種。2種で部分的な幼生記載があるが[935]（科の幼生記載率25%），ふ化・飼育によるゾエア1期とプランクトンからの2期の記載にとどまる。なお本科の幼生については19世紀末に地中海産のイトアシガニ属（*Palicus*）の一種（*P. caronii*）で記載があるが[936]，当時の分類で本科はヘイケガニ科に近いグループとされ，まるでこれを裏付けるかのように，ヘイケガニ科ゾエアの形状となっている[1]。しかし具体的な材料の入手等にはふれておらず，疑問が残る。もちろん，以下の抱卵雌からのふ化による結果とも合わず，遺伝子解析も合わせた同種での再検討が必要と思われる。標準的なゾエア期数は不明。

【ゾエア】

**頭胸部**：頭胸甲はアシブトイトアシガニ科と同様であるが，側棘をもたない。

**腹　部**：アシブトイトアシガニ科と同様であるが，第4腹節に背側突起をもたず，また尾節の尾叉の外側棘には剛毛がない。


# ユノハナガニ上科（Superfamily Bythograeoidea）

本上科は1科のみからなり，深海の特殊な環境に生きるカニとして近年一般にも知られるようになってきたが，発見当初はその分類学上の位置が不明なグループであった。


## ユノハナガニ科（Family Bythograeidae）

日本産は2属2種。1種で部分的な幼生記載があり[937]（科の幼生記載率50%），全期飼育の例はあるが[938]，形態の詳細な記載はまだない。ゾエアは全体的にサンゴガニ科に似ており，また精

子形態の比較 [939] でも同様の結果が示されている。標準的なゾエア期数は不明であるが，5または6と思われる。

【ゾエア】

頭胸部：頭胸甲は額棘，背棘と側棘をもつが，いずれも枝棘がある。背棘は後方に湾曲し，その前後には，顕著な背瘤（背器官突起）が見られる。また複眼の基部にも棘をもつ。第2触角は額棘とほぼ同長で，原節突起には2列の小棘列があり，外肢は原節突起の約半分の長さで，先端には長短3本の剛毛をもつ。第1小顎の内肢は2節。第2小顎の内肢は2葉に分かれる。第1顎脚内肢の根元節の剛毛は3本。第2顎脚の内肢は3節からなる。

腹　　部：すべての腹節には1対の後背棘があり，第2〜5腹節には1対の背側突起と後側突起をもつ。尾節は尾叉外側に大小2本の側棘と，1本の背棘をもつ。

【メガロパ】

わが国からの形態記載例はないが，大西洋と太平洋の熱水鉱床のプランクトンからガラパゴスユノハナガニ（*Bythograea thermydron*）のメガロパが記載されている [940, 941]。これらによれば，成体の複眼は退化しているが，少なくともメガロパでは普通に発達している。


# サワガニ上科（Superfamily Potamoidea）

日本産はサワガニ科（Family Potamonidae）1科のみである。すべて稚ガニでふ化する直接発生であり，幼生期はない。サワガニ（*Geothelphusa dehaani*）は食用ともなる身近な種であるが，意外なことに胚発生についての1種のみで [943, 944]，詳細な形態記載はほとんどない。


# 胸孔亜群（Subsection Thoracotremata）

沿岸の浅海域を中心に棲息する4上科からなる。幼生の平均記載率は35％と短尾下目全体の24％からみても高い。これは身近で採集可能あるいは飼育が容易な種が多いことも関係していると思われる。また，本亜群の各科における幼生記載状況を付表 A-11 に示す。

## イワガニ上科（Superfamily Grapsoidea）

　種数は約120種と，オウギガニ類やクモガニ類に及ばぬものの，短尾下目の20%に達する大きなグループである。本上科はかつて1つの科であったが，分類体系の見直し[946]でほとんどの亜科が科に昇格した。さらに他上科から編入された科もあり，これらを含め日本産は7科からなる。なお，ここでは旧来のイワガニ科を構成していたグループを「旧イワガニ科」と記す。前（初）期ゾエアの形態は科・亜科レベルで変異がみられるが，1）頭胸甲は必ず額棘と背棘をもつこと，2）尾節は二叉型で，かつ尾叉の外棘がないか退縮することが共通点としてあげられる。

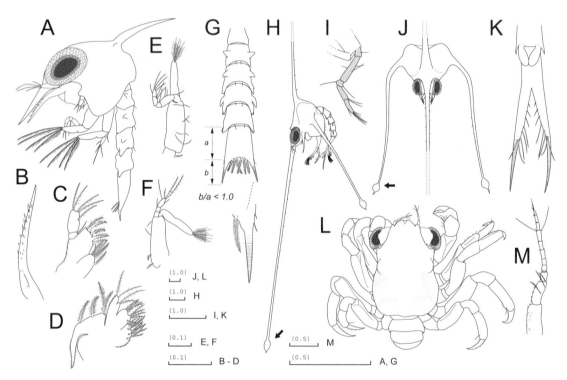

図92　イワガニ上科の幼生の例
　　A：オキナガレガニ（*Planes major*）の第1ゾエアの側面，B：同，第2触角，C：同，第1小顎，D：同，第2小顎，E：同，第1顎脚，F：同，第2顎脚，G：同，腹部（aとbは尾節基部長と尾叉長），H：トゲアシガニ属（*Percnon*）の後期ゾエア（推定5期）の側面，I：同，第1顎脚の内肢，J：同種の別個体（推定6期以上）の斜め上面，K：同，尾節の腹面，L：ショウジンガニ（*Guinusia dentipes*）のメガロパの背面，M：同，第2触角。スケール（ ）内数字の単位はミリメートル。A〜GはKonishi & Minagawa[957]にもとづき作図。H〜Kは沖縄近海，LとMは大槌産のプランクトン標本による。

## イワガニ科（Family Grapsidae）

　日本産は5属16種。5属9種で幼生記載があり [689, 814, 881, 947-957]，このうち2種は全期である（科の幼生記載率56%）。本科と次の2科では全期飼育の例が少なく，これまでハシリイワガニ属（*Metopograpsus*）とカクレイワガニ属（*Geograpsus*）での3例のみである [950, 958, 959]。ゾエアの標準的な期数は5または8と思われる。期数については，南米産のイワガニ属（*Pachygrapsus*）の一種（*P. gracilis*）において"13期"までの飼育例があるが [960]，原著の図から判断すると，これは脱皮齢であり，実際は5または6期と思われる。また，Hyman [961] はイワガニ属の一種（*P. marmoratus*）で2期のメガロパを示しているが，その後検証されていない。

### 【ゾエア】　図92（A-G）

**頭胸部**：頭胸甲は1期に額棘と背棘をもち，2期から側棘が現れる。また，1期にハシリイワガニ属は左右1対の瘤状隆起，オオイワガニ属（*Grapsus*）やカクレイワガニ属では小瘤または小鉤状突起があるが [950, 964]，これらはかなり小さく，過去の記載では見落とされてきた可能性もある。なお，ハシリイワガニ属では後期に棘の先端部に微棘がみられる。下側縁の剛毛類は2期より後に現れる。第1触角の内肢原基は5期に現れる。第2触角の原節突起は先端に向かう条の棘列があり，外肢は短小または退化して1本の外肢毛をもつ。内肢原基は第5期に現れる。大顎の触鬚原基は，ハシリイワガニ属とカクレイワガニ属ともに最終期（5期と8期）に現れる。第1小顎の内肢は2節で，外肢毛と副肢毛は，カクレイワガニ属ではそれぞれ2期と5期からみられる。第2小顎の内肢は単節で2葉に分かれる。第1顎脚内肢の根元節の剛毛は1本。第2顎脚の内肢は3節である。第3顎脚と胸脚の原基は後期からみられる。

**腹　部**：第1腹節は1期には無毛であるが，カクレイワガニ属では2期以降に背面に羽状毛が現れ，脱皮毎に漸増する。背側突起は第2・3腹節に加え，種によって第4，5腹節にみられる。また，腹節には先端が小さく二叉に分かれた後側突起をもつ種が多い。腹節幅についてはイワガニ属では第4腹節が最も広く，ハシリイワガニ属では第5腹節の後側部が後方に伸びた腹節後葉をもつ。尾節の尾叉は短く，尾節基部と尾叉の長さの比が1以下で，これは本科の特徴とされる [953]。なお，尾叉に外棘はないものの，該当部位に2または3本の短剛毛をもつ種もある。

### 【メガロパ】

**頭胸部**：頭胸甲は縦長の台形で，額部は中央の凹みで2葉に分かれる。第2触角の鞭状部は8節。第4歩脚は指節先端に3本または1本の長感覚毛をもつ。

**腹　部**：腹節はほぼ同幅であるが，ハシリイワガニ属では第5腹節の後側部がゾエアと同様，翼状に拡がる（総論の図5を参照）。尾節は半円の板状である。尾肢は基節に2〜3本，外肢に16〜23本の羽状毛をもつ。

各論：短尾下目　　175

## トゲアシガニ科（Family Perconidae）

日本産は1属3種。全種で部分的な幼生記載があるが[687, 963, 964]，全期記載はまだない（科の幼生記載率100％）。成体が磯で普通にみられるわりに幼生，とくに中・後期ゾエアの情報に乏しく，沖縄近海産の標本のほか，海外の例[965]も参考にして述べる。標準的なゾエアの期数は不明であるが，6以上と思われる。

【ゾエア】図92（H-K）

頭胸部：頭胸甲は額棘と背棘，および1対の側棘をもち，各棘の表面には微枝棘がある。後期になると額棘と背棘は著しく伸長し，とくに額棘はヘイケガニ科などのように頭胸甲長の5倍を超える長大なものとなり，棘の先端部は，ちょうど針先に水滴がついたが如く，楕円形に拡がった形となる（図93J，矢印）。この特異な形から，19世紀には幼生属 *Pleutocaris* の名で記載された[968]。第1触角の内肢原基は5期からみられる。第2触角は原節突起のみで，中央部に単純毛をもち，内肢原基は5期からみられる。大顎の触髭原基は6期に現れる。第1小顎の内肢は2節で，外肢毛は2期，副肢毛は5期からみられる。第2小顎の内肢は2葉に分かれる。通常，小顎や顎脚の内肢は変異がほぼない形質とされるなかでは特異な例といえる。第1顎脚内肢の根元節の剛毛は2本。第2顎脚の内肢は3節からなる。両顎脚の外肢遊泳毛はやや不規則な増加パターンを示す。第3顎脚と胸脚の原基は4期から現れる。

腹　部：第2〜5腹節に背側突起をもち，第2腹節のものが他より大きい。また，後期には第2〜6腹節に後側突起がみられる。尾節は二叉状で，尾叉は後期にかなり伸長する。

【メガロパ】

頭胸部：頭胸甲は成体と同じく額部は三つ叉状に棘が並ぶ。第2触角の鞭状部は柄部に比べて細く，8節。第4歩脚は指節先端に3本の長感覚毛をもつ。

腹　部：尾肢は基節に8本，外肢に25〜26本の羽状毛をもつ。その他は本上科の他科と同様である。

## ショウジンガニ科（Family Plagusiidae）

日本産は2属4種。1属2種で幼生記載がある[678, 687, 967-970]（科の幼生記載率50％）。トゲアシガニ科と同様，国内での幼生記載は第1ゾエアまたはメガロパ以降に限られるため，後期ゾエアについては海外の記載例[971]も参考にして述べる。ゾエアの標準的な期数は不明であるが，7以上と推定される。短尾下目ではかなり大型であり，かつ沿岸域で容易に採れるためか記載例は多い。相川[689, 967]はショウジンガニ（*Guinusia dentipes*）で形態が異なる2期を記載し，第2メガロパについてはさらに大小2型に分けた。しかし，近年の研究によれば，本種に該当するのは'第2メガロパ'であり，彼の'第1メガロパ'は別種とされる[968]。なお，体が大きいことについては，複数回の脱皮の結果とする説もあるが，イワガニ属と同様，まだ検証されていない。

【ゾエア】

頭胸部：頭胸甲は額棘と背棘，および1対の側棘をもち，それぞれの表面は微棘や小毛が散在する。側棘は前期においては短いが，後期には伸長する。第1触角の内肢原基は4期からみら

れる。第2触角の原節突起は小棘列をもち，外肢は小さく原節突起長の1/4以下であり，先端に長短2本の剛毛をもつ。大顎の触鬚原基は少なくとも5期まではみられず，これ以降となる。第1小顎の内肢は2節で，外肢毛は2期からみられるが，副肢毛については不明である。第2小顎の内肢は単節で2葉に分かれる。第1顎脚内肢の根元節の剛毛は2本。第2顎脚の内肢は3節からなる。

腹　部：第2～4腹節に後側突起をもつ。尾節は二叉型で，尾叉は内縁に1期に3対の尾棘をもつ。

## 【メガロパ】　図92（L-M）

頭胸部：頭胸甲の概形は縦長の台形で，額部は2葉に区分される。後側域には遊泳時に歩脚を折りたたんで収めるための溝状の凹みがある。なお，本科のメガロパは大型なだけでなく，体色が赤褐色であることで他の種群と判別しやすい。第2触角の鞭状部は8節からなる。第4歩脚は指節先端に長感覚毛をもたない。

腹　部：本上科内の他科と同様である。


## オカガニ科（Family Gecarcinidae）

日本産は4属6種。2属2種で幼生記載があり [953, 972, 973]，このうち1種は全期である（科の幼生記載率33%）。ゾエアの標準的な期数は5。

## 【ゾエア】

頭胸部：頭胸甲は額棘と後方にやや湾曲した背棘，および1対の短小な側棘をもち，下側縁は2期以降に剛毛がみられる。背棘は2期または3期以降に2～5対の枝毛をもつようになる。第1触角の内肢原基は5期からみられる。第2触角の原節突起はほぼ額棘と同長で，先端域には2条の小棘列がある。外肢は原節突起の1/3～1/2の長さで，先端に長短2本の剛毛および2本の短毛をもつ。内肢原基は3期からみられる。大顎の触鬚原基は5期または6期からみられる。第1小顎の内肢は2節で，外肢毛は2期，副肢毛は3期からみられる。第2小顎の内肢は単節で2葉に分かれる。第1顎脚内肢の根元節の剛毛は2本で，また根元から2節目の剛毛は1期に2本であるが，3期以降は背側に1本の羽状毛が追加となり，内肢の毛式が必ずしも不変ではない例の1つである。第2顎脚の内肢は3節からなる。

腹　部：第2・3腹節に背側突起がみられる。また第2～6腹節には後側突起がみられるが，とくに第2～5腹節のものは後期に他腹節のものより長くなる。腹肢原基は3期からみられる。

## 【メガロパ】

頭胸部：頭胸甲は縦長の台形で，額部は前下方に曲がる。第2触角の鞭状部は7節。第4歩脚は指節先端に3本の長感覚毛をもつ。

腹　部：本上科の他科と同様である。

各論：短尾下目　177

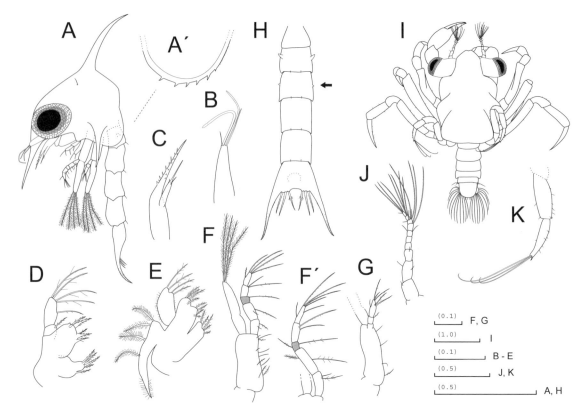

**図 93　モクズガニ科の幼生の例**

　　A：ケフサイソガニ (*Hemigrapsus penicillatus*) の第1ゾエアの側面, A'：同, 頭胸甲の下側縁の拡大, B：同, 第1触角, C：同, 第2触角, D：同, 第1小顎, E：同, 第2小顎, F：同, 第1顎脚, F'：同, 第5期の内肢, G：同, 第2顎脚, H：同, 腹部 (矢印は第3腹節の微小な背側突起を示す), I：モクズガニ亜科のメガロパの背面, J：同, 第2触角, K：同, 第4歩脚. スケール ( ) 内数字の単位はミリメートル. A〜Hは北海道厚岸産のふ化・飼育標本, I〜Kは厚岸湾のプランクトン標本による.

## モクズガニ科 (Family Varunidae)

　日本産は5亜科18属48種. 13属22種で幼生記載がある[6, 35, 540, 974-996, 998-1005, 1100, 1103]. このうち17種は全期である (科の幼生記載率46%). 発育段階の判別への参考となる形質の変化について, モクズガニ属 (*Eriocheir*) での例を**付表 B-22** にまとめた. ゾエアの標準的な期数は5で, これまで短縮発生の例はしられていない.

【ゾエア】　図 93 (A-G)

**頭胸部**：頭胸甲は額棘と背棘をもつが, 側棘の有無は種群により異なり, さらに1期になくても2期から現れる例もある[982]. 下側縁の一部に種群によっては小歯または羽状毛列がみられる. 第1触角の内肢原基は第5期に現れる. 第2触角の原節突起は先端に向かって棘列があり, 外肢は原節突起の 1/3〜1/4 の長さで先端に長棘と数本の短棘がある. 内肢原基は3期に現れる. 大顎の内肢原基は5期に現れる. 第1小顎の内肢は2節で, 外肢毛と副肢毛は, それぞれ第2期と第3期からみられる. 第2小顎の内肢は単節で2葉に分かれる. 第1顎脚内肢の根元節の剛毛は2本で, 中央節の剛毛は1期には1本だが, 後期には2本に増える (図

93F'）。第２顎脚の内肢は３節からなる。第３顎脚と胸脚の原基は後期からみられる。

腹　部：背側突起は，第２と第３腹節にあるが，後者は短小で見逃しやすい。腹節はほぼ同幅である。尾節は二叉の弓形状で，前回のイワガニ科とは異なり，尾叉は尾節基部と同長以上で，かつ外側に棘や剛毛をもたない。内側の尾棘対は第３期以降に漸増する。

【メガロパ】　図93（I-K）

頭胸部：頭胸甲の概形は縦長，または縦横ほぼ同長の台形である。額域は中央溝をもち下垂し，また額棘をもたない。両側縁には浅溝がみられ，遊泳時はここに後方の胸脚が縦方向に折りたたまれて収まる。第２触角の柄部は３節，鞭状部は７節からなる。また鞭状部先端の数節では長めの剛毛が半円に輪生し，これはイワガニ上科で一般にみられる。これまで扱ってきた短尾下目のメガロパにおいてしばしばみられた，歩脚の底節や座節に棘類が少ない。第４歩脚は指節先端に３〜４本の長感覚毛をもつ。

腹　部：本上科の他科と同様である。


## ベンケイガニ科（Family Sesarmidae）

　日本産は18属51種。6属15種で幼生記載があり [721, 728, 977, 978, 1006-1015]，このうち11種は全期である（科の幼生記載率29％）。短縮発生型は，シンガポール産の種（*Geosesarma perracae*）[1016]とジャマイカ産の種（*Sesarma curacaoense*）[1017]で知られている。興味深いのは，同じ短縮発生でも前者はふ化時に付属肢等は退化しているのに対し，後者では通常発生のようにこれらが発達している点である。さらに，スマトラからは直接発生の種（*G. notophorum*）も報告されている [1018]。通常発生の標準的なゾエア期数は4で，イワガニ上科内では2〜5と幅が大きいが，頻度でみれば4が全体の6割以上を占める。

【ゾエア】

頭胸部：頭胸甲は額棘と背棘のみをもつ。種群によっては２期以降，下側縁の一部に羽状毛列をもつことがある。第１触角の内肢原基は４または５期からみられる。第２触角の原節突起は先端に向かって１条の小棘列がある。外肢は原節突起の約半分の長さで，後期に相対的に1/4程度まで短くなり，また先端に長短２本の剛毛をもつ。内肢原基は後期に現れる。第１小顎の内肢は２節で，外肢毛と副肢毛は，それぞれ２期と３期からみられる。第２小顎の内肢は単葉で２葉に分かれる。第１顎脚内肢の根元節の剛毛は２本。第２顎脚の内肢は３節からなる。第３顎脚と胸脚の原基は後期から認められる。

腹　部：第２・３腹節に背側突起をもつ。第６腹節は３期に尾節から分節する。尾叉は尾節基部より長く，外側に側棘をもたない。

【メガロパ】

頭胸部：頭胸甲の概形はやや縦長の台形である。額域の中央部は浅い溝があり，下垂する。後下縁の両側には浅い凹みがあり，遊泳時に折りたたまれた第４歩脚が収まる。第２触角の柄部は３節，鞭状部は６節からなるが，剛毛はモクズガニ科のように先端部に集中はしていない。第４歩脚は指節先端に３本の長感覚毛をもつ。

各論：短尾下目　179

腹　部：イワガニ上科の他科と同様である。

## ホウキガニ科（Family Xenograpsidae）

　日本産は1属2種。1種で部分的な幼生記載があり[1019]（科の幼生記載率50%），これは台湾産のタイワンホウキガニ（*Xenograpsus testudinatus*）で熱水鉱床から採集されたメガロパ，および第1稚ガニとされる個体が記載されたものである。標準的な期数は不明。

### 【ゾエア】

頭胸部：頭胸甲は額棘と背棘をもち，側棘はない。第2触角は原節突起のみからなり，中央部から先端部の表面には大小の棘からなる2条の棘列がある。第1小顎の内肢は2節で，第2小顎の内肢は単節で2葉に分かれる。第1顎脚の内肢は5節で，根元節の剛毛は2本。第2顎脚の内肢は3節からなる。

腹　部：背側突起については，第2・3腹節に加え第4・5腹節にもみられる。とくに後者は下側方に拡がった後側突起をもち，これを含めた腹節幅は第4腹節が最も幅広い。尾叉は尾節基部より短く，これらの点ではイワガニ科に似る。また外側の根元部には1本の小剛毛をもつ。

### 【メガロパ】

頭胸部：頭胸甲の概形は甲長が甲幅の3倍近い縦長で，額域がやや突出する。第2触角の柄部は3節，鞭状部は5節からなる。第4歩脚は指節先端に3本の長感覚毛をもつ。

腹　部：第2〜4腹節が幅広く，尾節は半円状である。尾肢は基節に1本，外肢に8本の羽状毛をもつ。

## イワガニ上科のゾエアにおける多様性

　各科におけるゾエアの科の形質について，1）頭胸甲上の棘，2）第2触角外肢，3）第2小顎内肢，4）腹節の形状をもとに8つのグループに分けて図94に模式的に示す。これらの中でトゲアシガニ科については，特異な形状となる後期にもとづく。なお，これらの形質に加え，ホウキガニ科では，第1小顎内肢の根元節が無毛である点で本上科内の他科とは異なっている。

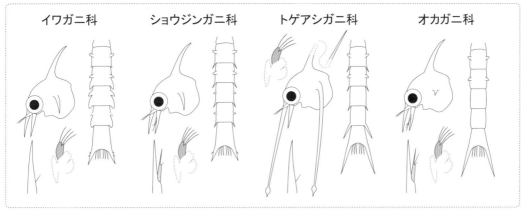
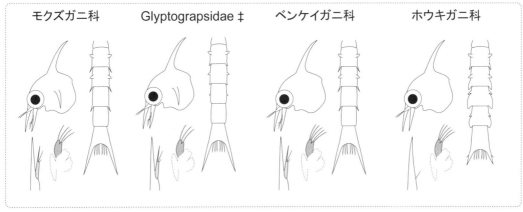

図94　イワガニ上科のゾエアにみられる多様性
　幼生が知られている科について，頭胸甲上の棘，第2小顎内肢，および腹節にもとづき分けた模式図．点線は種群によってはない部位．各図は第1ゾエアを基本とするが，トゲアシガニ科の頭胸甲は後期を示す．‡印はわが国に産しないものを示す．各図の作成はこれまでの上科内の引用文献を参考にした．

## § メモ：ゾエアの類型化への試み

　わが国の幼生研究史上，相川廣秋（1903-1963）は短尾下目を中心としたゾエアの分類について，触角，小顎と顎脚，および尾節にもとづく類型化を試みた[36, 37]．これは当時としては画期的なものであったが，今日この方法が一般化しているかといえばそうでもない．優れた製品が開発されても，流通販売がうまく行かなければ，立ち消えてしまうのに似たものを感じる．要は着想に問題があったわけでもなく，時代の流れのなかでの後継者育成など，いわゆる研究戦略上の結果，事実上の標準とはなり得なかったのだと思われる．同じような動機と発想にもとづくと思われるのが，いわゆる幼生属または幼生種である．実際，相川はイワガニ上科によく見られる特徴をもつ幼生を'*Grapsizoea*'と名付けてグループ化した．元々が外観の特徴から創られたものなので，確かに'同業者同士'の話においては重宝する用語ではある．ただ，正式の分類の話となると混乱を招くので使えない．

# スナガニ上科（Superfamily Ocypodoidea）

　日本産は現在6科からなるが，いずれも旧スナガニ科の亜科から科への昇格である[1020]。すべて小型種で，基本的に砂泥域で砂粒や泥に付着するプランクトンやデトリタスをろ過摂餌する。潮間帯より上部で生活し，鳥類などの大型捕食者を避けるため，一般に敏捷な逃避行動を示す種が多い。なお，国内産種での短縮発生の例は知られていない。

## スナガニ科（Family Ocypodidae）

　日本産は5属19種。5属13種で幼生記載があり[1021-1028]，このうち2種は全期である（科の幼生記載率68%）。なお，ハクセンシオマネキ（*Austruca lactea*）は胚発生の詳細な記載があり[1029]，わが国では数少ない貴重なデータである。以下，亜科別に述べる。発育段階の判別への参考となる形質の変化について，スナガニ属（*Ocypode*）での例を付表 B-23 にまとめた。

### 1）スナガニ亜科（Subfamily Ocypodinae）

　ゾエアの標準的な期数は5である。メガロパは大型で，短尾下目のものは額棘の有無などの形状，あるいは人工飼育と天然採集による大きさの差もあるが，通常は頭胸甲長が2mm前後である。イワガニ上科やワタリガニ上科でも6mmを超える例はあるが，とくにスナガニ属は砂浜域でその大きさが目立つためかよく知られている。ちなみにゾエアも5期で頭胸甲長が3mm以上と，かなり大型なことにも注目したい。

【ゾエア】　図 95（A,B）

**頭胸部**：頭胸甲は1期に額棘，背棘と短い側棘をもつが，とくに背棘は5期になると退縮する（図 95B）。第1触角は4期に内肢原基が現れる。第2触角は原節突起と，先端からやや下に剛毛をもつ外肢からなり，内肢原基は3期から現れる。第1小顎の内肢は2節で，第2小顎の内肢は単節である。第1顎脚内肢は5節で，中央節の剛毛は1期で1本，3期から2本になる。第2顎脚の内肢は3節からなる。

**腹　部**：表面は微顆粒状突起でおおわれ，第2・3腹節に背側突起をもつ。第4腹節の幅が他より大きく，2期からは第2〜4腹節に後側突起がみられ，とくに第4腹節では伸長する。腹肢原基は4期からみられる。尾節は二叉型で尾叉に背棘や外側棘をもたない。

【メガロパ】　図 95（D-F）

**頭胸部**：頭胸甲の輪郭はやや縦長で後方は丸みをおび，額域は三叉状に鈍角の棘をもち下垂すし，また後側縁に浅い凹みがあり，遊泳時には第4歩脚がたたみ込まれる。第2触角の鞭状部は8節。第4歩脚は短く，指節先端に3本の長感覚毛をもつ。

**腹　部**：腹節の背後縁にはほぼ等間隔で剛毛が並ぶ。

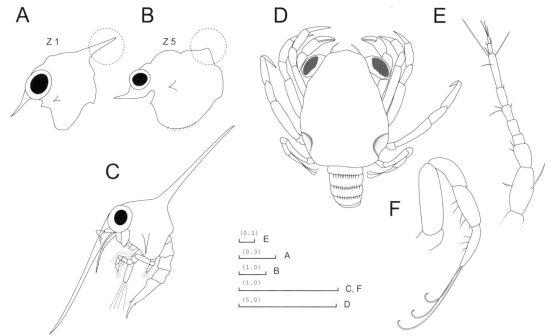

図 95 スナガニ上科の幼生の例（その1）
　A：スナガニ（*Ocypode stimpsoni*）の第1ゾエアの側面，B：同，第5ゾエア，C：コメツキガニ（*Scopimera globosa*）の第1ゾエアの側面図，D：スナガニ属のメガロパの背面，E：同，第2触角，F：同，鉗脚（第1胸脚），G：同，第4歩脚（第5胸脚）。スケール（）内数字の単位はミリメートル。AとBは福田[1024]より（点線円は背棘域），CはAikawa[35]をそれぞれ参考に作図。D〜Gは佐渡島産のプランクトン標本による。

## 2）シオマネキ亜科（Subfamily Gelasiminae）

　国内産の種はすべて通常発生で，ゾエアの標準的な期数は5。なお，この亜科に限らないが，同一種かつ同一期でありながら論文によって剛毛数などが異なる例が散見される。

【ゾエア】
　頭胸部：頭胸甲は額棘と背棘をもつが側棘はなく，また発生にともなう棘の退縮もない。第1触角は3期以後に内肢原基が現れる。第2触角は原節突起と短小な外肢からなるが，後者を欠くばあいもある。内肢原基は3期からみられる。第1小顎の内肢は2節で，第2小顎の内肢は3節からなる。第1顎脚の内肢は5節で，根元から2節の剛毛は一般に2本のままだが，4期から3本になる種もある。第2顎脚の内肢は3節からなる。
　腹　部：第2，3腹節に背側突起をもち，一般に第4腹節が最も幅が大きく，またその後側縁は後方に伸長しない。尾叉長は大半の種で尾節の半分以下である。

【メガロパ】
　頭胸部：頭胸甲の額域はやや細目の輪郭である。第2触角の鞭状部は7節からなる。第4歩脚等，スナガニ亜科と同様である。
　腹　部：腹節の背後縁にはほぼ等間隔で剛毛が並ぶ。なお，鉗脚は左右同大で，成体雄での特徴はまだみられない。

## コメツキガニ科（Family Dotillidae）

　日本産は2属6種。2属3種で幼生記載があり[35, 728, 1030-1033]，このうち2種は全期である（科の幼生記載率50%）。ゾエアの標準的な期数は5である。

### 【ゾエア】　図95（C）

**頭胸部**：頭胸甲は長い額棘と背棘，および短い側棘をもつ。第1触角の内肢原基はゾエアでは出現しない。第2触角は原節突起のみからなり，先端に向かって棘列がある。内肢原基は4期からみられる。第1小顎の内肢は2節からなり，第2小顎の内肢は単節である。第1顎脚の内肢は5節で，中央節の剛毛は1期には1本であるが，3期は2本に増える。第2顎脚の内肢は3節からなる。胸脚原基は3期からみられる。

**腹　部**：第2・3腹節に背側突起をもつ。尾節は二叉型で尾叉は背棘のみをもつ。腹肢原基は4期からみられる。

### 【メガロパ】

**頭胸部**：頭胸甲の輪郭は丸みのある四角形で，下方に向かってやや幅広く，額域は中央に溝があり下垂する。第2触角の鞭状部は4節からなる。第4歩脚の指節先端から中央の内縁にかけて3～5本の羽状剛毛がほぼ等間隔に並ぶが，長感覚毛はみられない。

**腹　部**：本上科の他科と同様であるが，尾節には尾肢がない。


## ミナミコメツキガニ科（Family Mictyridae）

　日本産は1属2種。1種で全期記載がある[1034]（科の幼生記載率50%）。ゾエアの標準的な期数は不明であるが，海外産種での知見からは5となる[1035]。

### 【ゾエア】

**頭胸部**：頭胸甲は額棘のみをもち，尾節の形状とも相まって一見，ヤワラガニ科のゾエアのようである。第1触角の内肢はゾエア期には出現しない。第2触角は原節突起と，やや根元に剛毛をもつ外肢からなる。第1小顎の内肢は2節，第2小顎の内肢は単節である。第1顎脚の内肢は5節で，中央節の剛毛は1期においては1本である。第2顎脚の内肢は3節からなる。

**腹　部**：第2腹節のみ背側突起をもつ。尾節は中央部両側がくびれ，尾叉は背棘や外側棘をもたない。

### 【メガロパ】

**頭胸部**：頭胸甲はやや縦長の洋ナシ形で，眼窩下方の背面に1対の短い突起がある。第2触角は5節からなり，先端からの次節に16～18本の剛毛が輪生する。第4歩脚の指節内縁の先端から中央にかけて5本の長感覚毛をもつ。

**腹　部**：本上科の他科と同様である。

## ムツハアリアケガニ科（Camptandriidae）

　日本産は7属9種。2属3種で幼生記載があり[721, 1030, 1036-1038]，このうち1種は全期である（科の幼生記載率33%）。ゾエアは後述するムツハアリアケガニ（*Camptandrium sexdentatum*）以外，既出のスナガニ科やコメツキガニ科などと同じ一般的なスナガニ上科の形態である。標準的な期数は5。

【ゾエア】

　頭胸部：頭胸甲はほぼ等長の額棘，背棘および側棘を1期にもつが，側棘はその後相対的に短くなる。第1触角の内肢原基は5期からみられる。第2触角は原節突起，および根元部に単純毛1本を持つ外肢からなる。内肢原基は4期からみられる。第1小顎の内肢は2節で，第2小顎の内肢は単節で2葉に分かれる。第1顎脚の内肢は5節で，中央節の剛毛は1期においては1本で，3期から2本に増す。第2顎脚の内肢は3節からなる。胸脚原基は3期から伸長する。

　腹　部：第2・3腹節に背側突起をもち，第2〜4腹節に2期から後側突起がみられ，とくに第4腹節では伸長し，腹肢原基は4期からみられる。尾節は二叉型で尾叉は背棘や外側棘をもたない。なお，ムツハアリアケガニでは頭胸甲は極小の額棘のみで突起類がなく，腹部は第4腹節から尾節までが棍棒状に太く，かつ尾叉のない逆台形の尾節で，スプーンのような概形である。この特異な形状について記載したPark & Ko[1036]は，体の大きさ，すなわち体積の割に棘などの突起がほとんどなく表面積が少ないため，浮遊力が小さくなってしまうので，これを幅広い腹部の運動で補うのではないかと推論している。

【メガロパ】　図96（D-F）

　頭胸部：頭胸甲の輪郭はほぼ四角で，額域の中央に溝があり下垂する。後側縁に遊泳時に後方胸脚が折りたたまれて収まる凹みがある。第2触角の鞭状部は4節からなる。第4歩脚の指節先端に3本の長感覚毛をもつ。

　腹　部：他のグループと同様である。

各論：短尾下目　　185

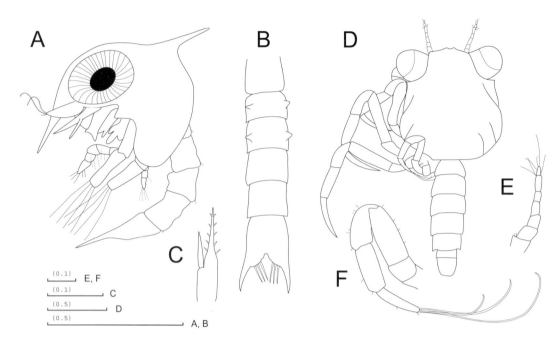

図96 スナガニ上科の幼生の例(その2)
A：ヤマトオサガニ(*Macrophthalmus* (*Mareotis*) *japonicus*)のゾエアの側面，B：同，腹部の背面，C：同，第2触角，D：アリアケモドキ(*Deiratonotus cristatum*)，メガロパの背面，E：同，第2触角，F：同，第4歩脚(第5胸脚)．スケール( )内数字の単位はミリメートル．A〜CはAikawa [35]，D〜Fは蒲生 [1030]を参考に作図(一部を記載文にもとづき補描)．

## オサガニ科（Macrophthalmidae）

日本産は3亜科6属26種．3属6種で幼生記載があり [6, 678, 721, 974, 1023, 1026, 1039, 1040, 1041]，このうち5種は全期である(科の幼生記載率23%)．国内産では'チゴイワガニ亜科'(仮称)，オサガニ亜科，オヨギピンノ亜科，およびメナシピンノ亜科に分けられる．以下，亜科別に述べる．

### 1）チゴイワガニ亜科（仮称）（Subfamily Iliograpsinae）

ゾエア1期のみが知られているだけで，標準的な期数は不明．

【ゾエア】

　頭胸部：頭胸甲は額棘のみをもつ．第2触角は原節突起と外肢からなる．内肢原基は3期からみられる．第1小顎の内肢は2節からなり，第2小顎の内肢は単節で2葉に分かれる．第1顎脚の内肢は5節，第2顎脚の内肢は3節からなる．

　腹　部：第2・3腹節に背側突起をもつ．

### 2）オサガニ亜科（Subfamily Macrophthalminae）

ゾエアの標準的な期数は5．

【ゾエア】　図96（A-C）

　頭胸部：頭胸甲は額棘と背棘をもつ．第1触角の内肢原基は4期からみられる．第2触角は原節突起と外肢からなり，その基部近くに1本の剛毛をもつ．内肢原基は3期からみられる．第1小顎はすべての亜科で内肢は2節からなり，外肢毛は2期からみられる．第2小顎の内肢

は単節で2葉に分かれる。第1顎脚の内肢は5節，第2顎脚の内肢は3節からなる。

腹　部：第2・3腹節に背側突起をもち，腹肢原基は4期からみられる。尾節は二叉型で尾叉は背棘や外側棘をもたない。

【メガロパ】

頭胸部：縦長の洋ナシ状である。後側縁には浅い凹みがあり，遊泳時には第4歩脚がたたみ込まれる。第2触角の鞭状部は7節からなり，先端の4節に剛毛をもつ。第4歩脚は指節先端に3本の長感覚毛をもつ。

腹　部：本上科の他科と同様である。

## 3）オヨギピンノ亜科（Subfamily Tritodynaminae）

ゾエアの標準的な期数は5。

【ゾエア】

頭胸部：頭胸甲は額棘，背棘と側棘をもつ。第1触角の内肢原基は5期からみられる。第2触角は原節突起のみからなり，その基部近くに1本の剛毛をもつ。内肢原基は3期からみられる。第1小顎の内肢は2節，第2小顎の内肢は単節で2葉に分かれる。第1顎脚の内肢は5節，第2顎脚の内肢は3節である。

腹　部：第2・3腹節に背側突起をもち，腹肢原基は4期からみられる。尾節は二叉型で尾叉は背棘や外側棘をもたない。

【メガロパ】

頭胸部：頭胸甲は縦長の洋ナシ状で額棘と背棘をもつ。後側縁には浅い凹みがあり，遊泳時には第4歩脚がたたみ込まれる。第2触角の鞭状部は6節で，先端から2節は多数の剛毛が輪生する。第4歩脚は指節先端に3または4本の長感覚毛をもち，これらの先端部の内縁は鋸歯状である

腹　部：本上科の他科と同様である。


## メナシピンノ科（Family Xenophthalmidae）

日本産は1属1種。幼生記載があるが（科の幼生記載率100%），ふ化直後のゾエアの写真のみが知られる [1042]。幼生記載はインド産の一種（*Neoxenophthalmus garthii*）の1期のみ [1043] である。ただし記載文・図には不明確な部分があり，ここでは参考データと考えたい。標準的な期数は不明。

【ゾエア】

頭胸部：頭胸甲は額棘，背棘および側棘をもつ。第2触角は原節突起と，ほぼ等長の外肢からなる。第1小顎の内肢は2節，第2小顎の内肢は単節で2葉に分かれる。第1顎脚の内肢は5節，第2顎脚の内肢は3節である。

腹　部：第2・3腹節に背側突起をもち，第5腹節の後側縁は後方に伸びる。尾節は二叉型で尾叉に背棘や外側棘はない。

**スナガニ上科のゾエアにおける多様性**

ここで扱った各科における主な付属肢の毛式を**付表 C-3** に，また**図 97** にはスナガニ上科の科または亜科の形質について，1）頭胸甲上の主棘，2）第 2 触角，3）第 1 小顎内肢，4）第 2 小顎内肢，5）第 2 顎脚内肢，6）尾節の基部長と尾叉長の割合，7）尾叉上の棘をもとに 6 グループに分けて模式的に示す。なお，尾叉上の背棘や外棘は模式図という性格上，単純化されているが，異孔亜群の多くの種群とは異なり，実際に顕微鏡でみても，慣れないと見落とすほどに短小である。このように多様性に富む一方，たとえば小顎内肢などはイワガニ上科などと比べると，概して剛毛数が少ない傾向を示しており，大まかな同定では参考になる。

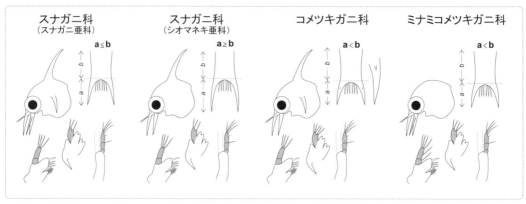

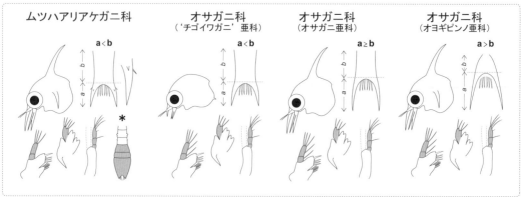

**図 97 スナガニ上科のゾエアにみられる多様性**
　　ゾエアが知られている属について，8 つのグループに分けた模式図。各図は第 1 ゾエアを基本とし，作成はこれまでの引用文献を参考とした（*印はムツハアリアケガニ（*Camptandrium sexdentatum*）の腹部を示す（Park & Ko 1036）を参考に作図）。

# サンゴヤドリガニ上科（Superfamily Cryptochiroidea）

　成体は造礁サンゴの枝上に虫瘤ならぬ'カニ瘤'（gall）あるいは浅い棲孔（pit）を形成し，その中で生活する[1044]。以前は2科から成っていたが，現在は1科にまとめられている。

## サンゴヤドリガニ科（Family Cryptochiridae）

　日本産は12属18種。2属2種で幼生記載がある[835, 1045, 1046]（科の幼生記載率11%）。これまでの記載は断片的で全期飼育の例はまだなく，ふ化・飼育で得られたのは5期までで，標準的な期数は不明である。以下，海外産種（*Troglocarcinus corallicola*）の例で補足しつつ述べる[1047]。メガロパはプランクトン標本からの推定で，飼育などによる例はまだ知られていない。以下，参考までにFizé[1045]をもとに述べる。

【ゾエア】　図98（A-C）

頭胸部：頭胸甲は額棘，背棘と小瘤突起がある側棘をもち，背棘は2期から3条の長めの剛毛を列生するようになる。また2期から額棘基部に稜状隆起がみられる。第1触角は3期以降には浅い円錐状となり，内肢原基は少なくとも5期の段階でもみられない。第2触角は原節突起とほぼ同長の外肢からなり，それぞれが2条の小歯列をもち，内肢原基は5期からみられる。第1小顎の内肢は2節で，第2小顎の内肢は単節である。第1顎脚の内肢は5節，第2顎脚の内肢は3節であり，後者は3期から2節となる。

腹　部：第2・3腹節に背側突起をもち，また第2腹節の背面には襟状突起（collar）がある。第4腹節は側縁が翼状に張出した腹節後葉をもつ。腹肢原基は5期からみられる。尾節の尾叉は短く，尾節基部との長さの比は1以下で，この点ではイワガニ科に似ており，また外側には2本の小棘をもつ。

【メガロパ】

頭胸部：頭胸甲は縦長の四角形で額域の中央はやや凹む。第2触角の鞭状部は5節からなる。第4歩脚の先端にヒメサンゴヤドリガニ属（*Pseudohapalocarcinus*）は3本の長感覚毛をもつが，サンゴヤドリガニ属（*Hapalocarcinus*）にはない。

腹　部：第4腹節の後側縁は葉状に張り出す。

各論：短尾下目　189

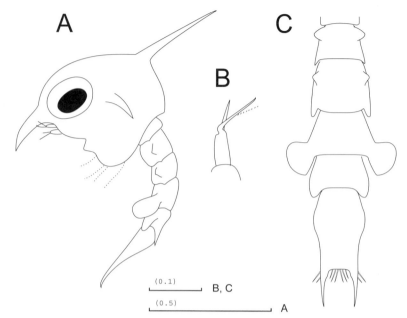

**図 98** サンゴヤドリガニ科の幼生の例
A：サンゴヤドリガニ（*Hapalocarcinus marsupiralis*）の第1ゾエアの側面，B：同，第2触角，C：同，腹部．スケール（）内数字の単位はミリメートル．Fizé [1045] を参考に作図．

# カクレガニ上科（Superfamily Pinnotheroidea）

　短尾下目では種数がそれほど多くなく，かつ産業に無縁な分類群であるにもかかわらず，アリストテレスの「動物誌」に出てくるなど，紀元前から人々の関心を集めてきた．かつては単一の科で，他の動物と共に棲むという特徴だけで多種多様な種群が投込まれていた，いわゆる「何でもあり（catch-all）」的存在であった．その後，幼生を含めた形態や近年の遺伝子解析の進展により，半数以上の種群はそれぞれ別な科あるいは上科に移されている [1048]．短尾下目のなかでも，これだけ分類が大きく組み替えられ，かつ進行中である例も珍しい．現在は2科からなる上科となり，幼生が知られているのはカクレガニ科だけである．

**カクレガニ科（Family Pinnotheridae）**
　日本産は2亜科14属33種．5属10種で幼生記載があり [6, 1049-1061, 1101, 1104]，このうち9種は全期である（科の幼生記載率30%）．両亜科ともに共生性であるが，おもに寄居する場がカクレガニ亜科は貝類の外套腔等のような宿主体内，マメガニ亜科は多毛類等の巣穴や棲管内のような宿主体外であるが，例外も多い．上述のように学名等の変更や新設が多く，たとえば，わが国で最も普通にみられるオオシロピンノでも種名についての問題が提起されているような状況である [1062]．

**1）カクレガニ亜科（Subfamily Pinnotherinae）**
　わが国に産する11属中，これまでに7属において幼生記載があるが，形態や発生は種による

変異が大きく，亜科や属レベルでの定式化が難しい。ここでは便宜上，尾節の輪郭に着目して，その輪郭が独特の三葉形と，短尾下目で普通の二叉系としてまとめられるの2つのグループに分けて述べる。

〔尾節が三葉型のグループ〕

オオシロピンノ属（仮称）（*Arcotheres*），サザエピンノ属（*Orthotheres*），ツメナシピンノ属（*Ostracotheres*），シロピンノ属（*Pinnotheres*），および日本産種ではまだ幼生記載がないが，カワラピンノ属（仮称）（*Nepinnotheres*）が含まれる。海外産種では次の4属で記載がある（かつてこれらはシロピンノ属であった）：*Afropinnotheres*, *Gemmotheres*, *Tunicotheres*, *Zaops*。なお，Aikawa[36]はゾエアの形態を類型化した際に本グループを幼生属で‘*Pinnozoea*’と名付けた。同一属内でも期数は2〜4と変異があるが，最も頻度が高いのは4である。また短縮発生の例として，海外産の種（*Tunicotheres moseri*）ではふ化後，雌ガニの腹部腔内に留まり，3日以内に無摂餌でメガロパとなる[1063]。

【ゾエア】 図99（A-I）

頭胸部：頭胸甲の額棘・背棘・側棘は，すべてある種，額棘と側棘がある種，額棘と背棘がある種，額棘のみの種，およびまったくない種，さらに甲の前後に瘤状隆起や剛毛をもつ種など多様性に富む。また光学顕微鏡では認めにくいが，走査電子顕微鏡で見ると表面にちょうど魚子彫金のような小円凹み（pit）が一様に分布する種もある。なお，1期に額棘がない種でも後期に鈍端の小突起としてみられることがある。第1触角は退化しており，小半球状で先端に感覚毛をもち，内肢原基はみられない。第2触角は1期には先端部に短毛のみの退化した状態であるが，後期になって半球状に突き出ることが多い。内肢原基は3期以降に現れるが，わずかな突出にとどまる。大顎は種によっては門歯状部の表面に小さな凹みが彫刻様に分布する。第1小顎の内肢は2節で，第2小顎の内肢は単節で2葉に分かれる。第1顎脚の内肢は5節で，根元節の剛毛は2本。第2顎脚の内肢は2節または単節である。また，ツメナシピンノ属の一種（*O. tridacnae*）の第2顎脚の内肢は単節とされているが，根元節が短く目立たず，見落とされてきた可能性もある。さらに同種について記載が2例あるが[230, 926]，文献間の食い違いが多く，今後再検討が必要である。第3顎脚と胸脚の原基は3期からみられる。

腹　部：腹部は後方に向かって幅が広く，全体に扁平である。第1腹節の背面に3期前後から長い剛毛をもつことが多いが，1期からみられる種もある。第2腹節の背面には襟状の突起がある，また第3腹節の背側面に1対の低い突起がある。腹肢原基は3期以降にみられるが，通常の短尾下目とは異なり，ゾエア期に第5腹節の分離が起きないか，または不完全な分離となる。尾節の後縁は両側と中央部が三角状に伸び，全体が三葉状である。これは第1腹節の襟状突起とともに，本グループに共通する。

【メガロパ】

頭胸部：頭胸甲は額棘などのない，ほぼ円形の輪郭で，成体同様に表面は平滑。なお，この期では成体雌のような眼の退化はみられない。第2触角は全体で5〜6節からなり，柄部と鞭状部は明確に区分できない。種によっては第4歩脚の指節先端に1本の長感覚毛をもつ。

腹　部：この時期でも腹節は5節で，第6腹節はみられないか，または明瞭に分離しない。

各論：短尾下目　191

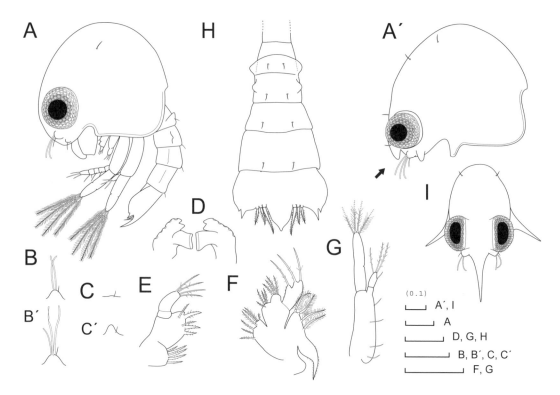

図99 カクレガニ科の幼生の例（カクレガニ亜科で尾節が三葉形）
A：オオシロピンノ（*Arcotheres sinensis*）の第1ゾエアの側面，B：同，第1触角，C：同，第2触角，D：同，大顎，E：第1小顎，F：同，第2小顎，G：同，第2顎脚，H：同，腹部の背面，A'：同，第3ゾエア頭胸甲の側面，B'：同，第3ゾエア，C'：同，第3ゾエア，I：カギヅメピンノ（*Pinnotheres pholadis*）の第1ゾエア頭胸甲の正面。スケール（ ）内数字の単位はミリメートル。北海道忍路湾のプランクトン標本による。

〔尾節が二叉系のグループ〕

　フジナマコガニ属（*Pinnaxodes*），マメガニダマシ属（*Sakaina*）が該当する。また海外産種の幼生記載では次の5属が知られる：*Clypeasterophilus, Dissodactylus, Fabia, Parapinnixa, Tumidotheres*。Aikawa[36]はゾエアの類型化において本グループとマメガニ亜科等も含め'*Dissodactylozoea*'と名付けた。標準的な期数は，3〜5と変異があり，前回の三葉形尾節のグループ同様に定めにくいが，最も頻度が高いのは4である。

【ゾエア】　図100（A-I）

　頭胸部：頭胸甲の額棘・背棘・側棘は，マメガニダマシ属は額棘のみをもつが，フジナマコガニ属はすべてをもち，いずれの棘も甲長より長い。第1触角の内肢原基は3期からみられる。第2触角は円錐状の原節突起で，先端から半分の長さにわたる2条の小棘列があり，根元には1本の剛毛をもつばあいがある。内肢原基は2期または3期からみられる。第1小顎の内肢は2節で，第2小顎の内肢は単節で2葉に分かれる。第1顎脚の内肢は5節で，根元節の剛毛は2本。第2顎脚の内肢はフジナマコガニ属では2節であるが，マメガニダマシ属では3節からなる。第3顎脚と胸脚の原基は3期からみられる。

腹　部：腹節はマメガニダマシ属では後方に向かって幅広で，特に第5腹節の後側縁が後方に拡がる腹節後葉をもつ，第6腹節は3期に分離する。フジナマコガニ属では全体的にほぼ等幅で，第2・3腹節に背側突起をもち，また最終期でも第6腹節は明瞭に分離しない。尾節は二叉系で尾叉の先端部は微毛で覆われ，基部に微外棘をもつ。

【メガロパ】

頭胸部：頭胸甲はマメガニダマシ属ではやや横長の楕円，フジナマコガニ属ではほぼ円形である。第2触角は6節からなるが，柄部と鞭状部は明瞭に分節しない。第4歩脚の指節先端に長感覚毛をもたない。

腹　部：この時期でも第6腹節はみられないか，または明瞭に分離しない。

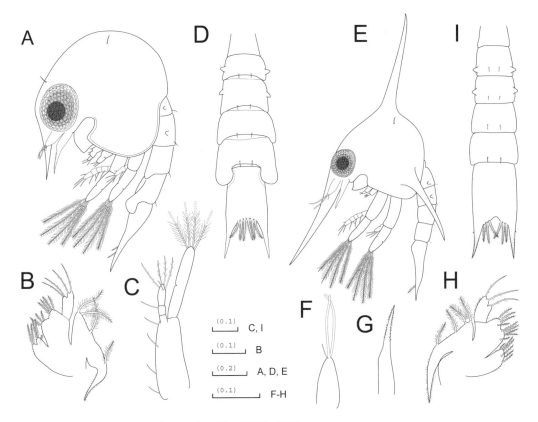

図100　カクレガニ科の幼生の例（カクレガニ亜科で尾節が二叉形）
　　A：ニホンマメガニダマシ（*Sakaina japonica*）の第1ゾエアの側面，B：同，第2小顎，C：同，第2顎脚，D：同，腹部，E：ムツピンノ（*Pinnaxodes mutuensis*）の第1ゾエアの側面，F：同，第1触角，G：同，第2触角，H：同，第2小顎，I：同，腹部。スケール（ ）内数字の単位はミリメートル。A〜Dは熊本県天草産の抱卵雌から，E〜Iは北海道厚岸産の抱卵雌からのふ化標本による。

## 2）マメガニ亜科（Subfamily Pinnothereliinae）

　マメガニ属（*Pinnixa*）のみで幼生が知られており，ゾエアはカクレガニ亜科での区分では二叉系尾節のグループに属し，第4腹節以外は前述のフジナマコガニ属に酷似する。なお，海外産では*Austinixa*属で幼生記載がある[1064, 1065]。標準的な期数は5。

【ゾエア】　図101（A-G）

　頭胸部：頭胸甲は額棘・背棘・側棘をすべてもつ。第1・2触角は前述の尾節が二叉型のグループと同様である。内肢原基は3期または4期からみられる。第1小顎の内肢は2節で，第2小顎の内肢は単節である。第1顎脚の内肢は前述の尾節が二叉型のグループと同様であるが，中央節の背側に数本の短毛をもつばあいがある。第2顎脚の内肢は2節からなる。

　腹　部：腹節は第4腹節までがほぼ同幅で，第5腹節は幅広く，かつ後側縁が翼状に拡がる腹節後葉をもつ。第1腹節の背面に後期から長い剛毛をもつ。第6腹節は完全に分離しない。尾節は二叉系。

【メガロパ】　図101（H-K）

　頭胸部：頭胸甲は成体に似て横長である。なお，この後の第4稚ガニまでの背甲の輪郭を図101(I)に示す。第2触角は6節で，柄部と鞭状部は明瞭に区分できない。第4歩脚の指節先端に長感覚毛をもたない。

　腹　部：この時期でも第6腹節はみられないか，または明瞭に分離しない。

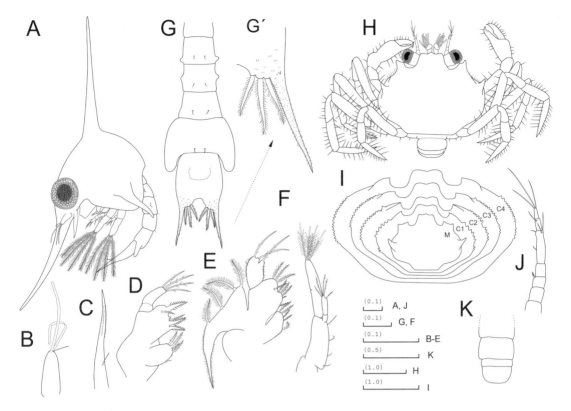

図101　カクレガニ科の幼生の例（マメガニ亜科）
　　　A：シロナマコガニ（*Pinnixa tumida*）の第1ゾエアの側面，B：同，第1触角，C：同，第2触角，D：同，第1小顎，E：同，第2小顎，F：同，第2顎脚，G：同，腹部，G'：同，尾節の尾叉の拡大図，H：ラスバンマメガニ（*Pinnixa rathbuni*）のメガロパ，I：同，メガロパから第4稚ガニまでの背甲輪郭の変化，J：同，第2触角，K：同，腹部。スケール（）内数字の単位はミリメートル。A～Gは北海道白老産の抱卵雌から，またH～Kは北海道忍路湾産のプランクトン・飼育標本による。

## カクレガニ科のゾエアにおける多様性

　本科のゾエア，とくにカクレガニ亜科において著しい形態変異があり，これらを図102に模式的に図示する。毛式の変異も併せてまとめると，本科は大きく3つのグループに分けられる。すなわち，1）尾節が三葉形で付属肢は自由生活性の種に比べ退化傾向が強い（シロピンノ属など），2）尾節が二叉系で付属肢はやや退化傾向を示す（マメガニ属など），3）尾節が二叉系で付属肢に退化傾向はみられない（マメガニダマシ属）。このように，第1のグループでは一般の短尾下目でみられるような属や科レベルでの一定のまとまりがみられない。一方，第2と第3のグループでは形態の定式化が可能である。先に本科の成体において分類体系の変更が多いことを述べたが，旧カクレガニ科に当てはめれば，結果としてさらに大きな変異が見かけ上は示されることになる。逆にいえば，まだ遺伝子解析もない時代に成体の分類体系を見直すきっかけとなったのはこのゾエアの形態変異であり，既に多くの種群が他科に移されている。ここでは系統分類を論じるつもりはないが，研究が進めば現在の変異にもとづきより新しい分類体系が示されるであろう。

各論：短尾下目　　195

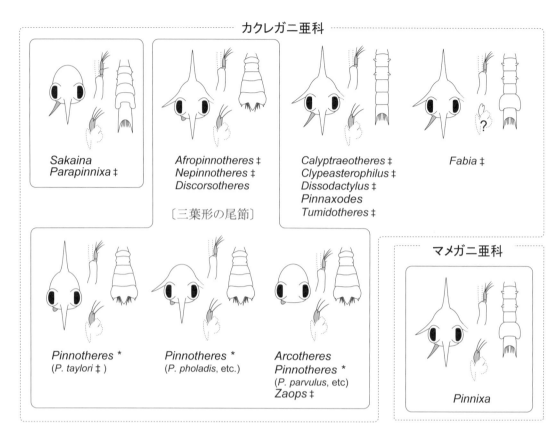

図102　カクレガニ科のゾエアにみられる多様性
　　　　ゾエアが知られている属について，頭胸甲上の棘，第2触角，第2小顎と第2顎脚の内肢，および腹部にもとづき，3つのグループに分けた模式図。★印は複数の科や属にまたがるもの，‡印はわが国には産しないものを示す。各図は第1ゾエアを基本とし，作図はこれまでの引用文献を参考とした。

【検索図】短尾下目のゾエアについて検索図 19 〜 26，メガロパについて検索図 27 〜 32 に示す。

# 第Ⅲ部　検索図

　ここでは本文中で解説した各分類群についての検索図を示すが，最初に幼生の検索における問題点にふれる。

　成体を分類するばあいは対象とする種すべてに形態のデータがあり，成体という一つの発育段階だけをみるので，これらに対応した検索表（図）を作ることが可能である。一方で十脚目の幼生に限っていえば，幼体までのすべての発育段階が知られている種は全体の１％にも満たない。よって，よほど種組成が単純でかつ個体数が多いような水域を除き，すべての種で成体と一対一で対応させた検索は事実上不可能で，かなり限られた条件下の検索となる。また，採集による幼生標本は，とくに固定して後日観察するばあい，長い棘や附属肢などが欠損，あるいは変形し，そもそも分類に必要な検索項目までたどり着けないことが多い。このような現実を考慮すれば，できるだけ観察しやすい部位を優先せざるを得ない。これに加えて，検索表（図）のあり方そのものにも問題があげられることがあり [1067-1069]，その検索表を作った当人以外は使えないのではないかとの極論まである。これに対しては，対象となる分類群の実状に合わせた現実的な姿勢も必要かと思われる。本来，検索表は二分岐（dichotomy）で一意的に同定できるのが理想である。しかしながら，ここでは「できる範囲での現実的な同定」を目途とし，部分的に補足的な形質も加えた，やや変則的な検索図となっている。必要に応じて，本文や付表のデータを参照しつつ見ていただきたい。

　最初に十脚目全体でノープリウスからポストラーバまでの一般的な発育段階について示す。各下目や科レベルの発育段階については，本文あるいは付表 B を参照されたい。

　次に各分類群のゾエアについて下目レベル，その後に科または亜科レベルを原則として示す。ゾエアに相当するフィロソーマでは，とくに初期と中・後期で形状が異なるばあいを別個に分けた。また，ポストラーバ（メガロパ）については，とくに幼体（成体型）と大きく異なる短尾下目のみ示す。

## １．検索図の見方

　検索図では，見るべき部位について，それぞれの分類群をシンボル化したものに黒またグレーの塗りをつけ，形質とともに左側列に示す。形質については，第一にみるべきものを最初に，ついで補完的なものを〔〕で囲んで記してある。さらに解剖・検鏡して確認すべき部位については，鋏印（✂）を付した。また，その形質があるばあいは黒矢印（➡），ないばあいは白抜き矢印（⇨）で示す。補完的な形質については，必要なばあいに別途説明を入れている。また，＊印の番号は本文で引用したものに加え，作図において参考とした文献がある図を示す。

## ２．図作成の参考とした文献

　原図以外の作図で参考とした文献は，原則として本文の図で引用・改変作図したものと同じ，またはその一部である。これら以外については，各図中で「＊」付きの番号と図の説明で示した。

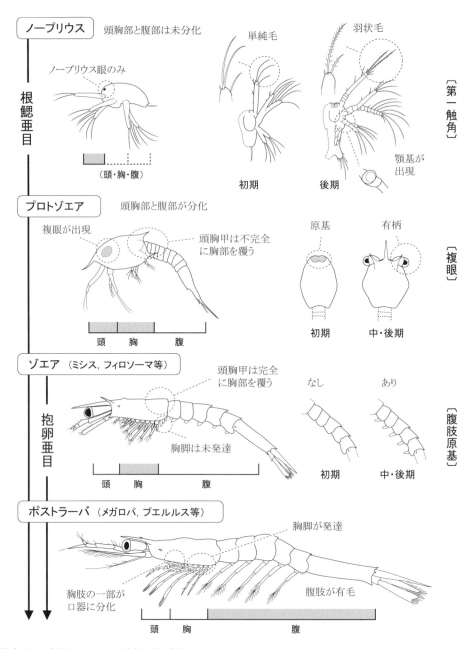

**検索図 1　十脚目における幼生期区分 - 根鰓亜目を例として**
　　上から発育段階の順（ノープリウス→プロトゾエア→ゾエア→ポストラーバ）に体制の変化を示す。
　　遊泳または移動に使われる付属肢の位置変化（頭→胸→腹）に注目。

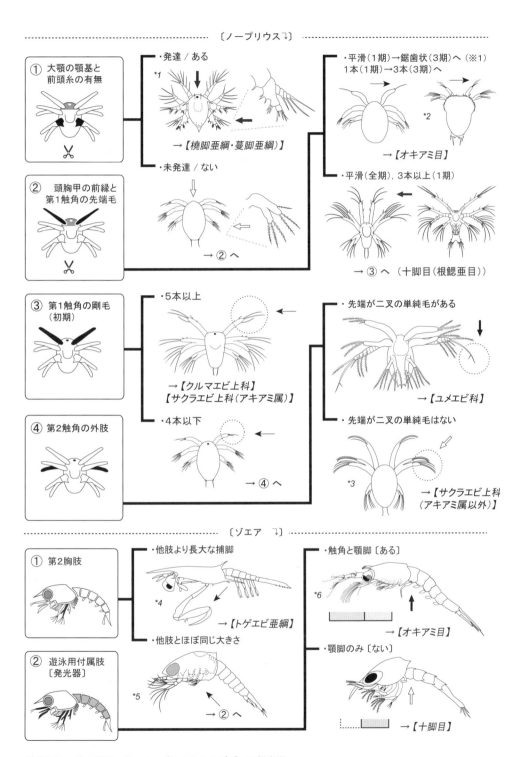

**検索図 2　他の亜綱・目 - ノープリウスおよびゾエア相当期**

※1：抱卵型では前縁が平滑な例もある。図中の*1〜*6はそれぞれ，藤永・笠原[1070]，Hirota et al.[1071]，Knight & Omori[114]，浜野[55]，Sars[1072]，Knight[1073]にもとづき作図。

検索図　199

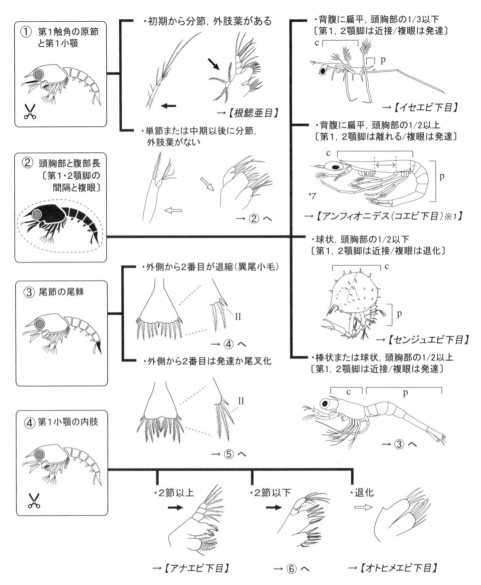

検索図3 十脚目の各下目 - ゾエア （その1）

図中の略号は，c：頭胸部，p：腹部。※1：以前は独立した目として扱われていた。図中の*7は Heegaard [297) にもとづき作図。

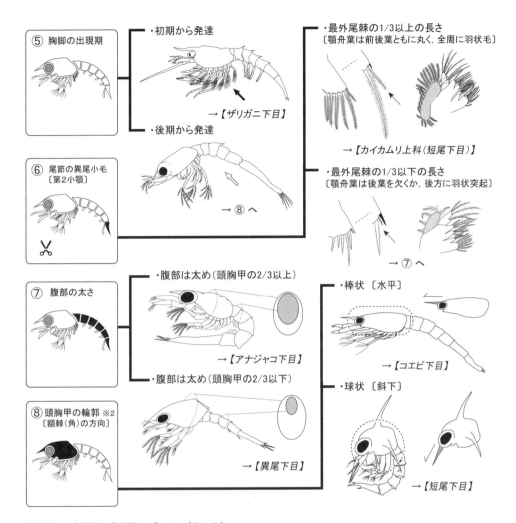

検索図4 十脚目の各下目 - ゾエア （その2）
　※2：頭胸甲上の突起類を除いた輪郭。

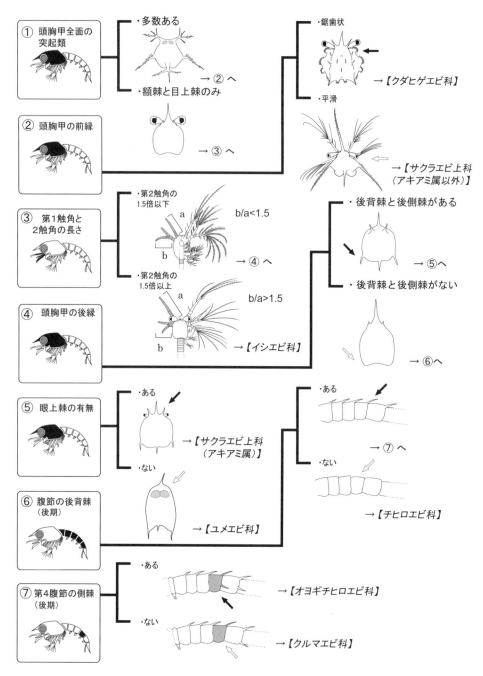

検索図5　根鰓亜目 - ゾエア（前期）
　図中の略号は，a：第1触角，b：第2触角。

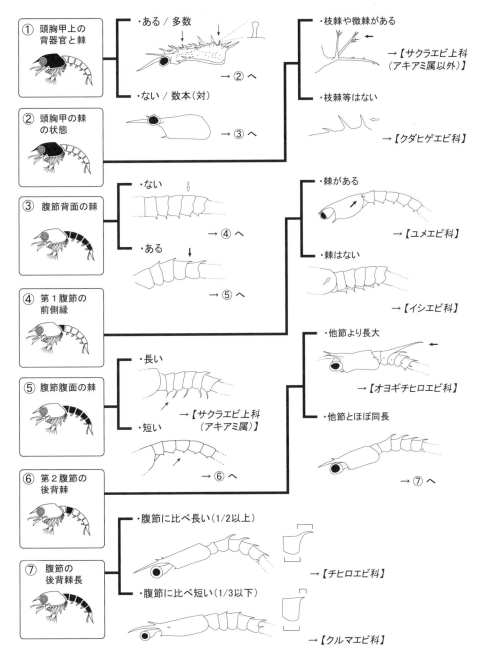

検索図6　根鰓亜目 - ゾエア（後期）
　注）チヒロエビ科は，ミツトゲチヒロエビ属を除く。

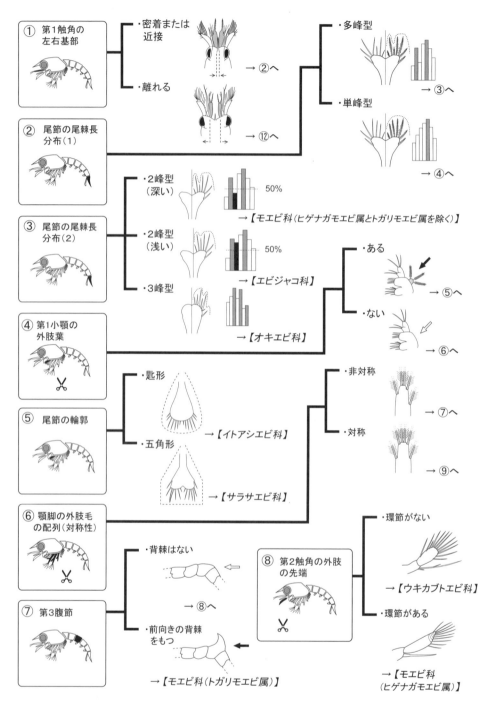

検索図7 コエビ下目 - ゾエア（初期）（その1）

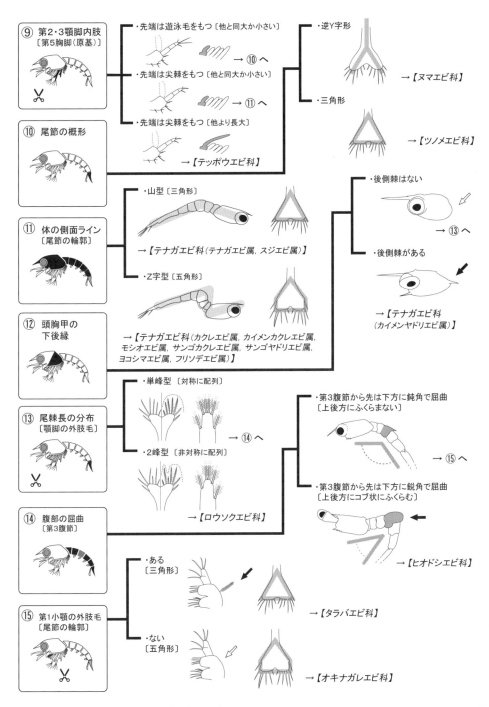

検索図8 コエビ下目 - ゾエア（初期）（その2）

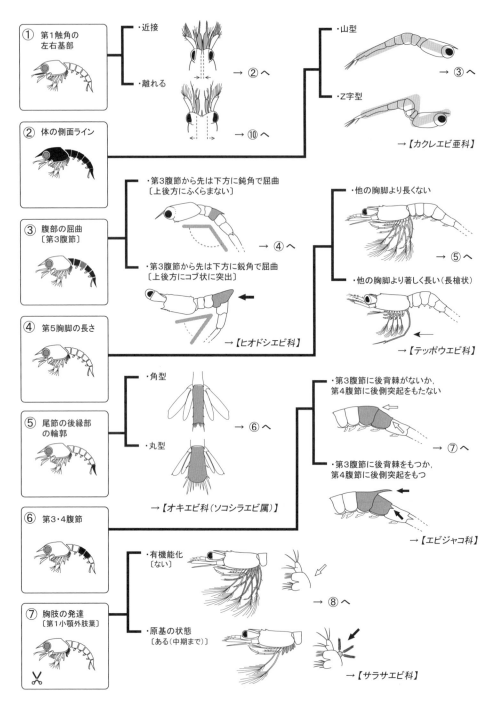

検索図9　コエビ下目の検索 - ゾエア（中・後期）（その1）

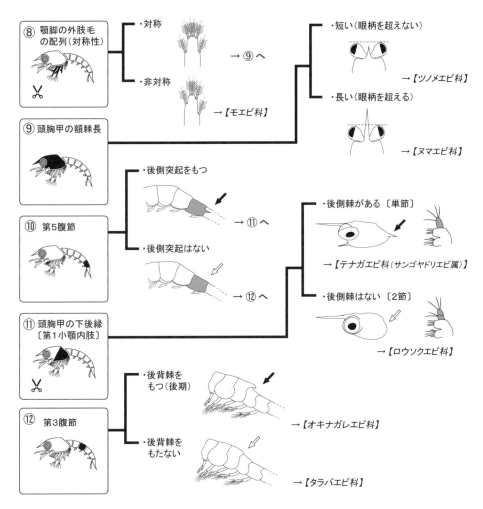

検索図10　コエビ下目 - ゾエア（中・後期）（その2）

検索図　207

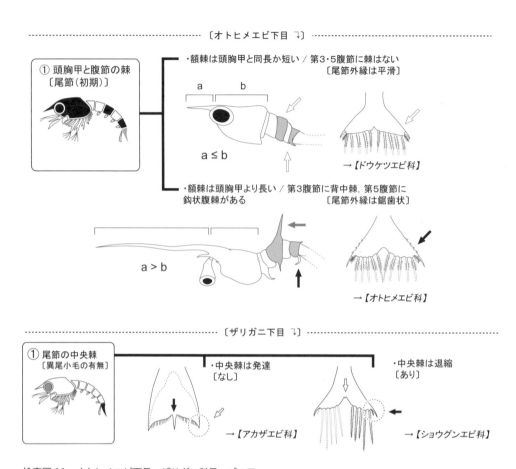

検索図 11　オトヒメエビ下目・ザリガニ科目 - ゾエア
　図中の略号は，a：額棘長，b：頭胸甲長。

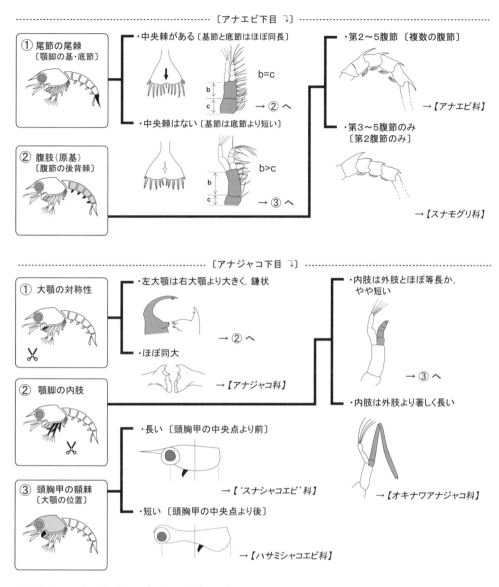

検索図12 アナエビ下目・アナジャコ下目 - ゾエア
　図中の略号は，b：基節長，c：底節長。

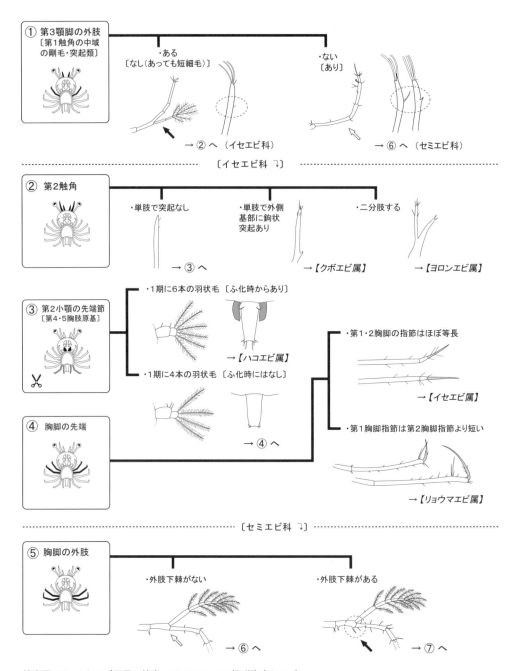

検索図13 イセエビ下目の検索 - フィロソーマ（初期）（その1）

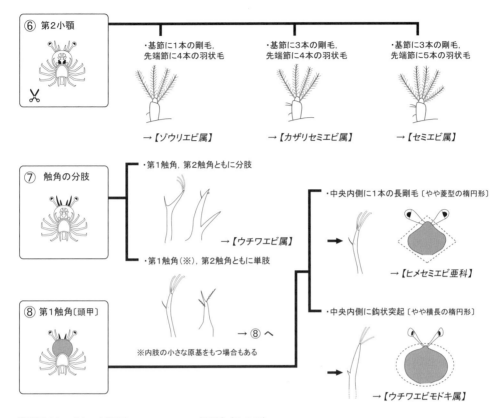

検索図 14　イセエビ下目 - フィロソーマ（初期）（その２）

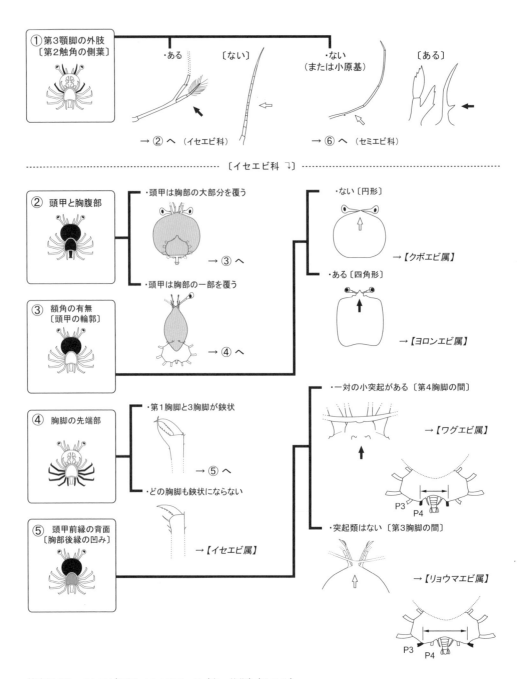

検索図15 イセエビ下目 - フィロソーマ（中・後期）（その1）

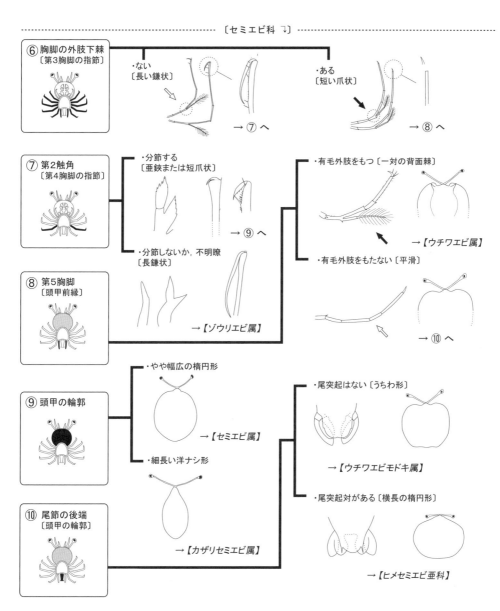

図16 イセエビ下目の検索 - フィロソーマ（中・後期）その2

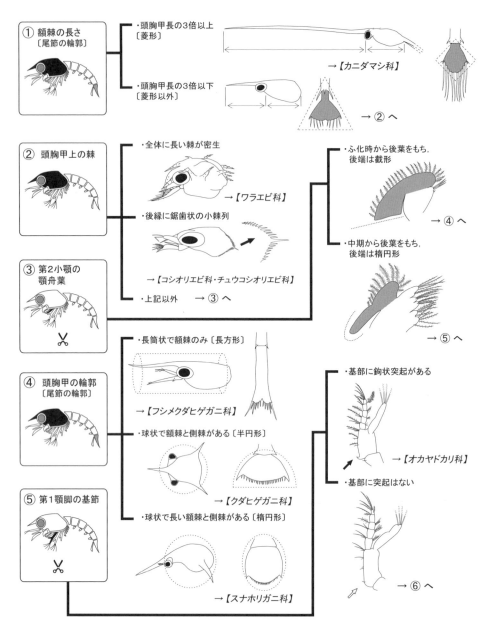

検索図17　異尾下目 - ゾエア（その1）

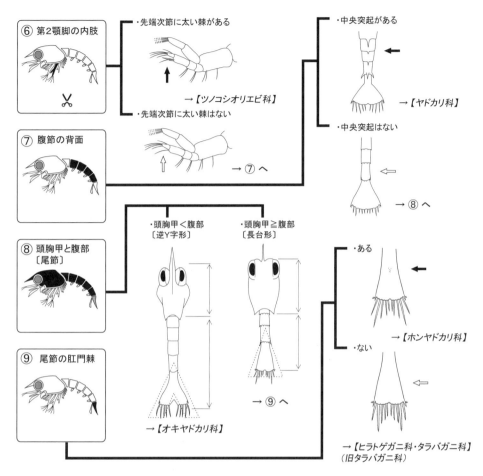

検索図 18 異尾下目 - ゾエア（その 2）

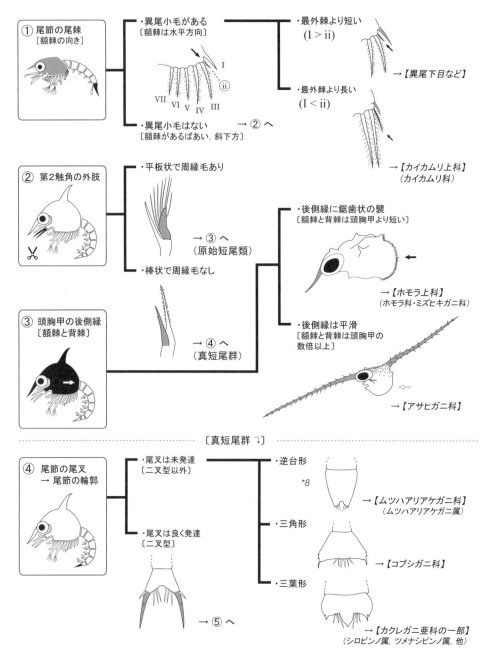

検索図 19　短尾下目 – ゾエア　（その 1）
　図中のローマ数字（I～VII）は，外側から内側に向かって各尾棘を，小文字 ii は異尾小毛を示す．また，*8 は Park & Ko [1036] にもとづき作図．

216

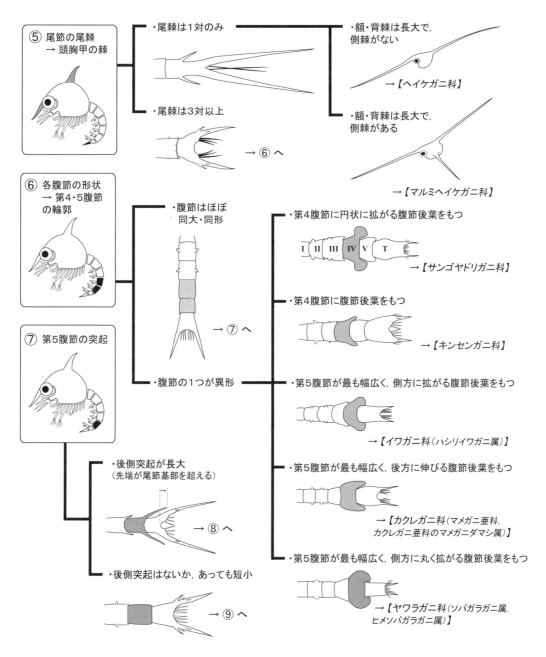

検索図 20 短尾下目 – ゾエア （その 2）
　図中のローマ数字（I〜VI）およびTは, 第1〜5腹節と尾節を示す。

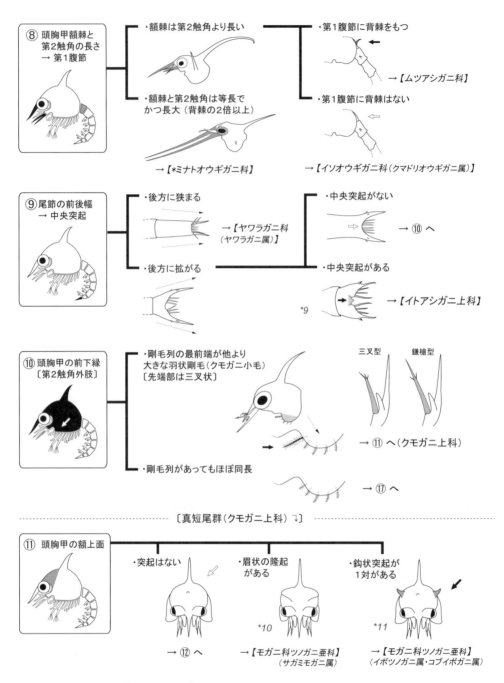

検索図 21　短尾下目 – ゾエア　（その 3）
　図中の *9, *10, *11 は，それぞれ Clark et al. [935]), Taishaku & Konishi [746]), Konishi & Saito [755]) にもとづき作図。

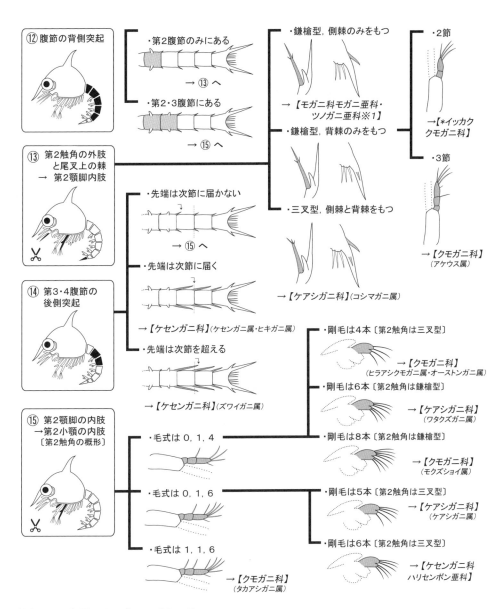

検索図 22 短尾下目 – ゾエア （その 4）

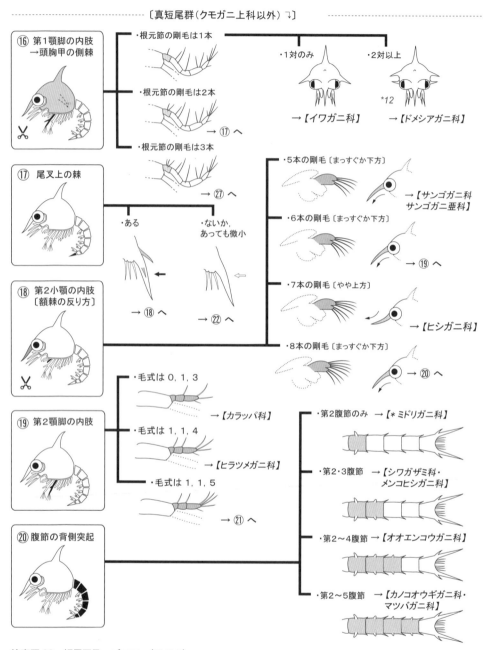

検索図23 短尾下目 – ゾエア （その5）
　　　図中の*12はClark & Ng [929] にもとづき作図。

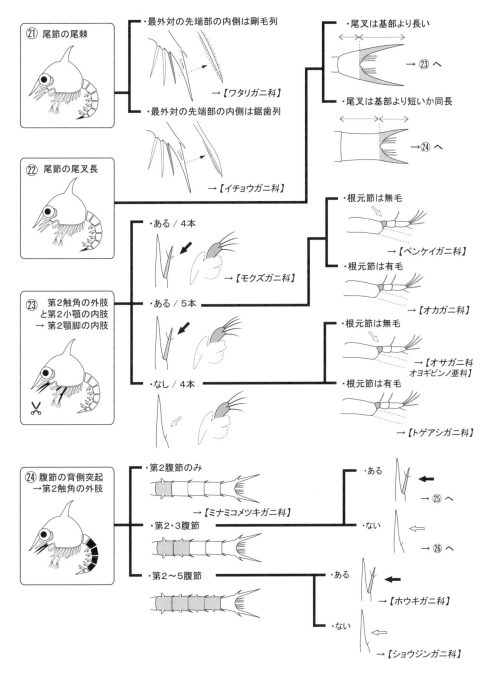

検索図24 短尾下目 - ゾエア (その6)

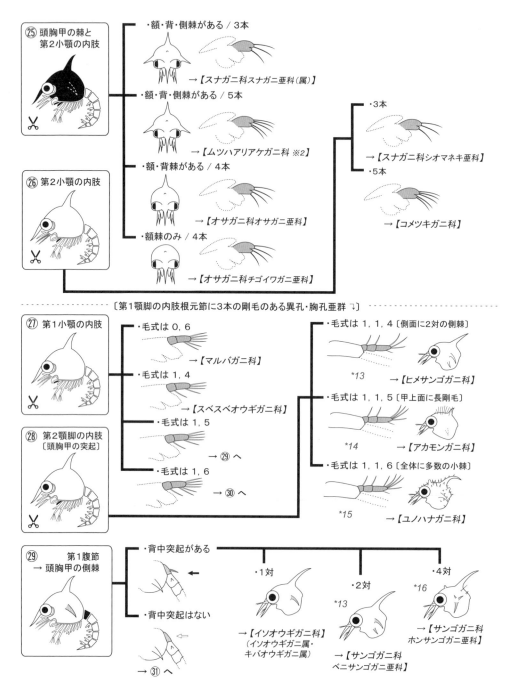

検索図 25 短尾下目 – ゾエア （その 7）

図中の *13〜*16 はそれぞれ, Shikatani & Shokita [926], Clark et al. [884], Nakajima et al. [937], Clark & Guerao [928] にもとづき作図。

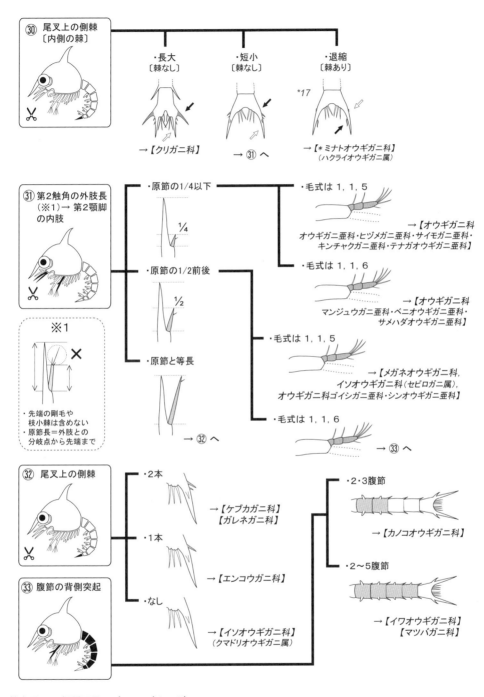

検索図 26 短尾下目 – ゾエア （その 8）
　図中の＊17 は，Salgado-Barragan & Ruiz-Guerrero [877] にもとづき作図。

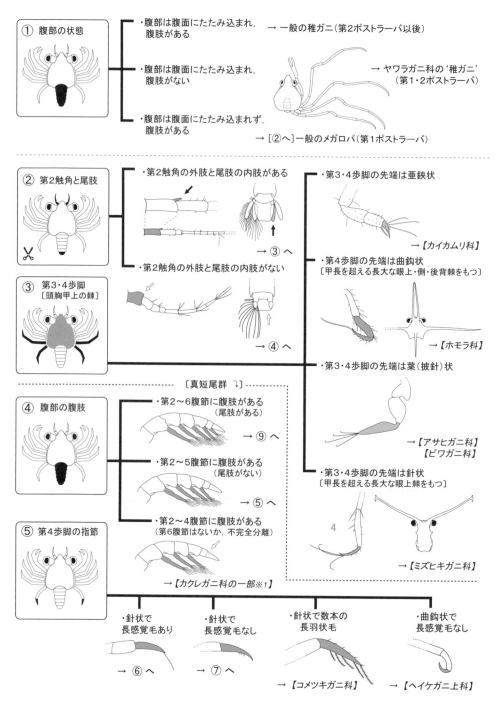

検索図 27　短尾下目 – メガロパ（その 1）
　図中の④は Muraoka [691] にもとづき作図。

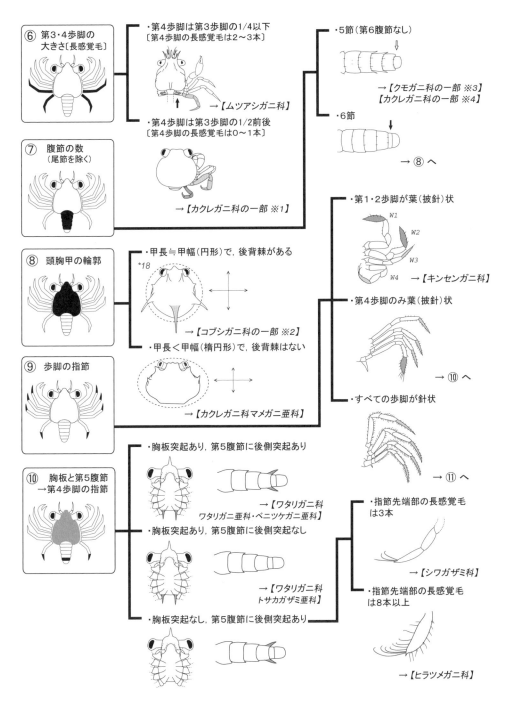

検索図 28　短尾下目 – メガロパ（その2）
　図中の略号は，W：歩脚。※1：フジナマコガニ属。※2：コブシガニ亜科。図中の*18は Quintana [723)] にもとづき作図。

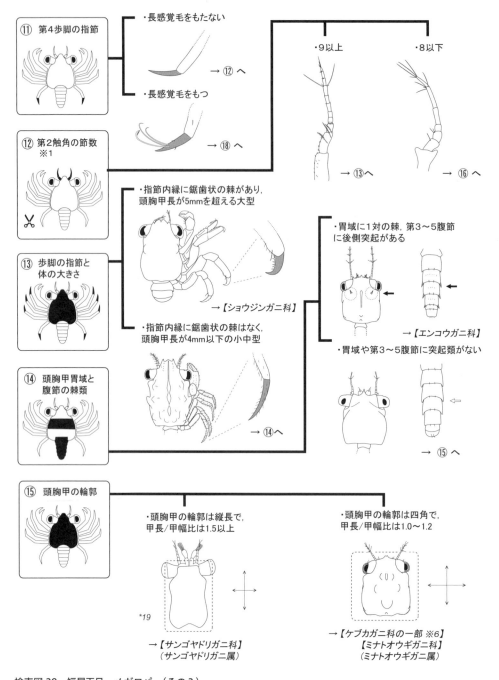

検索図 29 短尾下目 – メガロパ（その3）
※1：全節数（=柄部+鞭状部）。図中の*19は，Fizé [1045] にもとづき作図。

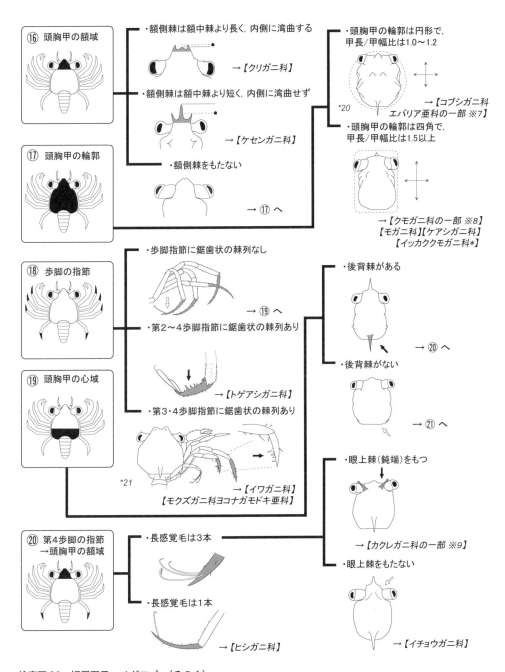

検索図30　短尾下目 – メガロパ （その4）
図中の *20 と *21 は，それぞれ Quintana [723] と Matsuo [974] にもとづき作図。

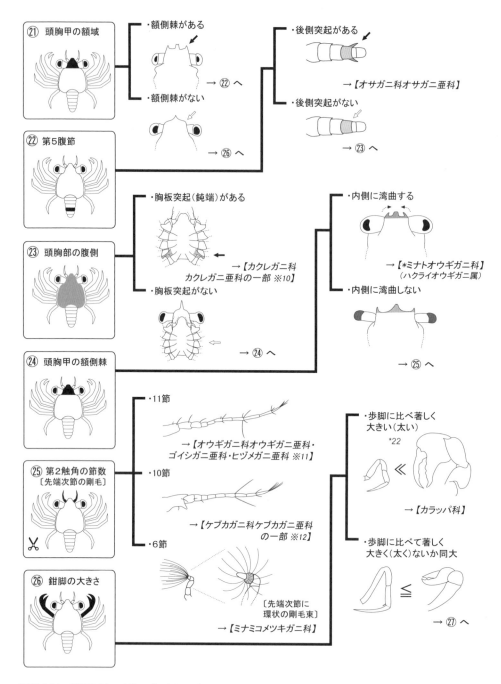

検索図 31　短尾下目 – メガロパ（その 5）
　　図中の *22 は，Chen et al. 718)にもとづき作図。

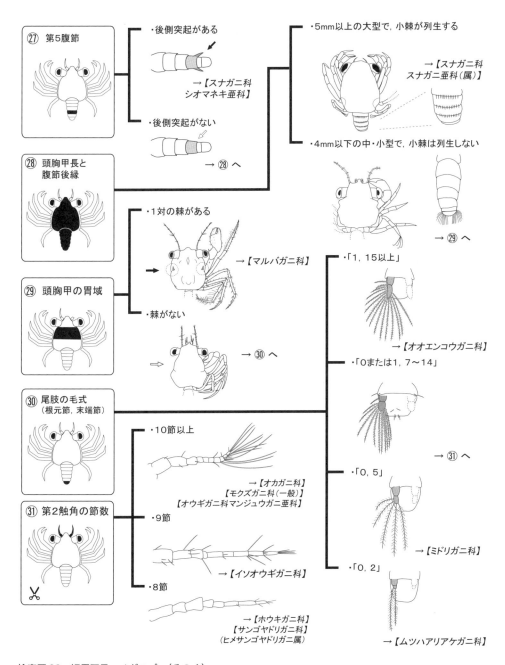

検索図 32 短尾下目 – メガロパ （その6）

# 第Ⅳ部　資料

## 観察技法

　近年，幼生のように小さい標本の観察では光学顕微鏡や走査型電子顕微鏡（以下，光顕と走査電顕），微分干渉顕微鏡に加え，共焦点顕微鏡 [1077, 1078]やデジタル顕微鏡を利用した画像合成処理 [298]，あるいはマイクロ CT などの先端技術が導入されつつある。とくにマイクロ CT による断層影像をゾエアやメガロパで解析した例もあり [1079]，これは内部だけでなく外部形態の三次元像も出せるので，今後より普及すれば有力な技術となり得る。これら新技術の進展は驚くべきものがあり，光顕と手作業のみの，いわば古典的な観察技法が今後も必要なのかとの疑問も出てくる。とは言うものの，すべての新技術が現場での実用性に合致して一般化するとは限らず，今すぐに古典的技法が廃れるとも考えにくい。少なくとも基本技法として当面は存続するであろう。

　幼生形態の研究手順は，1）標本の入手（採集・保存），2）観察，3）記載（論文）の3つに要約できる。これらのなかで，プランクトン採集やふ化・飼育による標本の入手と観察後の記載では，例をあげるまでもなく多くが語られている。たとえば全般的な技法については，動物プランクトンを扱った一般書が参考となる [1080]。ここでは，このなかの標本の観察のなかで，あまり語られることのない「解剖，検鏡，描画」に絞って述べる。語られない理由の1つは分類群による体制の違いや標本の状態，さらに研究環境や研究者の技量などの不確定要素が多く，マニュアル化が難しいためであろう。よって属人的な話になりがちであるが，これを参考にそれぞれの研究環境に応じて工夫し，多少なりとも活用されれば幸いである。

### 1．何が必要か？ - 場所も大切な要素

　幼生の形態を見るばあい，標本を解剖して付属肢などの形態を観察し，記録する必要がある。対象となる標本は小さいものでは 0.5mm 以下なので，微細な解剖と観察のために顕微鏡と設置場所，および器具類が必要となる。

### 1-1．顕微鏡とその設置場所

　解剖および低倍率の観察のための実体顕微鏡（以下，実体顕）と，より高倍率で観察するための光顕の両方が必要で，オプションで描画装置が付けられる機種（図103）というのが条件である。しかし最近は描画装置が設定されていない機種もあり，そうなると撮った画像をもとに描画するなど他の手段をとるしかない。実体顕は，幼生の選別作業などを考えると，倍率の高さよりも広視野で明るいレンズが使いよい。いずれにしても観察の要ともいえる顕微鏡，とくにレンズについては，投資を惜しんではならない。実体顕用，あるいは描画時の補助の光源としては，直接に熱を伝えない光ファイバーのものが適している。

　次に，いかに高級な顕微鏡であってもそれを置く台がグラつく，あるいは人通りが多いとか常時

運転の機械類があって微振動があるような環境では性能を発揮できない。とくに繊細な解剖作業や高倍率での観察時に振動は致命的であるが，普段はあまり気がつかない部分でもある。また，埃が多い場所も避けなければならない。堅牢な床のある静寂な部屋に，ストーンテーブルや防振台のような堅牢な台があれば理想的だが，このような環境を得て維持するためには，購入機器類以上の経費が必要かもしれない。あくまで現実に合わせて，次善の選択をするしかない。

## 1-2. 器具類

標本の解剖作業では人と道具との相性が大事である。このため，使う人に合わせて多種多様な器具が想定されるが，ここでは基本的なものに止める。これから述べる作業手順は，標本を各部分に解剖し観察した後，永久プレパラートにはせず，また元の標本瓶に戻すパターンである。

1）時計皿（図104A, B）：標本の解剖時に使用する。標本の大きさにもよるが，一般に径6cm位が使いやすい。ただ，底が凸面なのでより小さい径の輪ゴムを敷いて座りをよくする。また，この目的のために重ねて使えるように工夫されたソーティングシャーレも便利である。これらが無ければ，小径のシャーレ（ペトリ皿）や普通のホールスライドグラス（1～3穴）でも問題ない。

2）スライドグラス（図104C）：厚めで縁が研磨済みのものの方が使いやすい。一般に使われるのは76×26mmのサイズであるが，例えば大型のフィロソーマのような標本には倍サイズ（76×52mm），あるいは浅いシャーレが便利である。また，あらかじめガラス表面をシリコン剤でコートしておくと使いやすいばあいもある。なお，ホールスライドグラスは解剖だけでなく，後述のように厚みのある標本の観察時にも便利である。

3）カバーグラス（図104D）：検鏡する標本のサイズによるが，大きさとしては18mm角のものが使いやすい。

4）駒込ピペット（図105E）：開口部が1～5mm前後の数種類を用意し，標本の大きさに応じて使い分ける。既存のピペットの先端を適当な径の所で切断し，標本を傷つけないために開口部の縁をバーナーによって丸くする。微小な付属肢を扱うには径5mm前後のガラス管やテフロンチューブを熱加工して自作する。また安価で加工しやすいマイクロピペットのチップも活用できる。

5）対物ミクロメーター（図104F）：大きさの測定，および素描時に基準スケールを入れるための必需品。

6）標本瓶：一般に容量10～30mlのスクリューバイアル。ねじ口は広い方が標本の出し入れに便利であり，ピンセットの先端が底まで届くので作業がしやすい（図104G）。

7）有柄針（図105A, B）：実際の解剖作業の9割は有柄針とピンセットで行われ，解剖で最も重要な道具の1つである。ちょうど箸のように使う人の「手に合った」ものを使うことが肝心である。市販の解剖用有柄針が手になじまず使いにくいばあい，竹や金属の細い棒を柄として用い，細い針を取り付け自作する。針については，昆虫針で細い径のものが良いが，取り扱いには十分注意する。またタングステン針を薬品処理[1081]あるいは電気分解[1082]により尖らせたものや，ステンレス針の先端を好みの細さに研いで使う方法もある。いずれにし

図103 描画装置（DA）を装着した光学顕微鏡と描画用具

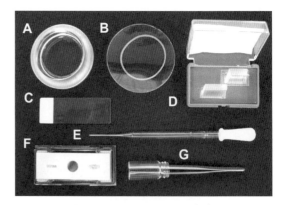

図104 幼生標本の解剖に使う器具の例（1）
A：ソーティングシャーレ，B：時計皿（安定のため輪ゴム上に置いてある），C：スライドグラス（標準サイズ），D：カバーグラス，E：駒込ピペット，F：対物ミクロメーター，G：標本瓶（スクリューバイアル），この写真で示すようにピンセットの先端が底に届き，標本片を拾いやすい口径と深さのもの。

ても解剖作業では細さだけでなく，使う人の指に合った硬さや"コシの強さ"も関係してくる。針は柄の先端から5〜8mm出すのが使いやすい。筆者は径2〜4mm位の竹串や編み針の先端に径0.5mmの細孔をあけ，そこに細い針を埋め込んだ上，瞬間接着剤で固定している。軽すぎて手が不安定で作業がしにくい時は，金属などのより重い柄にすると針の動きが安定するばあいがある。針先は真直ぐのものと，先端を鈎状に曲げたものを用意して使い分けると便利である（図107B'）。また，細い針はちょっとしたこと曲がったり折れたりするので，使わないときは短く切ったマイクロピペットのチップをかぶせ，先端部を保護すると良い（図105A）。

8）先尖ピンセット（図105C）：有柄針と共に重要な道具である。精密機器用の，先端が極細のものをさらに研磨して使うと良い。研磨には製図器具用の上質な砥石（オイルストーン）が使われてきたが，近年は入手が難しくなった。筆者は数センチ角にカットした，市販の精密研磨フィルム（#8000前後のもの）を手頃な大きさのゴム板に載せて使っている（図106）。解剖針と同じく，自分の手指に合った重さとコシの強さのものを選ぶことが大切である。上述の有柄針と同じく，使わないときにはキャップをかぶせて先端を保護する。なお，標本の選別時には，プランクトン用ピンセット（図105E）も便利である。

9）眼科用剪刀（図105D）：眼科手術用のスプリング剪刀は刃先が数ミリと極小サイズで，あれば重宝するが，かなり高価である。ただ，有柄針とピンセットの扱いに熟達していれば，とくに無くても何とかなる。

10）描画の道具類：鉛筆などの筆記用具。いずれも使う人の筆圧に合わせた硬度を選ぶ。

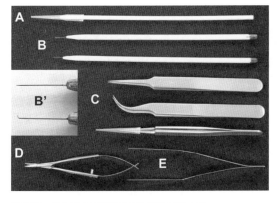

図105　幼生標本の解剖に使う器具の例（2）
　　　A：有柄針（マイクロピペットのチップをかぶせた状態），B：有柄針，B'：有柄針の先端部の拡大画像，C：先尖ピンセット，D：眼科用スプリング鋏，E：プランクトン用ピンセット．

図106　ピンセットを砥ぐ
　　　先尖ピンセットをゴム板上に載せた研磨シート（#8000）で水砥ぎしているところ．

## 2．どのように解剖するか？ ‐ 基本体制がわかっていると作業がはかどる

　解剖の手順については，まず解剖の前に幼生の全体像を把握し，体長の計測を済ませておく．最初に全体を見るため，1個体をピペットで吸い上げたり，鉤状に曲げた針先に引っ掛けたりしてスライドグラス上に移す．次に粘土の小球を四隅に付けたカバーグラスを静かにかぶせる．この時にスライドグラスがシリコンなどで撥水処理されていれば，液体が水玉状になって拡がらず作業しやすい．必要に応じてカバーグラスを水平方向にずらしながら，標本を回転させてちょうど良い角度に向ける．側棘が小さいばあいは，ホールスライドの凹みの傾斜を利用して側面を観察できる．側棘が長い種では，片側の側棘を切り取るか折って向きを安定させると良い．計測後は時計皿等の容器に移し，先尖ピンセットや有柄針を用いて実体顕で解剖をおこなう．解剖の手順を要約すると以下のようになる（図107）．

　　①体全体の観察と計測
　　②頭胸部と腹部を切り離し，腹部を観察
　　③腹部から尾節や腹肢を外し，これらを観察
　　④頭胸部の付属肢を後方から，胸肢→顎脚→小顎まで外し，これらを観察（必要なら頭胸甲を再観察）
　　⑤頭胸甲から触角を外し，これを観察
　　⑥大顎をその周辺部から慎重に切り離して観察

　この通りに作業を行うにはある程度の習熟が必要である．しかし目的は各部分の観察にあるので，順序にこだわらずに柔軟に作業を進めるべきである．たとえば，頭胸部と腹部を切り離す際には，胸部の顎脚が腹部に付いたまま取れることが多い．
　分離したそれぞれの部位は，全体の観察と同じようにカバーグラスを水平にスライドさせながら標本を回転させ角度を変えて検鏡していく．これと同時に液塊がカバーグラス外へ漏れ出ないよ

資料：観察技法／研究小史　　233

うに，たとえばティッシュペーパーの小片を差し入れしながら，スライドグラスとのすき間も調高する．筆者はこの間隔調節のための道具として，油粘土の小塊をカバーグラスの四隅に付けている[1083]．なお，⑥の大顎は付属肢のなかでもしっかり着いているため，これを上手に取り外すのは，解剖作業のなかで最も難易度が高く熟練を要する．材料に余裕があるならば，この部分は走査電顕を使うのも一法である．また左右大顎の形状の違いにも注意する．以上の作業は，相手となる幼生の基本体制が予め頭に入っていると作業がはかどる．いわゆるイメージトレーニングは解剖でも有効かもしれない．十脚目の幼生と成体とで基本的な体制は極端に違うわけではないので，機会があれば大きく解剖しやすいサイズの幼体あるいは成体で練習してみるのも良い．

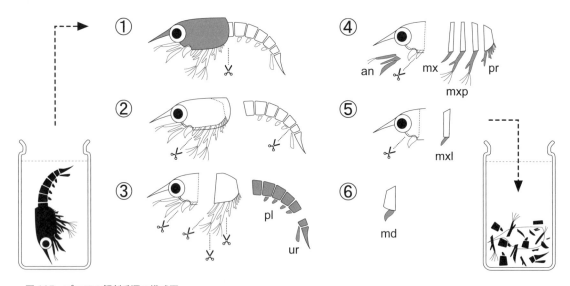

**図 107　ゾエアの解剖手順の模式図**
✂印は切断部位を示す．an: 触角, md: 大顎, mx: 第1小顎, mxl: 第2小顎, mxp: 顎脚, pl: 腹肢（原基）, pr: 胸脚（原基）, ur: 尾肢（原基）．観察が完了した後は，解剖したものすべてを元の標本瓶に戻して保管．

## 3．何を観察するか？ － 素描は人のためならず

　幼生の形態観察は「各体節の付属肢（部位）にどのような剛毛・突起があるか」と「それらがいつ出現または消失するか」が基本となる。幼生の一般的な体制と大きさの計測部位については総論も参照されたい。実際の標本では棘類が折れたり曲がったり，欠失しているものも多く，臨機応変に対処したい。参考までに，どの部位のどの様なデータを記録すべきかを表14にまとめた。

**表14　ゾエア幼生の標本観察で記載すべき形質** [※1, ※2]

| 全体 | 概形 | 全体形状（球状，葉状など），頭胸部と腹部の比率 |
|---|---|---|
| | 各部の大きさ | 全長，頭胸甲長と幅，主要棘長，腹部（節）長 |
| 頭胸部 | 突起・剛毛類 | 額棘（額角），背棘，側棘，表面の剛毛類 |
| | 複眼 | 眼柄の有無 |
| | 第1触角 | 柄部（原節），感覚毛数，内肢原基 |
| | 第2触角 | 柄部（原節），内肢原基，外肢（鱗片） |
| | 大顎 | 左右対称性，門歯状部と臼歯状部，触髭（内肢） |
| | 第1小顎 | 基・底節内葉，内肢，外肢・副肢毛，外肢葉 |
| | 第2小顎 | 基・底節内葉，内肢，顎舟葉 |
| | 第1〜3顎脚 | 基・底節，内肢，外肢 |
| | 胸脚 | 原基の発達状態（鋏状，二分岐化など） |
| 腹部 | 腹節 | 背側突起（側瘤），後側棘，背棘，腹肢（尾肢） |
| | 尾節 | 第6腹節の分離，尾節，尾叉，尾棘，肛門棘 |

※1：分類群によってはない形質もある。※2：ポストラーバ以降は基本的に成体に準ずる。

　観察時には，後の論文記載のため，あるいは特徴等のメモとして標本の描画（素描）を行うことがある。このばあい，顕微鏡に描画装置を付けるか，万能投影器を用いる。描画技法については，稚魚での例 [1084] が参考になる。実際の描画は，描画装置を用いて標本の輪郭を鉛筆でなぞっていくのが基本である。ただ，より具体的な技法についての一般論はあまり役立たず，自らの手作業を通じて"手で覚える"ほかない。鉛筆のばあい，筆圧など人それぞれであるので，紙表面での滑り具合や折れやすさとの兼ね合いで最も使いやすい太さと硬さの芯が良い。筆者は基本線が0.2〜0.3mm径のシャープ芯で硬さはB〜2Bくらい，陰影は太いデッサン用軸を使っているが，逆に3〜4Hの硬芯を使う人もいる。描画時には紙面に気の付いたことを何でもメモしておくと後々役に立つが，忘れてならないのが，必ず描画した各部位の脇にものさしとしてスケールを描き入れておくことである。これを忘れると，後で各部位を1つの画面にまとめる際にまた検鏡からやり直すことになりかねない。また，余分な線などを消すにはホルダー型で径数mmの消しゴムが狭い範囲で使えるので便利である。なお最近は，紙＋鉛筆をタブレット＋電子ペンに置き換える方法もある。ただ筆者の経験では，電子的な描画では単純に紙＋鉛筆が置き換わるわけではなく，タブレットならではという技術も必要かもしれない。

　最近は労力をかけずとも，撮った画像を線画風に自動変換するアプリもあり，いまさらなぜ描画が必要なのかとの疑問もあるかと思う。そのうちに画像を撮って質問をすると，生成AIがその種

資料：観察技法／研究小史　　235

の詳細な3次元画像データを示し解説までするアプリが出現し，図鑑や検索表すら不要になるかもしれない。しかしよく考えてみれば，描画で本当に大切なのは，解剖と同じことで，対象となる幼生の全体や部分の基本構造と状態を自らの脳内に入れ，それをもとに考えることにある。たとえ生成AIが瞬時に描いた線画であっても，それらを構成する線は研究者が重要とみて選び取ったものではない。描画をしている過程で素描段階の不備に気づき，再検鏡，さらには標本の再点検に至る可能性もあり，このような中で研究そのものの研鑽を積むことになる。かのレオナルド・ダ・ヴィンチの素描にはおびただしい量の観察メモが書き込まれているが，これと同じである。変なたとえになるが，「相手を正しくわかっていないと正しく描けない」，あるいは「見えているのに見ていない」状態となる。このように素描は単に線画にして論文で他者に見せるためだけでなく，研究者自らが幼生を理解するため手段でもあり，まさに「素描は人のためならず」である。

# 研究小史

## 1．西欧 — 幼生研究の発祥地

　十脚甲殻目の幼生を対象とした記載的研究は，図108に年表を示したとおり，西欧を始点としておよそ250年近い歴史があり，幼生の単発的な記載にとどまらず，系統分類学や生態学と連携しつつ，これまでに一つの研究分野を確立してきた。具体例としては，MacDonald *et al.* [1985] のヤドカリ類の分類体系を幼生形態から再検討した例があげられる。このようにかなりの数の研究が行われてきたが，その割に研究の流れについてまとめられたものは意外に少なく，最近ではRice [1086]，Ingle [1087] およびMartin *et al.* [7] の総説くらいである。

　科学の発展は常に技術の開発とリンクしている。十脚目の初期幼生は体が1mm前後と小さく，肉眼での観察はきわめて困難であるため，幼生研究の歴史はこれを可視化する道具，すなわち顕微鏡の登場を待たなければならなかった。顕微鏡は16世紀末にオランダでの望遠鏡と同時期に発明されたが，当初はガリレオなどの天文学者が天体でなく昆虫の複眼を拡大観察した記録が残っているだけで，研究そのものに結びつかなかった。幼生を初めて観察した記録については，オランダのレーウェンフック（Antonie van Leeuwenhoek）は1685年にエビジャコ属（*Crangon*）のふ化直前胚のスケッチを，さらに1699年にカイアシ類（*Cyclops*）が成体とはまったく異なる形態で卵からふ化することを知人への手紙のなかで述べていた。しかし，これらが学問として体系化されることはなかった。その後の博物学の隆盛にともなって調査航海が競うように行われ，天然で採集されたプランクトンをおもな材料として，甲殻類を含むさまざまな幼生が記載されていった。十脚目での初めての幼生記載は1767年のリンネ（Linné）によるカニ類，おそらくはイチョウガニ科に近い種のメガロパであり，その次が発生の順からは逆になるが，1769年のスラバー（Slabber）によるワタリガニ科のゾエアと考えられる。当時はそれぞれが独立の種として記載されており，前者は'*Cancer Germanus*'，後者は'*Monoculus taurus*' の名前がつけられていた。またゾエアやメガロパ以外の名称も最初は独立した種として，19世紀初頭に記載された。ゾエアが十脚目の幼生であるこ

とが明らかにされたのは19世紀中頃であり，それはトンプソン（Thompson, J.V.）が一連の研究の中でヨーロッパイチョウガニ（*Cancer pagurus*）の抱卵個体をふ化まで飼育観察したもので[1088]，これが本当の意味での幼生記載の始まりといえる。彼は飼育実験によってカニ類はゾエアでふ化することを実証したにもかかわらず，当時この結論が学界で認められるまでにかなりの紆余曲折があった。近代科学の時代に入っていても，既存の先入観がいかに研究進展の妨げとなるかの良い例だと思われる。ここまでの歴史は Gurney [1] の総説に詳しい。

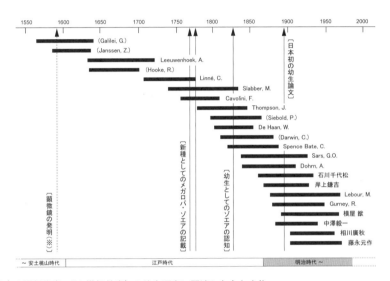

**図108　時代別（16世紀後半～20世紀前半）の幼生研究に関連した主な人物**
（）内は直接幼生研究に関係ないことを示す。※ 顕微鏡の発明者については諸説があって定まらないが，ここではオランダのヤンセン（Janssen, Z.）をあげた。

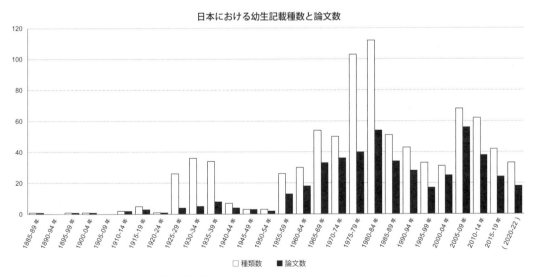

**図109　わが国における幼生記載種数と論文数**
1885年から2019年まで，5年単位での幼生の形態を扱った論文数と記載種数を示す。

資料：観察技法 / 研究小史　237

## ２．日本 ― 基礎科学と応用科学

わが国での十脚目幼生の最初の記録は，江戸末期の 1849 年に刊行されたシーボルトの「Fauna Japonica」のなかにみられるウチワエビと思われる後期フィロソーマである。しかし，ここでは新種 *Phyllosoma guerini* の記載であり幼生としての扱いではない。なお，これより前の 1840 頃に毛利元壽（梅園）が図鑑「梅園介譜」の中で團扇蟹（ウチハガニ）の名前で小さなカニを描いており，これがショウジンガニ等の大型メガロパに見えないこともないが，詳細な点は不明である。

実際の幼生研究は，明治時代に入って石川千代松 [155] によるヌマエビのふ化直後ゾエアの記載に始まると考えられる。この論文は，彼が Whitman 教授および箕作佳吉教授の指導の下，３年がかりで行った研究成果をまとめたものであり，卵内発生からふ化に至る各発生段階が詳細に記載されている。以来今日に至るまで数多くの研究がなされてきたが，一つの特徴として，水産学あるいは水産関連の研究者による包括的な研究業績が多く，遠藤 [1089] が述べたように，普通とは逆に応用科学が基礎科学に貢献してきた印象が強い。絶対数は少ないものの，クルマエビやタラバガニ等の主要産業種については，1930 年代までに基礎的な研究がおこなわれており，後のクルマエビ養殖やガザミ等の種苗生産の技術開発につながって行くことになる。

この 120 年以上にわたる研究活性を概観するため，図 109 に 1885 年から 2019 年までの間に幼生が記載された論文数と種類数を５年毎にグラフ化してみた。一見してわかるとおり，記載数には大きく二度のピークが認められる。第一のピークは 1930 年前後で，これは相川廣秋による主にプランクトン標本にもとづく業績による所が大きい。彼が 1927 年から 1942 年にかけて精力的に行なった研究成果の一つとして，プランクトン標本中の成体種名が分からないものについて，幼生独自の形態によって区分し，これにもとづいて仮の「ゾエア種」を設定したことがあげられる [36]。これは彼自身が述べているとおり，あくまで便宜上のものであったが，形態の区分自体は実際には便利な面もあるので，「尾節は Aikawa の A タイプ ....」といったような表現で現在でも使われることがある。その後，第二次世界大戦による影響で他分野と同様に研究活性の低下があり，この前後にはほとんど論文はみられないが，戦時下の不利な状況にもかかわらず，藤永元作が行ったクルマエビの発生研究 [84] は，後の養殖産業発展への国際レベルの貢献をみれば特筆に値する。戦後になって社会が復興し，1950 年代後半から仔稚魚の飼育技術の高度化を背景として，ふ化幼生の人工飼育による観察例が急増し，1980 年前後に第二のピークがみられる。飼育技術についてはアルテミアとワムシの２大餌料生物の開発が大きい。仔稚魚への優れた ' 生き餌 ' アルテミアについては Seale [1090] の報告の後，1950 年代に乾燥卵の供給が企業化され，ワムシは伊藤 [1091] による研究がきっかけで普及したものである。このピーク，とくに論文数については，論文スタイルの変化もその背景にあると思われる。つまり，戦前は少数の研究者が１つの論文で多数の種を扱っていたのが，多数の研究者が１つの種について扱った論文を多数出すようになったことがあげられる。1950 年前後はいわば谷底から山頂に向けての時期であるが，1957 年に出版された「水産學集成」の中で当時の技術面での状況を知ることが出来る [127, 728]。この第二のピーク後は数を減らしつつ現在に至っている。この漸減傾向については，わが国だけのことではなく，前出の Rice [1086] も指摘しているように海外でも，とくに先進諸国においてほぼ同時期に見られる現象である。その要因として彼は，

この時期に基礎的な学問分野への研究資金が減って行った時代背景をあげている。またこれ以外に次のような要因もあげている。すなわち，論文生産は，1）ある地域（海域）での研究の初期には多くの研究対象種があるが，採集・飼育が容易な種から集中的に調べられた後は，やりにくい種だけが残る，2）生態学や増殖学の研究者が最初の足がかりに基礎的な発生過程の研究を行うが，その目的が達成されると本来の分野に向かうため継続せず減る。わが国の自然科学においては元々，実学志向があることを考慮すると，こちらの説明の方が当てはまるように思える。

　第二のピークを過ぎたとはいえ，積分値でみれば戦前の第一のピークをはるかに上回る研究業績が出ていることになる。さらに，何をどこまで記載するかという基準あるいは記載マニュアルについては，近年の Rice [17] や Clark *et al.* [1092] の提言を通じて幼生研究者に受け入れられつつ，共通化した基準でバラツキは減りつつある。この背景の一つは，後述の DNA 解析による分子レベルでの系統解析の結果を確認するため，多くの研究者が共通の物差しでより多くの幼生形態を精査する必要が出てきたことが考えられる。形態情報と遺伝子情報はいわば相性が良く，一致する例が多い。この点から今後，わが国でも幼生研究は他分野の研究者も引き入れつつ，第 3 次のピークを迎えるのではないかと期待される。しかしわが国の十脚目のなかで，幼生の記載があるのは現時点で全種類数の 1 割に満たないのも現実である。

### 3．形態以外の分野と最近の潮流

　上記以外の内部形態や行動・生理学を扱った論文も 1950 年以前にはほとんどなく，やはり飼育技術の高度化等により，実験観察に有利な研究環境が整った時期から漸増している。たとえばクルマエビやウチワエビの幼生において消化器等の形態変化について詳細なデータが出されている [1093, 1094]。なお，ふ化以前の胚発生については，水産種を中心として数は幼生よりも少ないものの，Shiino [1095] をはじめとした研究業績がある。つまり，2 世紀前には発生の観察で行われたことが，遺伝子解析により行われるようになったともいえる。このように現在，種の分類・同定では化学的手法としての DNA バーコーディングが盛んである。一方，発生段階の判定については，化学物質の解析手法が試みられているものの，まだ幼生の形態情報が必要である。

　形態に関連して，古生物学における観察技術の発展により，幼生の化石の研究が海外ではかなり進んでいる。魚類胃内容物の化石の記載例 [839] では，真短尾群の，しかも第 1 ゾエアらしいことがわかるほどである。また，イセエビ類のフィロソーマについても化石の研究が進み [1096, 1097]，さらに最近ではシャコ類において紫外線顕微鏡による幼生の 3 次元像が得られており [1098]，系統解析上，この分野での進展がわが国でも期待される。

# 付表の説明

## 付表A　各分類群における幼生の記載状況

　本付表では同一種で多数の記載例があるばあいは，原則として代表的な論文数編にとどめた。また，ふ化・飼育等で幼生を得た事実があっても，具体的な形態記載のない論文は原則除外した。学名は2023年現在のものとしたが，必要に応じて［］内に原著での属名または種名を示した。記載された幼生期は本書での区分を原則とし，必要に応じて［］内に原著での幼生期名を示した。なお幼生期名の略記については以下のとおりである。

| | |
|---|---|
| (a)　：短縮または直接発生型 | M　：メガロパ（megalopa） |
| C　：稚ガニ（crab stage） | N　：ノープリウス（nauplius） |
| E　：胚（embryo） | Ni　：ニスト（nisto） |
| Er　：エリオネイカス（eryoneicus） | Ph　：フィロソーマ（phyllosoma） |
| J　：稚エビ等（juvenile） | PrZ：プロトゾエア（protozoea） |
| FPh：最終期フィロソーマ（final phyllosoma） | Pu　：プエルルス（puerulus） |
| LPh：後期フィロソーマ（late phyllosoma） | PZ　：プリゾエア（prezoea） |
| LZ　：後期ゾエア（late zoea） | Z　：ゾエア（zoea） |

　なお，期が未確定の幼生のうち，あきらかに後期に属するばあいは前に「L」を，それ以外で複数期が混在するばあいは後に「s」を付した。

## 付表B　各種の発生にともなうおもな形質の変化

　本付表では各科の代表的な種をとりあげ，発育段階における形質の変化をまとめている。幼生期名の略記は上記付表Aと同じで，また付属肢等の状態の略記については以下のとおりである。なお，根鰓亜目のノープリウスでは頭胸部と腹部は分かれていないので，便宜的に頭腹部と表現した。

| | | |
|---|---|---|
| －：ない | ch：鉗脚 | rch：原基（鋏状） |
| ＋：ある（または有機能） | r：原基（または縮小） | pl：羽状剛毛 |
| a：羽状突起 | rb：二叉原基 | st：細毛束 |

　なお，網掛け（■）のセルはその期における注目すべき変化を示す。

## 付表C　その他の関連事項

　各論以外で総論の事項に関連したいくつかのデータを示す。なお，付表C-3に短尾下目ゾエアの各科における内肢の節数と剛毛配列（毛式）を示している。ここでは科または亜科の代表的な属を選び，第1ゾエアの剛毛配列については，内肢の根元（背側）から先端（腹側）に向かって記している。なお，総論の解説も参照されたい。

# 付表A　各分類群における幼生の記載状況

## 付表A-1　根鰓亜目において幼生形態の記載がある種

〔E：胚，J：稚エビ，My：ミシス，N：ノープリウス，PL：ポストラーバ，PrZ：プロトゾエア，期略称の前に付く「L」は「後期の」を意味する〕

| 種名（[ ]内は原著での学名または属名，グレー地は全期の記載） | 産地（[ ]内は海外） | 方法 | 幼生期 | 文献 |
|---|---|---|---|---|
| Superfamily Penaeoidea（クルマエビ上科）※1 | | | | |
| Family Aristeidae（チヒロエビ科） | | | | |
| *Aristaeomorpha foliacea*（ツノナガチヒロエビ） | [地中海] | 採集 | LN, PrZ2-3, My1 | 58) |
| *Aristaeomorpha foliacea*（ツノナガチヒロエビ） | [地中海] | 採集 | My1 ? | 59) |
| *Hemipenaeus carpenteri*（ヤワチヒロエビ） | [メキシコ湾] | 採集/DNA | | 60) |
| *Cerataspis monstrosus*？ [*C. affinis*]（ミツトゲチヒロエビ？） | 琉球列島 | 採集 | LMy | 61) |
| ※2　*Cerataspis monstrosus*（ミツトゲチヒロエビ） | 琉球列島 | 採集 | LMy | 62) |
| ※2　*Cerataspis monstrosus* [*Plesiopenaeus*]（ミツトゲチヒロエビ） | [メキシコ湾] | 採集/DNA | LMy | 63) |
| ※2　*Cerataspis monstrosus*（ミツトゲチヒロエビ） | [メキシコ湾] | 採集/DNA | LMy | 60) |
| Family Benthesicymidae（オヨギチヒロエビ科） | | | | |
| *Gennadas* sp.？ | 鹿児島県（甑島沖） | 採集 | LMy | 69) |
| Family Penaeidae（クルマエビ科） | | | | |
| *Atypopenaeus stenodactylus*（マイマイエビ） | [インド（マンガロール沖）] | 採集 | Z1-2, PL1 | 70) |
| *Melicertus latisulcatus*（フトミゾエビ） | 沖縄県（石垣） | 飼育 | N1-6, PrZ1-3, My1-3, PL1-2 | 71) |
| *Metapenaeopsis barbata*（アカエビ） | [八代海] | 飼育 | N1-6, PrZ1-3, My1-3, PL1 | 72) |
| *Metapenaeopsis dalei*（キシエビ） | [韓国] | 飼育 | N1-6, PrZ1-3, My1-3, PL1 | 73) |
| *Metapenaeopsis mogiensis*（モギエビ） | [アラビア海] | 採集 | My2, PL1 | 75) |
| *Metapenaeopsis palmensis*（ミナミアカエビ） | [オーストラリア] | 飼育 | (N), PrZ1-3, My1-3, PL1 | 76) |
| ※3　*Metapenaeus ensis* [*Penaeopsis*]（ヨシエビ） | 山口県（早鞆） | 飼育 | N1-6 | 77) |
| *Metapenaeus ensis*（ヨシエビ） | 鹿児島県（八代海） | 飼育 | E, N1-6, PrZ1-3, My1-3, PL1 | 78) |
| *Metapenaeus joyneri*（シバエビ） | [韓国（羅老）] | 飼育 | E, N1-6, PrZ1-3, My1-2 | 79) |
| *Metapenaeus joyneri*（シバエビ） | [韓国（羅老）] | 飼育 | My1-3, PL1 | 80) |
| ※4　*Metapenaeus moyebi* [*Penaeopsis*]（モエビ） | 山口県（早鞆） | 飼育 | N1-6 | 77) |
| *Metapenaeus moyebi* [*M. burkenroadi*] | 周防灘 | 飼育 | N1-6, PrZ1-3, My1-3, PL1 | 81) |
| *Metapenaeus moyebi*（モエビ） | [インド] | 飼育 | N1-6, PrZ1-3, My1-3 | 82) |
| *Penaeus indicus*（インドエビ） | [インド] | 飼育 | N1-6, PrZ1-3, My1-3, PL1 | 83) |
| *Penaeus japonicus*（クルマエビ） | 瀬戸内海 | 飼育 | E, N1-6, PrZ1-3, My1-3, PL1-22 | 84) |
| *Penaeus merguiensis*（バナナエビ/テンジクエビ） | [インドネシア] | 飼育 | N6, PrZ2, My2 | 85) |
| *Penaeus merguiensis*（バナナエビ/テンジクエビ） | [フィリピン] | 飼育 | E, N1-6, PrZ1-3, My1-3, PL1 | 86) |
| *Penaeus monodon*（ウシエビ） | [インド] | 飼育 | N1-6, PrZ1-3, My1-3, PL1 | 87) |
| *Penaeus monodon*（ウシエビ） | [フィリピン] | 飼育 | E, N1-6, PrZ1-3, My1-3, PL1-12 | 88) |
| *Penaeus monodon*（ウシエビ） | [フィリピン] | 飼育 | PL1-12 | 89) |
| *Penaeus monodon*（ウシエビ） | [インドネシア] | 飼育 | N6, PrZ2, Z2 | 85) |
| *Penaeus orientalis*（コウライエビ/タイショウエビ） | 黄海の漁場 | 飼育 | E, N1-6, PrZ1-3, My1-3 | 90) |
| *Penaeus orientalis*（コウライエビ/タイショウエビ） | 黄海の漁場 | 飼育 | PL1-22 | 91) |
| *Penaeus semisulcatus*（クマエビ） | [インド] | 飼育 | N1-6, PrZ1-3, My1-3, PL1 | 92) |
| *Penaeus semisulcatus*（クマエビ） | [地中海] | 飼育 | N1-6, PrZ1-3, My1-3, PL1 | 93) |
| *Penaeus semisulcatus*（クマエビ） | 鹿児島県（八代海） | 飼育 | N1-6, PrZ1-3, My1-3, PL1 | 94) |
| *Trachysalambria curvirostris* [*Trachypenaeus*]（サルエビ） | 安芸灘 | 飼育 | N1-6, PrZ1-3, My1-3, PL2 | 95) |
| *Trachysalambria curvirostris* [*Trachypenaeus*]（サルエビ） | 鹿児島県 | 飼育 | N1-6, PrZ1-3, My1-3, PL3 | 96) |
| *Trachysalambria curvirostris* [*Trachypenaeus*]（サルエビ） | [フィリピン] | 飼育 | N1-6, PrZ1-3, My1-3, PL4 | 97) |
| *Trachysalambria curvirostris* [*Trachypenaeus*]（サルエビ） | [地中海] | 飼育 | N1-6, PrZ1-3, My1-3, PL5 | 98) |
| Superfamily Sergestoidea（サクラエビ上科） | | | | |
| Family Sergestidae（サクラエビ科） | | | | |
| *Acetes chinensis*（ヤホシアカアミ） | [中国（遼東湾）] | 採集/飼育 | N1-4, PrZ1-3, My1-2, PL1-4 | 109) |
| *Acetes japonicus*（アキアミ） | 佐賀県（有明海） | 飼育 | N1-3, PrZ1-3 | 110) |
| *Acetes japonicus*（アキアミ） | 岡山県（神島・他） | 採集 | LMy, J | 111) |
| *Acetes japonicus* [*A. cochinensis*]（アキアミ） | [インド（コーチ）] | 飼育 | N1-3, PrZ1-3, My1, PL1-5 | 112) |
| *Allosergestes sargassi* [*Sergestes*]（ウデナガカスミエビ） | [バミューダ海] | 採集 | My2, PL2 | 113) |

資料：付表A　241

| 種名（[ ] 内は原著での学名または属名，グレー地は全期の記載） | 産地（[ ] 内は海外） | 方法 | 幼生期 | 文献 |
|---|---|---|---|---|
| *Allosergestes sargassi* [*Sergestes*]（ウデナガカスミエビ） | ［地中海］ | 採集 | My1-2 | 59) |
| *Allosergestes sargassi* [*Sergestes*]（ウデナガカスミエビ） | ［地中海］ | 採集 | My1 | 32) |
| *Eusergestes similis* [*Sergestes*]（キタノサクラエビ） | （カルフォルニア） | 飼育 | N1-6, PrZ1-3, My1-2, PL1-2 | 114) |
| ※5 *Lucensosergia lucens* [*Sergestes*]（サクラエビ） | 駿河湾 | 採集 / 飼育 | N1-3, PrZ1, LPrZ | 115) |
| *Lucensosergia lucens* [*Sergestes*]（サクラエビ） | 静岡県（蒲原沖） | 採集 / 飼育 | N1-2, PrZ1-3, My1-2, , PL1-2 | 116) |
| *Lucensosergia lucens* [*Sergia*]（サクラエビ） | 静岡県（焼津沖） | 飼育 | N1-4 | 117) |
| *Neosergestes orientalis* [*Sergestes*]（ケブカカスミエビ） | ［紅海］ | 採集 | PL | 118) |
| *Parasergestes armatus* [*Sergestes*]（トガリカスミエビ） | ［バミューダ海］ | 採集 | PrZ1-3, My1, LPL | 113) |
| *Sergia atlanticus* [*Sergestes*]（カスミエビ） | ［バミューダ海］ | 採集 / 飼育 | PrZ1-3, My1-2, PL1, LPL | 113) |
| *Sergia tenuiremis* [*Sergestes*]（オオサクラエビ） | ［バミューダ海］ | 採集 / 飼育 | PrZ2-3, My1, PL2 | 113) |
| Family Luciferidae（ユメエビ科） | | | | |
| *Belzebub chacei* [*Lucifer*]（チェイスユメエビ） | ［パラオ，ハワイ］ | 飼育 | N1-4, PrZ1-3, My1-2, PL1-2 | 124) |
| *Belzebub hanseni* [*Lucifer*]（キシユメエビ） | 千葉県（館山） | 飼育 | N1-4, PrZ1-3, My1-2, PL1-2 | 124) |
| *Belzebub intermedius* [*Lucifer*]（ナミノリユメエビ） | 千葉県（館山） | 飼育 | N1-4, PrZ1-3, My1-2, PL1-2 | 124) |
| *Belzebub penicillifer* [*Lucifer*]（ケブサユメエビ） | 千葉県（館山） | 飼育 | N1-4, PrZ1-3, My1-2, PL1-2 | 124) |
| *Lucifer orientalis*（トウヨウユメエビ） | 千葉県（館山） | 飼育 | N1-4, PrZ1-3, My1-2, PL1-2 | 124) |
| *Lucifer typus*（ユメエビ） | 千葉県（館山） | 飼育 | N1-4, PrZ1-3, My1-2, PL1-2 | 124) |

※1：日本産のクルマエビ上科のうち，クダヒゲエビ科とイシエビ科では該当する幼生記載がまだない。
※2：南北緯 40 度内の世界各地の海域で採集されている。
※3：'*Penaeopsis monoceros*' の名で記載。
※4：'*Penaeopsis affinis*' の名で記載。
※5：'*Sergestes prehensilis*' の名で記載され，駿河湾ではベニサクラエビも分布するが，おそらく本種との混同と思われる。

## 付表A-2　コエビ下目において幼生形態の記載がある種

〔E：胚，J：稚エビ，PL：ポストラーバ，PLs：期末定のポストラーバ複数，Z：ゾエア，[a]：直接・短縮発生，期略称の前に付く「L」は「後期の」を意味する〕

| 種名（[ ] 内は原著での学名または属名，グレー地は全期の記載） | 産地（[ ] 内は海外） | 方法 | 幼生期 | 文献 |
|---|---|---|---|---|
| Superfamily Pasiphaeoidea（オキエビ上科） | | | | |
| Family Pasiphaeidae（オキエビ科） | | | | |
| *Leptochela aculeocaudata*（マルソコシラエビ） | ［インド（チェンナイ）］ | 採集 | Z4 | 129) |
| ※1 *Leptochela aculeocaudata* ? [*L.* sp. A]（マルソコシラエビ?） | 北海道（石狩湾） | 採集 | Z1-5, PL1, J | 130) |
| *Leptochela gracilis*（ソコシラエビ） | 神奈川県（三崎） | 飼育 | Z1 | 131) |
| *Leptochela gracilis*（ソコシラエビ） | 伊勢湾 | 採集 | Z1-5, PL1-5 | 132) |
| *Parapasiphae sulcatifrons*（トサカオキエビ） | ［アイルランド］ | 採集 | Z1-4 | 133) |
| *Pasiphaea japonica*（シラエビ） | 富山県（富山湾） | 飼育 | Z1-4, PL1 | 134) |
| *Pasiphaea tarda*（キタシラエビ） | ［ノルウェー海］ | 採集 | Z1, LZ, PL1 | 135) |
| *Pasiphaea tarda*（キタシラエビ） | ［アイリッシュ海］ | 採集 | Z1-4, PL1 | 136) |
| *Pasiphaea tarda*（キタシラエビ） | ［北海］ | 採集 | Z1-4 | 137) |
| Superfamily Oplophoroidea（ヒオドシエビ上科） | | | | |
| Family Acanthephyridae（ヒオドシエビ科） | | | | |
| *Acanthephyra quadrispinosa*（サガミヒオドシエビ） | （東日本太平洋沿岸） | 採集 | E, Z1-5, PL1 | 141) |
| *Ephyrina ombango*（マルハタゴエビ） | ［メキシコ湾］ | 採集 /DNA | LZ? | 60) |
| *Hymenodora glacialis*（マルミゾヒオドシエビ） | ［ノルウェー海］ | 採集 | Z1, Z5 | 143) |
| *Meningodora longisulca*（ミツトゲアタマエビ） | ［メキシコ湾］ | 採集 /DNA | LZ | 60) |
| *Meningodora vesca*（ベスカトゲアタマエビ） | ［メキシコ湾］ | 採集 /DNA | PL1 | 60) |
| Family Oplophoridae（オキヒオドシエビ科（仮称）） | | | | |
| *Oplophorus spinosus* [*Hoplophorus grimaldii* ?]（オキヒメヒオドシエビ） | ［バミューダ海域］ | 採集 | Z1-5, PL1 | 142) |
| *Systellaspis debilis* [*Acanthephyra*]（マルトゲヒオドシエビ） | ［アイルランド（北海）］ | 採集 | Z1, PL1-2 | 133) |
| *Systellaspis debilis*（マルトゲヒオドシエビ） | ［バミューダ海域］ | 採集 | E, Z1-3, Z4?, PL1 | 144) |
| *Systellaspis debilis*（マルトゲヒオドシエビ） | ［ポルトガル沿岸］ | 採集 / 飼育 | Z1-4, PL1 | 143) |
| Superfamily Atyoidea（ヌマエビ上科） | | | | |
| Family Atyidae（ヌマエビ科） | | | | |
| *Caridina leucosticta*（ミゾレヌマエビ） | 長崎県（小江川） | 飼育 | Z1-7, PL1 | 147) |
| *Caridina multidentata* [*C. japonica*]（ヤマトヌマエビ） | 徳島県（志和岐川） | 飼育 | Z1-9, PL1 | 148) |

| 種名（[ ] 内は原著での学名または属名，グレー地は全期の記載） | 産地（[ ] 内は海外） | 方法 | 幼生期 | 文献 |
|---|---|---|---|---|
| *Caridina serratirostris*（ヒメヌマエビ） | 長崎県（小江川） | 飼育 | Z1-9, PL1 | 147) |
| *Caridina typus*（トゲナシヌマエビ） | 長崎県（小江川） | 飼育 | Z1-9, PL1 | 147) |
| *Neocaridina brevirostris*（コツノヌマエビ） | [台湾] | 飼育 | Z, J1-3 [a] | 149) |
| *Neocaridina brevirostris* [*Caridina*]（コツノヌマエビ） | 沖縄県（西表島） | 飼育 | Z, J1 [a] | 150) |
| ※2 *Neocaridina brevirostris sinensis*（シナヌマエビ） | [中国] | 飼育 | Z1 [a] | 151) |
| *Neocaridina denticulata*（ミナミヌマエビ） | 長崎県（佐世保） | 飼育 | J1 [a] | 152) |
| *Neocaridina denticulata sinensis*（シナヌマエビ） | [韓国] | 飼育 | Z1 | 153) |
| *Neocaridina ishigakiensis* [*Caridina*]（イシガキヌマエビ） | 沖縄（石垣島） | 飼育 | PL1-2 [a] | 154) |
| ※3 *Paratya compressa* [*Atyephira*]（ヌマエビ） | 東京都 | 飼育 | E, Z1 | 155) |
| *Paratya improvisa* [*P. compressa*]（ヌカエビ） | 東京都 | 飼育 | Z1-10 | 156) |
| *Paratya improvisa* [*P. compressa*]（ヌカエビ） | 東京都 | 採集 / 飼育 | Z1-13 | 157) |
| **Superfamily Nematocarcinoidea（イトアシエビ上科）** | | | | |
| Family Eugonatonotidae（ミカワエビ科） | | | | |
| *Eugonatonotus chacei* [*Galatheocaris abyssalis*]（ミカワエビ） | [セレベス海] | 採集 | PL | 159) |
| *Eugonatonotus chacei* [*Galatheocaris abyssalis*]（ミカワエビ） | [東インド洋] | 採集 | PL | 160) |
| *Eugonatonotus chacei*（ミカワエビ） | 琉球列島沖 | 採集 /DNA | PL, J | 160) |
| Family Nematocarcinidae（イトアシエビ科） | | | | |
| *Nematocarcinus longirostris*（ツノナガイトアシエビ） | [南極海，大西洋] | 採集 / 飼育 | Z1-2, LZ | 163) |
| Family Rhynchocinetidae（サラサエビ科） | | | | |
| *Cinetorhynchus hendersoni*（サンゴサラサエビ） | 静岡県（南伊豆） | 飼育 | Z1-11, PL1-2 | 164) |
| *Cinetorhynchus reticulatus*（エンヤサラサエビ） | [インドネシア（バリ島）] | 飼育 | Z1-10, PL1 | 165) |
| *Cinetorhynchus striatus*（オオサンゴサラサエビ） | 沖縄県 | 飼育 | Z1-11, PL1-2 | 166) |
| *Rhynchocinetes conspiciocellus*（ヤイトサラサエビ） | 沖縄県（嘉手納） | 飼育 | Z1-11, PL1-2 | 167) |
| *Rhynchocinetes durbanensis*（スザクサラサエビ） | [台湾] | 飼育 | Z1-12, PL1 | 168) |
| *Rhynchocinetes uritai*（サラサエビ） | 静岡県（駿河湾） | 飼育 | Z1-10, PL1-2 | 169) |
| *Rhynchocinetes uritai*（サラサエビ） | [韓国（済州島）] | 飼育 | Z1 | 170) |
| **Superfamily Bresilioidea（オハラエビ上科）** | | | | |
| Family Alvinocarididae（オハラエビ科） | | | | |
| ※4 *Opaepele loihi*（トウロウオハラエビ） | 日光海山 | 飼育 / 採集 | Z1 | 173) |
| **Superfamily Palaemonoidea（テナガエビ上科）** | | | | |
| Family Palaemonidae（テナガエビ科） | | | | |
| *Brachycarpus biunguiculatus*（フウライテナガエビ） | [バミューダ海域] | 飼育 | Z1 | 181) |
| *Conchodytes nipponensis*（カクレエビ） | [韓国（釜山）] | 飼育 | Z1-4 | 182) |
| *Coralliocaris graminea*（クサイロモシオエビ） | [紅海] | 飼育 | Z1 | 181) |
| ※5 *Gnathophyllum americanum*（ヨコシマエビ） | [ケニア（モンバサ）] | 飼育 | Z1 | 183) |
| *Harpiliopsis beaupresii* [*Harpilius*]（ホソジマモシオエビ） | [紅海] | 飼育 | Z1 | 181) |
| ※6 *Hymenocera picta*（フリソデエビ） | [ケニア（モンバサ）] | 飼育 | Z1 | 184) |
| *Macrobrachium asperulum*（タイリクテナガエビ） | [台湾] | 飼育 | Z1-5 | 185) |
| *Macrobrachium asperulum*（（タイリクテナガエビ） | [台湾] | 飼育 | Z1-5 | 186) |
| *Macrobrachium australe*（ザラテナガエビ） | 沖縄県（本島） | 飼育 | Z1- 11 | 187) |
| *Macrobrachium equidens*（スベスベテナガエビ） | [台湾] | 飼育 | Z1-11, PL1 | 188) |
| *Macrobrachium equidens*（スベスベテナガエビ） | [タイ（プーケット）] | 飼育 | Z1-10, PL1 | 189) |
| *Macrobrachium equidens*（スベスベテナガエビ） | 沖縄県（本島） | 飼育 | Z1 | 190) |
| *Macrobrachium equidens*（スベスベテナガエビ） | [パキスタン（カラチ）] | 飼育 | Z1-4 | 191) |
| *Macrobrachium formosense*（ミナミテナガエビ） | 沖縄県（石垣島） | 飼育 | Z1-9, PL1 | 192) |
| *Macrobrachium formosense*（ミナミテナガエビ） | [台湾] | 飼育 | Z1-11, PL1 | 193) |
| *Macrobrachium formosense*（ミナミテナガエビ） | 沖縄県（本島） | 飼育 | Z1 | 190) |
| *Macrobrachium grandimanus*（オオテナガエビ） | 沖縄県 | 飼育 | Z1-9, PL1 | 194) |
| *Macrobrachium grandimanus*（オオテナガエビ） | 沖縄県（宮古島） | 飼育 | Z1 | 190) |
| *Macrobrachium japonicum*（ヤマトテナガエビ） | 高知県（四万十川） | 飼育 | Z1-9, PL1 | 195) |
| *Macrobrachium japonicum*（ヤマトテナガエビ） | 沖縄県（本島） | 飼育 | Z1 | 194) |
| *Macrobrachium lar*（コンジンテナガエビ） | [米国（ハワイ）] | 飼育 | Z1- 11 | 196) |
| *Macrobrachium lar*（コンジンテナガエビ） | 沖縄県（宮古島） | 飼育 | Z1 | 190) |
| *Macrobrachium nipponense* [*Bithynis*]（テナガエビ） | 茨城県（霞ヶ浦） | 飼育 ? | Z1, Z5, LZ | 197) |
| *Macrobrachium nipponense*（テナガエビ） | 茨城県（霞ヶ浦） | 飼育 | Z1-8, PL1 | 198) |
| *Macrobrachium nipponense*（テナガエビ） | [台湾] | 飼育 | Z1-8, PL1 | 199) |

資料：付表A　243

| 種名（[ ]内は原著での学名または属名，グレー地は全期の記載） | 産地（[ ]内は海外） | 方法 | 幼生期 | 文献 |
|---|---|---|---|---|
| *Macrobrachium nipponense*（テナガエビ） | 愛知県 | 飼育 | Z1 | 190) |
| ※7　*Macrobrachium rosenbergii*（オニテナガエビ） | [マレーシア] | 飼育 | Z1-11, PL1 | 200) |
| ※7　*Macrobrachium rosenbergii*（オニテナガエビ） | [台湾] | 飼育 | Z1-Z7, PL1 | 201) |
| *Macrobrachium shokitai*（ショキタテナガエビ） | 沖縄県（西表島） | 飼育 | Z1-2, PL1-3 [a] | 202) |
| *Palaemon concinnus*（イッテンコテナガエビ） | [インド] | 飼育 | Z1-7 | 203) |
| *Palaemon debilis*（スネナガエビ） | 沖縄県（石垣島） | 飼育 | Z1-7, PL1-2 | 204) |
| *Palaemon macrodactylus*（フトユビスジエビ） | 相模湾（荒崎） | 飼育 | Z1-6, PL1-2 | 15) |
| *Palaemon macrodactylus*（フトユビスジエビ） | [米国（カリフォルニア）] | 飼育 | Z1-6 | 205) |
| *Palaemon macrodactylus* ? [*P. serrifer*]（フトユビスジエビ） | 山口県（秋穂） | 飼育 | Z1-8, PL1-5 | 52) |
| *Palaemon macrodactylus* ? [*Leander serrifer*]（スジエビモドキ） | （国内） | 飼育 | Z1-3 | 127) |
| *Palaemon modestus* [*Leander*]（ヒメシラタエビ） | [中国] | 飼育 | Z1-2, PL1-6 | 206) |
| *Palaemon modestus*（ヒメシラタエビ） | [韓国] | 飼育 | Z1-2, PL1-6 | 207) |
| *Palaemon orientis*（シラタエビ） | 東京湾 | 飼育 | Z1-5, PL1 | 208) |
| *Palaemon orientis* [*Exopalaemon*]（シラタエビ） | [台湾] | 飼育 | Z1-6, PL1 | 209) |
| *Palaemon ortmanni*（アシナガスジエビ） | 相模湾（荒崎） | 飼育 | Z1-8, PL1 | 14) |
| *Palaemon ortmanni*（アシナガスジエビ） | [台湾] | 飼育 | Z1-12, PL1 | 53) |
| *Palaemon ortmanni*（アシナガスジエビ） | [韓国] | 飼育 | Z1 | 210) |
| *Palaemon pacificus*（イソスジエビ） | [紅海] | 飼育 | Z1 | 181) |
| *Palaemon pacificus*（イソスジエビ） | 相模湾（荒崎） | 飼育 | Z1-9, PL1 | 14) |
| *Palaemon pacificus*（イソスジエビ） | 台湾（台北） | 飼育 | Z1-9, PL1 | 211) |
| *Palaemon pacificus*（イソスジエビ） | [韓国] | 飼育 | Z1-6, PL1-2 | 212) |
| *Palaemon paucidens*（スジエビ） | 茨城県（霞ヶ浦） | 飼育？ | Z1, Z5, LZ | 197) |
| *Palaemon paucidens* [*Leander*]（スジエビ） | 東京都 | 飼育 | Z1-9 | 155) |
| *Palaemon paucidens*（スジエビ） | 鹿児島県（池田湖） | 飼育 | LE | 213) |
| *Palaemon paucidens*（スジエビ） | 琵琶湖，十和田湖 | 飼育 | Z1-9, PL1 | 15) |
| *Palaemon serrifer*（スジエビモドキ） | 神奈川県（荒崎） | 飼育 | Z1-7, PL1 | 14) |
| *Palaemon serrifer*（スジエビモドキ） | [韓国] | 飼育 | Z1 | 214) |
| *Periclimenes brevicarpalis*（イソギンチャクエビ） | [インド] | 飼育 | Z1 | 215) |
| *Periclimenes brevicarpalis*（イソギンチャクエビ） | 沖縄県（本島） | 飼育 | Z1-9, PL1 | 216) |
| *Periclimenes grandis*（テナガカクレエビ） | [紅海] | 飼育 | Z1 | 181) |

Superfamily Alpheoidea（テッポウエビ上科）

Family Alpheidae（テッポウエビ科）

| 種名 | 産地 | 方法 | 幼生期 | 文献 |
|---|---|---|---|---|
| *Alpheus brevicristatus*（テッポウエビ） | 神奈川県（横浜） | 飼育 | Z1 | 222) |
| *Alpheus brevicristatus*（テッポウエビ） | [韓国（済州島）] | 飼育 | Z1-4 | 223) |
| *Alpheus digitalis*（オニテッポウエビ） | [韓国（江華島）] | 飼育 | Z1-2 | 224) |
| *Alpheus euphrosyne richardsoni*（マングローブテッポウエビ） | [韓国] | 飼育 | Z1-3 | 225) |
| *Alpheus heeia*（オハリコテッポウエビ） | [韓国（済州島）] | 飼育 | Z1-3 | 226) |
| *Alpheus japonicus*（テナガテッポウエビ） | [韓国（江華島）] | 飼育 | Z1-4 | 224) |
| *Alpheus lobidens*（イソテッポウエビ） | [韓国（釜山）] | 飼育 | Z1-4 | 227) |
| *Alpheus pacificus*（マダラテッポウエビ） | [紅海] | 飼育 | Z1-9 | 228) |
| *Alpheus rapacida*（ニセオニテッポウエビ） | [インド] | 飼育 | Z1 | 229) |
| *Alpheus* sp. A（テッポウエビ属の1種） | 北海道（増毛沖） | 採集 | Z4-9 | 230) |
| *Alpheus* sp. B（テッポウエビ属の1種） | 北海道南部 | 採集 | Z3-4 | 230) |
| *Athanas dimorphus*（アシボソヨコシマムラサキエビ） | [紅海] | 採集 | Z1 | 231) |
| *Athanas dimorphus*（アシボソヨコシマムラサキエビ） | [インド] | 飼育 | Z1-3 | 232) |
| *Athanas djiboutensis*（トゲテッポウエビ） | [紅海] | 飼育 | Z1 | 181) |
| *Athanas japonicus*（セジロムラサキエビ） | [韓国（済州島）] | 飼育 | Z1-3 | 233) |
| *Athanas parvus*（ムラサキトゲテッポウエビ） | [韓国] | 飼育 | Z1-4 | 234) |
| *Racilius compressus*（アザミサンゴテッポウエビ） | [ザンジバル島] | 飼育 | Z1 [a] | 235) |
| *Synalpheus neptunus*（ネプチューンテッポウエビ） | [パキスタン] | 飼育 | PL1-4 | 236) |
| *Synalpheus tumidomanus*（ミドリツノテッポウエビ） | [パキスタン] | 飼育 | PL1-4 | 237) |
| *Synalpheus tumidomanus*（ミドリツノテッポウエビ） | [韓国（巨済島）] | 飼育 | Z1-3 | 238) |
| *Vexillipar repandum*（シンエンテッポウエビ） | 鹿児島（枕崎） | 飼育 | Z1 | 239) |

Family Thoridae（ヒメサンゴモエビ科）

| 種名 | 産地 | 方法 | 幼生期 | 文献 |
|---|---|---|---|---|
| *Eualus gracilirostris*（ホソツノモエビ） | 相模湾 | 飼育 | Z1-9, PL1-5 | 242) |
| *Eualus leptognathus*（ヤマトモエビ） | [韓国] | 飼育 | Z1 | 243) |

| 種名（[ ]内は原著での学名または属名，グレー地は全期の記載） | 産地（[ ]内は海外） | 方法 | 幼生期 | 文献 |
|---|---|---|---|---|
| Eualus sinensis（イソモエビ） | [韓国] | 飼育 | Z1 | 244) |
| Heptacarpus futilirostris（アシナガモエビ） | 相模湾（荒崎） | 飼育 | Z1-9, PL1 | 245) |
| Heptacarpus futilirostris（アシナガモエビ） | [韓国] | 飼育 | Z1-9, (PL1) | 246) |
| Heptacarpus geniculatus（コシマガリモエビ） | 相模湾（荒崎） | 飼育 | Z1-9, PL1 | 247) |
| Heptacarpus geniculatus（コシマガリモエビ） | 瀬戸内海 | 飼育 | Z1-9, PL1 | 248) |
| Heptacarpus geniculatus [Spirontocaris]（コシマガリモエビ） | （国内） | 飼育 | Z1 | 127) |
| Heptacarpus pandaloides（ツノモエビ） | 瀬戸内海 | 飼育 | Z1-7, PL1 | 248) |
| Heptacarpus pandaloides [Spirontocaris]（ツノモエビ） | （国内） | 飼育 | Z1 | 127) |
| Heptacarpus rectirostris（アシナガモエビモドキ） | [韓国] | 飼育 | Z1 | 249) |
| Heptacarpus rectirostris [Spirontocaris]（アシナガモエビモドキ） | 瀬戸内海 | 飼育 | Z1-9, PL1 | 250) |
| Lebbeus comanthi（コマチイバラモエビ） | 千葉県（鴨川） | 飼育 | PL1 <a> | 251) |
| ※8 Lebbeus groenlandicus（イバラモエビ）？ | [米国（北太平洋）] | 採集 | Z1 | 252) |
| ※8 Lebbeus groenlandicus（イバラモエビ） | [カナダ（アンガヴァ湾）] | 採集 | Z1-2, PL1 | 253) |
| Spirontocaris phippsii（フィップストゲモエビ） | [米国（ポーランド沖）] | 採集 | Z2 | 254) |
| Spirontocaris phippsii（フィップストゲモエビ） | [カナダ（アンガヴァ湾）] | 採集 | Z1-4 | 253) |
| Spirontocaris spinus（トゲモエビ） | [英国（マン島沖）] | 採集／飼育 | Z1-5, M | 254) |
| Spirontocaris spinus（トゲモエビ） | [カナダ（アンガヴァ湾）] | 採集 | Z1-4, PL1 | 253) |
| Thor amboinensis（イソギンチャクモエビ） | 静岡県（伊豆） | 飼育 | Z1 | 251) |
| Thor amboinensis（イソギンチャクモエビ） | [フィリピン] | 採集／飼育 | Z1-8, PL1 | 255) |
| Family Hippolytidae（モエビ科） | | | | |
| Hippolyte ventricosa [H. acuta]（ナガレモエビ） | （国内） | 飼育 | Z1 | 127) |
| Latreutes acicularis（ホソモエビ） | 静岡県（下田） | 飼育 | Z1-8, PL1 | 256) |
| Latreutes anoplonyx（クラゲモエビ） | [韓国] | 飼育 | Z1-9, PL1 | 257) |
| Latreutes laminirostris（ヘラモエビ） | [韓国] | 飼育 | Z1-9, PL1 | 258) |
| Saron marmoratus（フシウデサンゴモエビ） | 沖縄県（本島） | 飼育 | Z1-5, PL1-2 | 259) |
| Family Lysmatidae（ヒゲナガモエビ科） | | | | |
| Lysmata lipkei（コモレビアカモエビ） | [ブラジル] | 飼育 | Z1-3 | 262) |
| Lysmata vittata [Hippolysmata]（アカシマモエビ） | [インド] | 飼育 | E, Z1-3 | 260) |
| Lysmata vittata（アカシマモエビ） | [韓国（慶尚南道）] | 飼育 | Z1-8 | 261) |
| Superfamily Processoidea（ロウソクエビ上科） | | | | |
| Family Processidae（ロウソクエビ科） | | | | |
| Nikoides danae ?（イシガキロウソクエビ） | [紅海（アカバ湾）] | 採集 | LZ | 118) |
| Processa aequimana（ヒシオロウソクエビ） | [地中海] | 採集 | Z4 | 266) |
| Superfamily Pandaloidea（タラバエビ上科） | | | | |
| Family Pandalidae（タラバエビ科） | | | | |
| Chlorotocus crassicornis（サヨエビ） | [台湾] | 飼育 | Z1-5 | 271) |
| Heterocarpus abulbus（テングミノエビ） | [台湾] | 飼育 | Z1-9 | 272) |
| Heterocarpus hayashii [H. sibogae]（ミノエビ） | 静岡県（戸田沖） | 飼育 | Z1-5 | 273) |
| Heterocarpus hayashii（ミノエビ） | [台湾] | 飼育 | Z1 | 274) |
| Heterocarpus sibogae（アカモンミノエビ） | [台湾] | 飼育 | Z1 | 274) |
| ※9 Pandalus coccinatus [Pandalopsis]（ヒゴロモエビ） | 北海道（釧路） | 飼育 | Z1 [a] | 270) |
| Pandalus eous [P. borealis]（ホッコクアカエビ） | 北海道（室蘭） | 採集／飼育 | Z1-7 | 270) |
| Pandalus eous [P. borealis]（ホッコクアカエビ） | [カナダ（大西洋）] | 採集 | Z2-4 | 253) |
| Pandalus eous [P. borealis]（ホッコクアカエビ） | [アラスカ] | 採集 | Z1 | 275) |
| Pandalus eous [P. borealis]（ホッコクアカエビ） | [アラスカ] | 飼育 | Z1-5, PL1-2 | 276) |
| Pandalus goniurus（ベニスジエビ） | [千島列島] | 採集 | Z1-7 | 275) |
| Pandalus gracilis（コタラバエビ） | [韓国（統営）] | 飼育 | Z1-4, PL1 [a] | 277) |
| Pandalus hypsinotus（トヤマエビ／タラバエビ） | 北海道（釧路） | 採集／飼育 | Z1-5 | 270) |
| Pandalus hypsinotus（トヤマエビ／タラバエビ） | [アラスカ] | 採集／飼育 | Z1-6, PL1-2 | 278) |
| ※9 Pandalus japonicus [Pandalopsis]（モロトゲアカエビ） | 北海道（松前沖） | 飼育 | Z1-4, PL1 | 279) |
| Pandalus latirostris [P. kessleri]（ホッカイエビ） | 北海道 | 採集／飼育 | Z1, PL1-4 | 280) |
| Pandalus nipponensis（ボタンエビ） | 駿河湾 | 飼育 | Z1-4, PL1 | 281) |
| Pandalus nipponensis（ボタンエビ） | 遠州灘 | 飼育 | Z1-4, PL1 | 282) |
| ※9 Pandalus pacificus [Pandalopsis]（ミツクリエビ） | 北海道 | 飼育 | Z1 [a] | 291) |
| Pandalus prensor（スナエビ） | [ウラジオストク（ポポフ島）] | 飼育 | Z1-3, PL1-4 | 283) |
| Plesionika ortmanni（ハクセンエビ） | [台湾] | 飼育 | Z1 | 284) |

資料：付表A　245

| 種名（[ ]内は原著での学名または属名，グレー地は全期の記載） | 産地（[ ]内は海外） | 方法 | 幼生期 | 文献 |
|---|---|---|---|---|
| *Plesionika crosnieri*（スズキアカスジエビ） | [台湾] | 飼育 | Z1 | 284) |
| *Plesionika grandis*（オキノアカスジエビ） | [台湾] | 飼育 | Z1-8 | 285) |
| *Plesionika semilaevis*（ヒメアマエビ） | [台湾] | 飼育 | Z1 | 284) |
| *Plesionika narval*（オキノスジエビ） | [カナリア諸島] | 採集 / 飼育 | Z1-5 | 286) |
| *Plesionika narval*（オキノスジエビ） | [カナリア諸島] | 採集 / 飼育 | PL1 | 287) |
| ※10 *Thalassocaris crinita*（オキナガレエビ） | [インド洋] | 採集 | LZ, J | 288) |
| ※10 *Thalassocaris lucida*（オキナガレコエビ） | 東京湾？（横浜沖），他 | 採集 | LZ | 288) |
| ※10 *Thalassocaris lucida*（オキナガレコエビ） | 鹿児島県（種子島沖） | 採集 /DNA | Z9, Z11 | 289) |
| Amphionides（アンフィオニデス類（仮称）） | | | | |
| ※11 *Amphionides reynaudii* | （世界各地） | 採集 | PLs | 297) |
| ※11 *Amphionides reynaudii* | 東シナ海 | 採集 | PLs | 296) |
| ※11 *Amphionides reynaudii* | （世界各地） | 採集 | PLs | 298) |
| ※11 *Amphionides reynaudii* | [カナリア諸島] | 採集 /DNA | PLs | 295) |
| Superfamily Crangonoidea（エビジャコ上科） | | | | |
| Family Crangonidae（エビジャコ科） | | | | |
| *Argis crassa*（ミツトゲクロザコエビ） | [ベーリング海] | 飼育 | Z1 | 301) |
| *Argis crassa*（ミツトゲクロザコエビ） | オホーツク海 | 採集 | Z1, Z2 | 302) |
| *Argis dentata*（トゲクロザコエビ） | [カナダ（アンガヴァ湾）] | 採集 | Z1, Z2, Z3(PL1) [a] | 303) |
| *Argis dentata*（トゲクロザコエビ） | [ベーリング海] | 飼育 | Z1 | 301) |
| *Argis dentata*（トゲクロザコエビ） | [カナダ（アンガヴァ湾）] | 採集 | Z1-2, PL1 | 253) |
| *Argis lar*（クロザコエビ） | [カムチャッカ西岸] | 採集 | Z1, Z2 | 275) |
| *Argis lar*（クロザコエビ） | [オホーツク海] | 採集 | Z1, Z2, Z3 | 302) |
| *Argis ochotensis*（オホーツククロザコエビ） | [オホーツク海] | 採集 | Z1, Z2 | 302) |
| *Crangon affinis*（エビジャコ） | 北海道（積丹） | 飼育 | Z1 | 304) |
| *Crangon affinis*（エビジャコ） | （国内） | 飼育 | Z1 | 127) |
| *Crangon affinis*（エビジャコ） | 北海道（石狩湾） | 採集 / 飼育 | Z1-6, PL1-2 | 305) |
| *Crangon affinis* [*Crago*]（エビジャコ） | 瀬戸内海 | 飼育 | Z1-Z5, PL1? (Z6) | 306) |
| *Crangon amurensis*（アムールエビジャコ） | 北海道（厚岸） | 飼育 | Z1 | 307) |
| *Crangon dalli*（ミゾエビジャコ） | [カムチャッカ西岸] | 採集 / 飼育 | Z1-5, PL1 | 275) |
| *Crangon hakodatei*（ミスジエビジャコ／ハコダテエビジャコ） | [韓国（統営）] | 飼育 | Z1-6, PL1 | 308) |
| *Crangon uritai*（ダルマエビジャコ／ウリタエビジャコ） | [韓国（統営）] | 飼育 | Z1-5, PL1 | 309) |
| *Metacrangon sinensis*（アガシトゲエビジャコ） | 黄海 | 飼育 | PL1-2 [a] | 310) |
| *Neocrangon communis* [*Sclerocrangon*]（フトオトゲエビジャコ） | [ベーリング海] | 飼育 | Z1 | 301) |
| *Neocrangon communis*（フトオトゲエビジャコ） | [カムチャッカ西岸] | 採集 | Z2-5, PL1 | 275) |
| *Neocrangon communis*（フトオトゲエビジャコ） | [オホーツク海] | 採集 | Z1-5 | 311) |
| *Neocrangon communis*（フトオトゲエビジャコ） | [オホーツク海] | 採集 | PL1 | 312) |
| ※12 *Paracrangon echinata*？[*Glyphocrangon* sp.]（カジワラエビ？） | 北海道東岸 | 採集 | Z2-7 | 305) |
| ※12 *Paracrangon echinata*？（カジワラエビ？） | [カムチャッカ西岸] | 採集 | Z2, Z4 | 275) |
| *Paracrangon echinata*（カジワラエビ） | 富山県（富山湾） | 飼育 | Z1-6 | 313) |
| *Philocheras parvirostris*（ツノナシキシエビジャコ） | [インド（カルワル）] | 飼育 | Z1-3, PL1 | 314) |
| *Pontocaris pennata*（ツブイワエビ） | [インド（ムンバイ）] | 飼育 | Z1-3 | 315) |
| *Sclerocrangon boreas*（キタザコエビ） | [オホーツク海] | 飼育 | E, Z, LZ [a] | 318) |
| *Sclerocrangon boreas*（キタザコエビ） | [オホーツク海] | 飼育 | Z, LZ [a] | 318) |
| *Sclerocrangon rex*（ダイオウキジンエビ） | 北海道（羅臼） | 飼育 | Z1 [a] | 316) |
| *Sclerocrangon salebrosa*（キジンエビ） | [オホーツク海] | 採集 | Z1, J1 | 318) |
| *Vercoia interrupta*（和名なし） | 沖縄県（本島） | 採集 | Z1-4 | 317) |

※1：Sekiguchi [132] による種の推定。※2：現在種名は未確定。※3：産地は確定できない。※4：ふ化と採集された幼生の画像のみ。※5：旧ヨコシマエビ科。
※6：旧フリソデエビ科。※7：海外種であるが，国内で養殖。※8：現在，東アジア海域のものは *L. groenlandicus* とは別種とされる。
※9：最近モロトゲエビ属（*Pandalopsis*）はタラバエビ属（*Pandalus*）になった。※10：独立した科であったが，最近タラバエビ科の1属となった [342]。
※11：遺伝子解析によりタラバエビ上科に移された [295]。※12：Makarov [275] は本種の可能性を示唆したが，後の堀井 [313] のふ化・飼育データからは別種と思われる。

## 付表A-3　オトヒメエビ下目 において幼生形態の記載がある種

〔E：胚, J：稚エビ, PL：ポストラーバ, Z：ゾエア, [a]：直接・短縮発生, 期略称の前に付く「L」は「後期の」を意味する〕

| 種名（[ ] 内は原著での学名または属名，グレー地は全期の記載） | 産地（[ ] 内は海外） | 方法 | 幼生期 | 文献 |
|---|---|---|---|---|
| Family Spongicolidae （ドウケツエビ科） | | | | |
| *Microprosthema validum* （サンゴヒメエビ） | [パキスタン] | 飼育 | Z1-5, PL1-5 | 324) |
| *Spongicola japonica* （ヒメドウケツエビ） | 鹿児島県（枕崎） | 飼育 | J1[a] | 325) |
| *Spongicola japonica* （ヒメドウケツエビ） | 鹿児島県（枕崎） | 飼育 | E | 326) |
| Family Stenopodidae （オトヒメエビ科） | | | | |
| *Stenopus hispidus* （オトヒメエビ） | [大西洋] | 採集 / 飼育 | Z1-2, LZ | 327) |
| *Stenopus hispidus* （オトヒメエビ） | [バミューダ海域] | 採集 / 飼育 | LZ, PL1, J | 328) |
| *Stenopus hispidus* （オトヒメエビ） | [インド洋] | 採集 | Z2, LZ | 329) |
| *Stenopus hispidus* （オトヒメエビ） | [大西洋] | 採集 | Z1-4 | 330) |

## 付表A-4　ザリガニ下目において幼生形態の記載がある種

〔E：胚, J：稚エビ, PL：ポストラーバ, Z：ゾエア, [a]：直接・短縮発生〕

| 種名（[ ] 内は原著での学名または属名，グレー地は全期の記載） | 産地（[ ] 内は海外） | 方法 | 幼生期 | 文献 |
|---|---|---|---|---|
| Superfamily Astacoidea （ザリガニ上科）※1 | | | | |
| Family Cambaroididae （アジアザリガニ科） | | | | |
| ※2　*Cambaroides japonicus* （ニホンザリガニ） | 北海道（網走） | 飼育 | J1 [a] | 331) |
| Superfamily Nephropoidea （アカザエビ上科） | | | | |
| Family Nephropidae （アカザエビ科） | | | | |
| *Metanephrops thomsoni* [*Nephros*] （ミナミアカザエビ） | 長崎県（男女群島） | 飼育 | Z1-2, PL1-2 | 332) |
| *Metanephrops thomsoni* （ミナミアカザエビ） | 東シナ海 | 飼育 | E | 333) |
| *Metanephrops sagamiensis* （サガミアカザエビ） | 静岡県（駿河湾） | 飼育 | PZ, Z1-2, PL1 | 334) |
| *Metanephrops japonicus* （アカザエビ） | 神奈川県（相模湾） | 飼育 | E, PL1 [a] | 335) |
| *Metanephrops japonicus* （アカザエビ） | 千葉県（房総） | 飼育 | PZ | 336) |
| *Metanephrops japonicus* （アカザエビ） | 静岡県（駿河湾） | 飼育 | PZ, PL1-2 | 337) |
| Superfamily Enoplometopoidea （ショウグンエビ上科） | | | | |
| Family Enoplometopidae （ショウグンエビ科） | | | | |
| *Enoplometopus occidentalis* （ショウグンエビ） | [米国（ハワイ）] | 飼育 | PZ, Z1-8 | 339) |

※1：これ以外に近年，特定外来生物となったミナミザリガニ上科 （Superfamily Parastacoidea）は直接発生である。
※2：日本固有種で，他に外来種として，アメリカザリガニ （*Procambarus clarkii*）やウチダザリガニ （*Pacifastacus leniusculus*）が棲息する。

## 付表A-5　アナエビ・アナジャコ下目において幼生形態の記載がある種

〔PL：ポストラーバ, PZ：プリゾエア, Z：ゾエア, [a]：直接・短縮発生〕

| 種名（[ ] 内は原著での学名または属名，グレー地は全期の記載） | 産地（[ ] 内は海外） | 方法 | 幼生期 | 文献 |
|---|---|---|---|---|
| Infraorder Axioidea （アナエビ下目） | | | | |
| Family Axiidae （アナエビ科） | | | | |
| *Axiopsis serratifrons* （ヘンゲアナエビ） | [ブラジル（キュラソー島）] | 飼育 | Z1 | 349) |
| ※1　*Axius* sp. A （アナエビ属の1種） | 北海道（石狩湾） | 採集 | Z1-3 | 350) |
| *Axius* sp. B （アナエビ属の1種） | 北海道（石狩湾） | 採集 | Z4-6, PL1 | 350) |
| *Allaxius princeps* [*Boasaxius*] （ジュズヒゲアナエビ） | [ロシア（ボストーク湾）] | 飼育 | Z1-8, PL1 | 351) |
| Family Callianassidae （スナモグリ科） | | | | |
| *Neotrypaea harmandi* [*Callianassa* sp.] （ハルマンスナモグリ） | 有明海（高杢島） | 飼育 | Z1-5, PL1 | 352) |
| *Neotrypaea japonica* [*Callianassa*] （ニホンスナモグリ） | 神奈川県（野島） | 飼育 | Z1 | 222) |
| *Neotrypaea japonica* [*Callianassa*] （ニホンスナモグリ） | 北海道（石狩湾） | 採集 | Z1-4 | 350) |
| *Neotrypaea japonica* （ニホンスナモグリ） | 有明海（御興来） | 飼育 | Z1-5, PL1 | 353) |
| *Neotrypaea petalura* [*Callianassa*] （スナモグリ） | 有明海（富岡） | 飼育 | Z1-6, PL1 | 354) |
| *Neotrypaea petalura* （スナモグリ） | [ロシア（ボストーク湾）] | 飼育 | Z1-7, PL1 | 355) |
| Infraorder Gebiidea （アナジャコ下目） | | | | |
| Family Upogebiidae （アナジャコ科） | | | | |

資料：付表A　247

| 種名（［ ］内は原著での学名または属名，グレー地は全期の記載） | 産地（［ ］内は海外） | 方法 | 幼生期 | 文献 |
|---|---|---|---|---|
| *Upogebia major*（アナジャコ） | 神奈川県（野島） | 飼育 | Z1 | 222) |
| *Upogebia major*（アナジャコ） | 北海道（石狩湾） | 採集 | Z1-3 | 350) |
| *Upogebia major*（アナジャコ） | 北海道（厚岸） | 飼育 | Z1-3, PL1 | 357) |
| *Upogebia issaeffi*（バルスアナジャコ） | ［ロシア（ボストーク湾）］ | 飼育 | Z1-4, PL1 | 358) |
| *Upogebia yokoyai*（ヨコヤアナジャコ） | ［ロシア（ボストーク湾）］ | 飼育 | Z1-4, PL1 | 359) |
| Family Laomediidae（ハサミシャコエビ科） | | | | |
| *Laomedia astacina*（ハサミシャコエビ） | 福岡県（多々良川河口） | 飼育 | Z1 | 362) |
| *Laomedia astacina*（ハサミシャコエビ） | 熊本県（坪井川河口） | 飼育 | Z1-5 | 363) |
| *Naushonia* sp.（カギテシャコエビ属の1種） | 三重県（五ヶ所湾） | 採集 | Z1 | 365) |
| Family Thalassinidae（オキナワアナジャコ科） | | | | |
| *Thalassina anomala*（オキナワアナジャコ） | ［インド（ムンバイ？）］ | 飼育 | PZ, Z1-2 | 366) |
| ※2 *Thalassina anomala*（オキナワアナジャコ） | 沖縄県（本島） | 飼育 | PZ, Z1-2 | 367) |

※1：ジュズヒゲアナエビと推定される。　※2：修士論文（未公表）。

## 付表A-6　イセエビ下目における幼生記載の状況

〔E：胚，J：稚エビ，N：ニスト，Ph：フィロソーマ，Pu：プエルルス，期略称の前に付く「L」は「後期の」を意味する〕

| 種名（［ ］内は原著での学名または属名，グレー地は全期の記載） | 産地（［ ］内は海外） | 方法 | 幼生期 | 文献 |
|---|---|---|---|---|
| Family Palinuridae（イセエビ科） | | | | |
| *Justitia longimana*（ウデナガリョウマエビ） | ［大西洋］ | 採集 | Ph2-5, Ph7-10 | 382) |
| *Justitia longimana*（ウデナガリョウマエビ） | ［メキシコ湾（キューバ沖）］ | 採集 | LPh | 383) |
| *Justitia longimana*（ウデナガリョウマエビ） | ［メキシコ湾］ | 採集 | Ph4 | 384) |
| *Justitia longimana*（ウデナガリョウマエビ） | 沖縄（琉球列島沖） | 採集/DNA | Ph7 | 385) |
| *Linuparus sordidus*（オキナハコエビ） | ［台湾（台北）］ | 採集 | Ph4? | 386) |
| *Linuparus trigonus* [*Linuparus* sp.]（ハコエビ） | ［南シナ海］ | 採集 | Ph4? | 387) |
| *Linuparus trigonus*（ハコエビ） | ［東シナ海］ | 飼育 | Ph1 | 388) |
| *Linuparus trigonus*（ハコエビ） | ［インド洋］ | 採集 | Ph11 | 389) |
| *Linuparus trigonus*（ハコエビ） | ［韓国（済州島）］ | 飼育 | E, Ph1 | 390) |
| *Nupalirus japonicus* [*Justitia*]（リョウマエビ） | ［モルッカ諸島］ | 採集 | FPh | 391) |
| *Nupalirus japonicus* [*Justitia*]（リョウマエビ） | 静岡県（石廊崎） | 採集 | LPh | 392) |
| *Nupalirus japonicus* [*Justitia*]（リョウマエビ） | 沖縄（琉球列島沖） | 採集/DNA | Ph8 | 385) |
| *Palinustus waguensis*（ワグエビ） | 高知県（室戸岬） | 採集 | Pu | 394) |
| *Panulirus brunneiflagellum*（アカイセエビ） | 小笠原沖 | 採集/DNA | Ph7-8 | 395) |
| *Panulirus homarus*（ケブカイセエビ） | ［マルキーズ諸島］ | 採集 | Pu | 396) |
| *Panulirus homarus*（ケブカイセエビ） | ［インド洋］ | 採集 | LPh, Pu | 397) |
| *Panulirus homarus*（ケブカイセエビ） | ［インド洋］ | 採集 | Ph1-9 | 398) |
| *Panulirus homarus*（ケブカイセエビ） | ［インド洋］ | 採集 | Ph2-6 | 389) |
| *Panulirus homarus* [*puerulus* sp. A]（ケブカイセエビ） | 千葉県（千倉） | 採集/飼育 | Pu | 399) |
| *Panulirus homarus*（ケブカイセエビ） | 千葉県（千倉） | 採集/飼育 | (Pu), J1-8 | 400) |
| *Panulirus homarus*（ケブカイセエビ） | ［インド（マドラス）］ | 飼育 | Ph1-6 | 401) |
| *Panulirus japonicus*（イセエビ） | 千葉県（館山） | 飼育 | Ph1 | 370) |
| *Panulirus japonicus*（イセエビ） | 千葉県（太海） | 飼育 | Ph1 | 402) |
| *Panulirus japonicus*（イセエビ） | 神奈川県（油壺）/千葉県（館山） | 飼育 | E | 403) |
| *Panulirus japonicus*（イセエビ） | 和歌山県（白浜） | 採集/飼育 | Pu, J1-2 | 404) |
| *Panulirus japonicus*（イセエビ） | 神奈川県（油壺） | 飼育 | Ph1 | 405) |
| *Panulirus japonicus*（イセエビ） | 静岡県（伊豆）/千葉県（太海） | 採集 | Pu, J1 | 406) |
| *Panulirus japonicus*（イセエビ） | 和歌山県 | 採集 | Ph1 | 407) |
| *Panulirus japonicus*（イセエビ） | 神奈川県（油壺） | 飼育 | Ph1-3 | 408) |
| *Panulirus japonicus*（イセエビ） | 鹿児島県 | 飼育 | Ph1-11(Ph1-7) | 409) |
| *Panulirus japonicus*（イセエビ） | 静岡県（下田）/神奈川県（三浦） | 飼育 | Ph1-5? | 410) |
| *Panulirus japonicus*（イセエビ） | 神奈川県（城ヶ島） | 飼育 | Ph1-11 | 411) |
| *Panulirus japonicus*（イセエビ） | 千葉県（千倉） | 飼育 | Ph1-11, Pu, J1 | 412) |
| *Panulirus japonicus*（イセエビ） | 三重県（尾鷲） | 飼育 | Ph1-11, Pu, J1 | 413) |
| *Panulirus japonicus*（イセエビ） | 三重県（和具） | 飼育 | Ph1-10, Pu | 414) |

248

| 種名（[ ] 内は原著での学名または属名，グレー地は全期の記載） | 産地（[ ] 内は海外） | 方法 | 幼生期 | 文献 |
|---|---|---|---|---|
| *Panulirus japonicus*（イセエビ） | 沖縄 | 採集/DNA | Ph7-10 | 376) |
| ※1　*Panulirus longipes*（カノコイセエビ類） | 千葉県（千倉） | 採集/飼育 | (Pu), J1-11 | 400) |
| *Panulirus longipes*（カノコイセエビ類） | 鹿児島県 | 飼育 | Ph1-h4 | 415) |
| *Panulirus longipes*（カノコイセエビ類） | [インド洋] | 採集 | Ph6-12 | 398) |
| *Panulirus longipes*（カノコイセエビ類） | [インド洋] | 採集 | Ph11 | 389) |
| *Panulirus longipes*（カノコイセエビ類） | [マリアナ海域] | 採集 | LPh | 416) |
| *Panulirus longipes* [*puerulus* sp. C]（カノコイセエビ類） | 千葉県（千倉） | 採集/飼育 | Pu | 399) |
| *Panulirus longipes bispinosus* [*P. l. femostriga*]（カノコイセエビ） | 奄美大島 | 飼育 | Ph1-10 | 417) |
| *Panulirus longipes bispinosus*（カノコイセエビ） | 沖縄県，黒島 | 採集 | Pu | 418) |
| *Panulirus longipes bispinosus*（カノコイセエビ） | 奄美諸島 | 飼育 | Ph1-10, Pu | 414) |
| *Panulirus longipes bispinosus*（カノコイセエビ） | 沖縄 | 採集/DNA | Ph6-10 | 376) |
| *Panulirus longipes femoristriga*（アマミイセエビ） | [ニューカレドニア] | 採集 | LPh, Pu | 397) |
| *Panulirus longipes femoristriga*（アマミイセエビ） | 沖縄 | 採集 | Ph7 | 376) |
| *Panulirus ornatus*（ニシキエビ） | [南シナ海] | 採集 | Ph4, Ph6, Ph8-9, Ph11 | 387) |
| *Panulirus ornatus*（ニシキエビ） | [南アフリカ] | 採集 | Ph1-9, Pu | 419) |
| *Panulirus ornatus*（ニシキエビ） | [インド] | 採集 | Ph1-8 | 398) |
| *Panulirus ornatus*（ニシキエビ） | [インド洋] | 採集 | Ph4, Ph8 | 389) |
| *Panulirus ornatus*（ニシキエビ） | 静岡県，下田 | 採集/飼育 | Pu, J1 | 420) |
| *Panulirus ornatus*（ニシキエビ） | [オーストラリア（北西沿岸）] | 採集 | FPh | 421) |
| *Panulirus ornatus*（ニシキエビ） | [オーストラリア] | 飼育 | Ph1-6 | 422) |
| *Panulirus penicillatus*（シマイセエビ） | [ハワイ] | 採集 | Ph7-11 | 423) |
| *Panulirus penicillatus*（シマイセエビ） | [ハワイ] | 採集 | Ph1-11 | 387) |
| *Panulirus penicillatus*（シマイセエビ） | [ツアモツ諸島] | 採集 | LPh, Pu | 397) |
| *Panulirus penicillatus*（シマイセエビ） | [インド] | 採集 | Ph7-10, Ph12 | 398) |
| *Panulirus penicillatus*（シマイセエビ） | [インド洋] | 採集 | Ph1-2, Ph9, Ph11 | 389) |
| *Panulirus penicillatus* [*puerulus* sp. B]（シマイセエビ） | 千葉県（千倉） | 飼育 | Pu | 399) |
| *Panulirus penicillatus*（シマイセエビ） | 千葉県（千倉） | 飼育 | (Pu), J1-8 | 400) |
| *Panulirus penicillatus*（シマイセエビ） | 東京都（八丈島） | 飼育 | Ph1-7 | 424) |
| *Panulirus penicillatus*（シマイセエビ） | 奄美諸島 | 飼育 | Ph1-10, Pu, J1 | 425) |
| *Panulirus penicillatus*（シマイセエビ） | 沖縄県 | 採集 | Ph5-10 | 376) |
| ※2　*Panulirus stimpsoni* ? [*P. ornatus*]（サガミイセエビ？） | [南シナ海] | 採集 | Ph11 | 387) |
| ※2　*Panulirus stimpsoni* ? [*phyllosoma* Form E]（サガミイセエビ？） | 茨城・福島沖 | 採集 | LPh | 426) |
| *Panulirus versicolor* [*Panurlirus versicola*]（ゴシキエビ） | 静岡県（伊豆）/神奈川県（油壷） | 採集 | Pu | 427) |
| *Panulirus versicolor* [*Panurlirus penicillatus*]（ゴシキエビ） | [インド洋（ラッカディブ海）] | 採集 | Ph1-11 | 428) |
| *Panulirus versicolor* [*Panurlirus* sp. II]（ゴシキエビ） | [インド洋（ラッカディブ海）] | 採集 | Ph1 | 428) |
| *Panulirus versicolor*（ゴシキエビ） | [インド] | 飼育 | Ph1 | 429) |
| *Panulirus versicolor*（ゴシキエビ） | [ニューカレドニア] | 採集 | Pu | 397) |
| *Panulirus versicolor*（ゴシキエビ） | [南シナ海] | 採集 | Ph9 | 387) |
| *Panulirus versicolor*（ゴシキエビ） | [インド] | 採集 | Ph2, Ph7-10 | 398) |
| *Panulirus versicolor*（ゴシキエビ） | [インド洋] | 採集 | Ph2, Ph4, Ph8, Ph11 | 389) |
| *Panulirus versicolor*（ゴシキエビ） | [オーストラリア（北西沿岸）] | 採集 | FPh | 421) |
| *Panulirus versicolor*（ゴシキエビ） | 沖縄県 | 採集/DNA | Ph 8-10 | 376) |
| *Puerulus angulatus*（クボエビ） | [南シナ海] | 採集 | LPh | 430) |
| *Puerulus angulatus*（クボエビ） | [南シナ海] | 採集 | Ph2?, Ph7 | 387) |
| *Puerulus angulatus*（クボエビ） | [インド洋] | 採集 | Ph3, Ph5 | 398) |
| *Puerulus angulatus*（クボエビ） | 琉球列島・台湾近海 | 採集 | Ph? | 431) |
| *Puerulus angulatus*（クボエビ） | トンガ列島 | 採集 | LPh | 432) |
| *Puerulus angulatus*（クボエビ） | [ニューカレドニア] | 採集 | Ph1 | 433) |
| ※3　*Phyllamphion elegans* [*Palinurellus*]（ヨロンエビ） | [インド洋] | 採集 | Ph2-10, Ph12 | 398) |
| ※3　*Phyllamphion elegans* [*Palinurellus*]（ヨロンエビ） | [ニューカレドニア] | 採集 | Ph1-12 | 434) |
| ※3　*Phyllamphion elegans* [*Palinurellus*]（ヨロンエビ） | [ツアモツ諸島] | 採集 | Pu | 397) |
| ※3　*Phyllamphion elegans* [*Palinurellus*]（ヨロンエビ） | 琉球列島・台湾近海 | 採集 | Ph6, Ph11 | 431) |
| ※3　*Phyllamphion elegans* [*Palinurellus*]（ヨロンエビ） | [太平洋（北西域）] | 採集 | LPh | 430) |
| ※3　*Phyllamphion elegans* [*Palinurellus*]（ヨロンエビ） | [ニューカレドニア] | 採集 | Ph1 | 433) |

資料：付表A

| 種名（[ ] 内は原著での学名または属名，グレー地は全期の記載） | 産地（[ ] 内は海外） | 方法 | 幼生期 | 文献 |
|---|---|---|---|---|
| Family Scyllaridae （セミエビ科） | | | | |
| Subfamily Arctinae （セミエビ亜科） | | | | |
| *Arctides regalis* （ハワイカザリセミエビ） | [太平洋（ハワイ）] | 採集 | Ph8 | 382) |
| *Arctides regalis* （ハワイカザリセミエビ） | [ニューカレドニア] | 飼育 | Ph1 | 450) |
| *Arctides regalis* （ハワイカザリセミエビ） | [太平洋（ハワイ）] | 採集 /DNA | LPh | 451) |
| *Scyllarides squammosus* （セミエビ） | [ニューカレドニア] | 採集 / 飼育 | FPh, Ni | 452) |
| *Scyllarides squammosus* （セミエビ） | 鹿児島県（佐多） | 飼育 | Ph1-6 | 453) |
| *Scyllarides squammosus* （セミエビ） | [マリアナ海域] | 採集 | LPh | 416) |
| *Scyllarides squammosus* （セミエビ） | [ニューカレドニア] | 飼育 | Ph1 | 450) |
| *Scyllarides squammosus* （セミエビ） | [オーストラリア（珊瑚海）] | 採集 /DNA | Ph6 | 454) |
| Subfamily Ibacinae （ウチワエビ亜科） | | | | |
| *Ibacus ciliatus* ? ["*Phyllosoma guerini*"] （ウチワエビ?） | （国内，産地不詳） | 採集 | LPh | 455) |
| *Ibacus ciliatus* ? ["*Phyllosoma guerini*"] （ウチワエビ?） | 和歌山県（白浜） | 採集 | LPh | 456) |
| *Ibacus ciliatus* [*Ibacus novemdentatus* ?] （ウチワエビ（オオバウチワエビ?）） | 和歌山県（白浜） | 飼育 | Ph1 | 457) |
| *Ibacus ciliatus* ? ["*Phyllosoma utivaebi*"] | 和歌山県（白浜） | 採集 | LPh | 458) |
| *Ibacus ciliatus* （ウチワエビ） | 長崎県（茂木） | 飼育 | Ph1-4 | 459) |
| *Ibacus ciliatus* （ウチワエビ） | 福岡県（津屋崎） | 採集 / 飼育 | FPh, Ni | 460) |
| *Ibacus ciliatus* （ウチワエビ） | 鹿児島（桜島） | 飼育 | Ph1-4 | 415) |
| ※4 *Ibacus ciliatus* （ウチワエビ） | 鹿児島県（古江） | 飼育 | Ph1-8 | 461) |
| *Ibacus ciliatus* （ウチワエビ） | 京都府（丹後） | 採集 / 飼育 | FPh | 462) |
| *Ibacus ciliatus* （ウチワエビ） | 山口県（下関）/ 石川県（小松） | 採集 | FPh | 463) |
| *Ibacus novemdentatus* （オオバウチワエビ） | 長崎県（茂木） | 飼育 | Ph1-4 | 459) |
| *Ibacus novemdentatus* （オオバウチワエビ） | 福岡（津屋崎） | 採集 / 飼育 | FPh, Ni | 460) |
| *Ibacus novemdentatus* （オオバウチワエビ） | [南シナ海] | 採集 | LPh | 387) |
| *Ibacus novemdentatus* （オオバウチワエビ） | [東シナ海] | 採集 | Ph2, Ph4, Ph6, Ni | 464) |
| *Ibacus novemdentatus* （オオバウチワエビ） | [南アフリカ] | 採集 | LPh | 419) |
| ※4 *Ibacus novemdentatus* （オオバウチワエビ） | 薩摩半島（泊） | 飼育 | Ph1-7, Ni | 461) |
| *Parribacus antarcticus* （ミナミゾウリエビ） | [南シナ海] | 採集 | Ph7 | 387) |
| *Parribacus antarcticus* （ミナミゾウリエビ） | [マリアナ海域] | 採集 | LPh | 416) |
| *Parribacus antarcticus* （ミナミゾウリエビ） | [南シナ海] | 採集 /DNA | LPh | 465) |
| *Parribacus japonicus* [*P. ursus-major*] （ゾウリエビ） | 薩摩半島（泊） | 飼育 | Ph1 | 466) |
| *Parribacus japonicus* [*P. antarcticus*] （ゾウリエビ） | 鹿児島湾（古江） | 飼育 | Ph1-3 | 467) |
| *Parribacus japonicus* （ゾウリエビ） | 小笠原諸島 | 採集 | LPh, Ni | 468) |
| Subfamily Scyllarinae （ヒメセミエビ亜科） | | | | |
| *Chelarctus virgosus* ? [*Scyllarus*] （ヒメセミエビ?） | [インド洋] | 採集 | Ph2-8, Ph10-11 | 398) |
| *Chelarctus virgosus* ? [*Scyllarus*] （ヒメセミエビ?） | [インド洋] | 採集 | Ph2-5, Ph7 | 389) |
| *Chelarctus virgosus* [*Scyllarus cultrifer*] （ヒメセミエビ） | 三重県（五ヶ所湾） | 飼育 | Ph1 | 469) |
| *Chelarctus virgosus* [*Scyllarus cultrifer*] （ヒメセミエビ） | 沖縄（与那国島） | 採集 / 飼育 | LPh, Ni, J1-2 | 470) |
| *Chelarctus virgosus* [*Scyllarus cultrifer*] （ヒメセミエビ） | [太平洋南西海域] | 採集 | Ph4-8 | 471) |
| *Crenarctus bicuspidatus* [*Scyllarus*] （フタバヒメセミエビ） | 鹿児島県（開聞） | 飼育 | Ph1 | 472) |
| *Crenarctus bicuspidatus* [*Scyllarus*] （フタバヒメセミエビ） | 鹿児島県（花ノ瀬） | 飼育 | Ph1-4, Ph6-9 | 473) |
| *Crenarctus bicuspidatus* [*Scyllarus*] （フタバヒメセミエビ） | [マリアナ海域] | 採集 | FPh | 416) |
| *Crenarctus bicuspidatus* [*Scyllarus*] （フタバヒメセミエビ） | [太平洋南西海域] | 採集 | Ph1, Ph3-8 | 471) |
| *Eduarctus martensii* [*Scyllarus*] （エクボヒメセミエビ） | [南シナ海] | 採集 | FPh | 398) |
| *Eduarctus martensii* [*Scyllarus*] （エクボヒメセミエビ） | [インド洋] | 採集 | Ph1-8, FPh | 387) |
| *Eduarctus martensii* [*Scyllarus*] （エクボヒメセミエビ） | [インド洋] | 採集 | Ph3-4, Ph6-7, Ph11 | 389) |
| *Eduarctus martensii* [*Scyllarus*] （エクボヒメセミエビ） | [オーストラリア（カーペンタリア湾）] | 採集 | Ni | 474) |
| *Eduarctus martensii* （エクボヒメセミエビ） | [台湾（澎湖諸島）] | 飼育 | Ph1-9, Ni, J1 | 475) |
| *Galearctus aurora* [*Scyllarus timidus*] （オーロラヒメセミエビ） | [ハワイ沖] | 採集 | Ph5, Ph7, Ph9 | 476) |
| *Galearctus kitanoviriosus* [*Scyllarus*] （キタンヒメセミエビ） | 鹿児島県（長島） | 採集 / 飼育 | FPh, Ni, J1 | 477) |
| *Galearctus kitanoviriosus* [*Scyllarus*] （キタンヒメセミエビ） | 沖縄（水釜） | 飼育 | Ph1-9, Ni | 478) |
| *Galearctus kitanoviriosus* [*Scyllarus*] （キタンヒメセミエビ） | 三重県（鳥羽） | 採集 | FPh | 479) |
| *Galearctus lipkei* （ヤマシタヒメセミエビ） | 沖縄（南西諸島） | 採集 /DNA | FPh | 480) |
| *Galearctus timidus* [*Scyllarus*] （イッカクヒメセミエビ） | [オーストラリア（モートン湾）] | 飼育 | Ph1 (In2, In3, In4) | 481) |
| *Petrarctus rugosus* [*Scyllarus*] （コブヒメセミエビ） | [インド洋] | 採集 | Ph1-8, Ph10, Ph12 | 398) |

| 種名（[ ] 内は原著での学名または属名，グレー地は全期の記載） | 産地（[ ] 内は海外） | 方法 | 幼生期 | 文献 |
|---|---|---|---|---|
| *Petrarctus rugosus* [*Scyllarus*]（コブヒメセミエビ） | ［インド洋］ | 採集 | Ph3, Ph6, Ph11 | 389) |
| *Petrarctus brevicornis*（シワヒメセミエビ） | 山口県（長門） | 採集 /DNA | FPh, Ni, J1 | 482) |
| *Petrarctus rugosus*（コブヒメセミエビ） | ［インド（チェンナイ）］ | 飼育 | Ph1-8, Ni | 483) |
| Subfamily Theninae（ウチワエビモドキ亜科） | | | | |
| *Thenus orientalis*（ウチワエビモドキ） | ［南シナ海］ | 採集 | Ph2, LPh | 387) |
| *Thenus orientalis*（ウチワエビモドキ） | ［インド洋］ | 採集 | Ph2-4, FPh | 398) |
| *Thenus orientalis*（ウチワエビモドキ） | ［オーストラリア］ | 飼育 | Ph1-4, Ni | 484) |
| *Thenus orientalis*（ウチワエビモドキ） | ［オーストラリア］ | 飼育 | Ph1-4, Ni | 485) |

※1：どの亜種か不明のばあい'カノコイセエビ類'とした。※2：McWilliam & Phillips [421] による推定。※3：De Grave & Chan [448] による。
※4：ここでのフィロソーマは期でなく脱皮齢。※5：上記以外にも種名不詳の報告例がいくつかある [373, 374]。

## 付表A-7　センジュエビ下目において幼生形態の記載がある種
〔Er：エリオネイカス（ポストラーバ），PZ：プリゾエア，Z：ゾエア〕

| 種名（[ ] 内は原著での学名または属名，グレー地は全期の記載） | 産地（[ ] 内は海外） | 方法 | 幼生期 | 文献 |
|---|---|---|---|---|
| Family Polychelidae（センジュエビ科） | | | | |
| ※1　*Polycheles typhlops*（センジュエビ） | ［地中海］ | 飼育 | PZ | 501) |
| ※2　*Polycheles typhlops*（センジュエビ） | ［地中海］ | 採集 /DNA | Z1-3, Er | 502) |
| *Pentacheles laevis*（和名なし） | 福島沖 | 採集 /DNA | Er | 503) |
| *Pentacheles laevis*（和名なし） | 駿河湾 | 採集 /DNA | Er | 504) |
| ※3　*Stereomastis panglao*（和名なし） | 駿河湾 | 採集 /DNA | Er | 505) |

※1：原著では「St.1」であるが，附属肢・突起類が未伸長の状態。※2：Z1 以外は DNA 解析による同定。
※3：成体は日本沿岸から未報告。

## 付表A-8　異尾下目における幼生記載の状況
〔C：稚ガニ，M：メガロパ，PZ：プリゾエア，Z：ゾエア，[a]：直接・短縮発生，期略称の前に付く「L」は「後期の」を意味する〕

| 種名（[ ] 内は原著での学名または属名，グレー地は全期の記載） | 産地（[ ] 内は海外） | 方法 | 幼生期 | 文献 |
|---|---|---|---|---|
| Superfamily Galatheoidea（コシオリエビ上科） | | | | |
| Family Galatheidae（コシオリエビ科） | | | | |
| *Allogalathea elegans*〈コマチコシオリエビ〉 | 沖縄県（本島） | 飼育 | Z1-4, M | 514) |
| *Galathea amboinensis*（ウミシダコシオリエビ） | 沖縄県（本島） | 飼育 | Z1-4, M | 515) |
| *Galathea inflata*（フタスジウミシダコシオリエビ） | 沖縄県（本島） | 飼育 | Z1-5, M | 516) |
| *Galathea orientalis*（トウヨウコシオリエビ） | ［韓国南部］ | 採集 / 飼育 | Z4 | 517) |
| *Lauriea gardineri*（ヒヅメコシオリエビ） | 沖縄県（本島） | 飼育 | Z1 | 518) |
| *Phylladiorhynchus integrirostris*（和名なし） | 沖縄県（本島） | 飼育 | Z1 | 518) |
| Family Munididae（チュウコシオリエビ科） | | | | |
| *Agononida incerta*（ヒゲナガチュウコシオリエビ） | 鹿児島県（枕崎沖） | 飼育 | Z1 | 519) |
| *Agononida squamosa*（和名なし） | ［バヌアツ］ | 飼育 | Z1 | 520) |
| *Munida striola*（和名なし） | 鹿児島県（枕崎沖） | 飼育 | Z1 | 519) |
| *Sadayoshia tenuirostris* [*S. edwardsii*]（和名なし） | 沖縄県（本島） | 飼育 | Z1-4, M | 521) |
| Family Munidopsidae（シンカイコシオリエビ科） | | | | |
| ※1　*Munidopsis myojinensis*（ミョウジンシンカイコシオリエビ） | 明神海丘 | 飼育 | Z1 | 522) |
| ※1　*Shinkaia crosnieri*（ゴエモンコシオリエビ） | 沖縄海盆 | 飼育 | Z1 | 523) |
| ※1　*Shinkaia crosnieri*（ゴエモンコシオリエビ） | 沖縄海盆 | 飼育 / 採集 | Z1, C1? | 522) |
| ※2　*Shinkaia crosnieri*（ゴエモンコシオリエビ） | 沖縄海盆 | 飼育 | Z1 | 524) |
| Family Porcellanidae（カニダマシ科） | | | | |
| *Enosteoides ornata* [*Porcellana*]（トゲカニダマシ） | ［インド］ | 飼育 | PZ, Z1 | 366) |
| *Enosteoides ornata*（トゲカニダマシ） | ［韓国（済州島）］ | 飼育 | Z1 | 526) |
| ※3　*Neopetrolisthes maculatus* [*Petrolisthes*]（アカホシカニダマシ） | ［タンザニア（クンダッチー）］ | 飼育 | Z1 | 527) |
| *Neopetrolisthes maculatus*（アカホシカニダマシ） | 沖縄県（黒島） | 飼育 | Z1-2 | 528) |
| *Neopetrolisthes spinatus*（コホシカニダマシ） | 沖縄県（本島） | 飼育 | Z1-2 | 528) |
| *Novorostrum decorocrus*（イボテカニダマシ） | 沖縄県（西表島） | 飼育 | Z1-2, M | 529) |

資料：付表A　251

| 種名（[ ]内は原著での学名または属名，グレー地は全期の記載） | 産地（[ ]内は海外） | 方法 | 幼生期 | 文献 |
|---|---|---|---|---|
| *Novorostrum indicum*（インドカニダマシ） | 鹿児島県（坊津） | 飼育 | Z1-2 | 530) |
| *Pachycheles graciaensis*（ウキボリカニダマシ） | 沖縄県（黒島） | 飼育 | Z1 | 531) |
| *Pachycheles hertwigi*（パルスカニダマシ） | [韓国（巨済島）] | 飼育 | Z1 | 532) |
| *Pachycheles sculptus*（和名なし） | 沖縄県（黒島） | 飼育 | Z1 | 531) |
| *Pachycheles stevensii*（コブカニダマシ） | 北海道（日本海海域） | 採集 | Z1-2 | 533) |
| *Pachycheles stevensii*（コブカニダマシ） | 北海道（厚岸） | 飼育 | Z1-2, M | 534) |
| *Pachycheles stevensii*（コブカニダマシ） | [ロシア（ボストーク湾）] | 飼育 | PZ | 535) |
| *Petrolisthes asiaticus*（アジアアカハラ） | 沖縄県（黒島） | 飼育 | Z1-2 | 536) |
| *Petrolisthes boscii*（ショウジョウカニダマシ） | [インド] | 飼育 | PZ, Z1-2, M | 537) |
| *Petrolisthes boscii*（ショウジョウカニダマシ） | [パキスタン（カラチ）] | 飼育 | Z1-2, M | 538) |
| *Petrolisthes carinipes*（ケハダカニダマシ） | 千葉県（坂田） | 飼育 | Z1-2 | 539) |
| *Petrolisthes coccineus*（オオアカハラ） | 千葉県（坂田） | 飼育 | Z1-2 | 539) |
| *Petrolisthes hastatus*（ミナミカニダマシ） | 沖縄県（黒島） | 飼育 | Z1-2 | 536) |
| *Petrolisthes japonicus* [*P. japonica*]（イソカニダマシ） | 相模湾（城ヶ島・他） | 飼育 | Z1 | 540) |
| *Petrolisthes japonicus*（イソカニダマシ） | 相模湾（葉山） | 飼育 | Z1 | 541) |
| *Petrolisthes japonicus*（イソカニダマシ） | 千葉県（坂田） | 飼育 | Z1-2 | 539) |
| *Petrolisthes lamarckii*（ヒロバカニダマシ） | [インド] | 飼育 | PZ, Z1 | 366) |
| *Petrolisthes lamarckii*（ヒロバカニダマシ） | [インド（ムンバイ）] | 飼育 | Z1-2, M, C1 | 542) |
| *Petrolisthes lamarckii*（ヒロバカニダマシ） | [パキスタン（カラチ）] | 飼育 | Z1-2, M | 543) |
| *Petrolisthes moluccensis*（モルッカカニダマシ） | 沖縄県（黒島） | 飼育 | Z1-2 | 536) |
| *Petrolisthes pubescens*（ケブカカニダマシ） | 千葉県（坂田） | 飼育 | Z1-2 | 539) |
| *Petrolisthes tomentosus*（フサゲカニダマシ） | 沖縄県（黒島） | 飼育 | Z1-2 | 536) |
| *Petrolisthes unilobatus*（ヒトハカニダマシ） | 沖縄県（本島） | 飼育 | Z1-2, M | 544) |
| *Pisidia serratifrons*（フトウデネジレカニダマシ） | [韓国（巨済島）] | 飼育 | Z1, Z2 | 545) |
| *Polyonyx sinensis*（ヤドリカニダマシ） | [韓国（泰安）] | 飼育 | Z1 | 546) |
| *Porcellana pulchra*（ベッコウカニダマシ） | [韓国（珍島）] | 飼育 | Z1 | 546) |

Superfamily Chirostyloidea（ワラエビ上科）

Family Chirostylidae（ワラエビ科）

| 種名 | 産地 | 方法 | 幼生期 | 文献 |
|---|---|---|---|---|
| *Chirostylus dolichopus*（ムギワラエビ） | 三宅島 | 飼育 | Z1 | 553) |
| *Chirostylus ortmanni*（オルトマンワラエビ） | [インドネシア（スラウェシ島）] | 飼育 | Z1 | 554) |
| *Chirostylus stellaris*（ホシゾラワラエビ） | 沖縄県（本島） | 飼育 | Z1-2, M | 555) |

Superfamily Paguroidea（ヤドリ上科）

Family Pylochelidae（ツノガイヤドカリ科）

| 種名 | 産地 | 方法 | 幼生期 | 文献 |
|---|---|---|---|---|
| *Pomatocheles jeffreysii*（ツノガイヤドカリ） | 愛知県（三河湾） | 飼育 | PZ? | 561) |
| *Pylocheles mortensenii*（カルイシヤドカリ） | 鹿児島県（枕崎沖） | 飼育 | C1 [a] | 562) |

Family Diogenidae（ヤドカリ科）

| 種名 | 産地 | 方法 | 幼生期 | 文献 |
|---|---|---|---|---|
| *Areoaguristes japonicus*（プチヒメヨコバサミ） | [韓国（釜山）] | 飼育 | Z1-3, M | 564) |
| *Clibanarius infraspinatus*（コブヨコバサミ） | [インド] | 飼育 | Z1-4, M | 565) |
| *Clibanarius virescens*（イソヨコバサミ） | [パキスタン] | | | 566) |
| *Dardanus arrosor*（ケスジヤドカリ / ヨコスジヤドカリ） | [地中海] | 飼育 | Z1 | 32) |
| *Dardanus arrosor*（ケスジヤドカリ / ヨコスジヤドカリ） | [紅海] | 飼育 | Z1-2 | 567) |
| *Dardanus arrosor*（ケスジヤドカリ / ヨコスジヤドカリ） | [地中海] | 飼育 | Z1 | 568) |
| *Dardanus arrosor*（ケスジヤドカリ / ヨコスジヤドカリ） | 神奈川県（荒崎） | 飼育 | Z1-7, M | 569) |
| *Dardanus crassimanus*? [*D. setifer*]（イシダタミヤドカリ） | [インド] | 飼育 | Z1 | 570) |
| *Dardanus crassimanus*（イシダタミヤドカリ） | 和歌山県（由良） | 飼育 | Z1-7 | 571) |
| *Dardanus crassimanus*（イシダタミヤドカリ） | 和歌山県（由良） | 飼育 | M | 572) |
| *Dardanus scutellatus*（ヒラテヤドカリ） | [マーシャル諸島] | 採集 | M | 573) |
| *Diogenes edwardsii*（トゲツノヤドカリ） | [韓国（釜山）] | 採集 | Z1-3, M | 574) |
| *Diogenes nitidimanus*（テナガツノヤドカリ） | 熊本県（天草） | 飼育 | Z1-4, M, C1 | 575) |
| *Diogenes nitidimanus*（テナガツノヤドカリ） | [ロシア（ボストーク湾）] | 飼育 | Z1-4, M | 576) |
| *Paguristes digitalis*（ヤスリヒメヨコバサミ） | 神奈川県（荒崎） | 飼育 | Z1-4, M | 577) |
| *Paguristes ortmanni*（ケブカヒメヨコバサミ） | 北海道（忍路） | 飼育 | PZ, Z1-3, M | 578) |

Family Coenobitidae（オカヤドカリ科）

| 種名 | 産地 | 方法 | 幼生期 | 文献 |
|---|---|---|---|---|
| *Birgus latro*（ヤシガニ） | [太平洋] | 飼育 | E, Z1 | 582) |
| *Birgus latro*（ヤシガニ） | [米国（ハワイ）] | 飼育 | Z1-5, M | 583) |

| 種名（[ ] 内は原著での学名または属名，グレー地は全期の記載） | 産地（[ ] 内は海外） | 方法 | 幼生期 | 文献 |
|---|---|---|---|---|
| *Birgus latro*（ヤシガニ） | ［台湾（緑島）］ | 飼育 | Z3, M | 584) |
| *Coenobita cavipes*（オカヤドカリ） | 沖縄県（本島） | 飼育 | Z1-5, M | 585) |
| *Coenobita cavipes*（オカヤドカリ） | 沖縄県（本島） | 飼育 | M | 586) |
| *Coenobita perlatus*（サキシマオカヤドカリ） | ［モルディブ］ | 飼育 | Z1 | 587) |
| *Coenobita purpureus*（ムラサキオカヤドカリ） | 沖縄県（本島） | 飼育 | Z1-5, M | 586) |
| *Coenobita rugosus* [*C. purpureus ?*]（ナキオカヤドカリ） | 鹿児島（鬼界ヶ島） | 採集 / 飼育 | Z1, M | 588) |
| *Coenobita rugosus*（ナキオカヤドカリ） | 沖縄県（本島） | 飼育 | Z1-5, M | 585) |
| *Coenobita violascens*（コムラサキオカヤドカリ） | 沖縄（石垣島） | 飼育 | Z1-4, M | 589) |
| Family Parapaguridae（オキヤドカリ科） | | | | |
| *Parapagurus benedicti*（キタシンカイヤドカリ） | ［ロシア（ボストーク湾］ | 採集 | Z1 | 591) |
| *Paragiopagurus diogenes* [*Parapagurus*]（ユメオキヤドカリ） | ［オーストラリア（シドニー）］ | 飼育 | Z1-2 | 592) |
| Family Paguridae（ホンヤドカリ科） | | | | |
| *Labidochirus anomalus*（ニホンサメハダホンヤドカリ） | ［ロシア（ボストーク湾）］ | 飼育 | Z1-4 | 596) |
| *Labidochirus splendescens*（サメハダホンヤドカリ） | ［米国（サン・ホアン島）］ | 飼育 | Z1-4, M | 597) |
| *Labidochirus splendescens*（サメハダホンヤドカリ） | ［北太平洋］ | 飼育 | Z1 | 598) |
| *Pagurus brachiomastus*（イクビ（ツマベニ）ホンヤドカリ） | 北海道（厚岸） | 飼育 | PZ | 599) |
| *Pagurus brachiomastus*（イクビ（ツマベニ）ホンヤドカリ） | 北海道（厚岸） | 飼育 | Z1-4, M, C1 | 600) |
| *Pagurus dubius*（ユビナガホンヤドカリ） | ［韓国（海雲台）］ | 飼育 | Z1-4, M | 601) |
| *Pagurus filholi* [*P. samuelis*]（ホンヤドカリ） | 神奈川県（荒崎） | 飼育 | Z1-4, M, C1 | 602) |
| *Pagurus filholi* [*P. geminus*]（ホンヤドカリ） | 北海道（忍路） | 飼育 | Z1 | 603) |
| *Pagurus gracilipes*（ハダカホンヤドカリ） | ［ロシア（ボストーク湾）］ | 飼育 | Z1-4, M | 604) |
| *Pagurus hirsutiusculus*（エゾホンヤドカリ） | ［米国］ | 飼育 | Z1, M | 605) |
| *Pagurus hirsutiusculus*（エゾホンヤドカリ） | ［米国（ピュージェット湾）］ | 飼育 | Z1-4, M | 606) |
| ※4 *Pagurus hirsutiusculus*（エゾホンヤドカリ） | ［米国（ワシントン州）］ | 飼育 | Z1-4, M | 607) |
| *Pagurus imafukui*（ツノガイホンヤドカリ） | 三重県（安乗） | 飼育 | Z1 | 608) |
| *Pagurus japonicus*（ヤマトホンヤドカリ） | ［韓国（済州島）］ | 飼育 | Z1 | 609) |
| *Pagurus japonicus*（ヤマトホンヤドカリ） | ［韓国（毎勿島）］ | 飼育 | Z1-4, M | 610) |
| *Pagurus lanuginosus*（ケアシホンヤドカリ） | ［韓国（釜山）］ | 飼育 | Z1-4, M | 611) |
| *Pagurus lanuginosus*（ケアシホンヤドカリ） | 北海道（室蘭） | 飼育 | PZ | 599) |
| *Pagurus lanuginosus*（ケアシホンヤドカリ） | 北海道（白尻） | 飼育 | Z1 | 603) |
| *Pagurus lanuginosus*（ケアシホンヤドカリ） | 和歌山県（白浜） | 飼育 | E, Z1-4, M, C1 | 612) |
| *Pagurus maculosus*（ホシゾラホンヤドカリ） | 和歌山県（白浜） | 飼育 | Z1-4, M | 613) |
| *Pagurus middendorffii*（テナガホンヤドカリ） | 北海道 | 採集 / 飼育 | Z1-4, M | 614) |
| *Pagurus middendorffii*（テナガホンヤドカリ） | 北海道（白尻） | 飼育 | PZ | 599) |
| *Pagurus middendorffii*（テナガホンヤドカリ） | 北海道（室蘭） | 飼育 | Z1-4, M, C1 | 603) |
| *Pagurus nigrofascia*（ヨモギホンヤドカリ） | 北海道（葛登支） | 飼育 | Z1-4, M, C1 | 615) |
| *Pagurus ochotensis*（オホーツクホンヤドカリ） | 北海道（忍路） | 飼育 | Z1-4, M | 578) |
| *Pagurus ochotensis*（オホーツクホンヤドカリ） | ［米国（フィダルゴ島）］ | 飼育 | Z1-4, M, C1-2 | 616) |
| *Pagurus pectinatus*（カイメンホンヤドカリ） | ［韓国（統営）］ | 飼育 | Z1-4, M | 617) |
| *Pagurus similis*（ベニホンヤドカリ） | ［韓国（慶南）］ | 飼育 | Z1-4, M | 618) |
| *Pagurus simulans*（チャイロイクビホンヤドカリ） | ［韓国（釜山）］ | 飼育 | Z1-4, M | 619) |
| *Pagurus trigonocheirus*（ミツカドホンヤドカリ） | ［北太平洋］ | 飼育 | Z1 | 598) |
| *Pagurus trigonocheirus*（ミツカドホンヤドカリ） | 北海道（白尻） | 飼育 | PZ, Z1 | 578) |
| *Parapagurodes constans*（イガグリホンヤドカリ） | ［韓国（統営）］ | 飼育 | Z1-4, M | 620) |
| *Porcellanopagurus truncatifrons*（チビカイガラカツギ） | 沖縄県（本島） | 飼育 | Z1 | 621) |
| *Propagurus miyakei*（アワツブホンヤドカリ） | 千葉県（小湊） | 飼育 | Z1 | 622) |
| *Spiropagurus spiniger*（ゼンマイヤドカリ） | ［インド（チェンナイ）］ | 採集 | Z1-4, M | 129) |
| Superfamily Lithdoidea（タラバガニ上科） | | | | |
| Family Hapalogastridae（ヒラトゲガニ科） | | | | |
| *Dermaturus mandtii*（シワガニ） | 北海道（厚岸） | 採集 / 飼育 | Z1-4, M, C1-2 | 637) |
| *Hapalogaster dentata*（ヒラトゲガニ） | 北海道（亀川） | 飼育 | Z1-4, M, C1 | 638) |
| *Hapalogaster dentata*（ヒラトゲガニ） | ［ロシア（ピョートル大帝湾）］ | 採集 | Z1 | 639) |
| *Hapalogaster grebnitzkii*（ショウジョウガニ） | （オホーツク海） | 採集 | Z1-4 | 275) |
| *Oedignathus inermis*（イボガニ） | ［ロシア（ピョートル大帝湾）］ | 採集 | Z1 | 639) |
| Family Lithodidae（タラバガニ科） | | | | |
| *Cryptolithodes expansus*（メンコガニ） | ［韓国（釜山）］ | 飼育 | Z1-4, M | 642) |

資料：付表A　253

| 種名（[ ]内は原著での学名または属名，グレー地は全期の記載） | 産地（[ ]内は海外） | 方法 | 幼生期 | 文献 |
|---|---|---|---|---|
| *Lithodes aequispina*（イバラガニモドキ） | ［米国（アラスカ）］ | 飼育 | Z1-4, M | 643) |
| *Lithodes aequispina*（イバラガニモドキ） | ［米国（アラスカ）］ | 飼育 | M, J1 | 644) |
| *Lopholithodes foraminatus*（フサイバラガニ） | ［カナダ（セイリッシュ海）］ | 飼育 | Z1-4, M, C1-4 | 645) |
| *Paralithodes brevipes*（ハナサキガニ） | 北海道 | 飼育 | Z1, LZ, M1-2 | 646) |
| *Paralithodes brevipes*（ハナサキガニ） | 北海道（根室） | 飼育 | Z1-4, M, C1 | 647) |
| *Paralithodes brevipes*（ハナサキガニ） | 北海道 | 飼育 | Z4-M | 648) |
| *Paralithodes brevipes*（ハナサキガニ） | （オホーツク海） | 採集 | Z1-4 | 275) |
| *Paralithodes camtschaticus*（タラバガニ） | 北海道 | 採集 / 飼育 | Z1, M? | 649) |
| *Paralithodes camtschaticus*（タラバガニ） | 北海道 | 飼育 | Z1-4, M | 650) |
| *Paralithodes camtschaticus*（タラバガニ） | 北海道 | 採集 / 飼育 | Z1-4, M, C1 | 646) |
| *Paralithodes camtschaticus*（タラバガニ） | 北海道 | 飼育 | Z1-4, M, C1 | 651) |
| *Paralithodes camtschaticus*（タラバガニ） | 北海道 | 採集 / 飼育 | Z1-4, M, C1-8 | 637) |
| *Paralithodes camtschaticus* [*Lithodes*]（タラバガニ） | （オホーツク海） | 採集 | Z1-4 | 275) |
| *Paralithodes camtschaticus*（タラバガニ） | ［米国（アラスカ）］ | 採集 | Z1 | 652) |
| *Paralithodes camtschaticus*（タラバガニ） | ［バレンツ海］ | 飼育 | PZ, Z1-4, M | 653) |
| *Paralithodes camtschaticus*（タラバガニ） | ［ロシア（ピョートル大帝湾）］ | 採集 | Zs | 639) |
| *Paralithodes platypus*（アブラガニ） | 北海道 | 飼育 | Z1 | 646) |
| *Paralithodes platypus*（アブラガニ） | 北海道 | 採集 | Z2-4 | 654) |
| *Paralithodes platypus*（アブラガニ） | 北海道 | 採集 | Z1 | 637) |
| *Paralithodes platypus*（アブラガニ） | ［米国（アラスカ）］ | 飼育 | Z1-4, M | 655) |
| *Paralithodes platypus*（アブラガニ） | ［米国（アラスカ）］ | 採集 | Z1 | 652) |
| *Paralithodes platypus*（アブラガニ） | ［ロシア（ピョートル大帝湾）］ | 採集 | Zs | 639) |
| *Paralomis hystrix*（イガグリガニ） | 静岡県（遠州灘） | 飼育 | Z1-2, M | 656) |
| *Paralomis japonica*（コフキエゾイバラガニ） | 和歌山県（太地沖） | 飼育 | PZ, Z1 | 657) |
| Superfamily Hippoidea（スナホリガニ上科） | | | | |
| Family Albuneidae（クダヒゲガニ科） | | | | |
| *Albunea symnista*（クダヒゲガニ） | ［インド（チェンナイ）］ | 採集 | Z1-5 | 129) |
| Family Blepharipodidae（フシメクダヒゲガニ科） | | | | |
| *Blepharipoda fauriana* ? [*B. liberata*]（フシメクダヒゲガニ？） | 北海道（石狩湾以北） | 採集 | Z1, Z2, Z5 | 662) |
| *Lophomastix japonica* ? [*B. fauriana*]（キタクダヒゲガニ） | 北海道（石狩湾） | 採集 | Z1-2, M | 662) |
| *Lophomastix japonica*（キタクダヒゲガニ） | 北海道（忍路） | 飼育 | PZ, Z1-3, M | 663) |
| Family Hippidae（スナホリガニ科） | | | | |
| *Hippa truncatifrons*（ハマスナホリガニ） | 神奈川県（相模湾） | 飼育 | Z1-5, M, C1 | 664) |

※1：写真のみ。※2：講演要旨。※3：'*Petrolisthes oshimai*' の名で記載。※4：亜種 '*Pagurus hirsutiusculus hirsutiusculus*' として記載。

## 付表A-9　短尾下目脚孔群における幼生記載の状況

〔C：稚ガニ，E：胚，M：メガロパ，PZ：プリゾエア，Z：ゾエア，[a]：直接・短縮発生，期略称の前に付く「L」は「後期の」を意味する〕

| 種名（[ ]内は原著での学名または属名，グレー地は全期の記載） | 産地（[ ]内は海外） | 方法 | 幼生期 | 文献 |
|---|---|---|---|---|
| Superfamily Dromioidea（カイカムリ上科） | | | | |
| Family Dromiidae（カイカムリ科） | | | | |
| *Conchoecetes artificiosus*（ヒラコウカムリ） | ［インド（ムンバイ）］ | 飼育 | PZ, Z1-2, M | 677) |
| *Conchoecetes artificiosus*（ヒラコウカムリ） | 愛知県（三河湾） | 飼育 | Z1-2 | 678) |
| ※1　*Conchoecetes artificiosus*（ヒラコウカムリ） | ［インド（コルカタ）］ | 採集（標本） | M | 679) |
| *Dromidiopsis indica* [*Lauridromia*]（サガミカイカムリ） | ［シンガポール］ | 飼育 | Z1 | 680) |
| ※2　*Lasiodromia coppingeri unidentata*（ヒメキヌゲカムリ） | 日本近海 | 採集 / 飼育 | M, C1 | 681) |
| *Lauridromia dehaani* [*Dromia*]（カイカムリ） | 静岡県（御前崎） | 採集 | Z1-3 | 682) |
| ※3　*Metadromia wilsoni* ?（ワタゲカムリ？） | 神奈川県（油壺） | 採集 | Z1 | 683) |
| *Metadromia wilsoni* [*Petalomera*]（ワタゲカムリ） | ［ニュージーランド］ | 採集 / 飼育 | PZ, Z1-3 | 684) |
| *Metadromia wilsoni* [*Petalomera*]（ワタゲカムリ） | ［ニュージーランド］ | 採集 | M | 685) |
| *Metadromia wilsoni* [*Petalomera*]（ワタゲカムリ） | 静岡県（御前崎） | 飼育 | Z1-2 | 678) |
| *Paradromia japonica* [*Petalomera*]（ニホンカムリ） | 静岡県（御前崎） | 飼育 | Z1-3 | 678) |
| *Paradromia japonica* [*Petalomera*]（ニホンカムリ） | ［韓国（海雲台）］ | 飼育 | PZ, Z1-2, M | 686) |

254

| 種名（[ ]内は原著での学名または属名，グレー地は全期の記載） | 産地（[ ]内は海外） | 方法 | 幼生期 | 文献 |
|---|---|---|---|---|
| *Petalomera* sp.（ヒラコウカムリ属の１種） | 駿河湾 | 採集 | M | 687) |
| Superfamily Homoloidea（ホモラ上科） | | | | |
| Family Homolidae（ホモラ科） | | | | |
| ※4 *Homola orientalis*［*Thelxiope*］（トウヨウホモラ） | 相模湾（葉山） | 採集 | M | 688) |
| *Homola orientalis*（トウヨウホモラ） | 静岡県（舞阪） | 飼育 | Z1 | 678) |
| *Latreillopsis bispinosa*（トゲミズヒキガニ） | 静岡県（舞阪） | 飼育 | Z1 | 678) |
| *Paromola japonica*（オオホモラ） | 相模湾？ | 飼育 | Z1 | 689) |
| *Paromola macrocheira*（テナガオオホモラ） | 遠州灘 | 飼育 | Z1 | 690) |
| Family Latreillidae（ミズヒキガニ科） | | | | |
| *Eplumula phalangium*［*Homola* sp.］（ミズヒキガニ） | 相模湾？ | 採集／飼育 | Z1, LZ, M | 689) |
| *Eplumula phalangium*（ミズヒキガニ） | 四国沖 | 採集 | M | 691) |
| *Latreillia valida*（サナダミズヒキガニ） | 小笠原諸島 | 採集 | M | 692) |
| Superfamily Raninoidea（アサヒガニ上科） | | | | |
| Family Raninidae（アサヒガニ科） | | | | |
| *Ranina ranina*（アサヒガニ） | 静岡県（下田） | 飼育 | Z1 | 693) |
| *Ranina ranina*（アサヒガニ） | ［ニューカレドニア］ | 飼育 | Z1 | 694) |
| *Ranina ranina*（アサヒガニ） | 土佐湾（須崎） | 飼育 | Z1-8 | 695) |
| *Ranina ranina*（アサヒガニ） | 東京都（八丈島） | 飼育 | Z1-8, M | 696) |
| Family Lyreididae（ビワガニ科） | | | | |
| *Lyreidus tridentatus*（ビワガニ） | ［オーストラリア（シドニー）］ | 採集／飼育 | Z1-6, M | 697) |
| *Lyreidus tridentatus*（ビワガニ） | ［ニュージーランド（プレンティー湾）］ | 採集 | M | 698) |

※1：Copra [699]が新種記載した標本等の再検討による。※2：講演要旨。※3：原文ではカイカムリ類の１種。
※4：Rice [700]によればオオホモラ属（*Paromola*）か？

## 付表A-10　短尾下目異孔亜群における幼生記載の状況

〔C：稚ガニ，E：胚，M：メガロパ，PZ：プリゾエア，Z：ゾエア，[a]：直接・短縮発生，期略称の前に付く「L」は「後期の」を意味する〕

| 種名（[ ]内は原著での学名または属名，グレー地は全期の記載） | 産地（[ ]内は海外） | 方法 | 幼生期 | 文献 |
|---|---|---|---|---|
| Superfamily Dorippoidea（ヘイケガニ上科） | | | | |
| Family Dorippidae（ヘイケガニ科） | | | | |
| *Dorippe* (*Dorippe*) *frascone*［*D. dorsipes*］（キメンガニ） | 遠州灘 | 飼育 | Z1-4 | 710) |
| *Dorippe* (*Dorippe*) *frascone*［*D. frascone*］（キメンガニ） | 高知県（土佐湾） | 採集／飼育 | LZ, M, C1 | 711) |
| *Heikeopsis japonica*［*D. dorsipes*］（ヘイケガニ） | 遠州灘 | 飼育 | Z1-4 | 710) |
| *Heikeopsis japonica*［*Nobilum*］（ヘイケガニ） | 高知県（土佐湾） | 採集／飼育 | M, C1 | 711) |
| *Paradorippe granulata*［*Dorippe*］（サメハダヘイケガニ） | 相模湾？ | 飼育 | Z1 | 689) |
| *Paradorippe granulata*（サメハダヘイケガニ） | 北海道（増毛沖） | 採集 | Z1-4 | 712) |
| *Paradorippe granulata*（サメハダヘイケガニ） | 遠州灘 | 飼育 | Z1-4 | 710) |
| *Paradorippe granulata*（サメハダヘイケガニ） | 高知県（土佐湾） | 採集／飼育 | LZ (Z4), M, C1 | 711) |
| *Paradorippe granulata*（サメハダヘイケガニ） | ［ロシア（ボストーク湾）］ | 採集 | Z1-4 | 6) |
| Superfamily Calappoidea（カラッパ上科） | | | | |
| Family Calappidae（カラッパ科） | | | | |
| *Calappa gallus*（コブカラッパ） | 三重県（志摩） | 飼育 | Z1 | 715) |
| *Calappa japonica*（ヤマトカラッパ） | 三重県（志摩） | 飼育 | Z1 | 715) |
| *Calappa lophos*（トラフカラッパ） | 相模湾？ | 飼育 | Z1 | 689) |
| *Calappa lophos*（トラフカラッパ） | ［インド（ビシャーカパトナム）］ | 飼育 | Z1 | 716) |
| ※1 *Calappa lophos*（トラフカラッパ） | 遠州灘 | 飼育 | Z1 | 717) |
| *Calappa lophos*（トラフカラッパ） | ［台湾（東港）］ | 採集 | M | 718) |
| *Calappa lophos*（トラフカラッパ） | 静岡県（御前崎） | 飼育 | Z1 | 678) |
| ※1 *Calappa philargius*（メガネカラッパ） | 遠州灘 | 飼育 | Z1 | 717) |
| *Calappa philargius*（メガネカラッパ） | ［台湾（東港）］ | 採集 | M | 718) |
| *Calappa philargius*（メガネカラッパ） | 静岡県（御前崎） | 飼育 | Z1 | 678) |
| Family Matutidae（キンセンガニ科） | | | | |

資料：付表A　255

| | 種名（[ ] 内は原著での学名または属名，グレー地は全期の記載） | 産地（[ ] 内は海外） | 方法 | 幼生期 | 文献 |
|---|---|---|---|---|---|
| | *Ashtoret lunaris* [*Matuta*]（キンセンガニ） | [インド（ビシャーカパトナム）] | 飼育 | Z1 | 716) |
| | *Ashtoret lunaris* [*Matuta*]（キンセンガニ） | [パキスタン（カラチ）] | 飼育 | PZ, Z1 | 719) |
| ※1 | *Ashtoret lunaris* [*Matuta*]（キンセンガニ） | 遠州灘 | 飼育 | Z1-5 | 717) |
| | *Ashtoret lunaris* [*Matuta*]（キンセンガニ） | 静岡県（浜名湖） | 飼育 | Z1-5 | 678) |
| | *Ashtoret lunaris*（キンセンガニ） | [台湾（東港）] | 採集 | M | 718) |
| | *Matuta planipes*（アミメキンセンガニ） | [パキスタン（カラチ）] | 飼育 | Z1 | 719) |

Superfamily Leucosioidea（コブシガニ上科）

Family Leucosiidae（コブシガニ科）

Subfamily Ebaliinae（エバリア亜科）

| | 種名 | 産地 | 方法 | 幼生期 | 文献 |
|---|---|---|---|---|---|
| | *Arcania heptacantha*（ナナトゲコブシ） | 三河湾 | 飼育 | Z1 | 720) |
| ※1 | *Arcania undecimspinosa*（ジュウイチトゲコブシ） | 熊本県（合津） | 飼育 | Z1 | 721) |
| | *Arcania undecimspinosa*（ジュウイチトゲコブシ） | 三河湾 | 飼育 | Z1 | 720) |
| | *Arcania undecimspinosa*（ジュウイチトゲコブシ） | 土佐湾 | 採集 / 飼育 | M | 722) |
| | *Arcania undecimspinosa*（ジュウイチトゲコブシ） | 土佐湾 | 採集 / 飼育 | M, C1-C2, C4 | 723) |
| | *Arcania undecimspinosa elongata*（ナガジュウイチトゲコブシ） | 遠州灘 | 飼育 | Z1-Z5 | 724) |
| | *Arcania undecimspinosa elongata*（ナガジュウイチトゲコブシ） | 土佐湾 | 採集 / 飼育 | M | 722) |
| | *Ebalia longimana* [*E. longipedata*]（テナガエバリア） | 相模湾 | 飼育 | Z1 | 689) |
| | *Heteronucia laminata* [*Nucia*]（ビロードコブシ） | 土佐湾 | 採集 / 飼育 | M | 722) |
| | *Heteronucia laminata* [*Nucia*]（ビロードコブシ） | 土佐湾 | 採集 / 飼育 | LZ, M, C1 | 723) |
| | *Hiplyra platycheir* [*Philyra*]（ヒラテコブシ） | 土佐湾 | 採集 / 飼育 | M | 722) |
| | *Hiplyra platycheir* [*Philyra*]（ヒラテコブシ） | 土佐湾 | 採集 / 飼育 | LZ, M, C1-C6 | 723) |
| | *Hiplyra platycheir* [*Philyra*]（ヒラテコブシ） | [韓国（済州島）] | 飼育 | Z1-Z3, M | 725) |
| | *Myra coalita*（ヒメテナガコブシ） | 土佐湾 | 採集 / 飼育 | M | 722) |
| | *Myra coalita*（ヒメテナガコブシ） | 土佐湾 | 採集 / 飼育 | LZ, M, C1, C2 | 723) |
| | *Myra fugax*（テナガコブシ） | 遠州灘 | 飼育 | Z1, Z2, Z3, Z4, Z5 | 724) |
| | *Nursia rhamboidalis*（ヒシガタロッカクコブシ） | [韓国（珍島）] | 飼育 | Z1 | 726) |
| | *Philyra kanekoi*（カネココブシ） | [韓国（済州島）] | 飼育 | Z1, Z2, Z3 | 727) |
| | *Philyra syndactyla*（ヒラコブシ） | 遠州灘 | 飼育 | Z1, Z2, Z3 | 724) |
| | *Pyrhila carinata*（ヨコハマママメコブシ） | [韓国（珍島）] | 飼育 | Z1 | 726) |
| | *Pyrhila pisum* [*Philyra*]（マメコブシガニ） | （日本国内） | 飼育 | Z1 | 35) |
| | *Pyrhila pisum* [*Philyra*]（マメコブシガニ） | （日本国内） | 飼育 | Z1, Z2, Z3, M | 728) |
| | *Pyrhila pisum* [*Philyra*]（マメコブシガニ） | 渥美湾 | 飼育 | Z1, Z2, Z3 | 724) |
| | *Pyrhila pisum* [*Philyra*]（マメコブシガニ） | [韓国（珍島）] | 飼育 | Z1, Z2, M | 729) |

Subfamily Leucosiinae（コブシガニ亜科）

| | 種名 | 産地 | 方法 | 幼生期 | 文献 |
|---|---|---|---|---|---|
| | *Leucosia anatum* [*L. longifrons*]（ツノナガコブシ） | 遠州灘 | 飼育 | Z1, Z2, Z3 | 724) |
| | *Leucosia craniolaris*（タテジマコブシ（セスジコブシガニ）） | 土佐湾 | 採集 / 飼育 | M | 730) |
| | *Leucosia obtusifrons*（コブシガニ） | 遠州灘 | 飼育 | Z1, Z2, Z3, M | 720) |

Superfamily Majoidea（クモガニ上科）

Family Inachidae（クモガニ科）

| | 種名 | 産地 | 方法 | 幼生期 | 文献 |
|---|---|---|---|---|---|
| | *Achaeus japonicus*（アケウス） | 静岡県（遠州灘） | 飼育 | Z1-2, M | 733) |
| | *Achaeus tuberculatus*（アワツブアケウス） | 神奈川県（荒崎） | 飼育 | Z1-2, M, C1 | 732) |
| | *Achaeus tuberculatus*（アワツブアケウス） | 静岡県（遠州灘） | 飼育 | Z1-2, M | 733) |
| | *Camposcia retusa*（モクズショイ） | [紅海（ハルガダ）] | 飼育 | Z1-2, M | 228) |
| | *Camposcia retusa*（モクズショイ） | [コーラル・シー諸島] | 飼育 | Z1-2, M, C1 | 734) |
| | *Cyrtomaia owstoni*（オーストンガニ） | 静岡県（戸田） | 飼育 | Z1 | 735) |
| | *Paratymolus pubsecens*（マメツブガニ） | 相模湾？ | 飼育 | Z1 | 689) |
| | *Platymaia alcocki*（ヒラアシクモガニ） | 静岡県（遠州灘） | 飼育 | Z1 | 736) |
| | *Platymaia alcocki*（ヒラアシクモガニ） | 鹿児島県（枕崎） | 飼育 | Z1 | 737) |
| | *Platymaia wyvillethomsoni*（ヒラアシクモガニモドキ） | [韓国（釜山）] | 飼育 | Z1-2 | 738) |

Family Macrocheiridae（タカアシガニ科）

| | 種名 | 産地 | 方法 | 幼生期 | 文献 |
|---|---|---|---|---|---|
| | *Macrocheira kaempferi*（タカアシガニ） | 紀伊半島（南部） | 飼育 | Z1-2, M | 739) |
| | *Macrocheira kaempferi*（タカアシガニ） | 相模湾（荒崎） | 飼育 | Z1-2, M, C1 | 732) |
| | *Macrocheira kaempferi*（タカアシガニ） | 房総半島沖？ | 飼育 | Z1 | 740) |
| | *Macrocheira kaempferi*（タカアシガニ） | 静岡県（戸田） | 飼育 | Z1 | 736) |
| | *Macrocheira kaempferi*（タカアシガニ） | 静岡県（戸田） | 飼育 | (Z1-2) M, C1 | 741) |
| ※2 | *Macrocheira kaempferi*（タカアシガニ） | 紀伊半島（南部） | 飼育 | Z1-2 | 742) |

| 種名（[ ] 内は原著での学名または属名，グレー地は全期の記載） | 産地（[ ] 内は海外） | 方法 | 幼生期 | 文献 |
|---|---|---|---|---|
| Family Inachioididae（'イッカククモガニ' 科（仮称）（外来種）） | | | | |
| ※3　Pyromaia tuberculata（イッカククモガニ） | [オーストラリア] | 飼育 | PZ, Z1 | 744) |
| ※3　Pyromaia tuberculata（イッカククモガニ） | 静岡県（遠州灘） | 飼育 | Z1-2, M | 733) |
| ※3　Pyromaia tuberculata（イッカククモガニ） | [韓国（機張）] | 飼育 | Z1-2, M | 745) |
| Family Epialtidae（モガニ科） | | | | |
| 　Subfamily Epialtlinae（モガニ亜科） | | | | |
| 　　Tunepugettia sagamiensis [Goniopugettia]（サガミモガニ） | 静岡県（遠州灘） | 飼育 | Z1-2, M, C1 | 746) |
| 　　Huenia heraldica [H. proteus]（コノハガニ） | 相模湾？ | 飼育 | Z1 | 747) |
| 　　Huenia heraldica [H. proteus]（コノハガニ） | 静岡県（御前崎） | 飼育 | Z1-2 | 748) |
| 　　Menaethius monoceros（イッカクガニ） | 静岡県（御前崎） | 飼育 | Z1-2, M | 748) |
| 　　Menaethius monoceros（イッカクガニ） | 静岡県（御前崎） | 飼育 | M | 736) |
| 　　Pugettia ferox [P. quadridens]（オオヨツハモガニ） | 北海道（有珠） | 飼育 | PZ, Z1 | 749) |
| 　　Pugettia ferox [P. quadridens]（オオヨツハモガニ） | 北海道（有珠） | 飼育 | Z1-2, M, C1 | 750) |
| 　　Pugettia incisa（ヤハズモガニ） | 神奈川県（荒崎） | 飼育 | Z1-2, M | 732) |
| 　　Pugettia incisa（ヤハズモガニ） | 静岡県（御前崎） | 飼育 | Z1-2 | 748) |
| 　　Pugettia incisa（ヤハズモガニ） | 静岡県（御前崎） | 飼育 | M | 736) |
| 　　Pugettia marissinica（ツシマモガニ） | [韓国南部] | 飼育 | M | 751) |
| 　　Pugettia marissinica（ツシマモガニ） | [韓国南部] | 飼育 | Z1-2 | 752) |
| 　　Pugettia nipponensis（ニッポンモガニ） | 静岡県（遠州灘） | 飼育 | Z1 | 736) |
| 　　Pugettia intermedia（ヨツハモドキ） | 静岡県（御前崎） | 飼育 | Z1-2, M | 748) |
| 　　Pugettia intermedia（ヨツハモドキ） | 静岡県（御前崎） | 飼育 | M | 736) |
| 　　Pugettia intermedia（ヨツハモドキ） | [韓国南部] | 飼育 | M | 751) |
| 　　Pugettia intermedia（ヨツハモドキ） | [韓国南部] | 飼育 | Z1-2 | 752) |
| 　　Pugettia quadridens（ヨツハモガニ） | 相模湾？ | 飼育 | Z1 | 740) |
| 　　Pugettia quadridens（ヨツハモガニ） | 神奈川（荒崎） | 飼育 | Z1-2, M, C1 | 732) |
| 　　Pugettia quadridens（ヨツハモガニ） | 神奈川県（葉山） | 飼育 | Z1 | 740) |
| 　　Pugettia quadridens（ヨツハモガニ） | 静岡県（御前崎） | 飼育 | Z1-2, M | 736) |
| 　　Pugettia quadridens（ヨツハモガニ） | [韓国南部] | 飼育 | M | 751) |
| 　　Pugettia quadridens（ヨツハモガニ） | [韓国南部] | 飼育 | Z1-2 | 750) |
| 　　Pugettia quadridens（ヨツハモガニ） | [ロシア（ボストーク湾）] | 飼育/採集 | PZ, Z1-2, M | 1099) |
| 　　Pugettia similis（ヒメモガニモドキ） | 静岡県（御前崎） | 飼育 | Z1-2 | 748) |
| 　Subfamily Pisinae（ツノガニ亜科） | | | | |
| 　　Doclea ovis（ケブカツノガニ） | 静岡県（遠州灘） | 飼育 | Z1-2, M | 753) |
| 　　Doclea ovis（ケブカツノガニ） | [インド（ポルト・ノヴォ）] | 飼育 | Z1-2, M | 754) |
| 　　Hyastenus diacanthus（ツノガニ） | 神奈川県（荒崎） | 飼育 | Z1-2, M | 732) |
| 　　Hyastenus elongatus（マルツノガニ） | 静岡県（遠州灘） | 飼育 | Z1-2, M | 753) |
| 　　Laubierinia nodosa（コブイボガニ） | 鹿児島県（枕崎） | 飼育 | Z1 | 755) |
| 　　Oxypleurodon stimpsoni（イボツノガニ） | 鹿児島県（枕崎） | 飼育 | Z1 | 755) |
| 　　Phalangipus hystrix（アシナガツノガニ） | 相模湾？ | 飼育 | Z1 | 689) |
| 　　Phalangipus hystrix [Naxioides]（アシナガツノガニ） | 神奈川県（荒崎） | 飼育 | Z1 | 732) |
| 　　Phalangipus hystrix（アシナガツノガニ） | 静岡県（遠州灘） | 飼育 | Z1-2 | 753) |
| 　　Scyra ortmanni [Pisoides]（トガリガニ） | 神奈川県（荒崎） | 飼育 | Z1-2, M | 732) |
| 　　Scyra ortmanni [Pisoides]（トガリガニ） | 静岡県（遠州灘） | 飼育 | Z1-2 | 753) |
| 　　Scyra bidentatus [Pisoides]（オオトガリガニ） | [ロシア（ボストーク湾）] | 飼育 | Z1-2, M | 1102) |
| 　　Rochinia debilis（フクレツノガニ） | 相模湾 | 飼育 | Z1 | 756) |
| 　　Scyra compressipes（ヒラツノガニ） | [韓国（海雲台）] | 飼育 | Z1-2, M | 757) |
| ※4　Tiarinia cornigera（イソクズガニ） | 相模湾？ | 飼育 | Z1 | 689) |
| 　　Tiarinia cornigera（イソクズガニ） | 神奈川県（荒崎） | 飼育 | Z1 | 732) |
| 　　Tiarinia cornigera（イソクズガニ） | 静岡県（折戸） | 飼育 | Z1-2 | 753) |
| 　　Tiarinia spinigera（トゲイソクズガニ） | 沖縄県（本島） | 飼育 | Z1-2, M, C1 | 758) |
| Family Majide（ケアシガニ科） | | | | |
| 　Leptomithrax bifidus（ヒメコシマガニ） | 神奈川県（荒崎） | 飼育 | Z1-2, M, C1 | 732) |
| 　Leptomithrax edwardsi（コシマガニ） | 神奈川県（荒崎） | 飼育 | Z1 | 732) |
| 　Leptomithrax edwardsi（コシマガニ） | 静岡県（遠州灘） | 飼育 | Z1-2 | 736) |
| 　Leptomithrax edwardsi（コシマガニ） | [韓国（釜山）] | 飼育 | Z1-2 | 759) |
| 　Micippa philyra（コワタクズガニ） | [韓国（済州島）] | 飼育 | Z1-2, M | 760) |

資料：付表A　　257

| 種名（[ ]内は原著での学名または属名，グレー地は全期の記載） | 産地（[ ]内は海外） | 方法 | 幼生期 | 文献 |
|---|---|---|---|---|
| *Micippa thalia*（ワタクズガニ） | 神奈川県（荒崎） | 飼育 | Z1-2 | 732) |
| *Micippa thalia*（ワタクズガニ） | 静岡県（御前崎） | 飼育 | Z1-2 | 736) |
| *Paramaya spinigera* [*Maja*]（ケアシガニ） | 静岡県（遠州灘） | 飼育 | Z1-2 | 761) |
| *Paramaya spinigera* [*Maja*]（ケアシガニ） | 静岡県（遠州灘） | 飼育 | (Z1-2) M | 736) |
| *Prismatopus longispinus* [*Acanthophrys*]（カイメンガニ） | 神奈川県（荒崎） | 飼育 | Z1-2, M, C1 | 732) |
| *Prismatopus longispinus* [*Chlorinoides*]（カイメンガニ） | 静岡県（遠州灘） | 飼育 | Z1-2 | 761) |
| *Prismatopus longispinus* [*Chlorinoides*]（カイメンガニ） | 静岡県（遠州灘） | 飼育 | (Z1-2) M | 736) |
| *Pseudomicippe nipponica* [*Zewa*]（ワタクズダマシ） | 千葉県（小湊） | 飼育 | Z1-2, M | 762) |
| *Schizophroida simodaensis*（シモダノコギリガニ） | 静岡県（遠州灘） | 飼育 | Z1-2 | 761) |
| *Schizophroida simodaensis*（シモダノコギリガニ） | 静岡県（遠州灘） | 飼育 | (Z1-2) M | 736) |
| *Schizophrys aspera*（ノコギリガニ） | 神奈川県（荒崎） | 飼育 | Z1-2, M | 732) |
| *Schizophrys aspera*（ノコギリガニ） | 静岡県（遠州灘） | 飼育 | Z1-2 | 761) |
| *Schizophrys aspera*（ノコギリガニ） | 静岡県（遠州灘） | 飼育 | (Z1-2) M | 736) |

Family Oregoniidae（ケセンガニ科）

Subfamily Oregoniinae（ケセンガニ亜科）

| 種名 | 産地 | 方法 | 幼生期 | 文献 |
|---|---|---|---|---|
| *Chionoecetes bairdi*（オオズワイガニ） | [カナダ] | 飼育 | PZ, Z1 | 763) |
| *Chionoecetes bairdi*（オオズワイガニ） | [米国（アラスカ州）] | 採集 / 飼育 | M | 764) |
| *Chionoecetes japonicus*（ベニズワイガニ） | 富山湾 | 飼育 | PZ, Z1 | 765) |
| *Chionoecetes japonicus*（ベニズワイガニ） | 富山湾 | 飼育 | Z1-2, M | 766) |
| *Chionoecetes japonicus*（ベニズワイガニ） | 富山湾 | 飼育 | Z1-2, M, C1 | 767) |
| *Chionoecetes opilio*（ズワイガニ） | （国内） | 飼育 | Z1-2 | 689) |
| *Chionoecetes opilio*（ズワイガニ） | 北海道 | 採集 | Z1-2, M | 768) |
| *Chionoecetes opilio*（ズワイガニ） | [カナダ] | 飼育 | Z1 | 763) |
| *Chionoecetes opilio*（ズワイガニ） | 石川県（能登沖） | 飼育 | Z1-2, M | 769) |
| *Chionoecetes opilio*（ズワイガニ） | 敦賀湾 | 飼育 | PZ, Z1-2, M, C1 | 770) |
| *Chionoecetes opilio*（ズワイガニ） | [ロシア（ポストーク湾）] | 採集 | Z1-2, M | 6) |
| *Hyas alutaceus*（ヒキガニ） | 北海道 | 採集 | Z1-2, M | 768) |
| *Hyas alutaceus*（ヒキガニ） | [カナダ（セントローレンス湾）] | 飼育 | Z1-2, M | 771) |
| *Hyas ursinus*（ケブカヒキガニ） | [ロシア（ポストーク湾）] | 採集 | M | 6) |
| *Oregonia gracilis*（ケセンガニ） | [カナダ（ブリティッシュ・コロンビア）] | 飼育 | Z1-2, M | 772) |
| *Oregonia gracilis*（ケセンガニ） | [米国（アナコルテス）] | 飼育 | Z1-2, M | 773) |

Subfamily Pleistacanthinae（ハリセンボン亜科）

| 種名 | 産地 | 方法 | 幼生期 | 文献 |
|---|---|---|---|---|
| *Pleistacantha sanctijohannis*（ハリセンボン） | 相模湾？ | 飼育 | Z1 | 689) |
| *Pleistacantha sanctijohannis*（ハリセンボン） | 神奈川県（荒崎） | 飼育 | Z1 | 732) |
| *Pleistacantha sanctijohannis*（ハリセンボン） | 静岡県（遠州灘） | 飼育 | Z1 | 736) |

Superfamily Hymenosomatoidea（ヤワラガニ上科）

Family Hymenosomatidae（ヤワラガニ科）

| 種名 | 産地 | 方法 | 幼生期 | 文献 |
|---|---|---|---|---|
| *Elamena truncata* ['*Hymenozoea abdominalis*']（ヒメソバガラガニ） | 対馬海峡 | 採集 | Z1 | 36) |
| *Elamena truncata*（ヒメソバガラガニ） | 駿河湾（御前崎） | 飼育 | Z1-3 | 779) |
| *Elamenopsis ariakensis*（アリアケヤワラガニ） | 八代海 | 採集 / 飼育 | Z1-3, C2 | 780) |
| *Halicarcinus coralicola* [*Rhynchoplax*]（ツノダシヤワラガニ） | 相模湾？ | 飼育 | Z1 | 35) |
| *Halicarcinus coralicola* [*Rhynchoplax*]（ツノダシヤワラガニ） | 駿河湾（御前崎） | 飼育 | Z1-3 | 779) |
| *Halicarcinus messor* [*Rhynchoplax*]（ヤワラガニ） | 相模湾？ | 飼育 | Z1 | 35) |
| *Halicarcinus messor* [*Rhynchoplax*]（ヤワラガニ） | 相模湾（三戸浜） | 飼育 | Z1-2 | 781) |
| *Halicarcinus messor* [*Rhynchoplax*]（ヤワラガニ） | 駿河湾（御前崎） | 飼育 | Z1-3 | 779) |
| *Halicarcinus orientalis*（トウヨウヤワラガニ） | 相模湾（三戸浜） | 飼育 | Z1-3, C1(M) | 781) |
| *Halicarcinus orientalis*（トウヨウヤワラガニ） | 駿河湾（御前崎） | 飼育 | Z1-3 | 779) |
| *Trigonoplax unguiformis*（ソバガラガニ） | 相模湾？ | 飼育 | Z1 | 35) |
| *Trigonoplax unguiformis*（ソバガラガニ） | 有明海（合津） | 飼育 | Z1-3, C1(M), C2-3 | 782) |

Superfamily Parthenopioidea（ヒシガニ上科）

Family Parthenopidae（ヒシガニ科）

| | 種名 | 産地 | 方法 | 幼生期 | 文献 |
|---|---|---|---|---|---|
| ※5 | *Enoplolambrus laciniatus*（ホソウデヒシガニ） | 土佐湾 | 採集 / 飼育 | M | 786) |
| | *Enoplolambrus validus* [*Parthenope*]（ヒシガニ） | 相模湾？ | 飼育 | Z1 | 689) |
| ※1 | *Enoplolambrus validus* [*Parthenope*]（ヒシガニ） | 有明海（合津） | 飼育 | Z1-4, M, C1 | 721) |
| | *Enoplolambrus validus* [*Parthenope*]（ヒシガニ） | 兵庫（明石） | 飼育 | Z1-5, M, C1 | 787) |
| | *Enoplolambrus validus* [*Parthenope*]（ヒシガニ） | 遠州灘 | 飼育 | Z1-4, M | 788) |

| 種名（[ ]内は原著での学名または属名，グレー地は全期の記載） | 産地（[ ]内は海外） | 方法 | 幼生期 | 文献 |
|---|---|---|---|---|
| *Rhinolambrus pelagicus*（ヤエヤマヒシガニ） | ［シンガポール］ | 飼育 | Z1 | 789) |
| **Superfamily Cancroidea（イチョウガニ上科）** | | | | |
| Family Cancridae（イチョウガニ科） | | | | |
| *Glebocarcinus amphioetus* [*Cancer*]（コイチョウガニ） | 噴火湾（虻田） | 飼育 | Z1 | 790) |
| *Glebocarcinus amphioetus* [*Cancer*]（コイチョウガニ） | 噴火湾（虻田） | 飼育 | Z1-5, M | 791) |
| *Glebocarcinus amphioetus*（コイチョウガニ） | ［ロシア（ポストーク湾）］ | 採集 | Z1-5, M | 6) |
| *Romaleon gibbosulum* [*Cancer*]（イボイチョウガニ） | 相模湾？ | 飼育 | Z1 | 689) |
| ※1 *Romaleon gibbosulum* [*Cancer*]（イボイチョウガニ） | 三河湾 | 飼育 | Z1-2 | 678) |
| *Romaleon gibbosulum*（イボイチョウガニ） | ［韓国（機張）］ | 飼育 | Z1-5, M | 792) |
| ※6 *Metacarcinus magister* [*Cancer*]（ホクヨウイチョウガニ） | ［アメリカ（カルフォルニア州）］ | 飼育 | Z1-5, M | 793) |
| *Metacarcinus magister* [*Cancer*]（ホクヨウイチョウガニ） | ［アメリカ（ワシントン州）］ | 飼育 | Z1 | 792) |
| **Superfamily Cheiragonoidea（クリガニ上科）** | | | | |
| Family Cheiragonidae（クリガニ科） | | | | |
| *Erimacrus isenbeckii*（ケガニ） | 北海道（根室） | 採集 | M | 796) |
| *Erimacrus isenbeckii*（ケガニ） | 北海道（根室） | 採集／飼育 | Z1-3, Z5, M | 797) |
| *Erimacrus isenbeckii*（ケガニ） | 北海道（厚岸） | 採集／飼育 | Z1-5, M | 798) |
| *Erimacrus isenbeckii*（ケガニ） | 北海道（釧路沖） | 飼育 | PZ, Z1 | 799) |
| *Erimacrus isenbeckii*（ケガニ） | ［韓国（高城）］ | 飼育 | Z1, Z2 | 800) |
| *Erimacrus isenbeckii*（ケガニ） | ［ロシア（ポストーク湾）］ | 採集 | Z1-5, M | 6) |
| *Telmessus acutidens*（トゲクリガニ） | 北海道（増毛沖） | 採集 | Z2, M | 798) |
| *Telmessus acutidens*（トゲクリガニ） | ［韓国（釜山）］ | 飼育 | Z1-4, M | 801) |
| *Telmessus cheiragonus*（クリガニ） | 北海道（厚岸） | 採集／飼育 | Z1-5, M | 798) |
| *Telmessus cheiragonus*（クリガニ） | ［ロシア（ポストーク湾）］ | 採集 | Z1-5, M | 6) |
| **Superfamily Portunoidea（ワタリガニ上科）** | | | | |
| Family Geryonidae（オオエンコウガニ科） | | | | |
| *Chaceon granulatus* [*Geryon trispinosus*]（オオエンコウガニ） | 静岡県（稲取） | 飼育 | Z1-4, M | 802) |
| ※1 *Chaceon granulatus* [*Geryon trispinosus*]（オオエンコウガニ） | 駿河湾 | 飼育 | Z1-4, M | 678) |
| Family Carcinidae（ミドリガニ科（外来種）） | | | | |
| ※3 *Carcinus aestuarii* [*C. mediterraneus*]（チチュウカイミドリガニ） | ［チュニジア（チュニス）］ | 飼育 | Z1-4, M, C1 | 805) |
| ※3 *Carcinus maenas*（ヨーロッパミドリガニ） | ［イギリス（プリマス）］ | 飼育 | Z1-4, M, C1 | 805) |
| Family Ovalipidae（ヒラツメガニ科） | | | | |
| *Ovalipes punctatus*（ヒラツメガニ） | 相模湾 | 採集／飼育 | M, C1 | 806) |
| *Ovalipes punctatus*（ヒラツメガニ） | 静岡県（遠州灘） | 飼育 | Z1-6 | 807) |
| Family Polybiidae（シワガザミ科） | | | | |
| *Liocarcinus corrugatus*（シワガザミ） | ［イギリス（ストロングフォード）］ | 飼育 | Z1-5 | 809) |
| *Liocarcinus corrugatus*（シワガザミ） | ［韓国（海雲台）］ | 飼育 | Z1-5/6, M | 810) |
| Family Portunidae（ワタリガニ科） | | | | |
| Subfamily Caphyrinae（トサカガザミ亜科） | | | | |
| *Lissocarcinus orbicularis*（ナマコマルガザミ） | ［ベトナム（ニャチャン）］ | 採集 | M | 811) |
| Subfamily Portuninae（ワタリガニ亜科（ガザミ亜科）） | | | | |
| *Monomia gladiator*（イボガザミ） | 神奈川県（荒崎） | 飼育 | Z1 | 812) |
| *Monomia gladiator*（イボガザミ） | 静岡県（遠州灘） | 飼育 | Z1-4 | 813) |
| *Monomia gladiator*（イボガザミ） | ［韓国（釜山）］ | 飼育 | PZ | 625) |
| *Portunus pelagicus* [*Neptunus*]（タイワンガザミ） | 相模湾？ | 採集／飼育 | Z1, M | 689) |
| *Portunus pelagicus*（タイワンガザミ） | ［インド（ムンバイ）］ | 採集 | Z1 | 814) |
| *Portunus pelagicus* [*Neptunus*]（タイワンガザミ） | 高知県（宇佐） | 飼育 | Z1-4, M, C1 | 815) |
| *Portunus pelagicus*（タイワンガザミ） | 紀伊半島？ | 飼育 | Z1-4, M | 816) |
| *Portunus pelagicus*（タイワンガザミ） | ［オーストラリア（モートン湾）］ | 飼育 | Z1-4, M | 817) |
| *Portunus pelagicus*（タイワンガザミ） | 静岡県（遠州灘） | 飼育 | Z1-4 | 813) |
| *Portunus pelagicus*（タイワンガザミ） | 土佐湾（宇佐） | 飼育 | Z1-4, M, C1-3 | 818) |
| *Portunus pelagicus*（タイワンガザミ） | ［インド（マンダパム）］ | 飼育 | Z1-4, M, C1 | 819) |
| *Portunus sanguinolentus* [*Neptunus*]（ジャノメガザミ） | ［インド（ヴィシャカパトナム）］ | 飼育 | PZ, Z1 | 820) |
| *Portunus sanguinolentus* [*Neptunus*]（ジャノメガザミ） | ［インド（ムンバイ）］ | 採集 | Z1 | 814) |
| *Portunus sanguinolentus*（ジャノメガザミ） | 紀伊半島？ | 飼育 | Z1-4 | 816) |
| *Portunus sanguinolentus*（ジャノメガザミ） | 静岡県（遠州灘） | 飼育 | Z1-3 | 813) |
| *Portunus sanguinolentus*（ジャノメガザミ） | ［インド（バランジペタイ）］ | 飼育 | Z1-4, M, C1 | 821) |

資料：付表A　259

| 種名（[ ] 内は原著での学名または属名，グレー地は全期の記載） | 産地（[ ] 内は海外） | 方法 | 幼生期 | 文献 |
|---|---|---|---|---|
| *Portunus trituberculatus* [*Neptunus*]（ガザミ） | 相模湾？ | 飼育 | Z1 | 35) |
| *Portunus trituberculatus*（ガザミ） | 岡山県（笠岡） | 飼育 | Z1-4, M, C1 | 822) |
| *Portunus trituberculatus*（ガザミ） | 神奈川県（荒崎） | 採集 / 飼育 | Z1-5, M | 812) |
| *Portunus trituberculatus*（ガザミ） | 静岡県（遠州灘） | 飼育 | Z1-4 | 813) |
| *Portunus trituberculatus*（ガザミ） | 土佐湾（宇佐） | 飼育 | Z1-4, M, C1 | 818) |
| *Xiphonectes hastatoides*（ヒメガザミ） | 広島県（尾道） | 飼育 | Z1 | 823) |
| ※1 *Xiphonectes hastatoides*（ヒメガザミ） | 静岡県（御前崎） | 飼育 | Z1 | 678) |
| ※5 *Xiphonectes bidens* [*Portunus*]（サガミヒメガザミ） | 土佐湾 | 採集 / 飼育 | M, C5 | 786) |
| ※7 *Scylla serrata* s.l.（'ノコギリガザミ'（広義）） | [インド（ヴィシャカパトナム）] | 飼育 | PZ, Z1 | 820) |
| *Scylla serrata* s.l.（'ノコギリガザミ'（広義）） | [マレーシア（ペナン）] | 飼育 | Z1-5, M | 824) |
| *Scylla serrata* s.l.（'ノコギリガザミ'（広義）） | 静岡県（浜名湖） | 飼育 | Z1-5, M | 825) |
| *Scylla serrata* s.l.（'ノコギリガザミ'（広義）） | [ニュージーランド] | 飼育 | Z1-5, M | 698) |
| *Callinectes sapidus*（アオガニ（外来種）） | [北米（ノースカロライナ州）] | 飼育 | Z1-6, M | 826) |
| Subfamily Thalamitinae（ベニツケガニ亜科） | | | | |
| *Charybdis* (*Charybdis*) *acuta*（ベニイシガニ） | 神奈川県（荒崎） | 飼育 | Z1-6, M | 827) |
| *Charybdis* (*Charybdis*) *acuta*（ベニイシガニ） | 静岡県（遠州灘） | 飼育 | Z1-6 | 813) |
| *Charybdis* (*Charybdis*) *annulata*（シマアシイシガニ） | [パキスタン（カラチ）] | 飼育 | Z1 | 828) |
| *Charybdis* (*Charybdis*) *feriata* [*C. cruciata*]（シマイシガニ） | 駿河湾（御前崎） | 飼育 | Z1-6 | 813) |
| *Charybdis* (*Charybdis*) *japonica* [*C. sexdentata*]（イシガニ） | 神奈川県（横浜） | 飼育 | Z1 | 222) |
| *Charybdis* (*Charybdis*) *japonica*（イシガニ） | 相模湾？ | 飼育 | Z1 | 689) |
| *Charybdis* (*Charybdis*) *japonica*（イシガニ） | 三河湾（伊川津） | 飼育 | Z1-6, M | 728) |
| *Charybdis* (*Charybdis*) *japonica*（イシガニ） | 広島県（尾道） | 飼育 | Z1-4 | 823) |
| *Charybdis* (*Charybdis*) *japonica*（イシガニ） | 静岡県（遠州灘） | 飼育 | Z1-6 | 813) |
| *Charybdis* (*Charybdis*) *japonica*（イシガニ） | [ロシア（ボストーク湾）] | 採集 | Z1-4 | 6) |
| *Charybdis* (*Charybdis*) *lucifera*（モンツキイシガニ） | [パキスタン（カラチ）] | 飼育 | Z1 | 828) |
| *Charybdis* (*Charybdis*) *miles*（アカイシガニ） | 神奈川県（荒崎） | 飼育 | Z1 | 812) |
| *Charybdis* (*Charybdis*) *miles*（アカイシガニ） | 静岡県（遠州灘） | 飼育 | Z1-7 | 813) |
| *Charybdis* (*Charybdis*) *natator*（ワタリイシガニ） | 沖縄 | 飼育 | Z1-6, M | 829) |
| *Charybdis* (*Charybdis*) *orientalis*（トウヨウイシガニ） | [インド（ムンバイ）] | 採集 | Z1 | 814) |
| *Charybdis* (*Charybdis*) *orientalis*（トウヨウイシガニ） | [パキスタン（カラチ）] | 飼育 | Z1 | 828) |
| *Charybdis* (*Charybdis*) *variegata*（カワリイシガニ） | 静岡県（遠州灘） | 飼育 | Z1-7 | 813) |
| *Charybdis* (*Goniohellenus*) *truncata*（ヒロバイシガニ） | 相模湾（荒崎） | 飼育 | Z1-3 | 812) |
| *Charybdis* (*Gonioneptunus*) *bimaculata*（フタホシイシガニ） | 静岡県（遠州灘） | 採集 | Z4 | 689) |
| *Charybdis* (*Gonioneptunus*) *bimaculata*（フタホシイシガニ） | 相模湾（荒崎） | 飼育 | Z1-4 | 812) |
| ※1 *Charybdis* (*Gonioneptunus*) *bimaculata*（フタホシイシガニ） | 遠州灘（御前崎） | 飼育 | Z1-4 | 678) |
| *Charybdis* (*Gonioneptunus*) *bimaculata*（フタホシイシガニ） | [韓国（釜山）] | 飼育 | PZ | 625) |
| *Charybdis* (*Gonioneptunus*) *bimaculata*（フタホシイシガニ） | [韓国（加徳島）] | 飼育 | Z1-7, M | 830) |
| *Thalamita crenata*（ミナミベニツケガニ） | [インド（ムンバイ）] | 飼育 | PZ, Z1 | 831) |
| *Thalamita crenata*（ミナミベニツケガニ） | [インド（ムンバイ）] | 採集 | Z1 | 814) |
| *Thalamita danae*（ミナミベニツケモドキ） | [オーストラリア（モートン湾）] | 飼育 | Z1-3, M | 832) |
| *Thalamita pelsarti* [*T. prymna*]（ベニツケガニ） | 相模湾（荒崎） | 飼育 | Z1 | 812) |
| *Thalamita pelsarti* [*T. prymna*]（ベニツケガニ） | 静岡県（遠州灘） | 飼育 | Z1-4 | 833) |
| *Thalamita pelsarti*（ベニツケガニ） | 沖縄県 | 飼育 | Z1-5, M | 834) |
| *Thalamita poissonii*（マルミフタハベニツケガニ） | [紅海] | 飼育 | Z1 | 835) |
| *Thalamita sima*（フタハベニツケガニ） | 相模湾 | 採集 / 飼育 | M, C1 | 806) |
| *Thalamita sima*（フタハベニツケガニ） | 神奈川県（荒崎） | 飼育 | Z1-5, M | 812) |
| *Thalamita sima*（フタハベニツケガニ） | 静岡県（御前崎） | 飼育 | Z1-6 | 813) |
| *Thalamita sima*（フタハベニツケガニ） | 神奈川県（平塚） | 採集 | M | 836) |
| Subfamily Podophthalminae（メナガガザミ亜科） | | | | |
| *Podophthalmus vigil*（メナガガザミ） | [インド（バランジペタイ）] | 飼育 | PZ, Z1 | 837) |
| Superfamily Goneplacoidea（エンコウガニ上科） | | | | |
| Family Euryplacidae（マルバガニ科） | | | | |
| *Eureate crenata*（マルバガニ） | 淡路島（仮屋） | 飼育 | Z1-5, M | 840) |
| *Eureate crenata*（マルバガニ） | 愛知県（三河湾） | 飼育 | Z1-5 | 841) |
| ※5 *Heteroplax transversa* [*H. nagasakiensis*]（ナガサキキバガニ） | 土佐湾 | 採集 / 飼育 | M | 786) |
| Family Goneplacidae（エンコウガニ科） | | | | |

| 種名（[ ]内は原著での学名または属名，グレー地は全期の記載） | 産地（[ ]内は海外） | 方法 | 幼生期 | 文献 |
|---|---|---|---|---|
| *Carcinoplax longimanus*（エンコウガニ） | 相模湾（荒崎） | 飼育 | Z1-4, M | 842) |
| *Carcinoplax longimanus*（エンコウガニ） | 静岡県（遠州灘） | 飼育 | Z1-4 | 841) |
| *Entricoplax vestita* [*Carcinoplax*]（ケブカエンコウガニ） | [韓国（機張）] | 飼育 | Z1-4, M | 843) |
| Superfamily Aethroidea（メンコヒシガニ上科） | | | | |
| Family Aethridae（メンコヒシガニ科） | | | | |
| *Aethra scruposa*（メンコヒシガニ） | [台湾] | 飼育 | Z1 | 893) |
| Superfamily Xanthoidea（オウギガニ上科） | | | | |
| Family Xanthidae（オウギガニ科） | | | | |
| Subfamily Actaeinae（サメハダオウギガニ亜科） | | | | |
| ※1　*Actaea sembalatae*（サメハダオウギガニ） | 静岡県（御前崎） | 飼育 | Z1-2 | 678) |
| *Actaeodes mutatus*（アミメビロードアワツブガニ） | [フィリピン（セブ島）] | 飼育 | Z1 | 893) |
| ※1　*Gaillardiellus orientalis* [*Actaea*]（ケブカアワツブガニ） | 熊本県（合津） | 飼育 | Z1-4, M | 721) |
| *Gaillardiellus orientalis* [*Paractaea*]（ケブカアワツブガニ） | 三重県（紀伊長島） | 飼育 | Z1-4, M | 845) |
| *Gaillardiellus orientalis* [*Actaea*]（ケブカアワツブガニ） | [シンガポール（セントーサ島）] | 飼育 | Z1 | 846) |
| *Novactaea pulchella*（ムラサキアワツブガニ） | 和歌山県（白浜） | 飼育 | Z1-2 | 847) |
| *Novactaea pulchella*（ムラサキアワツブガニ） | [韓国（済州島）] | 飼育 | Z1-2, M | 848) |
| *Psaumis cavipes*（エリアシアワツブガニ） | [フィリピン（パングラオ島）] | 飼育 | Z1 | 893) |
| *Pseudoliomera speciosa*（サンゴアワツブガニ） | [モーリシャス諸島] | 飼育 | Z1 | 849) |
| *Pseudoliomera speciosa*（サンゴアワツブガニ） | [紅海（アカバ湾）] | 飼育 | Z1 | 850) |
| Subfamily Banareiinae（ドロイシガニ亜科） | | | | |
| ※1　*Banareia odhneri*（オオタマオウギガニ） | 静岡県（御前崎） | 飼育 | Z1-4 | 678) |
| *Banareia subglobosa*（タマオウギガニ） | [シンガポール] | 飼育 | Z1 | 893) |
| *Calvactaea tumida*（マルタマオウギガニ） | 静岡県（遠州灘） | 飼育 | Z1-3 | 851) |
| Subfamily Chlorodiellinae（テナガオウギガニ亜科） | | | | |
| *Chlorodiella cytherea*（ヒメテナガオウギガニ） | [紅海（アカバ湾）] | 飼育 | Z1 | 850) |
| *Chlorodiella laevissima*（テナガオウギガニ） | [紅海（アカバ湾）] | 飼育 | Z1 | 850) |
| *Chlorodiella nigra*（クロテナガオウギガニ） | [紅海（アカバ湾）] | 飼育 | Z1 | 850) |
| *Cyclodius granulosus*（ツブヒヅメオウギガニ） | [紅海（アカバ湾）] | 飼育 | Z1 | 850) |
| *Pilodius areolatus*（ツブトゲオウギガニ） | [モーリシャス諸島] | 飼育 | Z1 | 852) |
| *Pilodius nigrocrinitus*（トゲオウギガニ） | 伊豆半島（下田） | 飼育 | Z1-3 | 853) |
| *Pilodius paumolensis*（ツアモツオウギガニ） | [モザンビーク（イニャカ島）] | 飼育 | Z1 | 854) |
| *Pseudactaea corallina*（シカクアワツブガニ） | [シンガポール（バリカサグ島）] | 飼育 | Z1 | 893) |
| Subfamily Cymoinae（キモガニ亜科） | | | | |
| *Cymo andreossyi*（ヒメキモガニ） | [紅海（ジッダ）] | 飼育 | Z1 | 855) |
| *Cymo melanodactylus*（キモガニ） | [紅海（ジッダ）] | 飼育 | Z1-4, M | 855) |
| *Cymo melanodactylus*（キモガニ） | [モーリシャス島] | 飼育 | Z1 | 893) |
| Subfamily Etisinae（ヒヅメガニ亜科） | | | | |
| *Etisus laevimanus*（ヒヅメガニ） | 千葉県（小湊） | 飼育 | Z1-4, M | 856) |
| *Etisus anaglyptus*（トガリヒヅメガニ） | [紅海（ジッダ）] | 飼育 | Z1 | 857) |
| *Etisus anaglyptus*（トガリヒヅメガニ） | [シンガポール] | 飼育 | Z1 | 893) |
| *Etisus electra*（ヒメヒヅメガニ） | [紅海（ジッダ）] | 飼育 | Z1 | 857) |
| *Etisus utilis*（ノコギリヒメヒヅメガニ） | [ニューカレドニア] | 飼育 | Z1 | 893) |
| Subfamily Euxanthinae（シワオウギガニ亜科） | | | | |
| *Danielea noelensis*（シワオウギガニダマシ） | [紅海（アカバ湾）] | 飼育 | Z1 | 850) |
| *Medaeops granulosus*（スエヒロガニ） | 静岡県（下田） | 飼育 | Z1-4 | 847) |
| *Medaeops granulosus*（スエヒロガニ） | [シンガポール] | 飼育 | Z1 | 893) |
| *Paramedaeus noelensis*（シワオウギガニダマシ） | 種子島 | 飼育 | Z1-4 | 858) |
| Subfamily Kraussiinae（ゴイシガニ亜科） | | | | |
| *Palapedia integra* [*Kraussia*]（ゴイシガニ） | 神奈川県（真鶴） | 採集 / 飼育 | M, C1 | 859) |
| *Palapedia integra* [*Kraussia*]（ゴイシガニ） | 神奈川県（平塚） | 採集 | M | 836) |
| *Palapedia integra* [*Kraussia*]（ゴイシガニ） | [韓国（済州島）] | 飼育 | Z1-4 | 860) |
| Subfamily Liomerinae（ベニオウギガニ亜科） | | | | |
| *Liomera bella*（ムラサキチリメンガニ） | 沖縄県（石垣島） | 飼育 | Z1 | 861) |
| *Liomera cinctimana*（オオベニオウギガニ） | [グアム島] | 飼育 | Z1 | 893) |
| *Liomera loevis*（ヒメベニオウギガニ） | [タイ（プーケット島）] | 飼育 | Z1 | 893) |
| *Liomera rugata*（ムラサキベニオウギガニ） | [紅海（アカバ湾）] | 飼育 | Z1 | 850) |

資料：付表A　261

| 種名（[ ] 内は原著での学名または属名，グレー地は全期の記載） | 産地（[ ] 内は海外） | 方法 | 幼生期 | 文献 |
|---|---|---|---|---|
| *Liomera tristis*（リュウキュウベニオウギガニ） | [紅海（アカバ湾）] | 飼育 | Z1 | 850) |
| Subfamily Polydectinae（'キンチャクガニ亜科'） | | | | |
| ※1　*Lybia tessellata*（キンチャクガニ） | [フィリピン（マクタン島）] | 飼育 | Z1-4, M | 862) |
| Subfamily Xanthinae（オウギガニ亜科） | | | | |
| ※1　*Cycloxanthops truncatus*（トガリオウギガニ） | 熊本県（合津） | 飼育 | PZ, Z1 | 721) |
| *Cycloxanthops truncatus*（トガリオウギガニ） | [韓国（釜山）] | 飼育 | Z1-4, M | 863) |
| *Cycloxanthops truncatus*（トガリオウギガニ） | 千葉県（小湊） | 飼育 | Z1-4 | 858) |
| *Cycloxanthops truncatus*（トガリオウギガニ） | 静岡県（御前崎） | 飼育 | Z1-4 | 864) |
| *Lachnopodus subacutus*（スベスベヒメオウギガニ） | [紅海（アカバ湾）] | 飼育 | Z1 | 850) |
| *Lachnopodus subacutus*（スベスベヒメオウギガニ） | [フィリピン（バリカサグ島）] | 飼育 | Z1 | 893) |
| *Leptodius exaratus*（オウギガニ） | 相模湾? | 飼育 | Z1 | 35) |
| *Leptodius exaratus*（オウギガニ） | [インド（ムンバイ）] | 採集 | Z1 | 814) |
| *Leptodius exaratus*（オウギガニ） | 三重県（紀伊長島） | 飼育 | Z1-4, M | 865) |
| *Leptodius exaratus*（オウギガニ） | [オーストラリア（モレトン湾）] | 飼育 | Z1-4, M | 866) |
| *Leptodius exaratus*（オウギガニ） | 静岡県（御前崎） | 飼育 | Z1-4 | 864) |
| *Leptodius exaratus*（オウギガニ） | [モザンビーク（イニャカ島）] | 飼育 | Z1 | 854) |
| *Leptodius exaratus*（オウギガニ） | [紅海（ジェッダ）] | 飼育 | Z1-4(5) | 867) |
| *Leptodius sanguineus*（ムツハオウギガニ） | [セーシェル（アルダブラ）] | 飼育 | Z1 | 893) |
| *Macromedaeus distinguendus*（シワオウギガニ） | 神奈川県（真鶴） | 飼育 | Z1-4 | 864) |
| *Macromedaeus distinguendus*（シワオウギガニ） | 広島県（佐木島） | 飼育 | Z1 | 868) |
| *Macromedaeus distinguendus* [*M. orientalis*]（シワオウギガニ） | [韓国（統営）] | 飼育 | Z1 | 869) |
| *Microcassiope orientalis*（ヒメシワオウギガニ） | [韓国（巨文島）] | 飼育 | Z1 | 870) |
| *Nanocassiope granulipes*（サガミヒメオウギガニ） | [韓国（済州島）] | 飼育 | Z1-4 | 871) |
| *Paraxanthias elegans* [*Xanthias*]（ヒメオウギガニ） | 土佐湾 | 採集 / 飼育 | M, C1 | 872) |
| *Paraxanthias elegans*（ヒメオウギガニ） | 静岡県（下田） | 飼育 | Z1-4 | 847) |
| Subfamily Zosiminae（ウモレオウギガニ亜科） | | | | |
| *Atergatis floridus*（スベスベマンジュウガニ） | 沖縄県（本島） | 飼育 | Z1-5, M | 873) |
| *Atergatis floridus*（スベスベマンジュウガニ） | [シンガポール（セントーサ島）] | 飼育 | Z1-4, M | 874) |
| *Atergatis reticulatus*（ヘリトリマンジュウガニ） | 静岡県（御前崎） | 飼育 | Z1-3 | 864) |
| *Atergatis reticulatus*（ヘリトリマンジュウガニ） | 紀伊半島（串本） | 飼育 | Z1-4, M | 875) |
| *Atergatis subdentatus*（アカマンジュウガニ） | 紀伊半島（串本） | 飼育 | Z1-4, M | 875) |
| *Atergatis subdentatus*（アカマンジュウガニ） | [台湾（基隆）] | 飼育 | Z1 | 874) |
| *Atergatopsis germainii*（ツブマンジュウモドキ） | [台湾（基隆）] | 飼育 | Z1 | 874) |
| *Lophozozymus pictor*（ヒロパオウギガニ） | [シンガポール（セントーサ島）] | 飼育 | Z1-4, M | 34) |
| *Zosimus aeneus*（ウモレオウギガニ） | 沖縄県 | 飼育 | Z1-4, M | 876) |
| Family Panopeidae（ミナトオウギガニ科（外来種）） | | | | |
| ※3　*Acantholobulus mirafloresensis*（ハクライオウギガニ） | [米国（カリフォルニア州）] | 飼育 | Z1-4, M | 877) |
| ※3　*Rhithropanopeus harrisii*（ミナトオウギガニ） | [カナダ（ノーサンバーランド海峡）] | 採集 | Z1-4, M | 878) |
| ※3　*Rhithropanopeus harrisii*（ミナトオウギガニ） | [米国（ミシシッピ州）] | 飼育 | Z1-4, M | 879) |
| ※3　*Rhithropanopeus harrisii*（ミナトオウギガニ） | [米国（ジョージア州）] | 飼育 | Z1-4, M, C1 | 880) |
| *Rhithropanopeus harrisii*（ミナトオウギガニ） | [米国（カリフォルニア州）] | 採集 | Z1 | 881) |
| *Rhithropanopeus harrisii*（ミナトオウギガニ） | [スペイン（カディス湾）] | 採集 /DNA | M | 882) |
| Family Carpilidae（アカモンガニ科） | | | | |
| *Carpilius convexus*（ユウモンガニ） | 沖縄県 | 飼育 | Z1 | 884) |
| *Carpilius maculatus*（アカモンガニ） | 沖縄県 | 飼育 | Z1 | 884) |
| Superfamily Pilumnoidea（ケブカガニ上科） | | | | |
| Family Pilumnidae（ケブカガニ科） | | | | |
| Subfamily Eumedoninae（ムラサキゴカクガニ亜科） | | | | |
| *Echinoecus pentagonus*（ムラサキゴカクガニ） | [ハワイ] | 飼育 | Z1-4, M | 886) |
| *Harrovia japonica*（コマチガニ） | [韓国（巨文島）] | 飼育 | Z1-2 | 887) |
| *Tiaramedon spinosum*（トゲコマチガニ） | 沖縄本島（真栄田岬） | 飼育 | Z1-4, M | 888) |
| *Zebrida adamsii*（ゼブラガニ） | 宇和島（室手浜） | 飼育 | Z1-4, M | 889) |
| Subfamily Pilumninae（ケブカガニ亜科） | | | | |
| *Actumnus setifer*（スエヒロイボテガニ） | 相模湾? | 飼育 | Z1 | 689) |
| *Actumnus setifer*（スエヒロイボテガニ） | [シンガポール] | 飼育 | Z1-3, M | 890) |
| *Actumnus squamosus*（イボテガニ） | 三河湾 | 飼育 | Z1-4, M | 891) |

| 種名（[ ]内は原著での学名または属名，グレー地は全期の記載） | 産地（[ ]内は海外） | 方法 | 幼生期 | 文献 |
|---|---|---|---|---|
| *Benthopanope indica* [*Pilumnopeus*]（トラノオガニ） | 福岡県（津屋崎） | 飼育 | Z1 | 892) |
| *Benthopanope indica* [*Pilumnopeus*]（トラノオガニ） | 静岡県（御前崎） | 飼育 | Z1-4 | 894) |
| *Benthopanope indica* [*Pilumnopeus*]（トラノオガニ） | ［韓国（済州島）］ | 飼育 | Z1-4, M | 895) |
| *Benthopanope indica* [*Pilumnopeus*]（トラノオガニ） | ［インド（マンナル湾）］ | 飼育 | Z1-3, M | 896) |
| *Heteropanope glabra*（マルミトラノオガニ） | 神奈川県（真鶴） | 飼育 | Z1 | 35) |
| *Heteropanope glabra*（マルミトラノオガニ） | ［オーストラリア］ | 飼育 | Z1-4, M | 897) |
| *Heteropanope glabra*（マルミトラノオガニ） | ［シンガポール］ | 飼育 | Z1-4, M | 898) |
| *Heteropilumnus ciliatus*（オキナガニ） | 福岡県（津屋崎） | 飼育 | Z1 | 892) |
| *Heteropilumnus ciliatus*（オキナガニ） | ［韓国（楸子群島）］ | 飼育 | Z1-3 | 899) |
| *Pilumnopeus granulatus*（パルストラノオガニ） | ［韓国（済州島）］ | 飼育 | Z1-4, M | 900) |
| ※5 *Pilumnopeus makianus*（マキトラノオガニ） | ［韓国］ | 飼育 | Z1-4 | 901) |
| *Pilumnus longicornis*（アシナガケブカガニ） | ［パキスタン］ | 飼育 | Z1 | 902) |
| *Pilumnus longicornis*（アシナガケブカガニ） | ［モザンビーク（イニャカ島）］ | 飼育 | Z1 | 854) |
| *Pilumnus minutus*（ヒメケブカガニ） | 相模湾？ | 飼育 | Z1 | 35) |
| *Pilumnus minutus*（ヒメケブカガニ） | 静岡県（遠州灘） | 飼育 | Z1-4 | 903) |
| *Pilumnus minutus*（ヒメケブカガニ） | ［韓国（済州島）］ | 飼育 | Z1-4 | 904) |
| *Pilumnus minutus*（ヒメケブカガニ） | ［韓国（済州島）］ | 飼育 | (Z1-4), M | 905) |
| *Pilumnus ohshimai*（オオシマケブカガニ） | ［シンガポール］ | 飼育 | Z1 | 893) |
| *Pilumnus scabriusculus*（オオケブカモドキ） | 静岡県（遠州灘） | 飼育 | Z1-4 | 847) |
| ※1 *Pilumnus trispinosus* [*Parapilumnus*]（トラノオガニダマシ） | 熊本県（合津） | 飼育 | Z1-4 | 721) |
| *Pilumnus trispinosus* [*Parapilumnus*]（トラノオガニダマシ） | 静岡県（御前崎） | 飼育 | Z1-4 | 904) |
| *Pilumnus trispinosus* [*Parapilumnus*]（トラノオガニダマシ） | 高知県（土佐湾） | 採集 / 飼育 | M, C1-3 | 906) |
| *Pilumnus trispinosus* [*Parapilumnus*]（トラノオガニダマシ） | ［韓国（済州島）］ | 飼育 | Z1-4 | 907) |
| *Pilumnus vespertilio*（ケブカガニ） | 相模湾？ | 飼育 | Z1 | 35) |
| *Pilumnus vespertilio*（ケブカガニ） | ［シンガポール］ | 飼育 | Z1-3, M | 908) |
| *Pilumnus vespertilio*（ケブカガニ） | 和歌山県（白浜） | 飼育 | Z1-3 | 847) |
| *Pilumnus vespertilio*（ケブカガニ） | ［モザンビーク（イニャカ島）］ | 飼育 | Z1 | 854) |
| Family Galenidae（ガレネガニ科） | | | | |
| *Halimede fragifer*（ゴカクイボオウギガニ） | 愛知県（三河湾） | 飼育 | Z1-2 | 911) |
| *Halimede fragifer*（ゴカクイボオウギガニ） | ［韓国（珍島）］ | 飼育 | Z1 | 912) |
| *Parapanope euagora*（スエヒロウスバオウギガニ） | ［韓国（珍島）］ | 飼育 | Z1 | 912) |
| Superfamily Dairoidea（カノコオウギガニ上科） | | | | |
| Family Dairidae（カノコオウギガニ科） | | | | |
| *Daira perlata*（カノコオウギガニ） | ［台湾（墾丁）］ | 飼育 | Z1 | 893) |
| Family Dacryoplumidae（メガネオウギガニ科） | | | | |
| *Dacryopilmnus rathbunae*（メガネオウギガニ） | 沖縄県 | 飼育 | Z1 | 893) |
| Superfamily Pseudozioidea（ヒメイソオウギガニ上科） | | | | |
| Family Pilmnoididae（ヘアリーガニ科） | | | | |
| *Pilumnoides hassleri*（イケハラケムリガニ） | ［アルゼンチン］ | 飼育 | Z1-5, M, C1 | 997) |
| Superfamily Eriphioidea（イワオウギガニ上科） | | | | |
| Family Hypothalassidae（マツバガニ科） | | | | |
| *Hypothalassia armata*（マツバガニ） | ［ニューカレドニア］ | 飼育 | Z1 | 893) |
| Family Eriphiidae（イワオウギガニ科） | | | | |
| *Eriphia sebana*（イワオウギガニ） | 沖縄県（石垣島） | 飼育 | Z1 | 915) |
| *Eriphia scabricula*（ヒメイワオウギガニ） | ［モザンビーク（イニャカ島）］ | 飼育 | Z1 | 854) |
| *Eriphia ferox* [*E. smithii*]（イボイワオウギガニ） | 神奈川県（真鶴） | 飼育 | Z1 | 1105) |
| *Eriphia ferox* [*E. smithii*]（イボイワオウギガニ） | 静岡県（下田） | 飼育 | Z1-4 | 916) |
| Family Menippidae（スベスベオウギガニ科） | | | | |
| *Sphaerozius nitidus* [*Grapsizoea*]（スベスベオウギガニ） | 神奈川県（横浜） | 飼育 | Z1 | 36) |
| *Sphaerozius nitidus*（スベスベオウギガニ） | ［韓国（巨済島）］ | 飼育 | Z1 | 917) |
| Family Oziidae（イソオウギガニ科） | | | | |
| *Baptozius vinosus*（クマドリオウギガニ） | 沖縄県（本島） | 飼育 | Z1-4, M | 918) |
| *Epixanthus dentatus*（カノコセビロガニ） | 沖縄県（本島） | 飼育 | Z1-2, M | 919) |
| *Epixanthus frontalis*（セビロオウギガニ） | ［モザンビーク（イニャカ島）］ | 飼育 | Z1 | 854) |
| *Epixanthus frontalis*（セビロオウギガニ） | ［紅海（サソ島）］ | 飼育 | Z1-4, M | 920) |
| *Lydia annulipes*（キバオウギガニ） | ［モザンビーク（イニャカ島）］ | 飼育 | Z1 | 854) |

資料：付表A　263

| 種名（[ ] 内は原著での学名または属名，グレー地は全期の記載） | 産地（[ ] 内は海外） | 方法 | 幼生期 | 文献 |
|---|---|---|---|---|
| *Ozius rugulosus*（イソオウギガニ） | ［インド（ムンバイ）］ | 採集 | Z1 | 814) |
| *Ozius rugulosus*（イソオウギガニ） | ［インド］ | 飼育 | Z1-4, M | 921) |
| Superfamily Trapezoidea（サンゴガニ上科） | | | | |
| Family Tetraliidae（ヒメサンゴガニ科） | | | | |
| *Tetralia glaberrima*（ヒメサンゴガニ） | ［紅海（ハルガダ）］ | 飼育 | Z1 | 924) |
| *Tetralia glaberrima*（ヒメサンゴガニ） | ［紅海（アカバ湾）］ | 採集 | Z1-2 | 118) |
| *Tetralia glaberrima*（ヒメサンゴガニ） | ［紅海（ハルガダ）］ | 飼育 | Z1 | 925) |
| *Tetralia glaberrima*（ヒメサンゴガニ） | 沖縄県（本島） | 飼育 | Z1 | 926) |
| *Tetralia rubridactyla*（アカユビサンゴガニ） | ［モーリシャス島］ | 飼育 | Z1 | 927) |
| Family Trapeziidae（サンゴガニ科） | | | | |
| Subfamily Quadrellinae（ベニサンゴガニ亜科） | | | | |
| *Quadrella maculosa*（ホシベニサンゴガニ） | ［モーリシャス島］ | 飼育 | Z1 | 927) |
| Subfamily Trapeziinae（サンゴガニ亜科） | | | | |
| *Trapezia septata*（アミメサンゴガニ） | 沖縄県（本島） | 飼育 | Z1 | 926) |
| *Trapezia bidentata* [*T. ferruginea*]（カバイロサンゴガニ） | 沖縄県（本島） | 飼育 | Z1 | 926) |
| *Trapezia cymodoce*（サンゴガニ） | ［紅海（ハルガダ）］ | 飼育 | Z1 | 924) |
| *Trapezia cymodoce*（サンゴガニ） | ［紅海（ハルガダ）］ | 飼育 | Z1 | 925) |
| *Trapezia cymodoce*（サンゴガニ） | 沖縄県（本島） | 飼育 | Z1 | 926) |
| *Trapezia digitalis*（クロサンゴガニ） | 沖縄県（本島） | 飼育 | Z1 | 926) |
| *Trapezia garthi* [*T.* sp.]（アミメサンゴガニモドキ） | 沖縄県（本島） | 飼育 | Z1 | 926) |
| *Trapezia rufopunctata*（オオアカホシサンゴガニ） | 沖縄県（本島） | 飼育 | Z1 | 926) |
| *Trapezia tigrina* [*T. wardi*]（アカホシサンゴガニ） | ［紅海］ | 飼育 | Z1 | 835) |
| Family Domeciidae（ドメシアガニ科） | | | | |
| *Domecia glabra*（ヒメドメシアガニ） | ［バヌアツ］ | 飼育 | Z1 | 929) |
| Superfamily Hexapodoidea（ムツアシガニ上科） | | | | |
| Family Hexapodidae（ムツアシガニ科） | | | | |
| ※1　*Hexapinus latipes*（ムツアシガニ） | 熊本県（合津） | 飼育 | PZ | 721) |
| *Mariaplax anfracta* [*Hexapus*]（ヒメムツアシガニ） | 長崎県（瑞穂） | 飼育 | Z1-3, M, C1 | 931) |
| Superfamily Palicoidea（イトアシガニ上科） | | | | |
| Family Crossonotidae（アシブトイトアシガニ科） | | | | |
| *Crossonotus spinipes*（アシブトイトアシガニ） | 沖縄県（久米島） | 飼育 | Z1 | 935) |
| Family Palicidae（イトアシガニ科） | | | | |
| *Exopalicus maculatus*（アカモンイトアシガニ） | 沖縄県（久米島） | 飼育 | Z1 | 935) |
| *Pseudopalicus serripes*（イトアシガニ） | 沖縄県（久米島） | 飼育 | Z1 | 935) |
| Superfamily Bythograeoidea（ユノハナガニ上科） | | | | |
| Family Bythograeidae（ユノハナガニ科） | | | | |
| *Gandalfus yunohana*（ユノハナガニ） | 小笠原沖（海形海山） | 飼育 | Z1 | 937) |
| *Gandalfus yunohana*（ユノハナガニ） | 小笠原沖（海形海山） | 飼育 | Z1-5/6, M | 938) |

※1：予報または講演要旨。　※2：Tanase [739] の標本からの再記載。　※3：外来種。　※4：ケアシガニ科コワタクズガニ亜科から移動。
※5：未公表修士論文。　※6：北米西岸に分布するが，釧路沖からの採捕例あり [942]）。
※7：現在のどの種に該当するか不明のため，広義とした。

**付表A-11　短尾下目胸孔亜群における幼生記載の状況**

〔C：稚ガニ，E：胚，M：メガロパ，PZ：プリゾエア，Z：ゾエア，[a]：直接・短縮発生，期略称の前に付く「L」は「後期の」を意味する〕

| 種名（[ ] 内は原著での学名または属名，グレー地は全期の記載） | 産地（[ ] 内は海外） | 方法 | 幼生期 | 文献 |
|---|---|---|---|---|
| Superfamily Grapsoidea （イワガニ上科） | | | | |
| Family Grapsidae （イワガニ科） | | | | |
| *Geograpsus crinipes* （オオカクレイワガニ） | [紅海（ラビーグ）] | 飼育 | Z1 | 947) |
| *Grapsus albolineatus* [*G. strigosus*] （ミナミイワガニ） | 相模湾（真鶴沖） | 採集／飼育 | M, C1 | 948) |
| *Grapsus albolineatus* （ミナミイワガニ） | [紅海（ファラサン島）] | 飼育 | Z1-4 | 949) |
| *Grapsus tenuicrustatus* [*G. grapsus*] （オオイワガニ） | 相模湾？ | 飼育 | Z1 | 689) |
| *Metopograpsus latifrons* （ヒルギハシリイワガニ） | [インド（カルワル）] | 飼育 | Z1-5, M | 950) |
| *Metopograpsus messor* （ハシリイワガニ） | [インド（ムンバイ）] | 採集 | Z1 | 814) |
| *Metopograpsus messor* （ハシリイワガニ） | [インド] | 飼育 | Z1 | 951) |
| *Metopograpsus messor* （ハシリイワガニ） | [クウェート] | 飼育 | Z1 | 952) |
| *Metopograpsus messor* （ハシリイワガニ） | [モザンビーク] | 飼育 | Z1 | 953) |
| *Pachygrapsus crassipes* （イワガニ） | 相模湾（真鶴） | 採集／飼育 | M, C1 | 948) |
| *Pachygrapsus crassipes* （イワガニ） | [サンタカタリナ島] | 飼育 | Z1 | 954) |
| *Pachygrapsus crassipes* （イワガニ） | [米国（カリフォルニア州）] | 飼育 | Z1-5 | 955) |
| *Pachygrapsus crassipes* （イワガニ） | [米国（サンフランシスコ湾）] | 採集 | Z1 | 881) |
| *Pachygrapsus minutus* （ヒメイワガニ） | 相模湾（真鶴沖） | 採集／飼育 | M, C1 | 948) |
| *Pachygrapsus plicatus* （コイワガニ） | [モザンビーク] | 飼育 | Z1 | 953) |
| *Planes major* [*P. cyaneus*] （オキナガレガニ） | 静岡県（下田） | 採集／飼育 | M, C1 | 956) |
| *Planes major* [*P. cyaneus*] （オキナガレガニ） | 三重県（五ヶ所湾） | 飼育 | Z1 | 957) |
| Family Percnidae （トゲアシガニ科） | | | | |
| *Percnon abbreviatum* （ミナミトゲアシガニ） | [タンザニア（ダルエスサラーム）] | 採集 | M, C1 | 963) |
| *Percnon guinotae* （キイトゲアシガニ） | [タンザニア（ダルエスサラーム）] | 採集 | M, C1 | 963) |
| *Percnon planissimum* （トゲアシガニ） | 相模湾（葉山） | 採集／飼育 | M, C1 | 964) |
| *Percnon planissimum* （トゲアシガニ） | 駿河湾 | 採集／飼育 | M | 687) |
| Family Plagusiidae （ショウジンガニ科） | | | | |
| ※1　*Plagusia dentipes* （ショウジンガニ） | 相模湾（油壺） | 採集／飼育 | Z1, M1-2, C1 | 967) |
| *Plagusia dentipes* （ショウジンガニ） | 相模湾（真鶴） | 採集／飼育 | M1, C1-2 | 968) |
| *Plagusia dentipes* （ショウジンガニ） | 駿河湾（御前崎） | 飼育 | Z1 | 678) |
| *Plagusia dentipes* （ショウジンガニ） | 東京湾（館山） | 採集 | M | 969) |
| *Plagusia depressa* （イボショウジンガニ） | 相模湾（真鶴） | 採集／飼育 | M1, C1 | 970) |
| *Plagusia depressa* （イボショウジンガニ） | 駿河湾 | 採集 | M | 687) |
| Family Gecarcinidae （オカガニ科） | | | | |
| *Cardisoma carnifex* （ミナミオカガニ） | [インド] | 飼育 | Z1-5, M | 972) |
| *Cardisoma carnifex* （ミナミオカガニ） | [モザンビーク] | 飼育 | Z1 | 953) |
| *Discoplax hirtipes* [*Cardisoma*] （オカガニ） | 沖縄県（石垣島） | 飼育 | Z1-5, M | 973) |
| Family Varunidae （モクズガニ科） | | | | |
| Subfamily Asthenognathinae （ヨコナガモドキ亜科） | | | | |
| *Asthenognathus inaequipes* （ヨコナガモドキ） | 有明海（瑞穂） | 飼育 | Z1-5, M, C1 | 974) |
| Subfamily Cyclograpsinae （アカイソガニ亜科） | | | | |
| *Chasmagnathus convexus* （ハマガニ） | 有明海（白川） | 飼育 | Z1-5, M, C1 | 975) |
| *Chasmagnathus convexus* （ハマガニ） | 三重県（櫛田川） | 飼育 | Z1-5, M, C1 | 976) |
| *Chasmagnathus convexus* （ハマガニ） | 遠州灘（太田川） | 飼育 | Z1-5, M | 977) |
| *Cyclograpsus intermedius* （アカイソガニ） | 伊豆半島（下田） | 飼育 | Z1-5, M | 978) |
| *Cyclograpsus intermedius* （アカイソガニ） | | 飼育 | Z1 | 979) |
| *Cyclograpsus integer* （ミナミアカイソガニ） | [ケイマン諸島] | 飼育 | Z1-6, M | 980) |
| *Helicana japonica* [*Helice tridens wuana*] （ヒメアシハラガニ） | 有明海（白川） | 飼育 | Z1-5, M, C1 | 981) |
| *Helice formosensis* （タイワンアシハラガニ） | 沖縄県（本島） | 飼育 | Z1-5, M, C1 | 982) |
| *Helice tridens* （アシハラガニ） | 有明海（白川） | 飼育 | Z1-5, M | 983) |
| *Helice tridens* （アシハラガニ） | 遠州灘（太田川） | 飼育 | Z1-5, M | 977) |
| *Helice tridens* （アシハラガニ） | [ロシア（ボストーク湾）] | 採集 | Z4, 5 | 6) |
| *Pseudohelice subquadrata* [*Helice leachi*] （ミナミアシハラガニ） | 沖縄県（本島） | 飼育 | Z1-2 | 983) |
| *Pseudohelice subquadrata* [*Helice leachi*] （ミナミアシハラガニ） | 沖縄県（本島） | 飼育 | Z1-5, M, C1 | 984) |

資料：付表A　265

| 種名（[ ]内は原著での学名または属名，グレー地は全期の記載） | 産地（[ ]内は海外） | 方法 | 幼生期 | 文献 |
|---|---|---|---|---|
| Family Gaeticinae（ヒライソガニ亜科） | | | | |
| Gaetice depressus [Platygrapsus]（ヒライソガニ） | 相模湾（江ノ島） | 採集／飼育 | Z1 | 540) |
| Gaetice depressus（ヒライソガニ） | 相模湾 | 採集／飼育 | M, C1 | 985) |
| Gaetice depressus（ヒライソガニ） | 駿河湾（御前崎） | 飼育 | Z1-5 | 986) |
| Pseudopinnixa carinata（ウモレマメガニ） | 東京湾（走水） | 飼育 | Z1 | 987) |
| Family Varuninae（モクズガニ亜科） | | | | |
| ※2 Acmaeopleura parvula（ヒメアカイソガニ） | 相模湾（真鶴） | 飼育 | Z1-5, M | 988) |
| Acmaeopleura parvula（ヒメアカイソガニ） | 相模湾（荒崎） | 飼育 | Z1-5, M | 989) |
| Acmaeopleura parvula（ヒメアカイソガニ） | [韓国（南海郡）] | 飼育 | Z1-5/6, M | 990) |
| Eriocheir japonicus（モクズガニ） | 相模湾（三崎） | 採集／飼育 | Z1 | 35) |
| Eriocheir japonicus（モクズガニ） | 三河湾（伊川津） | 飼育 | Z1-5, M | 991) |
| Eriocheir japonicus（モクズガニ） | 長崎（福江島） | 飼育 | Z1-5, M, C1-5 | 992) |
| Eriocheir japonicus（モクズガニ） | 遠州灘（太田川） | 飼育 | Z1-5 | 986) |
| Eriocheir japonicus（モクズガニ） | [韓国（蟾津江）] | 飼育 | Z1-5, M, C1 | 993) |
| Eriocheir japonicus（モクズガニ） | [ロシア（ポストーク湾）] | 飼育 | Z1-5, M | 1100) |
| Hemigrapsus longitarsus（スネナガイソガニ） | 相模湾（三崎） | 採集／飼育 | Z1 | 35) |
| Hemigrapsus longitarsus（スネナガイソガニ） | 浜名湖 | 飼育 | Z1-5 | 986) |
| Hemigrapsus longitarsus（スネナガイソガニ） | [韓国（済州島）] | 飼育 | Z1-5, M | 994) |
| Hemigrapsus longitarsus（スネナガイソガニ） | [ロシア（ポストーク湾）] | 飼育 | Z1-5, M | 1103) |
| Hemigrapsus penicillatus（ケフサイソガニ） | 相模湾（三崎） | 採集／飼育 | Z1 | 35) |
| Hemigrapsus penicillatus（ケフサイソガニ） | 相模湾（佐島） | 採集／飼育 | M | 995) |
| Hemigrapsus penicillatus（ケフサイソガニ） | 遠州灘（太田川） | 飼育 | Z1-5, M | 977) |
| Hemigrapsus penicillatus（ケフサイソガニ） | [韓国（麗水）] | 飼育 | Z1 | 996) |
| Hemigrapsus penicillatus（ケフサイソガニ） | [ロシア（ポストーク湾）] | 飼育 | Z1-5, M | 1103) |
| Hemigrapsus sanguineus [Heterograpsus]（イソガニ） | 相模湾（三崎） | 採集／飼育 | Z1 | 35) |
| Hemigrapsus sanguineus（イソガニ） | 相模湾（荒崎） | 飼育 | Z1-5, M | 998) |
| Hemigrapsus sanguineus（イソガニ） | 相模湾 | 採集／飼育 | M, C1 | 985) |
| Hemigrapsus sanguineus（イソガニ） | 駿河湾（御前崎） | 飼育 | Z1-5 | 986) |
| Hemigrapsus sanguineus（イソガニ） | [韓国（釜山）] | 飼育 | Z1-5, M | 999) |
| Hemigrapsus sanguineus（イソガニ） | [韓国（巨文島）] | 飼育 | Z1 | 996) |
| Hemigrapsus sanguineus（イソガニ） | [ロシア（ポストーク湾）] | 飼育 | Z1-5, M | 1103) |
| Hemigrapsus sinensis（ヒメケフサイソガニ） | 有明海（瑞穂） | 飼育 | Z1-5, M, C1 | 1000) |
| Hemigrapsus sinensis（ヒメケフサイソガニ） | 韓国（仁川） | 飼育 | Z1-5, M | 1001) |
| Hemigrapsus sinensis（ヒメケフサイソガニ） | [韓国（釜山）] | 飼育 | Z1 | 996) |
| Hemigrapsus takanoi（タカノケフサイソガニ） | 東京湾（御台場） | 採集／飼育/DNA | Z1-5, M | 1002) |
| Ptychognathus barbatus（ケフサヒライソモドキ） | 相模湾（三浦） | 採集／飼育 | M, C1 | 1003) |
| Varuna litterata（オオヒライソガニ） | 相模湾 | 採集／飼育 | M, C1 | 1004) |
| Varuna litterata（オオヒライソガニ） | 神奈川県（引地川河口） | 採集／飼育 | M, C1 | 1005) |
| Family Sesarmidae（ベンケイガニ科） | | | | |
| Perisesarma bidens [Chiromantes]（フタバカクガニ） | 有明海（白川） | 飼育 | Z1-5, M, C1 | 1006) |
| Perisesarma bidens [Sesarma]（フタバカクガニ） | 三重県（鳥羽） | 飼育 | Z1-4 | 978) |
| Chiromantes dehaani [Sesarma]（クロベンケイガニ） | 三河湾（伊川津）・他 | 飼育 | Z1-4 | 728) |
| Chiromantes dehaani [Sesarma]（クロベンケイガニ） | 有明海（白川） | 飼育 | Z1-4, M | 1007) |
| Chiromantes dehaani [Sesarma]（クロベンケイガニ） | 遠州灘（太田川） | 飼育 | Z1-4, M | 977) |
| Chiromantes haematocheir [Sesarma]（アカテガニ） | 三河湾（伊川津）・他 | 飼育 | Z1-5 | 728) |
| Chiromantes haematocheir [Sesarma]（アカテガニ） | 遠州灘（太田川） | 飼育 | Z1-5, M | 977) |
| Chiromantes haematocheir [Sesarma]（アカテガニ） | 三重（松名瀬） | 採集／飼育 | M, C1 | 1008) |
| Chiromantes haematocheir [Sesarma]（アカテガニ） | 有明海（白川） | 飼育 | Z1-5, M, C1 | 1006) |
| Clistocoeloma merguiense（ウモレベンケイガニ） | 伊勢湾（櫛田川） | 飼育 | Z1-3, M, C1-2 | 1009) |
| Clistocoeloma merguiense（ウモレベンケイガニ） | [シンガポール] | 飼育 | Z1 | 1010) |
| Nanosesarma andersoni（クチキヒメベンケイガニ） | [インド（ピチャバラム）] | 飼育 | Z1-4, M | 1011) |
| ※3 Nanosesarma minutum [N. gordoni]（ヒメベンケイガニ） | 有明海（高杢島） | 飼育 | Z1-5, M, C1 | 721) |
| Nanosesarma minutum [N. gordoni]（ヒメベンケイガニ） | 駿河湾（御前崎） | 飼育 | Z1-5 | 1012) |
| Parasesarma pictum [Sesarma]（カクベンケイガニ） | 遠州灘（太田川） | 飼育 | Z1-5, M | 977) |
| Parasesarma pictum [Sesarma]（カクベンケイガニ） | 伊勢湾（松名瀬） | 採集／飼育 | M, C1 | 1008) |
| Parasesarma affine [P. plicatum]（クシテガニ） | 有明海（白川） | 飼育 | Z1-5, M, C1 | 1006) |

| 種名（[ ]内は原著での学名または属名，グレー地は全期の記載） | 産地（[ ]内は海外） | 方法 | 幼生期 | 文献 |
|---|---|---|---|---|
| *Parasesarma plicatum*（オオユビアカベンケイガニ） | [インド（マンナル湾）] | 飼育 | Z1-5, M, C1 | 1013) |
| ※4 *Parasesarma tripectinis* [*Sesarma*]（ユビアカベンケイガニ） | 有明海（白川） | 飼育 | Z1 | 1014) |
| ※4 *Parasesarma tripectinis* [*Sesarma*]（ユビアカベンケイガニ） | 三重県（鳥羽） | 飼育 | Z1-5, M | 978) |
| *Sesarmops intermedium*（ベンケイガニ） | 有明海（白川） | 飼育 | Z1-5, M, C1 | 1006) |
| *Sesarmops intermedium* [*Sesarma*]（ベンケイガニ） | 三重県（松坂） | 飼育 | Z1-4, M | 978) |
| *Sesarmops intermedium*（ベンケイガニ） | [台湾（基隆）] | 飼育 | Z1 | 1010) |
| *Sesarmops intermedium*（ベンケイガニ） | [韓国（済州島）] | 飼育 | Z1 | 1015) |
| *Scandarma lintou*（アダンベンケイガニ） | [台湾] | 飼育 | Z1 | 962) |
| Family Xenograpsidae（ホウキガニ科） | | | | |
| *Xenograpsus testudinatus*（和名なし） | [台湾（亀山島沖）] | 採集 / 飼育 | Z1, M, C1 | 1019) |
| Superfamily Ocypodidea（スナガニ上科） | | | | |
| Family Ocypodidae（スナガニ科） | | | | |
| Subfamily Ocypodinae（スナガニ亜科） | | | | |
| *Ocypode ceratophthalmus*（ツノメガニ） | [台湾（新竹）] | 飼育 | Z1 | 1021) |
| *Ocypode cordimanus* [*Ocypoda*]（ミナミスナガニ） | [インド（ビシャーカパトナム）] | 採集 | M | 1022) |
| *Ocypode cordimanus*（ミナミスナガニ） | [グアム島] | 飼育 | Z1 | 1021) |
| *Ocypode sinensis*（ナンヨウスナガニ） | [台湾（北投）] | 飼育 | Z1 | 1021) |
| *Ocypode stimpsoni*（スナガニ） | 静岡県（太田川河口） | 飼育 | Z1-5 | 1023) |
| *Ocypode stimpsoni*（スナガニ） | 熊本県（白川河口） | 飼育 | Z1-5, M | 1024) |
| *Ocypode stimpsoni*（スナガニ） | [台湾（水尾）] | 飼育 | Z1 | 1021) |
| *Ocypode stimpsoni*（スナガニ） | [インド（カルワル）] | 飼育 | Z1-5, M | 1025) |
| Subfamily Gelasiminae（シオマネキ亜科） | | | | |
| *Austruca lactea* [*Uca*]（ハクセンシオマネキ） | 熊本県（合津） | 採集 / 飼育 | M, C1 | 1026) |
| *Austruca lactea* [*Uca*]（ハクセンシオマネキ） | 三重県（松阪） | 飼育 | Z1-5 | 1023) |
| *Austruca lactea*（ハクセンシオマネキ） | [台湾（彰化）] | 飼育 | Z1 | 1027) |
| *Austruca perplexa*（オキナワハクセンシオマネキ） | [台湾（屏東）] | 飼育 | Z1 | 1027) |
| *Austruca triangularis*（シモフリシオマネキ） | [台湾（屏東）] | 飼育 | Z1 | 1027) |
| *Gelasimus borealis*（ホンコンシオマネキ） | [台湾（台中）] | 飼育 | Z1 | 1027) |
| *Gelasimus jocelynae*（ミナミシオマネキ） | [台湾（澎湖）] | 飼育 | Z1 | 1027) |
| *Gelasimus tetragonon*（ルリマダラシオマネキ） | [台湾（東沙諸島）] | 飼育 | Z1 | 1027) |
| *Gelasimus vocans*（ヒメシオマネキ） | [台湾（澎湖）] | 飼育 | Z1 | 1027) |
| *Paraleptuca crassipes*（ベニシオマネキ） | [台湾（東沙諸島）] | 飼育 | Z1 | 1027) |
| *Paraleptuca splendida*（和名なし） | [台湾（澎湖）] | 飼育 | Z1 | 1027) |
| *Tubuca arcuata* [*Uca*]（シオマネキ） | [韓国（珍島）] | 飼育 | Z1-5, M | 1028) |
| *Tubuca coarctata*（リュウキュウシオマネキ） | [台湾（屏東）] | 飼育 | Z1 | 1027) |
| *Tubuca dussumieri*（ヤエヤマシオマネキ） | [台湾（屏東）] | 飼育 | Z1 | 1027) |
| Family Dotillidae（コメツキガニ科） | | | | |
| *Scopimera globosa*（コメツキガニ） | 国内（産地不詳） | 飼育 | Z1-5, M | 728) |
| *Scopimera globosa*（コメツキガニ） | 神奈川県（鎌倉） | 採集 / 飼育 | M, C1 | 1030) |
| *Scopimera globosa*（コメツキガニ） | 静岡県（太田川河口） | 飼育 | Z1-5, M | 1031) |
| *Ilyoplax pusillus* [*Tympanomerus*]（チゴガニ） | 神奈川県（三崎）？ | | Z1 | 35) |
| *Ilyoplax pusillus*（チゴガニ） | 神奈川県（逗子） | 採集 / 飼育 | M, C1 | 1032) |
| *Ilyoplax pusillus*（チゴガニ） | 静岡（太田川河口） | 飼育 | Z1-5, M | 1031) |
| *Ilyoplax deschampsi*（ハラグクレチゴガニ） | [韓国（万頃川）] | 飼育 | Z1 | 1033) |
| Mictyridae（ミナミコメツキガニ科） | | | | |
| *Mictyris guinotae* [*M. brevidactylus*]（ミナミコメツキガニ） | 鹿児島県（奄美大島） | 採集 / 飼育 | Z1, M | 1034) |
| Family Camptandriidae（ムツハアリアケガニ科） | | | | |
| ※3 *Camptandrium sexdentatum*（ムツハアリアケガニ） | 熊本県（合津） | 飼育 | Z1 | 721) |
| *Camptandrium sexdentatum*（ムツハアリアケガニ） | [韓国（南海島）] | 飼育 | Z1 | 1036) |
| *Deiratonotus japonicus*（カワスナガニ） | 三重県（尾鷲） | 飼育 | Z1, Z2 | 1037) |
| *Deiratonotus cristatum* [*Paracleistostoma*]（アリアケモドキ） | 神奈川（藤沢） | 採集 / 飼育 | M, C1 | 1030) |
| *Deiratonotus cristatum* [*Paracleistostoma*]（アリアケモドキ） | 静岡県（太田川河口） | 飼育 | Z1-5 | 1023) |
| *Deiratonotus cristatum* [*Paracleistostoma*]（アリアケモドキ） | 国内（産地不詳） | 採集 / 飼育 | Z1, M | 1038) |
| Family Macrophthalmidae（オサガニ科） | | | | |
| Subfamily Ilyograpsinae（チゴイワガニ亜科） | | | | |
| ※3 *Ilyograpsus paludicola*（ドロイワガニ） | 熊本県（合津） | 飼育 | Z1 | 721) |

資料：付表A　267

| 種名（[ ] 内は原著での学名または属名，グレー地は全期の記載） | 産地（[ ] 内は海外） | 方法 | 幼生期 | 文献 |
|---|---|---|---|---|
| Subfamily Macrophthalminae（オサガニ亜科） | | | | |
| ※3 *Macrophthalmus dialatus*（オサガニ） | 熊本県（合津） | 飼育 | Z1-5, M, C1 | 721) |
| *Macrophthalmus dialatus*（オサガニ） | 静岡県（浜名湖） | 飼育 | Z1-6 | 1023) |
| *Macrophthalmus japonicus*（ヤマトオサガニ） | 神奈川県（逗子） | 採集 / 飼育 | M, C1 | 1026) |
| *Macrophthalmus japonicus*（ヤマトオサガニ） | 静岡県（太田川河口） | 飼育 | Z1-5 | 1023) |
| Subfamily Tritodynamiinae（オヨギピンノ亜科） | | | | |
| *Tritodynamia horvathi*（オヨギピンノ） | 東京都（羽田沖） | 採集 / 飼育 | Z3-5, M | 1039) |
| *Tritodynamia horvathi*（オヨギピンノ） | 熊本県（樋ノ島） | 飼育 | Z1-2 | 1040) |
| *Tritodynamia horvathi*（オヨギピンノ） | 長崎県（瑞穂） | 飼育 | Z6 | 1041) |
| *Tritodynamia japonica*（ヨコナガピンノ） | 静岡県（遠州灘） | 飼育 | Z1-5 | 678) |
| *Tritodynamia rathbunae*（オオヨコナガピンノ） | 長崎県（瑞穂） | 飼育 | Z1-5, M, C1 | 974) |
| *Tritodynamia rathbunae*（オオヨコナガピンノ） | ［ロシア（ボストーク湾）］ | 採集 | Z1-5, M | 6) |
| Superfamily Cryptochiroidea（サンゴヤドリガニ上科） | | | | |
| Cryptochiridae（サンゴヤドリガニ科） | | | | |
| *Hapalocarcinus marsupialis*（サンゴヤドリガニ） | ［ベトナム］ | 飼育 | Z1 | 1045) |
| *Hapalocarcinus marsupialis*（サンゴヤドリガニ） | ［紅海（ハルガダ）］ | 飼育 | Z1 | 835) |
| *Hapalocarcinus marsupialis*（サンゴヤドリガニ） | ［ハワイ（オアフ島）］ | 飼育 | Z1-2 | 1046) |
| *Pseudohapalocarcinus ransoni*（ヒメサンゴヤドリガニ） | ［ベトナム］ | 採集 | M | 1045) |
| Superfamily Pinnotheioidea（カクレガニ上科） | | | | |
| Family Pinnotheridae（カクレガニ科） | | | | |
| Subfamily Pinnotherinae（カクレガニ亜科） | | | | |
| *Arcotheres sinensis* [*Pinnotheres*]（オオシロピンノ） | 神奈川県（野島） | 採集 / 飼育 | Z1 | 1049) |
| *Arcotheres sinensis* [*Pinnotheres*]（オオシロピンノ） | 高知県（宇佐） | 飼育 | Z1-3, M | 1050) |
| *Arcotheres sinensis* [*Pinnotheres*]（オオシロピンノ） | 北海道（忍路） | 採集 / 飼育 | Z1-3 | 1051) |
| *Arcotheres sinensis* [*Pinnotheres*]（オオシロピンノ） | ［韓国］ | 飼育 | Z1 | 1052) |
| *Pinnotheres pholadis*（カギツメピンノ） | 神奈川県（野島） | 飼育 | Z1 | 1053) |
| *Pinnotheres pholadis*（カギツメピンノ） | 熊本県（合津） | 飼育 | Z1-4 | 1054) |
| *Pinnotheres pholadis*（カギツメピンノ） | 北海道（忍路） | 採集 | Z1, Z3 | 1051) |
| *Pinnotheres boninensis*（クロピンノ） | 神奈川県（葉山） | 飼育 | Z1-3, M | 1055) |
| *Pinnaxodes mutuensis*（ムツピンノ） | 北海道（厚岸湾） | 飼育 | Z1-4, M | 1056) |
| *Pinnaxodes mutuensis*（ムツピンノ） | ［ロシア（ボストーク湾）］ | 採集 | Z1-4, M | 6) |
| *Pinnaxodes major*（フジナマコガニ） | ［韓国］ | 飼育 | Z1-5, M | 1057) |
| *Sakaina japonica*（ニホンマメガニダマシ） | 熊本県（合津） | 飼育 | Z1-3, M | 1058) |
| *Sakaina yokoyai*（ヨコヤマメガニダマシ） | ［ロシア（ボストーク湾）］ | 飼育 / 採集 | Z1-3, M | 1104) |
| Subfamily Pinnotheriliinae（マメガニ亜科） | | | | |
| *Pinnixa rathbuni*（ラスバンマメガニ） | 東京湾 | 採集 | M | 1059) |
| *Pinnixa rathbuni*（ラスバンマメガニ） | 伊勢湾 | 採集 | Z1-5, M | 1060) |
| *Pinnixa rathbuni*（ラスバンマメガニ） | 神奈川県（走水） | 採集 / 飼育 | LZ, M, C1 | 1061) |
| *Pinnixa rathbuni*（ラスバンマメガニ） | 北海道（忍路） | 採集 / 飼育 | Z1-4, M | 1051) |
| *Pinnixa rathbuni*（ラスバンマメガニ） | ［ロシア（ボストーク湾）］ | 採集 | Z1-5, M | 1101) |

※1：ここで記載された'第1メガロパ'は別種で，'第2メガロパ'が本種と思われる（Gonzalez-Gordillo *et al.* 969)）。 ※2：記載はメガロパのみ。
※3：予報または講演要旨。 ※4：'*Sesarma erythrodactyla*' の名で記載。

# 付表B　各分類群の代表的な種にみられる発生にともなうおもな形質の変化

## 付表B-1　ウシエビ（*Penaeus monodon*）の発育段階とおもな形質の変化

| 幼生期 | | N1 | N2 | N3 | N4 | N5 | N6 |
|---|---|---|---|---|---|---|---|
| 平均体長（mm） | | 0.32 | 0.35 | 0.39 | 0.39 | 0.41 | 0.54 |
| 頭腹部 | 第1触角：原節 | 無節 | 無節 | 無節 | 無節 | 分節 | 分節 |
| | 第2触角：原節 | 無節 | 無節 | 無節 | 分節 | 分節 | 分節 |
| | 第2触角：外肢（毛数） | 4 | 4/5 | 5 | 7 | 8 | 10 |
| | 小顎・顎脚 | − | − | r | rb | rb | rb |
| | 尾棘対数 | 1 | 1 | 3 | 3 | 4 | 7 |

| 幼生期 | | PrZ1 | PrZ2 | PrZ3 | My1 | My2 | My3 | PL1 |
|---|---|---|---|---|---|---|---|---|
| 平均体長（mm） | | 1.06 | 1.70 | 3.12 | 3.78 | 4.28 | 4.56 | 5.74 |
| 頭腹部 | 額棘上の小棘数 | − | − | − | − | − | − | 1 |
| | 複眼 | 無柄 | 有柄 | 有柄 | 有柄 | 有柄 | 有柄 | 有柄 |
| | 第1触角：内肢 | − | − | + | − | − | − | +※1 |
| | 第2触角：外肢（概形） | 棒状 | 棒状 | 棒状 | 板状 | 板状 | 板状 | 板状 |
| | 第1小顎：外肢葉 | 4 | 4 | 4 | 5 | − | − | − |
| | 第2小顎：顎舟葉 | 5 | 5 | 5 | 10-11 | 13-16 | 13-17 | 約26 |
| | 胸脚 | − | r | rb | + | + | + | + |
| 腹部 | 腹肢（第1〜5腹節） | − | − | − | r | r | rb | + |
| | 尾肢（第6腹節） | − | − | + | + | + | + | + |
| | 尾節：尾棘対数 | 7 | 7 | 8 | 8 | 8 | 8 | 8 |

r：原基, rb：二叉原基, −：ない, ＋：ある。データはMotoh[88]およびMotoh & Buri[89]にもとづく。※1：分節。

## 付表B-2　サクラエビ（*Lucensosergia lucens*）の発育段階とおもな形質の変化

| 幼生期 | | N1 | N2 ※1 | PrZ1 | PrZ2 | PrZ3 | My1 | My2 | PL1 |
|---|---|---|---|---|---|---|---|---|---|
| 平均体長（mm） | | 0.32 | 0.38 | 0.68 | 1.03 | 1.78 | 3.13 | 4.02 | 5.10 |
| 頭腹部 | 頭胸甲：額棘 | | | − | + | + | + | + | + |
| | 複眼 | | | 無柄 | 有柄 | 有柄 | 有柄 | 有柄 | 有柄 |
| | 第1触角：内肢 | − | − | − | − | − | 無節 | 無節 | 分節 |
| | 第2触角：内肢 | 無節 | 分節 | 分節 | 分節 | 分節 | 分節 | 分節 | 分節 |
| | 第1顎脚：外肢 | | | 7 | 7 | 9 | 12 | 12 | r |
| | 第2顎脚：外肢 | | | 6 | 6 | 8 | 7 | 8 | − |
| 腹部 | 腹節：背棘 | | | − | − | − | + | + | r |
| | 腹肢 | | | − | − | − | r | r | + |
| | 尾肢 | | | − | − | r | + | + | + |
| | 尾節：尾棘対数 | 2 | 3 | 4+2 | 4+2 | 4+2 | 5 | 5 | 5 |

r：原基, −：ない, ＋：ある。データはOmori[116]にもとづく。※1：近藤・他[117]によればN1-4の4期。

資料：付表B　269

### 付表 B-3　ユメエビ属（*Lucifer*）の発育段階とおもな形質の変化

| 幼生期 | | N1 | N2 | N3 | N4 | N5 | N6 |
|---|---|---|---|---|---|---|---|
| 平均体長（mm） | | 0.20 ※1 | | | | | |
| 頭腹部 | 複眼 | − | − | （単眼） | （単眼） | （単眼） | （単眼） |
| | 触角の剛毛 | 単純 | 羽状 | 羽状 | 羽状 | 羽状 | 羽状 |
| | 第4胸脚 | − | − | − | − | − | − |
| | 腹肢（第1〜5腹節） | − | − | − | − | − | − |
| | 尾肢（第6腹節） | − | − | − | − | − | − |
| | 尾節：尾棘対数 | 1 | 1 | 1 | 2 | 3 | 4 |

| 幼生期 | | PrZ1 | PrZ2 | PrZ3 | My1 | My2 | PL1 |
|---|---|---|---|---|---|---|---|
| 平均体長（mm）※2 | | 0.68 | 1.13 | 1.61 | 2.47 | 3.20 | 4.31 |
| 頭腹部 | 複眼 | 無柄 | 無柄 | 無柄 | 有柄 | 有柄 | 有柄 |
| | 触角の剛毛 | 羽状 | 羽状 | 羽状 | 羽状 | 羽状 | 羽状 |
| | 第4胸脚 | − | r | r | + | + | + |
| 腹部 | 腹肢（第1〜5腹節） | − | − | − | − | − | + |
| | 尾肢（第6腹節） | − | − | r | + | + | + |
| | 尾節：尾棘対数 | 5 | 5 | 5 | 5 | 5 | 5 |

r：原基，−：ない，＋：ある。データは Brooks [125] および Hashizume [124] にもとづく。
※1：Hashizume [124] の図からの計測値。※2：ユメエビ（*Lucifer typus*）のデータ（Hashizume [124]）より）。

### 付表 B-4　サラサエビ（*Rhynchocinetes uritai*）の発育段階とおもな形質の変化

| 幼生期 | | Z1 | Z2 | Z3 | Z4 | Z5 | Z6 | Z7 | Z8 | Z9 | Z10 | PL1 |
|---|---|---|---|---|---|---|---|---|---|---|---|---|
| 平均体長（mm） | | 2.28 | 2.50 | 3.10 | 3.48 | 3.86 | 4.17 | 5.01 | 5.55 | 6.66 | 8.21 | 8.58 |
| | 頭胸甲：額棘 | 固定 | 固定 | 固定 | 固定 | 固定 | 固定 | 固定 | 固定 | 固定 | 固定 | 可動 |
| | 第1触角：外肢節数 | 1 | 1 | 1 | 1 | 1 | 1 | 1 | 2 | 3 | 1 | 7 |
| | 第2触角：外肢 | 分節 | 分節 | 分節 | 無節 | 無節 | 無節 | 無節 | 無節 | 無節 | 無節 | 無節 |
| 頭腹部 | 第1小顎：外肢葉 | + | + | + | + | + | − | − | − | − | − | − |
| | 第1胸脚 | − | rb | rb | + | + | + | + | + | + | + | c h |
| | 第2胸脚 | − | − | − | rb | + | + | + | + | + | + | c h |
| | 第3胸脚 | − | − | − | rb | + | + | + | + | + | + | + |
| | 第4胸脚 | − | − | − | − | rb | + | + | + | + | + | + |
| | 第5胸脚 | − | − | − | − | r | r | + | + | + | + | + |
| 腹部 | 腹肢 | − | − | − | − | − | − | r | rb | rb | (+) | + |
| | 尾肢 | − | − | + | + | + | + | + | + | + | + | + |

ch：鋏脚，r：原基，rb：二叉原基，−：ない，＋：ある。データは毎原 [169] にもとづく。

### 付表 B-5　イソスジエビ（*Palaemon pacificus*）の発育段階とおもな形質の変化

| 幼生期 | | Z1 | Z2 | Z3 | Z4 | Z5 | Z6 ※2 | PL1 |
|---|---|---|---|---|---|---|---|---|
| 平均体長（mm）※1 | | 2.17 | 2.27 | 2.76 | 3.26 | 3.67 | 4.35 | 4.50 |
| | 頭胸甲：額背歯 | − | 1 | 2 | 3 | 3 | 3 | 9 |
| | 頭胸甲：額棘の下歯 | − | − | − | − | − | − | 2 |
| | 第2触角：外肢・内肢長 | 外>内 | 外>内 | 外>内 | 外=内 | 外≦内 | 外<内 | 外≪内 |
| 頭腹部 | 第2小顎：顎舟葉 | 5 | 7 | 9 | 14 | 18-20 | 24-27 | 29-32 |
| | 第1・2胸脚 | rb | + | + | + | c h | c h | c h |
| | 第3胸脚 | − | rb | rb | + | + | + | + |
| | 第4胸脚 | − | − | rb | rb | + | + | + |
| | 第5胸脚 | − | r | r | + | + | + | + |
| 腹部 | 腹肢 | − | − | − | r | rb | rb | + |
| | 尾肢 | − | r | + | + | + | + | + |

ch：鋏脚，r：原基，rb：二叉原基，−：ない，＋：ある。データは Han & Hong [212] にもとづく。
※1：額棘先端から尾節後端までの中心線長。※2：脱皮による齢ではなく，形態差により6期に区分（倉田 [14] による本種での区分は9期）。

## 付表 B-6　エビジャコ（*Crangon affinis*）の発育段階とおもな形質の変化

| 幼生期 | | Z1 | Z2 | Z3 | Z4 | Z5 | Z6 | PL1 |
|---|---|---|---|---|---|---|---|---|
| | 体長（mm）※1 | 2.2-2.4 | 2.6-2.8 | 3.1-3.3 | 3.6-3.9 | 4.1 | 4.5 | 5.0-6.0 |
| 頭胸腹部 | 頭胸甲：額棘 | － | － | － | － | － | － | r |
| | 第2触角：外肢先端の棘 | － | － | ＋ | ＋ | ＋ | ＋ | ＋ |
| | 第1胸脚 | － | rb | rb | rb | rb | rch | ＋ |
| | 第2胸脚 | － | r | r | r | rb | rb | ＋ |
| | 第5胸脚 | － | r | r | r | r | r | ＋ |
| 腹部 | 腹肢 | － | － | － | r | r | r | ＋ |
| | 尾節の概形 | 三角形 | 三角形 | 三角形 | 台形 | 台形 | 長方形 | 逆台形 |
| | 尾肢 | － | r | rb | ＋ | ＋ | ＋ | ＋ |

r：原基, rb：二叉原基, rch：鋏状原基, －：ない, ＋：ある。データは倉田[305]にもとづく。

## 付表 B-7　サンゴヒメエビ（*Microprosthema validum*）の発育段階とおもな形質の変化

| 幼生期 | | Z1 | Z2 | Z3 | Z4 | Z5 | PL1 |
|---|---|---|---|---|---|---|---|
| | 平均体長（mm）※1 | 2.26 | 2.78 | 2.99 | 3.74 | 3.78 | 2.52 |
| 頭胸腹部 | 複眼 | 無柄 | 有柄 | 有柄 | 有柄 | 有柄 | 有柄 |
| | 第1触角：柄部の節数 | 1 | 2 | 3 | 3 | 3 | 4 |
| | 第1触角：内肢の節数 | （－） | 1 | 1 | 1 | 1 | 7+(?) |
| | 第2触角：内肢の節数 | 1 | 1 | 2 | 3 | 2 | 33+(?) |
| | 第1小顎：内肢 | － | － | － | － | － | r |
| | 第2胸肢 | r | ＋ | ＋ | ＋ | ＋ | ＋ |
| | 第3胸肢 | r | r | ＋ | ＋ | ＋ | ＋ |
| | 第4・5胸肢 | － | － | r | ＋ | ＋ | ＋ |
| 腹部 | 腹肢 | － | － | － | r | r (rb) | ＋ |
| | 尾肢 | － | － | r | ＋ | ＋ | ＋ |
| | 尾節：背中棘 | － | － | － | ＋ | ＋ | ＋ |
| | 尾節：異尾小毛 | ＋ | ＋ | － | － | － | － |

r：原基, rb：二叉原基, －：ない, ＋：ある。データは Ghory *et al.*[324]にもとづく。
※1：額棘先端から尾節中央後端までの長さ。

## 付表 B-8　ハルマンスナモグリ（*Neotrypaea harmandi*）の発育段階とおもな形質の変化

| 幼生期 | | Z1 | Z2 | Z3 | Z4 | Z5 | PL1 |
|---|---|---|---|---|---|---|---|
| | 平均頭胸甲長（mm） | 0.96 | 1.27 | 1.46 | 1.92 | 2.30 | 1.30 |
| 頭胸腹部 | 額棘（額角） | ＋ | ＋ | ＋ | ＋ | ＋ | r |
| | 複眼 | 無柄 | 有柄 | 有柄 | 有柄 | 有柄 | 有柄 |
| | 第1触角：原節 | 単節 | 単節 | 分節 | 分節 | 分節 | 分節 |
| | 第1触角：内肢 | － | － | ＋ | ＋ | ＋ | （分節） |
| | 第2触角：内肢先端毛 | ＋ | ＋ | － | － | － | － |
| | 第2小顎：顎舟葉 | 5 | 7 | 9-10 | 11-12 | 17-24 | 33-36 |
| | 第1・2胸脚 | － | rb | ＋ | ＋ | ch | ch |
| | 第3・4胸脚 | － | － | rb | ＋ | ＋ | ＋ |
| | 第5胸脚 | － | － | r | ＋ | ＋ | ＋ |
| 腹部 | 腹肢 | － | － | r | rb | rb | ＋ |
| | 尾肢 | － | r | ＋ | ＋ | ＋ | ＋ |
| | 尾節：異尾小毛 | ＋ | ＋ | － | － | － | － |

ch：鋏脚, r：原基, rb：二叉原基, －：ない, ＋：ある。データは Konishi *et al.*[352]にもとづく。

## 付表 B-9　イセエビ（*Panulirus japonicus*）の発育段階とおもな形質の変化

| 幼生期 | | 初期 ※1 | | | 中期 | | | | 後期 | | |
|---|---|---|---|---|---|---|---|---|---|---|---|
| | | Ph1 | Ph2 | Ph3 | Ph4 | Ph5 | Ph6 | Ph7 | Ph8 | Ph9 | Ph10 |
| 平均体長（mm）※2 | | 1.52 | 2.07 | 3.33 | 4.40 | 5.21 | 7.91 ※3 / 11.81 | 15.62 | 20.17 | 24.48 | 29.97 |
| 頭（甲）部 | 頭・胸部の幅 | 頭>胸 | 頭>胸 | 頭=胸 | 頭<胸 | 頭<胸 | 頭<胸 | 頭<胸 | 頭<胸 | 頭<胸 | 頭<胸 |
| | 眼柄 | 単節 | 分節 | 分節 | 分節 | 分節 | 分節 | 分節 | 分節 | 分節 | 分節 |
| | 第1触角：柄部節数 | (単節) | (単節) | (単節) | 1 | 2 | 3 | 3 | 3 | 3 | 3 |
| | 第2触角：柄部節数 | 単節 | 単節 | 単節 | 単節 | 単節 | 2-4 | 4 | 4 | 4 | 4 |
| | 第1小顎：基部剛毛 | 2 | 2 | 2 | 2 | 2 | 3 | 3 | 3 | 3 | 3 |
| | 第1顎脚 | r | r | r | r | r | r | r | r | 凸状 | 三葉状 |
| | 第2顎脚：外肢 | − | − | − | − | − | − | − | r | 有毛 | 有毛 |
| 胸部 | 第3胸脚：外肢 | 無毛 | 無毛 | 有毛 | 有毛 | 有毛 | 有毛 | 有毛 | 有毛 | 有毛 | 有毛 |
| | 第4胸脚 | − | r | 単節 | 分節 | 分節 | 分節 | 分節 | 分節 | 分節 | 分節 |
| | 第5胸脚：節数 | − | − | − | − | r | r | 単節 | 2 | 5 | 5 |
| | 胸脚の鰓 | − | − | − | − | − | − | − | − | r | rb |
| 腹部 | 腹肢 | − | − | − | − | − | -/r | r | rb | rb | rb |
| | 尾肢 | − | − | − | − | − | -/r | r | rb | rb | rb |

ch：鋏脚，r：原基，rb：二叉原基，−：ない，＋：ある。データは松田 414）にもとづく。
※1：松田 414）は形態でなく，体長 5 mm を初・中期の，また 15 mm を中・後期の境界としている。
※2：正中線上における頭甲前縁から腹部後端までの長さ。※3：第 6 期は体長の変異幅が大きいために 2 亜期に区分。

## 付表 B-10　ウチワエビ（*Ibacus ciliatus*）の発育段階とおもな形質の変化

| 幼生期（齢）※1 | | Ph1 | Ph2 | Ph3 | Ph4 | Ph5 | Ph6 | Ph7 | Ph8 |
|---|---|---|---|---|---|---|---|---|---|
| 平均体長（mm） | | 3.36 | 4.61 | 6.37 | 9.76 | 13.73 | 20.46 | 32.00 | 41.69 |
| 頭（甲）部 | 頭甲：前縁背突起 | − | − | (+) | + | + | + | + | + |
| | 眼柄 | 単節 | 分節 | 分節 | 分節 | 分節 | 分節 | 分節 | 分節 |
| | 第1触角：柄部節数 | (単節) | (単節) | (単節) | 1 | 2 | 2 | 2 | 2 |
| | 第2触角：柄部と先端節の幅 | 柄>先 | 柄>先 | 柄>先 | 柄>先 | 柄>先 | 柄=先 | 柄=先 | 柄<先 |
| | 第2小顎：外肢（末節）剛毛 | 4 | 4 | 4 | − | − | − | − | − |
| | 第1顎脚 | 単葉 | 単葉 | 単葉 | 単葉 | 単葉 | 三葉 | 三葉 | 三葉 |
| | 第2顎脚：外肢 | − | − | − | − | (r) | r | r | r |
| 胸部 | 第3顎脚：外肢 | − | − | r | r | r | r | r | r |
| | 第4胸脚：外肢 | r | r | + | + | + | + | + | + |
| | 第5胸脚：外肢 | (r) | r | + | + | + | + | + | + |
| | 胸脚：鰓原基 | − | − | − | − | − | − | + | + |
| 腹部 | 腹肢 | − | − | − | r | r | rb | rb | rb |
| | 尾肢 | − | − | r | rb | rb | rb | rb | rb |

r：原基，rb：二叉原基，−：ない，＋：ある。データは高橋・税所 461）にもとづく。※1：ここでは「期＝脱皮齢」。

## 付表 B-11　コブカニダマシ（*Pachycheles stevensii*）の発育段階とおもな形質の変化

| 幼生期 | | Z1 | Z2 | M |
|---|---|---|---|---|
| 平均頭胸甲長（mm）※1 | | 0.96 | 1.27 | 1.30 |
| 頭胸部 | 複眼 | 無柄 | 有柄 | 有柄 |
| | 第1触角・大顎の内肢 | − | r | + |
| | 第2小顎の顎舟葉の周縁毛 | 6 | 18-19 | 53-56 |
| | 第2小顎の顎舟葉の羽状突起 | + | + | − |
| 腹部 | 胸脚・腹肢 / 尾肢 | − | r | + |
| | 尾節の異尾小毛 | + | + | − |

r：原基，−：ない，＋：ある。データは Konishi 534）にもとづく。※1：眼柄前縁から甲の後縁までの距離。

## 付表B-12　ムラサキオカヤドカリ（*Coenobita purpureus*）の発育段階とおもな形質の変化

| 幼生期 | | Z1 | Z2 | Z3 | Z4 | Z5 | M |
|---|---|---|---|---|---|---|---|
| | 平均体長（mm）※1 | 2.70 | 3.27 | 4.20 | 4.57 | 5.15 | 4.28 |
| 頭胸部 | 第1触角：内肢 | − | − | r | r | r | ＋ |
| | 第2触角：内肢 | 単節 | 単節 | 単節 | 単節 | (分節) | (分節) |
| | 第1小顎：基節内葉の犬歯状棘（毛） | 2 | 4 | 4 | 6 | 6 | (−) |
| | 第2小顎：顎舟葉の羽状毛 | 4 | 8 | 10 | 13 | 17 | 51 |
| | 第3顎脚 | r | ＋ | ＋ | ＋ | ＋ | ＋ |
| 腹部 | 腹肢 | − | − | − | − | r | ＋ |
| | 尾肢 | − | r | ＋ | ＋ | ＋ | ＋ |

r：原基，−：ない，＋：ある。データはNakasone [586] にもとづく。※1：額棘先端から尾節後端までの中心線長。

## 付表B-13　テナガホンヤドカリ（*Pagurus middendorffii*）の発育段階とおもな形質の変化

| 幼生期 | | Z1 | Z2 | Z3 | Z4 | M |
|---|---|---|---|---|---|---|
| | 平均頭胸甲長（mm）※1 | 1.34 | 1.51 | 1.82 | 2.03 | 1.12 |
| 頭胸部 | 第1触角：内肢 | − | − | − | r | ＋ |
| | 第1小顎：基節内葉の犬歯状棘（毛） | 2 | 4 | 4 | 6 | (−) |
| | 第2小顎：顎舟葉の羽状毛 | 5 | 6 | 8 | 13 | 27 |
| | 第2小顎：顎舟葉の後方葉 | − | − | − | ＋ | ＋ |
| | 第1・2顎脚：内肢節の背側毛 | st | pl | pl | pl | (−) |
| | 第1・2顎脚：外肢の遊泳毛 | 4 | 7 | 7 | 8 | (−) |
| | 第3顎脚 | r | ＋ | ＋ | ＋ | ＋ |
| 腹部 | 腹肢 | − | − | − | r | ＋ |
| | 尾肢の外肢 | − | − | ＋ | ＋ | ＋ |
| | 尾肢の内肢 | − | − | − | r | ＋ |

r：原基，−：ない，＋：ある。データはKonishi & Quintana [603] にもとづく。
※1：額棘先端から頭胸甲後端までの中心線長。

## 付表B-14　ヒラトゲガニ（*Hapalogaster dentata*）の発育段階とおもな形質の変化

| 幼生期 | | Z1 | Z2 | Z3 | Z4 | M |
|---|---|---|---|---|---|---|
| | 平均頭胸甲長（mm）※2 | 1.80 | 1.84 | 2.07 | 2.20 | 1.60 |
| 頭胸部 | 第1触角：内肢 | − | r | r | r | ＋ |
| | 第1小顎：基節内葉の犬歯状棘（毛） | 2 | 4 | 4 | 6 | ( r ) |
| | 第2小顎：顎舟葉の羽状毛 | 5 | 8 | 11 | 12-13 | 31-36 |
| | 第2小顎：顎舟葉の後方葉 | − | − | − | ＋ | ＋ |
| | 第1・2顎脚：内肢節の背側毛 | st | pl | pl | pl | (−) |
| | 第1・2顎脚：外肢の遊泳毛 | 4 | 7 | 8 | 8 | (−) |
| | 第3顎脚：外肢の遊泳毛 | − | 6 | 8 | 8 | (−) |
| 腹部 | 腹肢 | − | − | − | r | ＋ |
| | 尾肢 | − | − | ＋ | ＋ | ＋ |

r：原基，−：ない，＋：ある。データはKonishi [638] にもとづく。※1：額棘先端から頭胸甲後端までの中心線長。

## 付表B-15　キタクダヒゲガニ（*Lophomastix japonica*）の発育段階とおもな形質の変化

| 幼生期 | | Z1 | Z2 | Z3 | M |
|---|---|---|---|---|---|
| | 平均頭胸甲長（mm）※1 | 1.6 | 2.1 | 2.7 | 3.4 |
| 頭胸部 | 第1触角：内肢 | − | − | r | ＋ |
| | 第2触角：内肢 | r | r | r | ＋ |
| | 第2小顎：顎舟葉の羽状毛 | 19 | 23-25 | 34-36 | 145-157 |
| | 第1顎脚：外肢の遊泳毛 | 4 | 7 | 8 | 27 |
| | 第3顎脚：外肢の遊泳毛 | 2 | 5 | 8 | 11 |
| 腹部 | 腹肢 | − | − | r | ＋ |
| | 尾肢 | − | − | ＋ | ＋ |

r：原基，−：ない，＋：ある。データはKonishi [663] にもとづく。※1：額棘先端から頭胸甲後端までの中心線長。

資料：付表B　273

## 付表 B-16　アサヒガニ（*Ranina ranina*）の発育段階とおもな形質の変化

| 幼生期（齢）※1 | | Z1 | Z2 | Z3 | Z4 | Z5 | Z6 |
|---|---|---|---|---|---|---|---|
| 平均頭胸甲長（mm）※2 | | 1.04 | 1.39 | 1.86 | 2.40 | 3.04 | 3.88 |
| 頭胸腹部 | 額棘（額角） | + | + | + | + | + | + |
| | 第1触角：内肢 | − | − | − | − | r | r |
| | 第2触角：内肢の分節 | 1 | 1 | 1 | 1 | 1 | 1 |
| | 第2触角：外肢剛毛 | 6 | 13-16 | 21-26 | 30-33 | 36-40 | 43-47 |
| | 大顎：触鬚 | − | − | − | − | r | r |
| | 第1小顎：外肢毛 | − | − | − | + | + | + |
| | 第2小顎：顎舟葉の羽状毛 | 6 | 14-15 | 22-26 | 35-38 | 50-56 | 73-84 |
| | 第1顎脚：外肢の遊泳毛 | 4 | 10-11 | 15-16 | 17-19 | 21-24 | 28-29 |
| | 第2顎脚：外肢の遊泳毛 | 4 | 11-14 | 15-18 | 21-23 | 25-27 | 28-32 |
| | 第2顎脚：内肢の節数 | 3 | 3 | 3 | 3 | 3 | 4 |
| | 第3顎脚：外肢 | − | r | r | r | rb | rb |
| 腹部 | 腹肢 | − | − | − | r | r | r |
| | 尾肢 | − | − | + | + | + | + |
| | 尾節：尾棘対数 | 6 | 8 | 11-13 | 13-19 | 14-21 | 20-24 |

| 幼生期（齢）※1 | | Z7 | Z8 | M |
|---|---|---|---|---|
| 平均頭胸甲長（mm）※2 | | 4.76 | 5.70 | 7.91 (M7)/8.44 (M8) |
| 頭胸腹部 | 額棘（額角） | + | + | r |
| | 第1触角：内肢 | r | r | + |
| | 第2触角：内肢の分節 | 3 | 3 | (8) |
| | 第2触角：外肢剛毛 | 47-54 | 53-58 | 40-43 (M7)/49-63 (M8) |
| | 大顎：触鬚 | (+) | + | + |
| | 第1小顎：外肢毛 | + | + | (8) |
| | 第2小顎：顎舟葉の羽状毛 | 104-118 | 114-121 | 228-257 (M7)/249-278 (M8) |
| | 第1顎脚：外肢の遊泳毛 | 27-32 | 28-31 | 20-25 (M7)/24-25 (M8) |
| | 第2顎脚：外肢の遊泳毛 | 31-36 | 33-37 | 0 |
| | 第2顎脚：内肢の節数 | 4 | 5 | 5 |
| | 第3顎脚：外肢 | rb | rb | + |
| 腹部 | 腹肢 | r | r | + |
| | 尾肢 | + | + | + |
| | 尾節：尾棘対数 | 21-23 | 21-25 | (8) |

ch：鋏脚，r：原基，r b：二叉原基，−：ない，＋：ある。データは Minagawa [696] にもとづく。
※1：期ではなく脱皮齢を示す。※2：額棘基部から頭胸甲後端までの中心線長。


## 付表 B-17　サメハダヘイケガニ（*Paradorippe granulata*）の発育段階とおもな形質の変化

| 幼生期 | | Z1 | Z2 | Z3 | Z4 | M |
|---|---|---|---|---|---|---|
| 頭胸甲の棘間長（mm）※1 | | 7.2 | 11.0 | 13.8-15.2 | 18-21 | |
| 頭胸部 | 額棘・背棘 | + | + | + | + | − |
| | 複眼の眼柄 | − | + | + | + | + |
| | 第1触角：内肢 | − | − | − | r | + |
| | 第2触角：内肢 | − | − | r | r | + |
| | 第1顎脚：外肢の遊泳毛※2 | 4 | 7 [6+1] | 11 [8+3] | 12 [10+2] | |
| | 第2顎脚：外肢の遊泳毛※2 | 4 | 8 [6+2] | 12 [8+4] | 16 [10+6] | |
| 腹部 | 第1腹肢：背面の長剛毛 | − | 1 | 3 | 3 | |
| | 第6腹肢：尾節からの分節 | − | − | + | + | + |
| | 腹肢 | − | − | − | r | + |

ch：鋏脚，r：原基，rb：二叉原基，−：ない，＋：ある。ゾエア期のデータは倉田 [712] にもとづく。
※1：額棘と背棘の先端間の距離。※2：数字は総本数で[]内は先端部と，より下部の配毛内訳を表す。

## 付表B-18　オオヨツハモガニ（*Pugettia ferox*）の発育段階とおもな形質の変化

| 幼生期 | | Z1 | Z2 | M |
|---|---|---|---|---|
| 平均頭胸甲長（mm） | | 0.71 | 0.90 | 1.1 |
| 頭胸部 | 複眼 | 無柄 | 有柄 | 有柄 |
| | 第1触角：内肢 | − | − | + |
| | 第2触角：内肢 | r | r | + |
| | 第1小顎：外肢毛 | − | + | − |
| | 第2小顎：顎舟葉の周縁毛 | 8-10+a | 17-23 | 32-34 |
| | 第1・2顎脚：外肢の遊泳毛 | 4 | 6 | 5 |
| 腹部 | 第6腹節の分節 | − | + | + |
| | 腹肢 | − | r | + |

r：原基，−：ない，＋：ある。データは噴火湾産の標本（北海道大学：ICHUM 489-492）にもとづく。

## 付表B-19　コイチョウガニ（*Glebocarcinus amphioetus*）の発育段階とおもな形質の変化

| 幼生期 | | Z1 | Z2 | Z3 | Z4 | Z5 | M |
|---|---|---|---|---|---|---|---|
| 平均棘間長（mm）※1 | | 1.4 | 1.6 | 2.0 | 2.5 | 3.0 | (2.3) |
| 頭胸部 | 額棘・背棘 | + | + | + | + | + | − |
| | 第1触角：内肢 | − | − | − | − | r | + |
| | 第2触角：内肢 | − | r | r | r | r | + |
| | 大顎：触鬚 | − | − | − | − | r | + |
| | 第1小顎：外肢毛 | − | + | + | + | + | − |
| | 第2小顎：顎舟葉周縁毛 | 4+a | 11-12 | 17-19 | 21-25 | 30-37 | (56) |
| 腹部 | 第1・2顎脚：外肢の遊泳毛 | 4 | 6 | 8 | 10 | 12 | (5-6) |
| | 第6腹節：尾節からの分節 | − | − | + | + | + | + |
| | 腹肢 | − | − | − | r | r | + |

r：原基，−：ない，＋：ある。データは Iwata & Konishi [791] にもとづく。※1：額棘と背棘の先端間の距離。

## 付表B-20　タイワンガザミ（*Portunus（P.）pelagicus*）の発育段階とおもな形質の変化

| 幼生期 | | Z1 | Z2 | Z3 | Z4 | M |
|---|---|---|---|---|---|---|
| 頭胸甲長（mm）※1 | | 0.59 | 0.73 | 0.99 | 1.33 | 1.69 |
| 頭胸部 | 頭胸甲：背棘と側棘 | + | + | + | + | − |
| | 第1触角：内肢 | − | − | − | r | + |
| | 第2触角：内肢 | − | r | r | r | + |
| | 第1小顎：外肢毛 | − | 1 | 2 | 2 | |
| | 第1顎脚：内肢第3節の剛毛 | − | − | − | + | |
| | 第1・2顎脚：外肢の遊泳毛 | 4 | 8 | 10-11 | 12-13 | (4) |
| 腹部 | 腹肢 | − | − | r | r | + |
| | 第6腹節：尾節からの分節 | − | − | + | + | + |
| | 尾節：尾叉内側の尾棘対数 | 3 | 4 | 4 | 5 | |

r：原基，−：ない，＋：ある。データは八塚 [815] にもとづく。※1：額棘先端から頭胸甲後端までの中心線長。

資料：付表B　275

付表 B-21 スベスベマンジュウガニ（*Atergatis floridus*）の発育段階とおもな形質の変化

| | 幼生期 | Z1 | Z2 | Z3 | Z4 | M |
|---|---|---|---|---|---|---|
| | 棘間長（mm）※1 | 1.40 | 1.82 | 2.27 | 2.61 | |
| | 頭胸甲長（mm） | 0.55 | 0.73 | 0.95 | 1.09 | 1.51 |
| | 頭胸甲：背棘と側棘 | + | + | + | + | − |
| | 複眼の眼柄 | − | + | + | + | + |
| 頭胸部 | 第1触角：内肢 | − | − | − | r | + |
| | 第2触角：内肢 | − | r | − | − | + |
| | 大顎：触髭（内肢） | − | − | r | r | + |
| | 第1小顎：外肢毛 | − | 1 | 1 | 2 | |
| | 第1・2顎脚：外肢の遊泳毛 | 4 | 6 | 8 | 10 | (5) |
| 腹部 | 腹肢 | − | − | r | r | + |
| | 第6腹節：尾節からの分節 | − | − | + | + | + |
| | 尾節：尾叉内側の尾棘数 | 3+3 | 3+3 | 4+4 | 4+1+4 | |

r：原基，−：ない，＋：ある。データは Tanaka & Konishi [873, 1074] にもとづく。※1：額棘と背棘の先端間の距離。

付表 B-22 モクズガニ（*Eriocheir japonicus*）の発育段階とおもな形質の変化

| | 幼生期 | Z1 | Z2 | Z3 | Z4 | Z5 | M |
|---|---|---|---|---|---|---|---|
| | 平均頭胸甲長（mm）※1 | 0.49 | 0.68 | 0.81 | 1.14 | 1.21 | 2.52 |
| | 平均棘間長（mm）※2 | 1.38 | 1.5 | 2.2 | 2.6 | 3.05 | |
| | 複眼の眼柄 | − | + | + | + | + | + |
| | 第1触角：内肢 | − | − | − | − | r | + |
| | 第2触角：内肢 | − | − | r | r | r | + |
| 頭胸部 | 大顎：触髭（内肢） | − | − | − | − | r | + |
| | 第1小顎：外肢毛 | − | + | + | + | + | |
| | 第2小顎：顎舟葉の周縁毛 | 4 | 8 | 15-17 | 23-25 | 35-39 | 44-46 |
| | 第1顎脚：内肢中央節の剛毛 | 1 | 1 | 1 | 2 | | (r) |
| | 第1・2顎脚：外肢の遊泳毛 | 4 | 6 | 8 | 10 | 12 | 3/4 |
| 腹部 | 腹肢 | − | − | − | r | rb | + |
| | 第6腹節：尾節からの分節 | − | − | + | + | + | + |
| | 尾節：尾棘対数（尾叉の内側） | 3 | 3 | 3 | 4 | 5 | − |

r：原基，rb：二叉原基，−：ない，＋：ある。
※1：データは寺田 [986] および森田 [992] にもとづく。※1：複眼前縁から頭胸甲（背中）後縁までの距離。
※2：額棘と背棘の先端間の距離。

付表 B-23 スナガニ（*Ocypode stimpsoni*）の発育段階とおもな形質の変化

| | 幼生期 | Z1 | Z2 | Z3 | Z4 | Z5 | M |
|---|---|---|---|---|---|---|---|
| | 平均頭胸甲長（mm） | 0.51 | 0.63 | 1.06 | 1.62 | 3.15 | (4.6) |
| | 頭胸甲：額棘 | + | + | + | + | + | − |
| | 頭胸甲：背棘※1 | + | r | r | r | | − |
| 頭胸部 | 複眼の眼柄 | − | + | + | + | + | + |
| | 第1触角：内肢 | − | − | − | − | r | + |
| | 第2触角：内肢 | − | − | − | r | r | + |
| | 第1顎脚：外肢の遊泳毛 | 4 | 6 | 8 | 10 | 12 | (6) |
| | 第1顎脚：内肢中央節の剛毛 | 1 | 1 | 2※2 | 2 | 2 | |
| 腹部 | 腹肢 | − | − | − | r | r | + |
| | 第4腹節：後側棘 | − | + | + | + | + | − |
| | 尾節：尾叉内側の尾棘対数 | 3 | 3 | 4 | 5 | 6 | |

r：原基，−：ない，＋：ある。データは福田 [1024] にもとづく。
※1：頭胸甲に比して相対的に退縮する。※2：国内のシオマネキ亜科では1本のままである。

# 付表C　その他の関連事項

### 付表C-2　十脚目のおもな分類群で用いられてきた幼生期の名称

| 分類群 ＼ 幼生期名 | ノープリウス | ゾエア（前期） | ゾエア（後期） | ポストラーバ（第1期）※1 |
|---|---|---|---|---|
| クルマエビ上科 (Penaeoidea) | ノープリウス (nauplius) | プロトゾエア (protozoea) | ゾエア (zoea) | ポストラーバ (postlarva) |
| | | | ミシス (mysis) | ポストミシス (postmysis) |
| サクラエビ上科 (Sergestoidea) | | エラフォカリス (elaphocaris) | アカントソーマ (acanthosoma) | マスティゴプス (mastigopus) |
| コエビ下目 (Caridea) | | ゾエア (zoea) | | ポストラーバ (postlarva) |
| | | | | パルバ (parva) |
| アンフィオニデス (*Amphionides*) ※2 | | アンフィオン (amphion) | | |
| イセエビ下目／イセエビ科 (Acelata/Palinuridae) | | フィロソーマ (phyllosoma) | | プエルルス (puerulus) |
| イセエビ下目／イセエビ科／クボエビ属 (*Puerulus*) | | 'フィランフィオン' ※3 (phyllamphion) | | |
| イセエビ下目／イセエビ科／ヨロンエビ属 (*Phyllamphion*) ※3 | | | | |
| イセエビ下目／セミエビ科 (Achelata/Scyllaridae) | | フィロソーマ (phyllosoma) | | ニスト (nisto) |
| センジュエビ下目 (Polychelida) ※4 | | エリオネイカス (eryoneicus) | | |
| 異尾下目／ヤドカリ上科 (Anomura/Paguroidea) | | ゾエア (zoea) | | メガロパ (megalopa) |
| | | | | グラウコトエ (glaucothoe) |
| 異尾下目／コシオリエビ科 (Anomura/Galatheidae) | | | | グリモテア (grimothea) |
| 短尾下目 (Brachyura) | | | | メガロパ (megalopa) |

本表ではノープリウス期から第1ポストラーバ期まで，それぞれ相当する位置に対応させてある。イタリックは現在ほとんど使われないもの。

※1：メガロパやデカポディッド (decapodid) が統一名として提唱されてきたが，まだ一般化していない。
※2：かつては独立した目（1属1種）であったが，現在はコエビ下目のタラバエビ科に属するとされる。
※3：これまで属名は '*Palinurellus*' であったが，この属名が適格となったため，逆に幼生名としては使うばあいは注意を要する。
※4：幼生属 '*Eryoneicus*' が広く使われていたが，国際命名委員会の裁定により現在は使用が抑止されている。

### 付表C-2　スジエビ属におけるふ化からポストラーバまでの脱皮回数（齢）の個体変異

| 種名 | 産地 | 飼育水温 | 脱皮回数 |
|---|---|---|---|
| フトユビスジエビ 14) | 相模湾 | 18.3 ℃ | |
| フトユビスジエビ？ 52) | 秋穂 | 26.2 ℃ | |
| アシナガスジエビ 14) | 相模湾 | 25.1 ℃ | |
| アシナガスジエビ 53) | 台湾（基隆） | 24-27.5℃ | |
| スジエビモドキ 14) | 相模湾 | 24.2 ℃ | |
| イソスジエビ 14) | 相模湾 | 18.6 ℃ | |
| スジエビ 15) | 琵琶湖 | 21.0 ℃ | |
| スジエビ 15) | 十和田湖 | 21.0 ℃ | |

（脱皮回数：1〜20）

■：ゾエア，■：ポストラーバ，□：稚エビ。種名の右肩数字は文献番号。

付表C-3 短尾下目各科のゾエアにおける内肢の節数と毛式（剛毛配列）の例

| | 科 / 亜科（属） | 第1小顎 | | 第2小顎 | | 第1顎脚 | | 第2顎脚 | | 主な文献 |
|---|---|---|---|---|---|---|---|---|---|---|
| | | 節数 | 毛式 | 節数 | 毛式 | 節数 | 毛式 | 節数 | 毛式 | |
| 脚孔群 | カイカムリ科 （*Petalomera*） | 2 | 2,6 | 2 | 3,2+4 | 5 | 3,3,1,2,5 | 4 | 3,3,2,5 | 686) |
| | ホモラ科 （*Paromola*） | 2 | 1,5 | 1 | 7/9 | 5 | 1,1,1,2,5 | 4 | 1,1,1/2,5 | 690) |
| | ミズヒキガニ科 （*Eplumula*） | 2 | 1,5 | 2 | 3,1+3 | 5 | 1,1,1,1,5 | 4 | 1,0,2,5 | 697) |
| | アサヒガニ科 （*Ranina*） | 2 | 0,5 | 1 | 2+3 | 5 | 3,2,1,2,5 | 3 | 1,1,3 | 696) |
| | ビワガニ科 （*Lyreides*） | 2 | 1,5 | 1 | 2+4 | 5 | 2,2,1,2,5 | 3 | 1,1,4 | 697) |
| 真短尾群（異孔亜群） | ヘイケガニ科 （*Paradorippe*） | 2 | 0,4 | 1 | 4 | 5 | 3,2,1,2,5 | 3 | 0,1,3 | 710) |
| | マルミヘイケガニ科 （*Ethusa*） | 2 | 0,6 | 1 | 3+3 | 5 | 3,2,1,2,4 | 3 | 1,1,4 | 714) |
| | カラッパ科 （*Calappa*） | 2 | 0,6 | 1 | 1+2+3 | 5 | 2,2,0,2,5 | 3 | 1,1,3 | 715) |
| | キンセンガニ科 （*Ashtoret*） | 2 | 1,4 | 1 | 2+2 | 5 | 3,2,1,2,5 | 3 | 1,1,5 | 678) |
| | コブシガニ科 （*Pyrhila*） | 1/2 | 4/0,4 | 1 | 1+2/2+2 | 5 | 2,2,1,2,5 | 1/2 | 2/3/0,3 | 726) |
| | コブシガニ科 （*Leucosia*） | 2 | 0,4 | 1 | 1+2 | 5 | 2,2,1,2,5 | 1/2 | 3/0,3 | 724) |
| | クモガニ科 （*Achaeus*） | 2 | 0,4 | 1 | 2+2 | 5 | 3,2,1,2,5 | 3 | 0,0,4 | 733) |
| | タカアシガニ科 （*Macrocheir*） | 2 | 1,6 | 1 | 2+3 | 5 | 3,2,1,2,5 | 3 | 1,1,6 | 740) |
| | モガニ科 （*Pugettia*） | 2 | 1,4 | 1 | 2+2/3 | 5 | 3,2,1,2,5 | 3 | 0,1,4 | 752) |
| | モガニ科 （*Doclea*） | 2 | 1,6 | 1 | 2+4 | 5 | 3,2,1,2,5 | 3 | 0,1,5 | 753) |
| | ケアシガニ科 （*Micippa*） | 2 | 1,6 | 1 | 2/3+3 | 5 | 3,2,1,2,5 | 3 | 0,1,3/5 | 760) |
| | ケセンガニ科 （*Chionoecetes*） | 2 | 1,6 | 1 | 3+3 | 5 | 3,2,1,2,5 | 3 | 1,1,5 | 767) |
| | ケセンガニ科 （*Pleistacantha*） | 2 | 1,6 | 1 | 3+3 | 5 | 3,2,1,2,5 | 3 | 0,1,5 | 732) |
| | 'イッカククモガニ'科 （*Pyromaia*） | 2 | 0,3 | 1 | 1+2 | 5 | 3,2,1,2,5 | 3 | 0,1,4 | 745) |
| | ヤワラガニ科 （*Halicarinus*） | 2 | 1,4/5 | 1 | 2+3 | 5 | 3,2,1,2,5 | 3 | 1,1,6 | 781) |
| | ヤワラガニ科 （*Trigonoplax*） | 2 | 1,4 | 1 | 2+3 | 5 | 3,2,1,2,5 | 3 | 1,1,6 | 782) |
| | ヒシガニ科 （*Enoplolambrus*） | 2 | 1,6 | 1 | 2+2+3 | 5 | 2,2,1,2,5 | 3 | 1,1,4 | 787) |
| | イチョウガニ科 （*Romaleon*） | 2 | 1,6 | 1 | 3+3 | 5 | 2,2,1,2,5 | 3 | 1,1,5 | 791) |
| | クリガニ科 （*Erimacrus*） | 2 | 1,6 | 1 | 3+5 | 5 | 2/3,2,1,2,5 | 3 | 1,1,3/5 | 800) |
| | オオエンコウガニ科 （*Chaeceon*） | 2 | 1,6 | 1 | 3+5 | 5 | 2,2,1,2,5 | 3 | 1,1,4/6 | 802) |
| | 'ミドリガニ'科 （*Carcinus*） | 2 | 1,6 | 1 | 3+5 | 5 | 2,2,1,2,5 | 3 | 1,1,5 | 805) |
| | ヒラツメガニ科 （*Ovalipes*） | 2 | 1,6 | 1 | 3+4 | 5 | 2,2,1,2,5 | 3 | 1,1,5 | 807) |
| | シワガザミ科 （*Liocarcinus*） | 2 | 1,6 | 1 | 3+5 | 5 | 2,2,1,2,5 | 3 | 1,1,5 | 810) |
| | ワタリガニ科 （*Portunus*） | 2 | 1,6 | 1 | 2+4 | 5 | 2,2,0,2,5 ※1 | 3 | 1,1,5 | 818) |
| | マルバガニ科 （*Eucrate*） | 2 | 0,6 | 1 | 3+5 | 5 | 3,2,1,2,5 | 3 | 1,1,5 | 841) |
| | エンコウガニ科 （*Carcinoplax*） | 2 | 1,6 | 1 | 3+5 | 5 | 3,2,1,2,5 | 3 | 1,1,6 | 842) |
| | メンコヒシガニ科 （*Aethra*） | 2 | 1,6 | 1 | 3+5 | 5 | 3,2,1,2,5 | 3 | 1,1,6 | 893) |
| | オウギガニ科 （*Atergatis*） | 2 | 1,6 | 1 | 3+4/5 | 5 | 2/3,2,1,2,4/6 | 3 | 1,1,4/6 | 875) |
| | ミナトオウギガニ科 （*Rhithropanopeus*） | 2 | 1,6 | 1 | 3+5 | 5 | 3,2,1,2,5 | 3 | 1,1,5 | 880) |
| | アカモンガニ科 （*Carpilius*） | 2 | 1,6 | 1 | 3+5 | 5 | 2/3,2,1,2,5 | 3 | 1,1,4 | 884) |
| | ケブカガニ科 （*Pilumnus*） | 2 | 1,6 | 1 | 3+5 | 5 | 3,2,1,2,5 | 3 | 1,1,6 | 904) |
| | ガレネガニ科 （*Halimede*） | 2 | 1,6 | 1 | 3+5 | 5 | 3,2,1,2,5 | 3 | 1,1,6 | 911) |
| | カノコオウギガニ科 （*Daira*） | 2 | 1,6 | 1 | 3+5 | 5 | 3,2,1,2,5 | 3 | 1,1,6 | 893) |
| | ヘアリーガニ科 （*Pilumnoides*） | 2 | 1,6 | 1 | 3+5 | 5 | 3,2,1,2,5 | 3 | 1,1,6 | 997) |
| | イワオウギガニ科 （*Eriphia*） | 2 | 1,6 | 1 | 3+5 | 5 | 3,2,1,2,5 | 3 | 1,1,6 | 916) |
| | マツバガニ科 （*Hypothalassia*） | 2 | 1,6 | 1 | 3+5 | 5 | 3,2,1,2,5 | 3 | 1,1,6 | 893) |
| | スベスベオウギガニ科 （*Menippe*） | 2 | 1,4 | 1 | 3+3 | 5 | 3,2,1,2,5 | 3 | 0,1,4 | 1075) |
| | スベスベオウギガニ科 （*Sphaerozius*） | 2 | 0,5 | 1 | 3+3 | 5 | 3,2,1,2,5 | 3 | 0,1,5 | 917) |
| | イソオウギガニ科 （*Baptozius*） | 2 | 1,6 | 1 | 3+5 | 5 | 3,2,1,2,4/6 | 3 | 1,1,6 | 918) |
| | ヒメサンゴガニ科 （*Tetralia*） | 2 | 1,5 | 1 | 2+3 | 5 | 2,2,1,2,5 | 3 | 1,1,4 | 926) |
| | サンゴガニ科 （*Quadrella*） | 2 | 1,5 | 1 | 3+2 | 5 | 3,2,1,2,5 | 3 | 1,1,4 | 927) |
| | サンゴガニ科 （*Trapezia*） | 2 | 1,5 | 1 | 3+2 | 5 | 2,2,1,2,5 | 3 | 0,1,4 | 926) |
| | ドメシアガニ科 （*Domecia*） | 2 | 0,4 | 1 | 2+3 | 5 | 1,2,0,2,5 | 3 | 0,0,4 | 929) |
| | ムツアシガニ科 （*Mariaplax*） | 2 | 1,4 | 1 | 3+3/4 | 5 | 2,2,1,2,5 | 3 | 1,1,6 | 931) |
| | アシブトイトアシガニ科 （*Crossonotus*） | 2 | 1,6 | 1 | 3+5 | 5 | 3,2,1,2,5 | 3 | 1,1,5 | 935) |
| | イトアシガニ科 （*Pseudopalicus*） | 2 | 1,6 | 1 | 3+5 | 5 | 3,2,1,2,5 | 3 | 1,1,5 | 935) |
| | ユノハナガニ科 （*Gandalfus*） | 2 | 1,5 | 1 | 3+5 | 5 | 3,2,1,2,5 | 3 | 1,1,6 | 937) |

| 科 / 亜科（属） | | 第1小顎 | | 第2小顎 | | 第1顎脚 | | 第2顎脚 | | 主な文献 |
|---|---|---|---|---|---|---|---|---|---|---|
| | | 節数 | 毛式 | 節数 | 毛式 | 節数 | 毛式 | 節数 | 毛式 | |
| 真短尾群（胸孔亜群） | イワガニ科（*Planes*） | 2 | 1,5 | 1 | 2+2 | 5 | 1,2,1,2,5 | 3 | 1,1,5 | 957) |
| | トゲアシガニ科（*Percnon*） | 2 | 1,5 | 1 | 2+2 ※2 | 5 | 2,2,1,2,5 ※3 | 3 | 1,1,5 | 961) |
| | ショウジンガニ科（*Plagusia*） | 2 | 1,5 | 1 | 2+3 | 5 | 2,2,1,2,5 | 3 | 1,1,5 | 946) |
| | オカガニ科（*Discoplax* [*Cardisoma*]） | 2 | 1,5 | 1 | 2+3 | 5 | 2,2,1,2,5 ※3 | 3 | 1,1,6 | 973) |
| | モクズガニ科（*Asthenognatus*） | 2 | 1,5 | 1 | 2+2 | 5 | 2,2,1,2,5 ※4 | 3 | 0,1,6 | 974) |
| | モクズガニ科（*Hemigrapsus*） | 2 | 1,5 | 1 | 2+2 | 5 | 2,2,1,2,5 | 3 | 0,1,6 | 35) |
| | ベンケイガニ科（*Chiromantis*） | 2 | 1,5 | 1 | 2+3 | 5 | 2,2,1,2,5 | 3 | 0,1,6 | 1006) |
| | ホウキガニ科（*Xenograpsus*） | 2 | 0,4 | 1 | 2+3 | 5 | 2,2,1,2,5 | 3 | 1,1,5 | 1019) |
| | スナガニ科（*Ocypode*）※1 | 2 | 0,4 | 1 | 1+2 | 5 | 2,2,1,2,5 | 3 | 0,0,5 | 1024) |
| | スナガニ科（*Austruca*） | 2 | 0,4 | 1 | 1+2 | 5 | 2,2,1,2,5 | 3 | 0,0,5 | 1023) |
| | コメツキガニ科（*Scopimera*） | 2 | 0,4 | 1 | 2+3 | 5 | 2,2,1,2,5 | 3 | 0,1,6 | 1031) |
| | ミナミコメツキガニ科（*Mictyris*） | 2 | 1,5 | 1 | 2+2 | 5 | 2,2,1,2,5 | 3 | 0,1,6 | 1034) |
| | ムツハアリアケガニ科（*Deiranotus*） | 2 | 0,4 | 1 | 2+3 | 5 | 2,2,1,2,5 | 3 | 0,1,6 | 1038) |
| | オサガニ科（*Macrophthalmus*） | 2 | 1,5 | 1 | 2+2 | 5 | 2,2,1,2,5 | 3 | 0,1,6 | 1023) |
| | オサガニ科（*Tritodynamia*）※2 | 2 | 1,5 | 1 | 2+2 | 5 | 2,2,1,2,5 ※3 | 3 | 0,1,6 | 974) |
| | サンゴヤドリガニ科（*Hapalocarcinus*） | 2 | 0,4 | 1 | 1+2 | 5 | 1,2,0,2,5 | 3 | 0,1,5 | 1046) |
| | サンゴヤドリガニ科（*Troglocarcinus*） | 2 | 0,4 | 1 | 1+2 | 5 | 1,2,0,2/3,4/6 | 3/2 | 0/-,1,5 | 1047) |
| | カクレガニ科（*Arcotheres*） | 2 | 0,4 | 1 | 1+2 | 5 | 2,2,1,2,5 | 2 | 0,4 | 1049) |
| | カクレガニ科（*Pinnaxodes*） | 2 | 0,4 | 1 | 1+2 | 5 | 2,2,1,2,5 | 2 | 0,5 | 1056) |
| | カクレガニ科（*Sakaina*） | 2 | 0,4 | 1 | 2+2 | 5 | 2,2,1,2,5 | 3 | 0,1,5 | 1058) |
| | カクレガニ科（*Pinnixa*） | 2 | 0,4 | 1 | 1+2 | 5 | 2,2,1,2,5 | 2 | 0,5 | 1051) |

ここでは科または亜科の代表的な属を選び，第1ゾエアの剛毛配列について，内肢の根元（背側）から先端（腹側）に向かって記す。
※1：後期（第4期）からは第3節が有毛となり「2,2,1,2,5」になる。※2：第2ゾエアから「2+2+1」，第5ゾエアから「2+2+2」となる。
※3：第3ゾエアから「2,3,2,2,6」となる。※4：後期になると中央節に1本増えて「2,2,2,2,5」となる

## 付表C-4 期数が異なるケブカガニ亜科ゾエアの3種間にみられる形質出現の変異

| 形質 | 種名（和名） | Z1 | Z2 | Z3 | Z4 |
|---|---|---|---|---|---|
| 第1触角：内肢原基 | *Pilumnus minutus*（ヒメケブカガニ）※1 | − | − | − | + |
| | *Actumnus setifer*（スエヒロイボテガニ）※2 | − | + | + | |
| | *Pilumnus kempi* ※3 | − | + | | |
| 第2触角：内肢原基 | *Pilumnus minutus*（ヒメケブカガニ） | − | + | + | + |
| | *Actumnus setifer*（スエヒロイボテガニ） | + | + | + | |
| | *Pilumnus kempi* | + | + | | |
| 第1小顎：外肢毛 | *Pilumnus minutus*（ヒメケブカガニ） | − | + | + | + |
| | *Actumnus setifer*（スエヒロイボテガニ） | − | + | + | |
| | *Pilumnus kempi* | − | + | | |
| 第2小顎：顎舟葉の周縁毛 | *Pilumnus minutus*（ヒメケブカガニ） | 4 | 10 | 17 | 24 |
| | *Actumnus setifer*（スエヒロイボテガニ） | 4 | 11 | 21 | |
| | *Pilumnus kempi* | 4 | 23 | | |
| 第1・2顎脚：外肢の遊泳毛 | *Pilumnus minutus*（ヒメケブカガニ） | 4 | 6 | 8 | 10 |
| | *Actumnus setifer*（スエヒロイボテガニ） | 4 | 6 | 8 | |
| | *Pilumnus kempi* | 4 | 6 | | |
| 腹部：腹肢原基 | *Pilumnus minutus*（ヒメケブカガニ） | − | − | + | + |
| | *Actumnus setifer*（スエヒロイボテガニ） | − | + | + | |
| | *Pilumnus kempi* | + | + | | |
| 腹部：第6腹節の分離 | *Pilumnus minutus*（ヒメケブカガニ） | − | − | + | + |
| | *Actumnus setifer*（スエヒロイボテガニ） | − | + | + | |
| | *Pilumnus kempi* | − | + | | |

注）Z：ゾエア，−：ない，＋：ある。グレーのセルは出現の時期に注目すべき形質。
※1：Terada 903)，※2：Clark & Ng 890)，※3：Siddiqui & Tirmizi 1076)。

# あ と が き

　思い起こせば，本書の基となる連載記事は 2012 年から足かけ 9 年，さらに単行本化するのに 4 年を費やしている。この間に基準となるべき成体の分類体系は，遺伝子による系統解析や古生物学などの進展を受けて十年一昔どころか，それこそ月単位で目まぐるしく更新されてきた感がある。今回，最新の分類体系を軸に過去の記事を再構成していくなかで，至るところで文献情報だけでなく，新たに標本を調べ直すなど，やるべきことが湧き出てきて，正直なところ当惑し，いかに自分がものを知らないかということを思い知る結果となってしまった。また過去の記事を読み返しつつ，形態だけでなく生態や発生における多様性により，幼生が多様な水中環境に溶け込んでいる姿を再認識させられた。

　今回の単行本化のなかで，19 世紀の幼生研究の黎明期から出版されてきた幾多の論文を眺めていると，それぞれが過去の遺物とはならず，まるで城壁の積み石のごとく今なお学問を支え続けていることを実感した。改めてこれらの業績だけでなく，時にはきわめて過酷な社会情勢のなかで研究を続けた先人たちの強い意志に敬意を表さざるを得ない。

　本書には筆者自身の力量不足のため，不備な点なども多々あろうかと思われる。たとえば，検索図は一般的な図鑑などのものとは異なり，一見変則的に見えるかもしれない。これは元々の情報量が少なく，かつ現場で目にするサンプルは不完全なものが多いことを踏まえ，「理想より現実」に重きつつ，試行錯誤した一つの結果である。読者におかれては，それぞれの研究を進める上での一つの踏み台として本書を活用していただき，それをきっかけに幼生へのより精緻な情報が増え，学問が進展していくならば筆者にとって望外の喜びである。

　本書の内容は，連載記事でそれぞれに謝意を記した，教育・研究機関をはじめ多くの方々のご厚意により成り立っている。また，図書館の方々には論文を中心と情報収集で大変お世話になり，古代アレキサンドリアの図書館が学問に貢献していた史実を思い起こした。言うまでもないが，研究者だけでなく，事務方をはじめとする研究支援部門，さらに業界の方々の理解と協力がなければ，そもそも研究の場や時間も得ることもかなわない。ここではスペースの関係で個々に記すことはかなわないが，改めて関係者の皆様に心からの感謝の意を表したい。

　連載記事とその単行本化においては，スタイルの安定しない原稿を辛抱強く訂正するだけでなく，時には文章の推敲段階で鋭く貴重な助言をいただくなど，この十数年間，生物研究社の編集部の皆様には本当にお世話になった。まさに本書はその賜物であり，ここに厚くお礼申し上げる。

　最後に辛抱強く筆者を支えてくれた家族に深く感謝したい。

# 文　献

1) Gurney, R., 1942. Larvae of decapod Crustacea. Ray Society, London, 309 pp.

2) Rice, A. L., 1980. Crab zoeal morphology and its bearing on the classification of the Brachyura. Trans. zool. Soc. London, 35: 271-424.

3) Ingle, R. W., 1992. Larval stages of northeastern Atlantic crabs – An illustrated key. Chapman & Hall Identification Guide I, Chapman & Hall, 363 pp.

4) 小西光一，1997．十脚目（幼生）．Pp. 1439-1479．日本産海洋プランクトン検索図説．（千原・村野編著）東海大出版，1568 pp.

5) Anger, K., 2001. The Biology of Decapod Crustacean Larvae. CRC Press, 262 pp.

6) Корниенко, Е.С. и Корн, О.М., 2010. Определитель личинок крабов инфраотряда Brachyura северо-западной части Японского моря. 221 pp. Владивосток, Дальнаука.

7) Martin, J. W., Olsen, J., & Hoeg, J. T. (eds.), 2014. Atlas of crustacean larvae. The Johns Hopkins University Press, Baltimore, 370 pp.

8) Møller, O. S., Anger, K. & Guerao, G. 2020. Patterns of larval development. Pp. 165-194. In: (Anger, K., Harzsch, S., Thiel, M. (eds.)) Developmental Biology and Larval Ecology: The Natural History of the Crustacea, Vol. 7. Oxford Academic.

9) Williamson, D. I., 1969. Names of larvae in the Decapoda and Euhausiacea. Crustaceana, 16: 210-213.

10) Felder, D. L., Martin, J. W. & Goy, J. W., 1985. Patterns in early postlarval development of decapods. Pp.163-225. In: Wenner, A.M. (ed.) Crustacean Issues 2, Larval Growth. Balkema, 236 pp.

11) Clark, P.F. & Cuesta, J.A., 2015. Larval systematics of Brachyura. Pp. 981-1048. In: (Castro, P. et al. eds.) Treatise on Zoology - Anatomy, Taxonomy, Biology - The Crustacea. 9C-I. Brill, Leiden & Boston.

12) 小西光一・Quintana, R., 1987. 十脚甲殻類におけるプリゾエア期について．海洋と生物，9: 372-378.

13) Knowlton, R. & Vargo, C., 2004. The larval morphology of *Palaemon floridanus* Chace, 1942 (Decapoda, Palaemonidae) compared with other species of *Palaemon* and *Palaemonetes*. Crustaceana, 77: 683-716.

14) 倉田 博，1968e. 荒崎近海産エビ類の幼生 - IV. Palaemonidae. 東海水研報，56: 143-159.

15) Nishino, M., 1984. Developmental variation in larval morphology among three populations of the freshwater shrimp, *Palaemon paucidens* de Haan. Lake Biwa Stud. Monogr., No. 1, 118 pp.

16) 西野麻知子・原田英司，1991．湖沼におけるスジエビ浮遊幼生の分散，回帰過程．月刊海洋，23: 646-649.

17) Rice, A. L., 1979. A plea for improved standards in descriptions of crab zoeae. Crustaceana, 37: 214-218.

18) 小西光一，1999a. 十脚甲殻類の幼生発生記載におけるスタンダードの必要性．タクサ，7: 1-5.

19) Martin, J. W. & Laverack, M. S., 1992. On the distribution of the crustacean dorsal organ. Acta Zool. (Stockholm), 73: 357-368.

20) 福田 靖，1994b. 甲殻十脚類の胸部における前底節の存在とその役割．動物分類学会誌，52: 47-64.

21) Boxshall, G. A., 2004. The evolution of arthropod limbs. Biological Reviews of the Cambridge Philosophical Society. 79: 253–300.

22) Factor, J. R., 1989. Development of the feeding apparatus in decapod crustaceans. Pp. 185-203 In: Felgenhauer, B., Watling, L. & Thistle, A.B. (eds.) Functional morphology of feeding and grooming in Crustacea, Crustacean Issues 6. Balkema, 320 pp.

23) 大石茂子，1988. D. 甲殻類 Crustacea. Pp. 51-130.（団・他共編）無脊椎動物の発生（下）．培風館．583 pp.

24) Geiselbrecht, H. & Melzer, R. R., 2010. Mandibles of zoea I larvae of nine decapod species: a scanning EM analysis. Spixiana, 33: 27-47.

25) Van Dover, C. L., 1982. Reduction of maxillary endites in larval Anomura and Brachyura. Crustaceana, 43: 211-215.

26) Van Dover, C. L., Factor, J. R. & Gore, R. H., 1982. Developmental patterns of larval scaphognathites: an aid to the classification of anomuran and brachyuran Crustacea. J. Crust. Biol., 2: 48-53.

27) 寺田正之，1987b. 真正カニ類ゾエア幼生の小顎Ⅰ・Ⅱの形態による分類への試み．動物分類学会誌，35: 27-39.

28) Factor, J. R., 1978. Morphology of the mouthparts of larval lobsters, *Homarus americanus* (Decapoda: Nephropidae), with special emphasis on their setae. Biol. Bull., 154:383-408.

29) Pohle, G. & Telford, M., 1981. Morphology and classification of decapod crustacean larval setae: A scanning electron microscope study of *Dissodactylus crinitichelis* Moreira, 1901 (Brachyura: Pinnotheridae). Bull. mar. Sci., 31: 736-752.

30) Walting, L., 1989. A classification system for crustacean setae based on the homology concept. Pp. 15-26. In: Felgenhauer, B.E., Walting, L., Thistle, A.B. (eds.) Functional Morphology of Feeding and Grooming in Crustacea. Crustacean Issues, No.6. Balkema, 225 pp.

31) Bocquet, C., 1954. Développement larvaire d'*Achaeus cranchii* Leach (Décapode Oxyrhynque). Bull. Soc. zool. France, 79: 50-56.

32) Bourdillon-Casanova, L., 1960. Le méroplancton du Golfe de Marseille: Les larves de Crustacé Déapodes. Rec. Trav. Stn. mar. Endoume, 30:1-286.

33) Heegaard, P., 1963. Decapod larvae from the Gulf of Napoli hatched in capitivity. Vidensk. Medd. dansk naturh. Foren., 125: 449-493.

34) Clark, P. F. & Ng, P. K. L., 1998. The larval development of the poisonous mosaic crab, *Lophozozymus pictor* (Fabricius, 1798) (Crustacea, Decapoda, Brachyura, Xanthidae, Zosiminae), with comments on familial characters for first stage zoeas. Zoosystema, 20: 201-220.

35) Aikawa, H., 1929. On larval forms of some Brachyura. Rec. oceanogr. Wks. Japan, 2: 17-55.

36) Aikawa, H., 1933. On larval forms of some Brachyura Paper II: A note on indeterminable zoeas. Rec. oceanogr. Wks. Japan., 5: 124-254.

37) 小西光一，1983. カニ類幼生の分類 - 相川によるゾエア分類を中心として．海洋と生物，5: 256-261.

38) 相川廣秋，1928. ゾイアの分類学的標準形質に就いて．水産學會報，5: 181-190.

39) Keeble, F. & Gamble, F. W., 1904. The colour physiology of the higher Crustacea. Philos. Trans. B., 196, pp.295-388.

40) 山洞　仁，1968. ズワイガニとベニズワイガニの幼生の識別について. 日水研連絡ニュース, No.210, pp.2-3.

41) Kikkawa, T., Nakahara, Y., Hamano, T., Hayashi, K. & Miya, Y., 1995. Chromatophore distribution patterns in the first and second zoeae of atyid shrimps (Decapoda: Caridea: Atyidae): a new technique for larval identification. Crust. Res., 24: 194-202.

42) McConaugha, J. R., 1980. Identification of the Y-organ in the larval stages of the crab, *Cancer anthonyi* Rathbun. J. Morphol., 164: 83-88.

43) Lemmens, J. W. T. J. & Knott, B., 1994. Morphological changes in external and internal feeding structures during the transition phyllosoma-puerulus- juvenile in the western rock lobster (*Panulirus cygnus*, Decapoda: Palinuridae). J. Morphol., 220: 271-280.

44) Minagawa, M. & Takashima, F., 1994. Developmental changes in larval mouthparts and foregut in the red frog crab, *Ranina ranina*. Aquaculture, 126: 61-71.

45) Flegel, T. W., 2007. The right to refuse revision in the genus *Penaeus*. Aquaculture, 264: 2–8.

46) De Grave, S., Pentcheff, N. D., Ahyong, S., Chan, T.Y., Crandall, K. A., Dworschak, P. C., Felder, D. L., Feldmann, R. M., Fransen, C. H. J. M., Goulding, L. Y. D., Lemeitre, R., Low, M. E. Y., Martin, J. W., Ng, P. K. L., Schweitzer, C. E., Tan, S. H., Tshudy, D. & Wetzer, R., 2009. A classification of living and fossil genera of decapod crustaceans. Raffles Bull. Zool., Suppl., 21: 1-109.

47) 三宅貞祥，1983. 原色日本大型甲殻類図鑑（II）. 保育社，277 pp.

48) 三宅貞祥，1998. 原色日本大型甲殻類図鑑（I）（第 3 刷）. 保育社，261 pp.

49) Provenzano, A. J., 1978. Feeding behavior of the primitive shrimp, *Procaris* (Decapoda, Procarididae). Crustaceana, 35: 170-176.

50) Felgenhauer, B. E., Abele, L. G. & Kim, W., 1988. Reproductive morphology of the anchialine shrimp *Procaris ascensionis* (Decapoda: Procarididae). J. Crust. Biol., 8: 333-339.

51) Forest, M.J. & De Saint-Laurent, M., 1989. Nouvelle contribution à la connaissance de *Neoglyphea inopinata* Forest & Saint Laurent, à propos de la description de la femelle adulte. Mém. Mus. natn. Hist. nat., 144: 75-92.

52) 宇都宮正・前川兼佑，1959. スジエビモドキ *Palaemon* (*Palaemon*) *serrifer* (Stimpson) の幼期変態について. 山口内海水試研報，10: 107-120.

53) Tsou, Y. E., Shy, J. Y. & Yu, H. P., 1989. Morphological observations on larval development of *Palaemon* (*Palaemon*) *ortmanni* (Crustacea: Decapoda: Palaemonidae). J. Fish. Soc. Taiwan, 16: 247-260.

54) Haug, C., Ahyong, S., Wiethase, J. & Olesen, J., 2016. Extreme morphologies of mantis shrimp larvae. Nauplius, 24: e2016020.

55) 浜野龍夫，2005. シャコの生物学と資源管理. 水産研究叢書，日本水産資源保護協会，No.51, 208 pp.

56) 倉田 博，1986. クルマエビ栽培漁業の手引き. さいばい叢書 1. 日本栽培漁業協会，306 pp.

57) 林 健一，1992. 日本産エビ類の分類と生態 I. 根鰓亜目. 生物研究社，300 pp.

58) Heldt, J. H., 1955a. Contribution à l'étude de la biologie des crevettes pénéides *Aristeomorpha foliacea* (Risso) et *Aristeus antennatus* (Risso) (formes larvaires). Bull. Soc. sci. nat. Tunisie, 8: 9-30.

59) Kurian, C. V., 1956. Larvae of decapod Crustacea from the Adriatic Sea. Acta Adriat., 6: 1-108.

60) Varela, C. & Bracken-Grissom, H., 2021. A mysterious world revealed: Larval-adult matching of deep-sea shrimps from the Gulf of Mexico. Diversity, 13: 457. 52 pp.

61) Kishinouye, K., 1926. Two rare and remarkable forms of macrurous Crustacea from Japan. Annot. Zool. Jpn., 11: 63-70.

62) Heegaard, P., 1966. Larvae of decapod Crustacea. The oceanic penaeids *Solenocera - Cerataspis - Cerataspides*. Dana Rep., 67: 1-147.

63) Bracken-Grisson, H. D., Felder, D. L., Vollmer, N. L., Martin, J. W. & Crandall, K. A., 2012. Phylogenetics links monster larva to deep-sea shrimp. Ecol. Evol., 2: 2367–2373.

64) Gray, J. E., 1828. Spicilegia Zoologica, or original figures and short systematic descriptions of new and unfigured animals. Treüttel, Würtz & Co., and W. Wood, London.

65) 張 成年・柳本 卓・小西光一・折田 亮・駒井智幸・小松浩典，2019. 西部北太平洋で採集された深海エビの怪物幼生. 水生動物，AA2019-1, 10 pp.

66) Burkenroad, M. D., 1936. The Aristaeinae, Solenocerinae and pelagic Penaeinae of the Bingham Oceanographic collection. Bull. Bingham Oceanogr. Coll. V, Art.2, 151 pp.

67) Heldt, J. H., 1938. La reproduction chez les Crustacés Décapodes famille des Pénéides. Ann. Inst. Océanogr., 18: 31-206.

68) Carreton, M., Dos Santos, A., De Sousa, L.F., Rotllant, G. & Company, J. B., 2020. Morphological description of the first protozoeal stage of the deep sea shrimps *Aristeus antennatus* and *Gennadas elegans*, with a key. Sci. Rep., 10:11178, 10 pp.

69) 横屋 猷，1956. 夏期九州南西海上に現れる甲殻十脚類の幼生. 長崎大学水産学部研報，4: 69-72.

70) Paulinose, V. T., 1986. Larval and postlarval stages of *Atypopenaeus* Alcock (Decapoda, Penaeidae: Penaeinae) from the Indian Ocean. Mahasagar, 19: 257-264.

71) Shokita, S., 1984. Larval development of *Penaeus* (*Melicertus*) *latisulcatus* Kishinouye (Decapoda, Natantia, Penaeidae) reared in the laboratory. Galaxea, 3: 37-55.

72) Ronquillo, J. D. & Saisho, T., 1997. Larval development of *Metapenaeopsis barbata* (De Haan, 1844) (Crustacea: Decapoda: Penaeidae). Mar. Freshw. Res., 48: 401-414.

73) Choi, J. H. & Hong S. Y., 2001. Larval development of the kishi velvet shrimp, *Metapenaeopsis dalei* (Rathbun. (Decapoda: Penaeidae), reared in the laboratory. Fish. Bull., 99:275-291.

74) Omori, M., 1971. Preliminary rearing experiment on the larvae of *Sergestes lucens* (Penaedia, Natantia, Decapoda) in Suruga Bay. Mar. Biol., 9: 228-234.

75) Paulinose, V. T., 1988. Decapod Crustacea from the International Indian Ocean Expedition: Larval and postlarval stages of 3 species of *Metapenaeopsis* Bouvier (Penaeidae: Penaeinae). J. nat. Hist., 22: 1565-1577.

76) Jackson, C. J., Rothlisberg, P. C., Pendrey, R. C. & Beamish, M. T., 1989. A key to genera of the penaeid larvae and early postlarvae of the Indo-West Pacific region, with descriptions of the larval development of *Atypopenaeus formosus* Dall and *Metapenaeopsis palmensis* Haswell (Decapoda: Penaeoidea: Penaeidae) reared in the laboratory. Fish. Bull., 87: 703-733.

77) 藤永元作, 1941. よしえび (*Penaeopsis monoceros*) 及びもえび (*Penaeopsis affinis*) のナウプリアス期に就いて. 水産學會報, 8: 282-289.

78) Ronquillo, J. D. & Saisho, T., 1993. Early larval developmental stages of greasyback shrimp, *Metapenaeus ensis* (De Haan, 1844) (Crustacea, Decapoda, Penaeidae). J. Plankton Res., 15: 1177-1206.

79) Lee, B. D. & Lee, T. Y., 1968. Larval development of the penaeidean shrimp *Metapenaeus joyneri* (Miers). Publ. Haewundae Mar. Lab., 1: 1-18.

80) Lee, B. D. & Lee, T. Y., 1969. Studies on the larval development of *Metapenaeus joyneri* (Miers) - Metamorphosis and growth. Publ. Mar. Lab. Pusan Fish. Coll., 2: 19-25.

81) Kurata, H. & Pusadee, V., 1974. Larvae and postlarvae of a shrimp, *Metapenaeus burkenroadi*, reared in the laboratory. Bull. Nansei reg. Fish. Res. Lab., 7: 69-84.

82) Nandakumar, G., Pillai, N. N., Telang, K. Y. & Balachandran, K., 1989. Larval development of *Metapenaeus moyebi* (Kishinouye) reared in the laboratory. J. mar. biol. Ass. India, 31: 86-102.

83) Muthu, M. S., Pillai, N. N. & George, K. V., 1978a. Larval development - *Penaeus indicus* H. Milne Edwards. CMFRI Bull., 28: 12-21.

84) Hudinaga, M., 1942. Reproduction, development and rearing of *Penaeus Japonicus* Bate. Japan. J. Zool., 10: 305-393.

85) Juwana, S. & Romimohtarto, K., 1987. A comparative study of some larval stages of *Penaeus monodon* and *Penaeus merguiensis* (Crustacea: Decapoda) from Indonesia. Publ. Seto mar. biol. Lab., 32: 109-122.

86) Motoh, H. & Buri, P., 1979. Larvae of decapod Crustacea form the Philippines - VI. Larval development of the banana prawn, *Penaeus merguiensis* reared in the laboratory. Bull. Jpn. Soc. sci. Fish., 45: 1217-1235.

87) Silas, E. G., Muthu, M. S., Pillai, N. N. & George, K. V., 1978. Larval development - *Penaeus monodon* Fabricius. CMFRI Bull., 28: 2-12.

88) Motoh, H., 1979. Larvae of decapod Crustacea form the Philippines - III. Larval development of the giant tiger prawn, *Penaeus monodon* reared in the laboratory. Bull. Jpn. Soc. sci. Fish., 45: 1201-1216.

89) Motoh, H. & Buri, P., 1980. Early postmysis stages of the giant tiger prawn, *Penaeus monodon* Fabricius. Res. Crust., 10: 13-33.

90) 岡 正雄, 1967. コウライエビ *Penaeus orientalis* Kishinouye の研究 - V. 授精と発生. 長崎大学水産学部学報, 23: 71-87.

91) 岡 正雄, 1968. コウライエビ *Penaeus orientalis* Kishinouye の研究 - IX. 授精と発生. 長崎大学水産学部学報, 26: 1-23.

92) Devarajan, K., Nayagam, J. S., Selvaraj, V. & Pillai, N. N., 1978. Larval development - *Penaeus semisulcatus* de Haan. CMFRI Bull., 28: 22-30.

93) Türkmen, G., 2005. The larval development of *Penaeus semisulcatus* (de Haan, 1850) (Decapoda: Penaeidae). EU J. Fish. Aqua. Sci., 22: 195-199.

94) Ronquillo, J. D., Saisho, T. & McKinley, R. S., 2006. Early developmental stages of the green tiger prawn, *Penaeus semisulcatus* de Haan (Crustacea, Decapoda, Penaeidae). Hydrobiologia, 560: 175-196.

95) Ishikawa, K. & Imabayashi, H., 1991. Early larval development of penaeid shrimp *Trachypenaeus curvirostris* (Stimpson) reared in the laboratory. J. Fac. Appl. Biol. Sci., Hiroshima Univ., 30: 1-11.

96) Ronquillo, J. D. & Saisho, T., 1992. Occurrence of embryonized nauplius and protozoea stages in southern rough shrimp, *Trachypenaeus curvirostris* (Stimpson, 1860) (Decapoda, Penaeidae). Res. Crust., 21: 47-58.

97) Ronquillo, J. D. & Saisho, T., 1995. Developmental stages of *Trachypenaeus curvirostris* (Stimpson, 1860) (Decapoda, Penaeidae) reared in the laboratory. Crustaceana, 68: 833-863.

98) Abdel Razek, F. A. & Taha, S. M., 2006. Experimental larval development of penaedae shrimp, *Trachypenaeus curvirostris* (Stimpson, 1860) from Egyptian Mediterranean coast. Egyptian J. Aqua. Res., 32: 362-384.

99) 橘高二郎, 1971. クルマエビ養殖の進歩, 第2章クルマエビの養殖技術. Pp.344-408. In: 浅海完全養殖 (猪野峻・他編., 恒星社厚生閣, 454 pp.

100) Kishinouye, K., 1900. On the nauplius stage of *Penaeus*. Zool. Anz., 23: 73-75.

101) 水産総合研究センター (編), 2007. クルマエビ類文献目録集. 水研センター研究資料, No.85, 215 pp.

102) 安田治三郎, 1966. マイマイエビ *Atypopenaeus compressipes* (Henderson) の幼体について. 自然科学研報, 1: 1-6.

103) Muthu, M. S., Pillai, N. N. & George, K. V., 1978b. Larval development - *Parapenaeopsis stylifera* (H. Milne Edwards). CMFRI Bull., 28: 65-75.

104) 福田 靖, 1994a. 短尾類のプリゾエアに存在する胚外被から得られる情報. Proc. Jpn. Soc. Syst. Zool., 51:25-34.

105) Iorio, M. I., Scelzo, M. A. & Boschi, E. E., 1990. Desarrollo larval y postlarval del langostino *Pleoticus muelleri* Bate, 1888 (Crustacea, Decapoda, Solenoceridae). Sci. Mar., 54: 329-342.

106) Cook, H. L., 1966. A generic key to the protozoean, mysis, and postlarval stages of the littoral Penaeidae of the northwestern Gulf of Mexico. Fish. Bull. U.S. Fish Wildl. Serv., 65:437-447.

107) Calazans, D., 2000. Taxonomy of solenocerid larvae and distribution of larval phases of *Pleoticus muelleri* (Bate, 1888. (Decapoda: Solenoceridae) on the southern Brazilian coast. Crustacean Issues, 12: 565-575.

108) Cook, H. L. & Murphy, M. A., 1965. Early developmental stages of the rock shrimp, *Sicyonia brevirostris* Stimpson, reared in the laboratory. Tulane Stud. Zool., 12:109-127.

109) Liu, C. & Zhang, Z., 1981. On the larval development of *Acetes chinensis* Hansen. Acta Zool. Sinica, 27: 318-326.

110) 副島伊三, 1925. 有明産アキアミ (*Acetes japonicas*) の發生並に生態に就いて. 水産學會報, 4: 153-163.

111) 安田治三郎・高森茂樹・仁科重巳, 1953. アキアミ（*Acetes japonicus* Kishinouye）の生態学的研究並びにその繁殖保護に就いて. 内海水研報, 4: 1-19.

112) Rao, P. V., 1968. A new species of shrimp, *Acetes cochinensis* (Crustacea-Decapoda-Sergestidae) from southwest coast of India, with an account of its larval development. J. Mar. Biol. Ass. India, 10: 293-320.

113) Gurney, R. & Lebour, M. V., 1940. Larvae of decapod Crustacea. Part VI. The genus *Sergestes*. Discovery Reports, 20: 3-67.

114) Knight, M & Omori, M., 1982. The larval development of *Sergestes similis* Hansen (Crustacea, Decapoda, Sergestidae) reared in the laboratory. Fish. Bull. US Fish Wildl. Serv., 80: 217-243.

115) 中澤毅一, 1916. 櫻蝦の發生に就いて. 動雑, 28: 485-494.

116) Omori, M., 1969. The biology of a sergestid shrimp *Sergestes lucens* Hansen. Bull. Ocean. Res. Inst. Univ. Tokyo, No.4, 83 pp.

117) 近藤　優・大滝高明・窪田　久, 1988. サクラエビの幼生飼育とノウプリウス期幼生の形態. 日本プランクトン学会報, 35: 75-81.

118) Williamson, D. I., 1970. On a collection of planktonic Decapoda and Stomatopoda (Crustacea) from the east coast of the Sinai Peninsual, northern Red Sea. Contrib. Knowl. Red Sea (Israel), No. 45, 48 pp.

119) 中澤毅一, 1915. 駿河湾産櫻蝦調査報告. 水産講習所試報, 11: 1-21.

120) 蒔田道雄・近藤　優, 1982. サクラエビ幼生の飼育. 静岡水試研報, 16: 97-105.

121) Hayashi, K. I. & Tsumura, S., 1981. Revision of Japanese Luciferinae (Decapoda, Penaeidae, Sergestidae). Bull. Jpn. Soc. Sci. Fish., 47: 1437-1441.

122) Hashizume, K. & Omori, M., 1998. Distribution of warm epiplanktonic shrimp of the genus *Lucifer* (Decapoda: Dendrobranchiata: Sergestinae) in the northwestern Pacific Ocean with specia reference to their adaptive features. Int. Oceangr. Commis. Workshop Rep., 142: 156-162.

123) Vereshchaka, A. L. Olesen, J. & Lunina, A. A., 2016. A phylogeny‐based revision of the family Luciferidae (Crustacea: Decapoda). Zool. J. Linn. Soc., 178: 15-32.

124) Hashizume, K., 1999. Larval development of seven species of *Lucifer* (Dendrobranchiata, Sergestoidea), with a key for the identification of their larval forms. Pp. 753-779. In: Schram & Vaupel Klein (eds.) Crustaceans and the Biodiversity Crisis. Vol.1. Brill, 1022 pp.

125) Brooks, W. K., 1882. *Luclfer*, a study in morphology. Phil. Trans. Roy. Soc. London, 173, 57-137, pls. 1.

126) 橋詰和慶, 2001. ユメエビ属の分布とその適応的意義. 月刊海洋号外, No.26, pp. 56-62.

127) 横屋猷, 1957. テナガエビ類の幼生. In: 水産学集成（末廣恭雄・大島泰雄・檜山義夫編）, 東京大学出版会, 東京, pp.537-552.

128) 小西光一・南條暢聡, 2010. 忘れられた形態形質 - コエビ下目ゾエアにおける顎脚外肢の剛毛配列について. Cancer, 19: 27-29.

129) Menon, M. K., 1937. Decapod larvae from the Madras plankton. Bull. Madras govn. Mus. (n.s.) nat. Hist. Sect., 3: 1-59.

130) 倉田博, 1965c. 北海道産十脚甲殻類の幼生期. 11. Pasiphaeidae (Natantia). 北水研報, 30: 15-20.

131) 横屋猷, 1948. 「えび」の幼生. 水産學會報, 10: 6-7.

132) Sekiguchi, H., 1980. Larvae of *Leptochela gracilis* Stimpson (Decapoda: Natantia: Pasiphaeidae). Proc. Japan. Soc. Syst. Zool., 18: 36-46.

133) Kemp, S. W., 1910. The Decapoda Natantia of the coast of Ireland. Sci. Invest. Fish. Br. Ireland, 1908: 1-190.

134) Nanjo, N. & Konishi, K., 2009. Complete larval development of the Japanese glass shrimp *Pasiphaea japonica* Omori, 1976 (Decapoda: Pasiphaeidae) under laboratory conditions. Crust. Res., 38: 77-89.

135) Björck, W., 1911. Bidrag til kännedomen om Decapodernas larvutveckling I. *Pasiphaea*. Ark. Zool., 7, No.15, 17pp.

136) Williamson, D. I., 1960. Larval stages of *Pasiphaea sivado* and some other Pasiphaeidae (Decapoda). Crustaceana, 1: 331-341.

137) Elofsson, R., 1961. The larvae of *Pasiphaea multidentata* (Esmark) and *Pasiphaea tarda* (Krøyer). Sarsia, 4: 43-53.

138) Williamson, D. I., 1962. Crustacea, Decapoda: Larvae III. Caridea, families Oplophoridae, Nematocarcinidae and Pasiphaeidae. Fiches Ident. Zoopl., 92: 1-5.

139) 武田正倫・正仁親王, 1982. ショウジョウエビの学名について. 国立科博専報, 15: 181-185.

140) De Grave, S. & Fransen, C. H. J. M., 2011. Carideorum Catalogus: The Recent species of the dendrobranchiate, stenopodidean, procarididean and caridean shrimps (Crustacea: Decapoda). Zool. Med. Leiden, 85: 195-588.

141) Aizawa, Y., 1974. Ecological studies of micronektonic shrimps (Crustacea, Decapoda) in the estern North Pacific. Bull. Ocean. Res. Inst. Univ. Tokyo, 6: 1-84.

142) Gurney, R., 1941a. The larvae of *Hoplophorus* and *Systellaspis*. In: Gurney R. & Lebour, M. V. (eds.) On the larvae of certain Crustacea Macrura, mainly from Bermuda. J. Linn. Soc. London, Zool., 41: 103-112.

143) Stephensen, K., 1935. The Godthaab Expedition, 1928. Crustacea Decapoda. Meddr. Grønland, 80: 1–94.

144) Bartilotti, C. & Dos Santos, A., 2019. The secret life of deep-sea shrimps: ecological and evolutionary clues from the larval description of *Systellaspis debilis* (Caridea: Oplophoridae). PeerJ, 7: e7334 (DOI 10.7717/peerj.7334).

145) 諸喜田茂充, 1981. ヌマエビ類の生活史. 海洋と生物, 3: 15-23.

146) 林健一, 2007a. 日本産エビ類の分類と生態 II. コエビ下目 I. 292 pp. 生物研究社, 東京.

147) 中原泰彦・萩原篤志・三矢泰彦・平山和次, 2007. 両側回遊性ヒメヌマエビ属3種のゾエア期幼生の発達. 長崎大水産学部研報, 88: 43-59.

148) Hayashi, K. I. & Hamano, T., 1984. The complete larval development of *Caridina japonica* De Man (Decapoda, Caridea, Atyidae) reared in the laboratory. Zool. Sci., 1:571-589.

149) Shy, J. Y., Liou, W. H. & Yu, H. P., 1987. Morphological observation on the development of larval *Neocaridina brevirostris* Stimpson, 1860 (Crustacea: Decapoda: Atyidae) reared in the laboratory. J. Fish. Soc. Taiwan, 14: 15-24.

150) Shokita, S., 1973a. Abbreviated larval development of fresh-water atyid shrimp, *Caridina brevirostris* Stimpson from Iriomote Island of the Ryukyus. Bull. Sci. & Eng. Div., Univ. Ryukyus, 16: 222-231.

151) Shen, C. T., 1939. The larval development of some Peking Caridea. 40th Anniv. Pap. Nat. Univ. Peking, 1: 169-201.

152) Mizue, K. & Iwamoto, Y., 1961. On the development and growth of *Neocaridina denticulata* De Haan. Bull. Fac. Fish. Nagasaki Univ., 10: 15-24.

153) Yang, H. J. & Ko, H. S., 2003. Larval development of *Neocaridina denticulate sinensis* (Decapoda: Caridea: Atyidae) reared in the laboratory. Korean J. Syst. Zool., 19: 49-55.

154) Shokita, S., 1976. Early life-hitsory of the land-locked atyid shrimp, *Caridina denticulata ishigakiensis* Fujino et Shokita, from the Ryukyu Islands. Res. Crust., 7: 1-10.

155) Ishikawa, C., 1885. On the development of a freshwater macrurous crustacean, *Atyephira compressa*, de Haan. Quart. J. microsc. Sci., n.s. 25:391-428.

156) Yokoya, Y., 1931. On the metamorphosis of two Japanese freshwater shrimps, *Paratya compressa* and *Leander paucidens*, with reference to the development of their appendages. J. Coll. Agr. Tokyo, 11: 75-150.

157) 横屋 猷 , 1922. ヌマエビの變態に就いて . 水産學會報, 3: 264-287.

158) Gore, R. H., 1985. Molting and growth in decapod larvae. Pp. 1-65 In: Wenner, A. M. (ed.) Larval Growth. Crustacean Issues, A.A. Balkema, Rotterdam, 236 pp.

159) Vereshchaka, A. L., 1997. New family and superfamily for a deep-sea caridean shrimp from the Galathea collections. J. Crust. Biol., 17: 361–373.

160) Chow, S., Okazaki, M., Takeda, M. & Kubota, T., 2000. A rare abyssal shrimp, *Galatheacaris abyssalis*, found in the stomach of a lancetfish. Crustaceana, 73:243-246.

161) De Grave, S., Chu, K. H., & Chan, T. Y., 2010. On the systematic position of *Galatheacaris abyssalis* (Decapoda: Galatheacaridoidea). J. Crust. Biol., 30: 521-527.

162) 張 成年 , 2017. マボロシとなったバクエビ . Cancer, 26: 71-75.

163) Thatje, S., Bacardit, R. & Arntz, W. E., 2005. Larvae of the deep-sea Nematocarcinidae (Crustacea: Decapoda: Caridea) from the Southern Ocean. Polar Biol., 28: 290-302.

164) 毎原泰彦・京谷直喜 , 2001a. サンゴサラサエビ *Cinetorhynchus hendersoni* (Kemp, 1925) の幼期. 東海大海洋研報, 22: 75-91.

165) 毎原泰彦 , 2004. 飼育下におけるエンヤサラサエビ *Cinetorhynchus reticulatus* Okuno, 1997 の幼期 . 東海大博研報, 6: 15-33.

166) 毎原泰彦・京谷直喜 , 2001b. オオサンゴサラサエビ *Cinetorhynchus striatus* (Nomura & Hayashi, 1992) の幼期 . 東海大博研報, 3: 43-62.

167) Matoba, H. & Shokita, S., 1998. Larval development of the rhynchocinetid shrimp, *Rhynchocinetes conspiciocellus* Okuno & Takeda (Decapoda: Caridea: Rhynchocinetidae) reared under laboratory conditions. Crust. Res., 27: 40-69.

168) Cheng, C. C. & Tsai, W. S., 2007. Studies on larval development of the rhynchocinetid shrimp (*Rhynchocinetes durbanensis*). J. Fish. Soc. Taiwan), 15: 13-35.

169) 毎原泰彦 , 2002. 飼育下におけるサラサエビ *Rhynchocinetes uritai* Kubo, 1942 の幼期 . 東海大博研報, 4: 59-77.

170) Yang, H. J. & Park, J. B., 2004. First zoea of *Rhynchocinetes uritai* (Decapoda: Caridea: Rhynchocinetidae). Kor. J. syst. Zool., 20: 1-8.

171) Gurney, R., 1941b. On the larvae of certain Crustacea Macrura, mainly from Bermuda. 3. The larval stages of *Rhynchocinetes rigens* Gordon. J. Linn. Soc. London, 41: 113-124.

172) Martin, J. W., 1986. A late embryo of the deep water shrimp *Psalidopus barbouri* Chace, 1939 (Decapoda, Caridea). Crustaceana, 51: 299-301.

173) Miyake, H., Kitada, M., Ito, T., Nemoto, S., Okuyama, Y., Watanabe, H., Tsuchida, S., Inoue, K., Kado, R., Ikeda, S., Nakamura, K. & Omata, T., 2010. Larvae of deep-sea chemosynthetic ecosystem animals in captivity. Cahiers Biol. Mar., 51: 441-450.

174) Koyama, S., Nagahama, T., Ootsu, N., Takayama, T., Horii, M., Konishi, S., Miwa, T., Ishikawa, Y. & Aizawa, M., 2005. Survival of deep-sea shrimp (*Alvinocaris* sp.) during decompression and larval hatching at atmospheric pressure. Mar. Biotechnol., 7: 272-278.

175) Guri, M., Durand, L., Cueff-Gauchard, V., Zbinden, M., Crassous, P., Shillito, B. & Cambon-Bonavita, M.A., 2012. Acquisition of epibiotic bacteria along the life cycle of the hydrothermal shrimp *Rimicaris exoculata*. ISME J., 6: 597–609.

176) Nye, V., Copley, J. T. & Tyler, P. A., 2013. Spatial variation in the population structure and reproductive biology of *Rimicaris hybisae* (Caridea: Alvinocarididae) at hydrothermal vents on the Mid-Cayman Spreading Centre. PLoS ONE 8(3): e60319. [doi: 10.1371/journal.pone.0060319].

177) Hernández-Ávila, I., Cambon-Bonavita, M.A. & Pradillon, F., 2015. Morphology of first zeal stage of four genera of alvinocaridid shrimps from hydrothermal vents and cold seeps: Implications for ecology, larval biology and phylogeny. PLoS ONE 10(12): e0144657.

178) Fernandes, L. D. A., De Souza, M. F. & Bonecker, S. L. C., 2007. Morphology of oplophorid and bresiliid larvae (Crustacea, Decapoda) of Southwestern Atlantic plankton, Brazil. Pan-American J. Aqua. Sci., 2: 199-230.

179) De Grave, S., Fransen, C. H. J. M. & Page, T. J., 2015a. Let's be pals again: Major systematic changes in Palaemonidae (Crustacea: Decapoda). PeerJ. 2015, 3: e1167. (DOI: 10.7717/peerj.1167).

180) Chow, L.H., De Grave, S. & Tsang, L.M., 2020. The family Anchistioididae Borradaile, 1915 (Decapoda: Caridea) is a synonym of Palaemonidae Rafinesque, 1815 based on molecular and morphological evidence. J. Crust. Biol., 40: 221-342.

181) Gurney, R., 1938b. The larvae of the decapod Crustacea. Palaemonidae and Alpheidae. Great Barrier Reef Expedition 1928-1929. Scientific Reports. Vol. 6, No. 1, 60 pp.

182) Yang, H. J. & Ko, H. S., 2004. Zoeal stages of *Conchodytes nipponensis* (Decapoda: Palaemonidae) reared in the laboratory. J. Crust. Biol., 24: 110-120.

183) Bruce, A. J., 1986. Observations on the family Gnathophyllidae Dana, 1852 (Crustacea: Decapoda). J. Crust. Biol., 6: 463-470.

184) Bruce, A. J., 1988. A note on the first zoeal stage larva of *Hymenocera picta* Dana (Crustacea, Decapoda, Palaemonidae). Beagle, 5: 119-124.

185) Lin, S. C., Shy, J.Y. & Yu, H.P., 1988. Morphological observation on the development of larval *Macrobrachium asperulum* (Von Martens, 1868) (Crustacea, Decapoda, Palaemonidae) reared in the laboratory. J. Fish. Soc. Taiwan, 15: 8-20.

186) Shokita, S., 1977a. Abbreviated larval development of land-locked freshwater prawn, *Macrobrachium asperulum* (Von Martens) from Taiwan. Annot. Zool. Jpn., 50: 110-122.

187) Ito, A., Fujita, Y. & Shokita, S., 2002. Larval stages of *Macrobrachium australe* (Guérin Mé n eville, 1838) (Decapoda: Palaemonidae), described from laboratory-reared material. Crust. Res., 31: 47-72.

188) Shy, J. Y. & Yu, H. P., 1990. Morphological observations on the larval development of *Macrobrachium equidens* (Crustacea: Decapoda: Palaemonidae). J. Fish. Soc. Taiwan, 17: 185-197.

189) Ngoc-Ho, N., 1976. The larval development of the prawn *Macrobrachium equidens* and *Macrobrachium* sp. (Decapoda, Palaemonidae) reared in the laboratory. J. Zool. (London), 178: 15-55.

190) Ito, A., Fujita, Y. & Shokita, S., 2003. Redescription of the first zoeas of six *Macrobrachium* species (Decapoda: Caridea: Palaemonidae) occurring in Japan. Crust. Res., 32: 55-72.

191) Ghory, F. S., Kazmi, Q. B. & Kazmi, M. F., 2022. Description of the first to fourth zoeal stages of *Macrobrachium equidens* (Dana 1852) (Crustacea: Decapoda: Palaemonidae). Pak. J. Mar. Sci., 31: 13-27.

192) 諸喜田茂充，1970. ミナミテナガエビ（*Macrobrachium formosense* Bate）の増殖に関する研究 - I．室内飼育水槽での幼期変態について．沖縄生物学会誌, 6: 1-12.

193) Shy, J. Y., Tsou, Y. E. & Yu, H. P., 1990. Morphological observations on the larval development of *Macrobrachium formosense* (Crustacea: Decapoda: Palaemonidae). J. Fish. Soc. Taiwan, 17: 21-34.

194) Shokita, S., 1985. Larval development of the palaemonid Prawn, *Macrobrachium grandimanus* (Randall), reared in the laboratory, with special reference to larval dispersal. Zool. Sci., 2: 785-803.

195) 森実庸男・南沢 篤, 1971. ヤマトテナガエビ *Macrobrachium japonicum*（De Haan）の幼生の発生について．La mer, 7: 30-46.

196) Atkinson, J. M., 1977. Larval development of a freshwater prawn, *Macrobrachium lar* (Decapoda, Palaemonidae), reared in the laboratory. Crustaceana, 33: 119-132.

197) 鴨脚七郎 , 1914. 淡水産テナガエビ科及其幼虫. 動雑 , 26:183-187.

198) Kwon, C. S. & Uno, Y., 1969. The larval development of *Macrobrachium nipponense* (De Haan) reared in the laboratory. La mer, 7: 278-294.

199) Shy, J. Y. & Yu, H. P., 1987. Morphological observation on the development of larval *Macrobrachium nipponense* (De Haan) (Crustacea, Decapoda, Palaemonidae) reared in the laboratory. J. Fish. Soc. Taiwan, 14: 1-14.

200) Uno, Y. & Kwon, C. S., 1969. Larval development of *Macrobrachium rosenbergii* (De Man) reared in the laboratory. J. Tokyo Univ. Fish., 55: 179-90.

201) Diaz, G. G. & Kasahara, S., 1987. The morphological development of *Macrpbrachium rosendergii* (de Man) larvae. J. Fac., Appl. Biol. Sci., Hiroshima Univ., 26:43-56.

202) Shokita, S., 1973b. Abbreviated larval development of the fresh-water prawn, *Macrobrachium shokitai* Fujino et Baba (Decapoda, Palaemonidae) from Iriomote Island of the Rhykyus. Annot. Zool. Jpn., 46: 111-126.

203) Pillai, N. N., 1979. Early larval stages of *Palaemon* (*Palaemon*) *concinnus* Dana (Decapoda, Palaemonidae). Contrib. mar. Sci. dedicated to Dr. C.V. Kurian. 1979, pp. 243-255.

204) Shokita, S., 1977b. Larval development of palaemonid prawn, *Palaemon* (*Palaemon*) *debilis* Dana from the Ryukyu Islands. Bull. Sci. Eng. Div. Univ. Ryukyus, 23: 57-76.

205) Little, G., 1969. The larval development of the shrimp, *Palaemon macrodactylus* Rathbun, reared in the laboratory, and the effect of eyestalk extirpation on development. Crustaceana, 17: 69-87.

206) Liu, J. Y., 1949. On a fresh-water prawn, *Leander modestus* Heller, and its larval development. Contrib. Inst. Zool. Nat. Acad. Peiping, 5: 171-189.

207) Kwon, C. S. & Uno. Y., 1968. The larval development of *Palaemon modestus* (Heller) in the laboratory. La mer, 6: 263-278.

208) Chen, I. M. & Hirano, R., 1989. Studies on the larval development of *Palaemon orientis* Holthuis (Crustacea: Decapoda). Bull. Inst. Zool., Acad. Sinica, 28: 139-151.

209) Shy, J. Y. & Yu, H. P., 1989. Morphological observation on the larval development of *Exopalaemon orientis* (Holthuis, 1950) (Crustacea, Decapoda, Palaemonidae) reared in the laboratory. Ann. Taiwan Mus., 32: 35-49.

210) Yang, H. J. & Ko, H. S., 2002a. First zoea of *Palaemon ortmanni* (Decapoda, Caridea, Palaemonidae) hatched in the laboratory, with notes on the larval morphology of the Palaemonidae. Korean J. syst. Zool., 18: 181-189.

211) Shy, J. Y. & Yu, H. P., 1988. Morphological observation on the development of larval *Palaemon pacificus* (Stimpson, 1860) (Crustacea, Decapoda, Palaemonidae) reared in the laboratory. J. Fish. Soc. Taiwan, 15: 55-68.

212) Han, C. H. & Hong, S. Y., 1978. The larval development of *Palaemon pacificus* Stimpson (Decapoda, Palaemonidae) under laboratory conditions. Publ. Inst. mar. Sci. Nat. Fish. Univ. Busan, 11: 1-17.

213) Nakamura, K. & Baba, K. 1982. Observations of the development of the post-embryo of the shrimp, *Palaemon paucidens*. Mem. Fac. Fish. Kagoshima Univ., 31: 125-139.

214) Yang, H. J., 2009a. First zoeas of two *Palaemon* species (Decapoda: Caridea: Palaemonidae) hatched in the laboratory. Korean J. syst. Zool., 25: 237-242.

215) Nayar, S. G., 1947. The newly hatched larva of *Periclimenes* (*Ancylocaris*) *brevicarpalis* (Shenkel). Proc. Ind. Acad. Sci., Sec.B, 26: 168-176.

216) Nagai, T. & Shokita, S., 2003. Larval development of a pontoniine shrimp, *Periclimenes brevicarpalis* (Crustacea: Decapoda: Palaemonidae) reared in the laboratory. Species Diversity, 8: 237-265.

217) Bruce, A. J., 1972. Notes on some Indo-Pacific Pontoniinae XVIII. A redescription of *Pontonia minuta* Baker, 1907, and the occurrence of abbreviated development in the Pontoniinae (Decapoda, Natantia, Palaemonidae). Crustaceana, 23:65-75.

218) Bruce, A. J. & Trautwein, S. E., 2007. The coral gall shrimp, *Paratypton siebenrocki* Balss, 1914 (Crustacea: Decapoda: Pontoniinae), occurrence in French Polynesia, with possible abbreviated larval development. Cah. Biol. Mar., 48: 225-228.

219) Mitsuhashi, M., Sin, Y. W., Lei, H. C., Chan, T. Y. & Chu, K. H., 2007. Systematic status of the caridean families Gnathophyllidae Dana and Hymenoceridae Ortmann (Crustacea: Decapoda): a preliminary examination based on nuclear rDNA sequences. Invert. Syst., 21: 613–622.

220) Gurney, R., 1936b. Notes on some decapod Crustacea from Bermuda. III, IV, V. Proc. zool. Soc. London, 106(3): 619-630, pls. 1-7.

221) De Grave, S, Li, C. P., Tsang L.M., Chu K. H., & Chan T.Y., 2014. Unweaving hippolytoid systematics (Crustacea, Decapoda, Hippolytidae): resurrection of several families. Zool. Scr., 43: 496–507.

222) 宮崎一老 , 1937. 二・三の釣餌用甲殻類の習性及び其の幼生に就いて . 日水誌 , 5: 317-325.

223) Yang, H. J. & Kim, C. H., 1998. Zoeal stages of *Alpheus brevicristatus* de Haan, 1844 (Decapoda, Caridea, Alpheidae) with a key to the first zoeal larvae of three Korean species. Korean J. Biol. Sci., 2: 187-193.

224) Yang, H. J. & Kim, C. H., 2002. Early zoeas of two snapping shrimps *Alpheus digitalis* de Haan, 1850 and *Alpheus japonicus* Miers, 1879 (Decapoda, Caridea, Alpheidae) with notes on the larval character of the Alpheidae. Kor. J. biol. Sci., 6: 95-105.

225) Yang, H. J. & Kim, C. H., 1996. Zoeal stages of *Alpheus euphrosyne richardsoni* Yaldwyne, 1971 (Decapoda: Macrura: Alpheidae) reared in the laboratory. Korean J. Zool., 39: 106-114.

226) Yang, H. J. & Kim, C. H., 1999. The early zoeal stages of *Alpheus heeia* Banner & Banner, 1975 reared in the laboratory (Decapoda, Caridea, Alpheidae). Crustaceana, 72: 25-36.

227) Yang, H. J., Kim, M. J. & Kim, C. H., 2003. Early zoeas of *Alpheus lobidens* De Haan, 1850 and *Alpheus sudara* Banner and Banner, 1966 (Decapoda, Caridea, Alpheidae) reared in the laboratory. Korean J. Biol. Sci., 7: 15-24.

228) Gohar, H. A. F. & Al-Kholy, A. A., 1957. The larvae of four decapod Crustacea (from the Red Sea). Publ. mar. biol. Stn. Al-Ghardaqa, 9: 177-202.

229) Prasad, R. R. & Tampi, P. R. S., 1957. Notes on some decapod larvae. J. zool. Soc. India, 9: 22-39.

230) 倉田 博 , 1965d. 北海道産十脚甲殻類の幼生期 . 12. Alpheidae (Natantia). 北水研報 , 30: 21-24.

231) Gurney, R., 1927. Zoological results of the Cambridge expedition to the Suez Canal. Trans. zool. Soc. London, 22: 231-286.

232) Bhuti, G. S., Shenoy, S. & Sankolli, K. N., 1977. Laboratory reared alpheid larvae of the genera *Automate*, *Athanas*, and *Synalpheus* (Crustacea, Decapoda, Alpheidae). Proc. Symp. Warm Water Zoopl., UNESCO/NIO, pp. 588-600.

233) Yang, H. J., 2003. Early zoeas of *Athanas japonicus* Kubo, 1936 (Decapoda, Caridea, Alpheidae) reared in the laboratory. Crustaceana, 76: 385-512.

234) Yang, H. J. & Kim, C. H., 2003. Early zoeas of *Athanas parvus* De Man, 1910 (Decapoda: Caridea: Alpheidae) reared in the laboratory. Proc. biol. Soc. Washington, 116: 710-718.

235) Bruce, A. J., 1974. Abbreviated larval development in the alpheid shrimp *Racilius compressus* Paulson. J. East Afr. nat. Hist. Soc. natn. Mus., 147: 1-8.

236) Ghory, F. S., Kazmi, Q. B. & Siddiqui, F. A., 2011. Advance developmental stages of *Synalpheus neptunus* (Crustacea, Decapoda, Alpheidae) reared under laboratory conditions. FUUAST J. Biol., 1: 33-39.

237) Ghory, F. S. & Siddiqui, F. A., 2001. Advance developmental stages of *Synalpheus tumidomanus* (Paulson, 1875) (Crustacea, Decapoda, Alpheidae) reared under laboratory conditions. Pak. J. mar. Sci., 10: 113-127.

238) Yang, H. J., 2009b. Zoeal stages of fat-handed snapping shrimp *Synalpheus tumidomanus* (Decapoda: Caridea: Alpheidae) reared in the laboratory. Kor. J. syst. Zool., 25: 275-281.

239) Saito, T., Nakajima, K. & Konishi, K., 1998. First zoea of a rare deep-sea shrimp *Vexillipar repandum* Chace, 1988 (Crustacea, Decapoda, Caridea, Alpheidae), with special reference to larval characters of the family. Publ. Seto mar. biol. Lab., 38: 147-153.

240) Knowlton, R. E., 1973. Larval development of the snapping shrimp *Alpheus heterochaelis* Say, reared in the laboratory. J. nat. Hist., 7: 273-306.

241) Dobkin, S., 1965a. The first post-embryonic stage of *Synalpheus brooksi* Coutière. Bull. Mar. Sci., 15: 450-462.

242) 倉田 博 , 1968a. 荒崎近海産エビ類の幼生 – I. *Eualus gracilirostris* Stimpson (Hippolytidae). 東海水研報 , 55: 245-251.

243) Yang, H. J. & Kim, C. H., 2006. First zoeas of *Eualus leptognathus* (Decapoda: Caridea: Hippolytidae) hatched in the laboratory. Korean J. syst. Zool., 22: 117-120.

244) Yang, H. J., Ko, H. S. & Kim, C. H., 2001. The first zoeal stage of *Eualus sinensis* (Yu, 1931) (Decapoda, Caridea, Hippolytidae), with a key to the known hippolitid zoeae of Korea and adjacent waters. Crustaceana, 74: 1-9.

245) 倉田 博 , 1968b. 荒崎近海産エビ類の幼生 – II. *Heptacarpus futilirostris* (Bate) (Hippolytidae). 東海水研報 , 55: 253-258.

246) Yang, H. J. & Kim, C. H., 2005. Zoeal stages of *Heptacarpus futilirostris* (Decapoda, Caridea, Hippolytidae) reared in the laboratory. Crustaceana, 78: 543-564.

247) 倉田 博 , 1968d. 荒崎近海産エビ類の幼生 – III. *Heptacarpus geniculatus* (Stimpson) (Hippolytidae). 東海水研報 , 56: 137-142.

248) 山下欣二・林 健一 , 1980. 宮崎近海産エビ類の幼生 - Ⅱ . ツノモエビ・コシマガリモエビ . 動物分類学会誌 , 19: 15-23.

249) Yang, H. J. & Ko, H. S., 2002b. First zoea of *Heptacarpus rectirostris* (Decapoda, Caridea, Hippolytidae) hatched in the laboratory, with notes on the larval characters of Heptacarpus. Korean J. syst. Zool., 18: 191-201.

250) 山下欣二・林 健一 , 1979. 宮島近海産エビ類の幼生 -I. アシナガモエビモドキ . 動物分類学会誌 , 17: 45-51.

251) Yang, H. J. & Okuno, J., 2004. First larvae of *Lebbeus comanthi* and *Thor amboinensis* (Decapoda: Hippolytidae) hatched in the laboratory. Korean J. Biol. Sci., 8: 19-25.

252) Haynes E. B., 1985. Morphological development identification and biology of larvae of Pandalidae, Hippolytidae and Crangonidae (Crustacea Decapoda) of the northern North Pacific Ocean. Fish. Bull., U.S. natl. mar. Fish. Serv., 83: 253-288.

253) Squires, H. J., 1993. Decapod crustacean larvae from Ungava Bay. J. Northwest Atlantic Fish. Sci., Spec. Issue 15: 1-157.

254) Pike, R. B. & Williamson, D. I., 1961. The larvae of *Spirontocaris* and related genera (Decapoda, Hippolytidae). Crustaceana, 2: 187-208.

255) Bartilotti, C., Salabert, J. & Dos Santos, A., 2016. Complete larval development of *Thor amboinensis* (De Man, 1888) (Decapoda: Thoridae) described from laboratory-reared material and identified by DNA barcoding. Zootaxa, 4066: 399-420.

256) Yang, H. J., 2007. Larval development of *Latreutes acicularis* Ortmann (Crustacea: Decapoda: Hippolytidae) reared in the laboratory. Integrative Biosci., 11: 79-92.

257) Yang, H. J., 2005. Larval development of *Latreutes anoplonyx* (Decapoda: Hippolytidae) reared in the laboratory. J. Crust. Biol., 25: 462-479.

258) Kim, D. N. & Hong, S. Y., 1999a. Larval development of *Latreutes laminirostris* (Decapoda: Hippolytidae) reared in the laboratory. J. Crust. Biol., 19: 762-778.

259) 毎原泰彦・京谷直喜, 2002. 飼育下におけるフジウデサンゴエビ *Saron marmoratus* (Olivier, 1811) の幼期. 東海大博研報, 4: 45-57.

260) De Sousa, L. F., Marques, D., Leandro, S. M., Dos Santos, A., 2022. Description of the complete larval development of *Lysmata amboinensis* (De Man) (Decapoda: Lysmatidae) reared under laboratory conditions. Zootaxa, 5099: 501-526.

261) Yang, H.J. & Kim, C.H., 2010. Zoeal stages of *Lysmata vittata* (Decapoda: Caridea: Hippolytidae) reared in the laboratory. Kor. J. Syst. Zool., 26: 261-278.

262) Almeida, A.S., Alves, D.F.R., Barros-Alves, S.P., Pescinelli, R.A., Santos, S.P. & Da Costa, R.C., 2021. Morphology of the early larval stages of *Lysmata lipkei* Okuno & Fiedler, 2010 (Caridea: Lysmatidae): an invasive shrimp in the Western Atlantic. Zootaxa, 4903: 71-88.

263) Gilchrist, S. L., Scotto, L. E. & Gore, R. H., 1983. Early zoeal stages of the semiterrestrial shrimp *Merguia rhizophorae* (Rathbun, 1900) cultured under laboratory conditions (Decapoda Natantia, Hippolytidae) with a discussion of characters in the larval genus *Eretmocaris*. Crustaceana, 45: 238-259.

264) Gurney, R., 1937a. Larvae of decapod Crustacea. Part IV. Hippolytidae. Discovery Rep., 14: 351-404.

265) Sandifer, P. A., 1974. Larval stages of the shrimp, *Ogyrides limicola* Williams, 1955 (Decapoda, Caridea) obtained in the laboratory. Crustaceana, 26: 37-60.

266) Williamson, D. I. & Rochanaburanon, T., 1979. A new species of Processidae (Crustacea: Decapoda: Caridea) and the larvae of the north European species. J. nat. Hist., 13: 11-33.

267) Ortega, A., Queiroga, H. & Gonzalez-Gordillo, J. I., 2005. Planktonic stages of *Processa macrodactyla* (Decapoda: Caridea: Processidae) reared in the laboratory. J. mar. biol. Assoc. U.K., 85: 1449-1460.

268) Komai, T., Chan, T. Y. & De Grave, S., 2019. Establishment of a new shrimp family Chlorotocellidae for four genera previously assigned to Pandalidae (Decapoda, Caridea, Pandaloidea). Zoosyst. Evol. 95: 391-402.

269) 林 健一, 2007b. 日本産エビ類の分類と生態 (156) タラバエビ科ービシャモンエビ属・モロトゲエビ属①. 海洋と生物, 29: 585-590.

270) 倉田 博, 1964a. 北海道産十脚甲殻類の幼生期 3. Pandalidae. 北水研報, 28: 23-34.

271) Landeira, J. M., Jiang, G. C., Chan, T. Y., Shih, T. W. & Gonzalez-Gordillo, J. I., 2015. Redescription of the early larval stages of the pandalid shrimp *Chlorotocus crassicornis* (Decapoda: Caridea: Pandalidae). Zootaxa, 4013: 100-110.

272) Jiang, G. C., Landreira, J. M., Shih, T. W. & Chan, T. Y., 2016. Larval development of the ninth zoeal stage of *Heterocarpus abulbus* Yang, Chan and Chu, 2010 (Decapoda: Caridea: Pandalidae), a deep-water shrimp with high fishery potential. J. Crust. Biol., 36: 1-19.

273) 岩田雄治・杉田治男・小橋二夫・出口吉昭, 1986. ミノエビ *Heterocarpus sibogae* De Man の幼生について. 日大農獣医学部学術研報, 43: 140-150.

274) Jiang, G. C., Chan, T. Y. & Shih, T. W., 2014b. Morphology of the first zoeal stage of three deep-water pandalid shrimps, *Heterocarpus abulbus* Yang, Chan & Chu, 2010, *H. hayashii* Crosnier, 1988 and *H. sibogae* De Man, 1917 (Crustacea: Decapoda: Caridea). Zootaxa, 3768:428-436.

275) Макаров, Р. Р., 1966. Личиники креветок, рако-отшельников и крабов западнокамчатского шельфа и их распеделение. Академия Наук СССР, Москва, 183 pp. 〔英訳版：Makarov, R. R. 1967. Larvae of the shrimps and crabs of the west Kamchatkan shelf and their distribution. Natn. Lending Lib. Sci. & Technol., 199 pp. (translated by Haigh B.)〕

276) Haynes, E. B., 1979. Description of larvae of the northern shrimp, *Pandalus borealis*, reared in situ in Kachemak Bay, Alaska. Fish. Bull. U.S., 77: 157-173.

277) Lee, H. E, Hong, S. Y. & Kim, J. N., 2007. Larval development of *Pandalus gracilis* Stimpson (Crustacea: Decapoda: Pandalidae) reared in the laboratory. J. nat. Hist., 41: 2801-2815.

278) Haynes, E. B., 1976. Description of zoeae of coonstripe shrimp, *Pandalus hypsinotus*, reared in the laboratory. Fish. Bull. U.S., 74: 323-342.

279) Komai, T. & Mizushima, T., 1993. Advanced larval development of *Pandalopsis japonica* Balss, 1914 (Decapoda, Caridea, Pandalidae) reared in the laboratory. Crustaceana, 64: 24-39.

280) Kurata, H., 1955. The post-embryonic development of the prawn, *Pandalus kessleri*. Bull. Hokkaido reg. Fish. Res. Lab., 12: 1-15.

281) Yamamoto, G., Maihara, Y., Suzuki, K. & Kasaoka, M., 1982. Rearing of larvae of Deep-sea macruran decapod, *Pandalus nipponensis* Yokoya. Proc. North Pacific Aquacult. Symp., pp. 329-334.

282) Taishaku, H., Takeoka, H. & Konishi, K., 2001. Larval stages of the Botan shrimp *Pandalus nipponensis* Yokoya, 1933 (Decapoda: Caridea: Pandalidae) under laboratory conditions, with notes on the lecithotrophic development. Crust. Res., 30: 1-20.

283) Mikulich, L.V. & Ivanov, B. G., 1983. The far-eastern shrimp *Pandalus prensor* Stimpson (Decapoda, Pandalidae): description of laboratory reared larvae. Crustaceana, 44: 61-75.

284) Jiang, G. C., Landeira, J. M., Shih, T. W. & Chan, T. Y., 2018. First zoeal stage of *Plesionika crosnieri* Chan & Yu, 1991, *P. ortmanni* Doflein, 1902, and *P. semilaevis* Bate, 1888, with remarks on the early larvae of *Plesionika* Bate, 1888 (Crustacea, Decapoda). Zootaxa, 4532: 385-395.

285) Jiang, G. C., Chan, T. Y. & Shih, T. W., 2017. Larval development to the first eighth zoeal stages in the deep-sea caridean shrimp *Plesionika grandis* Doflein, 1902 (Crustacea, Decapoda, Pandalidae). ZooKeys, 719: 23-44.

286) Landeira, J. M., Lozano-Soldevilla, F. & González-Gordillo, J. I., 2009. Description of the first five larval stages of *Plesionika narval* (Fabricius, 1787) (Crustacea, Decapoda, Pandalidae) obtained under laboratory conditions. Zootaxa, 2206: 45-61.

287) Landeira, J. M., Chan, T. Y., Auilar-Soto, N., Jiang, G. C. & Yang, C. H., 2014. Description of the decapodid stage of *Plesionika narval* (Fabricius, 1787) (Decapoda: Caridea: Pandalidae) identified by DNA barcording. J. Crust. Biol., 34: 377-387.

288) Menon, P. G. & Williamson, D. I., 1970. Decapod Crustacea from the international Indian Ocean Expedition. The species of *Thalassocaris* (Caridea) and their larvae. J. Zool. (London), 165: 27-51.

289) Landeira, J. M., Yang C. H, Komai, T., Chan, T.Y. & Wakabayashi, K., 2019b. Molecular confirmation and description of the larval morphology of *Thalassocaris lucida* (Dana, 1852) (Decapoda, Caridea, Pandaloidea). J. mar. biol. Ass. U.K., 99: 1797-1805.

290) 林　健一, 2007c. 日本産エビ類の分類と生態（162）タラバエビ科－タラバエビ属④. ベニエビ属. 海洋と生物, 30: 780-785.

291) 水島俊博, 2008. 北海道近海におけるタラバエビ類の繁殖生態の特性（総説）. 北水試研報, 73: 1-8.

292) Williamson, D. I., 1967. Crustacea, Decapoda: Larvae IV. Caridea, families Pandalidae and Alpheidae. Fiches Ident. Zoopl., 109: 1-5.

293) Landeira, J. M., Lozano-Soldevilla, F., Almansa, E. & Gonzalez-Gordillo, J. I., 2010. Early larval morphology of the armed nylon shrimp *Heterocarpus ensifer ensifer* A. Milne-Edwards 1881 (Decapoda, Caridea, Pandalidae) from laboratory culture. Zootaxa, 2427: 1-14.

294) Williamson, D. I., 1973. *Amphionides reynaudii* (H. Milne Edwards), representative of a proposed new order of eucaridean Malacostraca. Crustaceana, 25: 35-50.

295) De Grave, S., Chan, T. Y., Chu, K. H. Yang, C. H. & Landeira, J., 2015b. Phylogenetics reveals the crustacean order Amphionidacea to be larval shrimps (Decapoda: Caridea). Scientific Rep., 5 (doi:10.1038/srep17464).

296) 庄島洋一, 1991. 産卵調査こぼれ話18. 　1種1目の特異な浮遊性軟甲類アンフィオニデス. 西水研ニュース, No.68, pp.2-7.

297) Heegaard, P., 1969. Larvae of decapod Crustacea – The Amphionidae. Dana Report, No. 77, 82 pp.

298) Kutschera, V., Maas, A., Waloszek, D., Haug, C. & Haug, J. T., 2012. Re-study of larval stages of *Amphionides reynaudii* (Malacostraca: Eucarida) with modern imaging techniques. J. Crust. Biol., 32: 916-930.

299) Konishi, K., 2005. Morphological notes on the mouthparts of decapod crustacean larvae, with emphasis on palinurid phyllosomas. Bull. Fish. Res. Agency, 20: 73-75.

300) Foxton, P. & Herring, P. J., 1970. Recent records of *Physetocaris microphthalma* Chace with notes on the male and description of the early larvae (Decapoda, Caridea). Crustaceana, 16: 93-104.

301) Иванов, Б.Г., 1968. Личинки некоторых дальневосточых креветок семейства Crangonidae (Crustacea, Decapoda). Зоол. Жул., 47: 534-540.

302) Sedova, N., & Grigoriev, S., 2018. Morphological features of larvae of the genus *Argis* (Decapoda, Crangonidae) from coastal Kamchatka and adjacent waters. Zoosystem. Rossica, 27: 11-33.

303) Squires, H. J., 1965. Larvae and megalopa of *Argis dentata* (Crustacea: Decapoda) from Ungava Bay. J. Fish. Res. Bd. Canada, 22: 69-82.

304) 田中正午, 1942.「エビジャコ」の幼生に就きニ, 三の知見. 北水試旬報, No.549, pp. 10-13.

305) 倉田 博, 1964b. 北海道産十脚甲殻類の幼生期 4. Crangonidae および Glyphocrangonidae. 北水研報, 28: 35-50.

306) 山内幸児, 1965. エビジャコの孵化・飼育と, その幼生の海産動物への餌料としての利用に関する研究 I. 日水誌, 31: 907-915.

307) Konishi, K. & Kim, J. N., 2000. The first zoeal stage of sand shrimp *Crangon amurensis* Brashnikov, 1907, with a discussion of the larval characters of the Crangonidae (Crustacea, Decapoda, Caridea). Bull. Natn. Res. Inst. Aquacult., 30: 1-12.

308) Li, H. Y. & Hong, S. Y., 2003. Larval development of *Crangon hakodatei* Rathbun (Decapoda: Crangonidae) reared in the laboratory. J. Plankton Res., 25: 1367-1381.

309) Li, H. Y. & Hong, S. Y., 2004. Larval development of *Crangon uritai* (Decapoda: Crangonidae) reared in the laboratory. J. Crust. Biol., 24: 576-591.

310) Fujino, T. & Miyake, S., 1970. Caridean and stenopodidean shrimps from the East China and the Yellow Seas (Crustacea, Decapoda, Natantia). J. Fac. Agr., Kyushu Univ., 16: 237-312.

311) Sedova, N., & Grigoriev, S., 2014. Systematic position of *Neocrangon communis* (Decapoda, Crangonidae) based on the features of larval morphology. Zootaxa, 3827: 559-575.

312) Sedova, N., & Grigoriev, S., 2016. Decapodid stage of *Neocrangon communis* (Decapoda, Crangonidae) from the eastern part of the Sea of Okhotsk. Zoosystem. Rossica, 25: 13-22.

313) 堀井直二郎, 1980. 富山産エビ類の幼生 － I. カジワラエビ（エビジャコ科）. Janolus, 50: 20-27.

314) Jagadisha, K., Shenoy, S. & Sankolli, K. N., 2000. Development of a crangonid shrimp *Philocheras parvirostris* from Karwar, west coast of India, in the laboratory. Pp.577-585. In: Crustaceans and the Biodiversity Crisis (Schram & Vaupel Klein eds.), Vol.1. Brill, 1021 pp.

315) Sankolli, K. N. & Shenoy, S., 1976. Laboratory behaviour of a crangonid shrimp *Pontocaris pennata* Bate and its first three larval stages. J. mar. biol. Ass. India, 18: 62-70.

316) Hibino, M., Matsuzaki, K. & Konishi, K., 2020. First stage larva of the deep-sea giant shrimp *Sclerocrangon rex* (Decapoda, Caridea, Crangonidae) under laboratory conditions. Crust. Res., 49: 9-14.

317) Kim, J. N. & Fujita, Y., 2004. A new species of the genus *Vercoia* from Okinawa Island, Japan (Crustacea, Decapoda, Caridea, Crangonidae), with description of its zoeal stages. J. nat. Hist., 38: 2013-2031.

318) Makarov, R. R., 1968. On the larval development of the genus *Sclerocrangon* G. O. Sars (Caridea, Crangonidae). Crustaceana, Suppl., 2: 27-37.

319) 林 健一 , 2010. 日本産エビ類の分類と生態（170）エビジャコ上科・エビジャコ科エビジャコ属③．海洋と生物，32: 238-248.

320) Spence Bate, C., 1888. Report on the scientific results of the exploring voyage of H.M.S. "Challenger", 1873-1876. Crustacea Macrura. Voy. H.M.S. "Challenger" Zool., No. 24, 942 pp.

321) Dobkin, S., 1965b. The early larval stages of *Glyphocrangon spinicauda* A. Milne-Edwards. Bull. Mar. Sci., 15: 872-884.

322) Gordon, I., 1964., On the larval genus *Problemacaris* Stebbing, and its probable identity (Crustacea, Decapoda). Zool. Medd, 39(35): 331-347.

323) Martin, J.W. & Goy, J.W., 2004. The first larval stage of *Microprosthema semilaeve* (von Martens, 1872) (Crustacea: Decapoda: Stenopodidea) obtained in the laboratory. Gulf Carib. Res., 16: 19-25.

324) Ghory, F. S., Siddiqui, F. A. & Kazmi, Q. B., 2005. The complete larval development including juvenile stage of *Microprosthema validum* Stimpson, 1860 (Crustacea: Decapoda: Spongicolidae), reared under laboratory conditions. Pakistan J. mar. Sci., 14: 33-64.

325) Saito, T. & Konishi, K., 1999. Direct development in the sponge-associated deep-sea shrimp, *Spongicola japonica* Kubo (Crustacea: Decapoda: Spongicolidae). J. Crust. Biol., 19: 46-52.

326) Saito, T. & Koya, Y., 2001. Gonadal maturation and embryonic development in the deep-sea sponge-associated shrimp, *Spongicola japonica* Kubo (Crustacea: Decapoda: Spongicolidae). Zool. Sci., 18: 567-576.

327) Gurney, R., 1936c. Larvae of decapod Crustacea. Part I. Stenopodidea. Discovery Rep., 12: 379-392.

328) Lebour, M. V., 1941b. The stenopodid larvae of Bermuda. In: Gurney R. & Lebour, M. V. (eds.) On the larvae of certain Crustacea Macrura, mainly from Bermuda. J. Linn. Soc. London, Zool., 41: 161-181.

329) Williamson, D. I., 1976. Larvae of Stenopodidae (Crustacea, Decapoda) from the Indian Ocean. J. Nat. Hist., 10: 497-509.

330) Fernandes, L. D. A., Peixoto, B. J. F. S., Almeida, E. V. & Bonecker S. L. C., 2010. Larvae of the family Stenopodidae (Crustacea: Stenopodidea) from South Atlantic Ocean. J. mar. biol. Assoc. U.K., 90: 735-748.

331) Yamakawa, K., Kuwabara, R. & Shio, T., 1997. Larval development of a Japanese crayfish, *Cambaroides japonicus* (De Haan). Bull. mar. Sci., 61: 165-175.

332) 内田隆信・道津喜衛 , 1973. 練習船長崎丸の採集物報告－ IV．ミナミアカザ（アカザエビ科）のふ化と幼生飼育 . 長崎大水産学部研報 , 36: 23-35.

333) Hamasaki, K. & Matsuura, S., 1987. Embryonic development of *Metanephrops thomsoni* (Bate, 1888) (Crustacea, Decapoda, Nephropidae). J. Fac. Agr., Kyushu Univ., 31: 391-403.

334) 岩田雄治・杉田治男・出口吉昭・Kamemoto, F. I., 1992. サガミアカザエビ，*Metanephrops sagamiensis* 幼生の形態．水産増殖 , 40: 183-188.

335) Oya, F., 1986. Newly hatched larva of the lobster *Metanephros japonicus* (Tapparone Canefri) (Decapoda, Astacidea, Nephropidae). Ann. Rep. Mar. Biol. Res. Inst. Japan Co. Ltd, 10-12.

336) 藤井元己・武田正倫・嘉山通夫・嘉山健一・嘉山俊夫・三谷 勇 , 1989. 相模湾におけるアカザエビの生態に関する研究 - IV．卵・孵化幼生および稚エビ . 神奈川水試研報 , 10: 21-25.

337) Okamoto, K., 2008. Japanese nephropid lobster *Metanephrops japonicus* lacks zoeal stage. Fish. Sci., 74: 98-103.

338) Sars, G. O., 1889. Bidrag til Kundskaben om Decapodernes Forvandlinger II. *Lithodes - Eupagurus - Spiropagurus - Galathodes - Galathea - Munida - Porcellana - (Nephrops)*. Arch. Math. Naturvidensk., 13: 132-201.

339) 岩田雄治・杉田治男・出口吉昭・Kamemoto, F. I., 1991. ショウグンエビ *Enoplpmetopus occidentalis* randall（十脚目，アナエビ科）の幼生について．Res. Crust., 20: 1-15.

340) Abrunhosa, F. A., Santana, M. W. P. & Pires, M. A. B., 2007. The early larval development of the tropical reef lobster *Enoplometopus antillensis* Lütken (Astacidea, Enoplometopidae) reared in the laboratory. Rev. Brasil. Zool., 24: 382-396.

341) Burukovsky, R. N. & Romanov, E. V., 2020. Records of crustacean decapodid stages from the family Enoplometopidae (Crustacea: Decapoda) in the pelagic environmentof the western Indian Ocean. Arthropoda Selecta, 29: 443-451.

342) Liao, Y., Ma, K. Y., De Grave, S., Komai, T. & Chan, T. Y., 2019. Systematic analysis of the caridean shrimp superfamily Pandaloidea (Crustacea: Decapoda) based on molecular and morphological evidence. Mol. Phylogenet. Evol., 134: 200-210.

343) Poore, G. C. B., Ahyong, S. T., Bracken-Grissom, H. D., Chan, T. Y., Chu, K. H., Crandall, K. A., Dworschak, P. C., Felder, D. L., Feldmann, R. M., Hyzny, M., Karasawa, H., Lemeitre, R., Komai, T., Li, X., Mantelatto, F. L., Martin, J. W., Ngoc-Ho, N., Robles, R., Schweitzer, C. E., Tamaki, A., Tsang, L. M. & Tudge, C. C., 2014. On stabilising the names of the infraorders of thalassinidean shrimps, Axiidea de Saint Laurent, 1979 and Gebiidea de Saint Laurent, 1979 (Decapoda). Crustaceana, 87: 1258-1272.

344) Saint Laurent, M. de, 1988. Enoplometopoidea, nouvelle superfamille de crustacés décapodes Astacidea. C. R. hebd. Acad. Sci., Paris, 3 sér. 307: 59-62.

345) Pohle, G., Santana, W., Jansen G, Greenlaw, M., 2011. Plankton-caught zoeal stages and megalopa of the lobster shrimp *Axius serratus* (Decapoda: Axiidae) from the Bay of Fundy, Canada, with a summary of axiidean and gebiidean literature on larval descriptions. J. Crust. Biol. 31: 82–99.

346) Pohle, G. & Santana, W., 2014. Gebiidea and Axiidea (= Thalassinidea). Pp. 263-271. In: Martin, J.W., Olsen, J., & Hoeg, J.T. (eds.) Atlas of crustacean larvae. The Johns Hopkins University Press, Baltimore, 370 pp.

347) 小西光一 , 2001. アナジャコ類の幼生研究の発展 — 近年の話題．月刊海洋号外，No.26，pp. 174-180.

348) Dworschak, P. C., Felder, D. L. & Tudge, C. C., 2012. Infraorders Axiidea De Saint Laurent, 1979 and Gebiidea De Saint Laurent, 1979 (formerly known collectively as Thalassinidea). Pp. 109-220. In: Schram F. R. *et al.* (eds.) Treatise on Zoology - Anatomy, Taxonomy, Biology. The Crustacea, Volume 9 Part B, Eucarida: Decapoda: Astacidea (Enoplometopoidea, Nephropoidea), Glypheidea, Axiidea, Gebiidea, and Anomura. Brill, 362 pp.

349) Rodorigues, S. A., 1994. First stage larva of *Axiopsis serratifrons* (A. Milne Edwards, 1873) reared in the laboratory. J. Crust. Biol., 14: 314-318.

350) 倉田 博 , 1965a. 北海道産十脚甲殻類の幼生期 9. Axiidae, Callianassidae and Upogebiidae (ANOMURA). 北水研報，30: 1-10.

351) Kornienko, E. S., Korn, O. M. & Golubinskaya, D. D. 2014. The complete larval development of the lobster shrimp *Boasaxius princeps* Boas, 1880 (Decapoda: Axiidea: Axiidae) obtained in the laboratory. J. nat. Hist., 48: 1737-1769.

352) Konishi, K., Fukuda, Y. & Quintana, R., 1999. The larval development of the mud-borrowing shrimp *Callianassa* sp. under laboratory conditions (Decapoda: Thalassinidea: Callianassidae). Pp. 781-804. In: Schram & Vaupel Klein (eds.) Crustaceans and the Biodiversity Crisis. Vol.1. Brill, 1022 pp.

353) Miyabe, S., Konishi, K., Fukuda, Y. & Tamaki, A., 1998. The complete larval development of the ghost shrimp, *Callianassa japonica* Ortmann, 1891 (Decapoda: Thalassinidea: Callianassidae), reared in the laboratory. Crust. Res., 27: 101-121.

354) Konishi, K., Quintana, R. & Fukuda, Y., 1990. A complete description of larval stages of the ghost shrimp *Callianassa petalura* Stimpson (Crustacea: Thalassinidea: Callianassidae) under laboratory conditions. Bull. Natn. Res. Inst. Aquacult., 17: 27-49.

355) Kornienko, E. S., Korn, O. M. & Golubinskaya, D. D., 2015. The number of zoeal stages in larval development of *Nihonotrypaea petalura* (Stimpson, 1860) (Decapoda: Axiidea: Callianassidae) from Russian waters of the Sea of Japan. Zootaxa, 3919: 343-361.

356) Forbes, A. T., 1972. An unusual abbreviated larval life in the estuarine burrowing prawn *Callianassa kraussi* (Crustacea: Decapoda: Thalassinidea). Mar. Biol., 22: 361-365.

357) Konishi, K., 1989. Larval development of the mud shrimp *Upogebia* (*Upogebia*) *major* De Haan (Crustacea: Thalassinidea: Upogebiidae) under laboratory conditions, with comments on larval characters of thalassinid families. Bull. Natn. Res. Inst. Aquaculture, 15: 1-17.

358) Kornienko, E. S., Korn, O. M. & Demchuk, D. D., 2012. The larval development of the mud shrimp *Upogebia issaeffi* (Balss, 1913) (Decapoda: Gebiidea: Upogebiidae) reared under laboratory conditions. Zootaxa, 3269: 31-46.

359) Kornienko, E. S., Korn, O. M. & Demchuk, D.D., 2013. The larval development of the mud shrimp *Upogebia yokoyai* Makarov, 1938 (Decapoda: Gebiidea: Upogebiidae) reared under laboratory conditions. J. nat. Hist., 47: 1933-1952.

360) Gurney, R., 1937b. Notes on some decapoda Crustacea from the Red Sea. II. The larvae of *Upogebia savignyi* (Strahl). Proc. zool. Soc. London, 107: 98-101.

361) Shy, J. Y. & Chan, T. Y., 1996. Complete larval development of the edible mud shrimp *Upogebia edulis* Ngoc-Ho & Chan, 1992 (Decapoda, Thalassinidea, Upogebiidae) reared in the laboratory. Crustaceana, 69: 175-186.

362) 酒井勝司・三宅貞祥, 1964. ハサミシャコエビの第一ゾエアの記載（甲殻十脚類）. 九大農学芸誌, 21: 83-87.

363) Fukuda, Y., 1982. Zoeal stages of the burrowing mud shrimp *Laomedia astacina* De Haan (Decapoda: Thalassinidea: Laomediidae) reared in the laboratory. Proc. Japan. Soc. syst. Zool., 24: 19-31.

364) Goy, J. W. & Provenzano, A. J., 1978. Larval development of the rare burrowing mud shrimp *Naushonia crangonoides* Kingsley (Decapoda: Thalassinidea; Laomediidae). Biol. Bull., 154: 241-261.

365) Konishi, K., 2001. First record of larvae of the rare mud shrimp *Naushonia* Kingsley (Crustacea, Decapoda, Laomediidae) from Asian waters. Proc. Biol. Soc. Wash., 114: 611-617.

366) Sankolli, K. N., 1967. Studies on larval development in Anomura (Crustacea, Decapoda) - I. Proc. Symp. Crust. Mar. Biol. Ass. India, 2: 743-776.

367) 内野 敬, 1993. オキナワアナジャコ *Thalassina anomala* Herbst の生態学的研究：嫌気的環境に対する適応行動と営巣活動がマングローブ林の遷移に与える影響について. 琉球大学修士論文. 46 pp.

368) Strasser, K. M. & Felder, D. L. 2005. Larval development of the mud shrimp *Axianassa australis* (Decapoda: Thalassinidea) under laboratory conditions. J. nat. Hist., 39: 2289-2306.

369) Scholtz, G. & Richter, S., 1995. Phylogenetic systematics of the reptantian Decapoda (Crustacea, Malacostraca). Zool. J. Linn. Soc., 113: 289-328.

370) 服部他助・大石芳三, 1899. 龍蝦孵化試験第一回報告. 水産講習所試験報告, 1: 76-131.

371) 岸上鎌吉, 1918. エビ仔蟲の巨大なるもの. 水産學會報, 2(3), 267-268.

372) 横屋獣, 1919. イセエビ類の仔蟲. 水産學會報, 3: 114-115.

373) 関口秀夫, 1986～1991. イセエビ類の生活史. 海洋と生物, No.42～75.

374) Shirai, S., Yoshimura, T., Konishi, K. & Kobayashi, T., 2006. Identification of phyllosoma larvae: a molecular approach for Japanese *Panulirus* lobsters (Crustacea: Decapoda: Palinuridae) using mitochondrial rDNA region. Species Divers., 11: 307-325.

375) Chow, S., Suzuki, N., Imai, N. & Yoshimura, T., 2006a. Molecular species identification of spiny lobster phyllosoma larvae of the genus *Panulirus* from the northwestern Pacific. Mar. Biotechnol., 8: 260-267.

376) Chow, S., Yamada, H. & Suzuki, N., 2006b. Identification of mid- to final stage phyllosoma larvae of the genus *Panulirus* White, 1847 collected in the Ryukyu Archipelago. Crustaceana, 79: 745-764.

377) Konishi, K., Suzuki, N. & Chow, S., 2006. A late-stage phyllosoma larva of the spiny lobster *Panulirus echinatus* Smith, 1869 (Crustacea: Palinuridae) identified by DNA analysis. J. Plankton Res., 28(9): 841-845.

378) Palero, F., Clark, P. F. & Guerao, G., 2014a. Achelata. Pp. 272-278. In: Martin, J. W., Olsen, J., & Hoeg, J. T. (eds.) Atlas of crustacean larvae. The Johns Hopkins University Press, Baltimore, 370 pp.

379) Dohrn, A., 1870. Untersuchungen über Bau und Entwicklung der Arthropoden. VI. Zur Entwicklungsgeschichte der Panzerkrebse (Decapoda Loricata). Z. wiss. Zool., 20: 249-271.

380) 関根信太郎, 1997. L-4 イセエビ（南伊豆事業場）. 日本栽培漁業協会年報, 平成 7 年度, pp. 205-207.

381) Lemmens, J. W. T. J., 1994. Biochemical evidence for absence of feeding in puerulus larvae of the western rock lobater *Panulirus cygnus* (Decapoda: Palinuridae). Mar. Biol., 118: 383-391.

382) Robertson, P. B., 1969b. Biological investigation of the deep sea. 49. Phyllosoma larvae of a palinurid lobster, *Justitia longimanus* (H. Milne Edwards), from the western Atlantic. Bull. mar. Sci., 19: 922-944.

383) Baisre, J. A., 1969. A note on the phyllosoma of *Justitia longimanus* (H. Milne Edwards) (Decapoda, Palinuridea). Crustaceana, 16: 182-184.

384) Manzanilla-Dominguez, H. & Gasca, R., 2004. Distribution and abundance of phyllosoma larvae (Decapoda, Palinuridae) in the southern Gulf of Mexico and the western Caribbean Sea. Crustaceana, 77: 75-93.

385) Konishi, K., Yanagimoto, T. & Chow, S., 2021. Morphological descriptions for late stage phyllosomas of furrow lobsters (Crustacea, Decapoda, Achelata, Palinuridae) collected off Okinawa Islands, Japan. Aquatic Animals, 2021(7), 11 pp.

386) Inoue, N., Sekiguchi, H. & Yeh, S. P., 2001. Spatial distributions of phyllosoma larvae (Crustacea: Decapoda: Palinuridae and Scyllaridae) in Taiwanese waters. J. Oceanogr., 57: 535-548.

387) Johnson, M. W., 1971a. On palinurid and scyllarid lobster larvae and their distribution in the South China Sea (Decapoda, Palinuridea). Crustaceana, 21: 247-282.

388) 池田修二・岡 正雄, 1974. ハコエビの第Ⅰ期フィロゾーマ幼生について. 長崎大水産研報, 37: 9-15.

389) Tampi, P. R. S. & George, M. J., 1975. Phyllosoma larvae in the IIOE (1960-65) collections - systematics. Mahasagar, 8: 15-44.

390) Kim, C. H., 1977. Gametogenesis and early development of *Linuparus trigonus* (von Siebold). Bull. Korean Fish. Soc., 10: 71-96.

391) Johnson, M. W. & Robertson, P. B., 1970. On the phyllosoma larvae of the genus *Justitia* (Decapoda, Palinuridae). Crustaceana, 18: 283-292.

392) 青山雅俊・佐々木 正・野中 忠, 1984. イセエビ科フィロゾーマの1型. 水産増殖, 32: 54-58.

393) 張 成年・柳本 卓, 2021. セミエビ科フィロゾーマ幼生の同定. 1. 概論. 水生動物, AA2021-10, 10 pp.

394) 松澤圭資, 2012. 室戸岬漁港で採集したワグエビ属（*Palinustus waguensis*）のプエルルス幼生について. Cancer, 21: 19-22.

395) Konishi, K., Yanagimoto, T. & Chow, S., 2019. Mid- to late stage phyllosoma larvae of *Panulirus brunneiflagellum* Sekiguchi & George, 2005 collected south of the Ogasawara Islands, Japan. Aquatic Anim., 2019: AA2019-4. (10 pp.)

396) Gordon, I., 1953. On the puerulus stages of some spiny lobsters (Palinuridae). Bull. Br. Mus. nat. Hist. (Zool.), 2:17-42.

397) Michel, A., 1971. Note sur les puerulus de Palinuridae et les larves phyllosomes de *Panulirus homarus* (L). Cah. ORSTOM, Oceanogr., 9: 459-473.

398) Prasad, R. R., Tampi, P. R. S. & George, M.J., 1975. Phyllosoma larvae from the Indian Ocean collected by the Dana Expedition 1928-1930. J. mar. biol. Ass. India, 17: 56-107.

399) 田中種雄・石田 修・金子信一, 1984. 千葉県千倉町地先で採集したイセエビ属プエルルス幼生3種の外部形態. 水産増殖, 32: 92-101.

400) 田中種雄, 1987. イセエビ属プエルルス幼生3種の同定. 千葉水試研報, 45: 17-22.

401) Radhakrishnan, E.V. & Vijayakumaran, M., 1995. Early larval development of the spiny lobster *Panulirus homarus* (Linnaeus, 1758) reared in the laboratory. Crustaceana, 68: 151-159.

402) 中沢毅一, 1917. 伊勢蝦の變態研究 附 幼虫の生態に關する研究. 動雑, 29: 259-267.

403) Terao, A., 1929. On the embryonic development of the spiny lobster *Panulirus japonicus*. Jpn. J. Zool., 2: 387-449.

404) 木下虎一郎, 1934. 伊勢蝦の Puerulus と其後の變態に就きて. 動雑, 46: 391-399.

405) 大島泰雄, 1936. イセエビのフィロゾーマ初期に於ける食性に就いて. 水産學會報, 7: 16-21.

406) 岡田彌一郎・久保伊津男, 1948. イセエビの研究Ⅴ, プエルルス及び稚蝦について. 資源研彙報, 12: 20-24.

407) Harada, E., 1957. Ecological observations of the Japanese spiny lobster, *Panulirus japonicus* (von Siebold), in its larval and adult life. Publ. Seto Mar. Biol. Lab., 6: 99-120.

408) 野中 忠・大島泰雄・平野礼次郎, 1958. イセエビのフィロゾーマの飼育とその脱皮について（予報）. 水産増殖, 5: 13-15.

409) 税所俊郎, 1962a. イセエビのフィロゾーマ幼生の脱皮と成長について. 鹿児島大水産学部紀要, 11, 18-23.

410) Inoue, M. & Nonaka, M., 1963. Notes on the cultured larvae of the Japanese spiny lobster, *Panulirus japonicus* (v. Siebold). Bull. Jpn. Soc. Sci. Fish., 29: 211-218.

411) 井上正昭, 1978. イセエビフィロゾマの飼育に関する研究 - Ⅰ. 形態について. 日水誌, 44: 457-475.

412) Kittaka, J. & Kimura, K., 1989. Culture of the Japanese spiny lobster *Panulirus japonicus* from egg to juvenile stage. Bull. Japan. Soc. sci. Fish., 55: 963-970.

413) Yamakawa, T., Nishimura, M., Matsuda, H., Tsujigado, A. & Kamiya, N., 1989. Complete larval rearing of the Japanese spiny lobster *Panulirus japonicus*. Bull. Jpn. Soc. sci. Fish., 55: 745.

414) 松田浩一, 2006. イセエビ属（*Panulirus*）幼生の生物特性と飼育に関する研究. 三重県水産研報, 14: 3-116.

415) Saisho, T. & Nakahara, K., 1960. On the early development of phyllosomas of *Ibacus ciliatus* (von Siebold) and *Panulirus longipes* (A. Milne Edwards). Mem. Fac. Fish. Kagoshima Univ., 9: 84-90.

416) Sekiguchi, H., 1990. Four species of phyllosoma larvae from the Mariana waters. Bull. Jpn. Soc. Fish. Oceanogr., 54: 242-248.

417) Matsuda, H. & Yamakawa, T., 2000. The complete development and morphological changes of larval *Panulirus longipes* (Decapoda, Palinuridae) under laboratory conditions. Fish. Sci., 66, 278-293.

418) Inoue, N., Sekiguchi, H. & Misaki, H., 2002. Pueruli of *Panulirus longipes bispinosus* (Crustacea, Decapoda, Palinuridae) stranded on the beach of Kuroshima Island, Ryukyu Archipelago, southern Japan. Fish. Sci., 68: 332-340.

419) Berry, P. F., 1974. Palinurid and scyllarid lobster larvae of the Natal coast, South Africa. Rep. Oceanogr. Res. Inst. (Durban) Sth Africa, 34: 1-44.

420) 青山雅俊, 1987. ニシキエビのプエルルスと初期稚エビについて. 静岡水試研報, 22: 31-38.

421) McWilliam, P.S. & Phillips, B.F., 1992. The final and subfinal larval stages of *Panulirus polyphagus* (Herbst) and the final stage of *Panulirus ornatus* (Fabricius), with a review of late-stage larvae of the *Panulirus homarus* larval complex (Decapoda, Palinuridae). Crustaceana, 62, :249-272.

422) Duggan, S. & McKinnon, A. D., 2003. The early larval developmental stages of the spiny lobster *Panulirus ornatus* (Fabricius, 1798) cultured under laboratory conditions. Crustaceana, 76: 313-332.

423) Johnson, M. W., 1968b. Palinurid phyllosoma larvae from the Hawaiian Archipelago (Palinuridae). Crustaceana, Suppl., 2: 59-79.

424) Minagawa, M., 1990b. Early and middle larval development of *Panulirus penicillatus* (Oliver) (Crustacea, Decapoda, Palinuridae) reared in the laboratory. Res. Crust., 18: 77-93.

425) Matsuda, H., Takenouchi, T. & Goldstein, J.S., 2006. The complete larval development of the pronghorn spiny lobster *Panulirus penicillatus* (Decapoda: Palinuridae) in culture. J. Crust. Biol., 26: 579-600.

426) Murano, M., 1971. Five forms of palinurid phyllosoma larvae from Japan. Publ. Seto mar. biol. Lab., 19, 17-25.

427) 久保伊津男，1950. 本邦産 Puerulus の 2 型，特にゴシキエビの Puerulus について．日水誌，16: 91-98.

428) Prasad, R. R. & Tampi, P. R. S., 1959. On a collection of palinurid phyllosomas from the Laccadive Seas. J. mar. biol. Assoc. India, 1: 143-164.

429) Deshmukh, S., 1968. On the first phyllosomae of the Bombay spiny lobsters (*Panulirus*) with a note on the unidentified first *Panulirus* phyllosomae from India (Palinuridea). Crustaceana, Suppl., 2:47-58.

430) Johnson, M. W., 1968a. On phyllamphion larvae from the Hawaiian Islands and the South China Sea (Palinnuridea). Crustaceana, Suppl., 2: 38-46.

431) Sekiguchi, H. & Saisho, T., 1994. Phyllamphion larvae (Decapoda: Palinuridae) from the western north Pacific adjacent to the Ryukyus and Taiwan. Proc. Japan. Soc. syst. Zool., 50: 52-60.

432) Sekiguchi, H., Booth, J. D., & Kittaka, J., 1996. Phyllosoma larva of *Puerulus angulatus* (Bate, 1888) (Decapoda: Palinuridae) from Tongan waters (Note). NZ J. mar. freshw. Res., 30: 407-411.

433) Coutures, E. & Booth, J. D., 2004. Note on the first phyllosomata stages of *Palinurellus wieneckii* (de Man, 1881) and *Puerulus* aff. *angulatus* (Bate, 1888) (Crustacea, Decapoda, Synaxidae and Palinuridae) form New Caledonia. J. Plankton Res., 26: 387-391.

434) Michel, A., 1970. Les larves phyllosomes du genre *Palinurellus* von Martens (Crustacé, Déapodes: Palinuridae). Bull. Mus. Natn. Hist. Nat. Paris, 41: 1228-1237.

435) 松田浩一，2010. イセエビをつくる．ベルゾーブックス 035，成山堂書店，178 pp.

436) 村上恵祐，2015a. イセエビ類フィロソーマ幼生の飼育技術の現状と今後の方向性．養殖ビジネス，52: 20-25.

437) 村上恵祐，2015b. イセエビ幼生の飼育技術の歴史と現状および今後の展開．海洋と生物，37: 31-42.

438) Lesser, J. H. R., 1974. Identification of early larvae of New Zealand spiny and shovel-nosed lobsters (Decapoda, Palinuridae and Scyllaridae). Crustaceana, 27: 259-277.

439) 関口秀夫，2012. ミナミイセエビ類の生活史．Pp. 154-185. In: ミナミイセエビ―驚くべき生態と増養殖への挑戦(橘高二郎監修)，生物研究社，372 pp.

440) Konishi, K., Yanagimoto, T. & Chow, S., 2022. First description of phyllosoma larva in the genus *Projasus* (Crustacea: Decapoda: Palinuridae). Species Diversity, 27: 243-249.

441) George, T. W. & Main, A. R., 1967. The evolution of spiny lobsters (Palinuridae): a study of evolution in the marine environment. Evolution, 21: 803-820.

442) Palero, F., Guerao, G., Clark, P. F. & Abello, P., 2010. Final-stage phyllosoma of *Palinustus* A. Milne-Edwards, 1880 (Crustacea: Decapoda: Achelata: Palinuridae) - The first complete description. Zootaxa, 2403: 42-58.

443) Gurney, R., 1936d. Larvae of decapod Crustacea. Part III. Phyllosoma. Discovery Rep., 12: 400-440.

444) Palero, F., Guerao, G. & Clark, P. F., 2008. *Palinustus mossambicus* Barnard, 1926 (Crustacea: Decapoda: Achelata: Palinuridae); morphology of the puerulus stage. Zootaxa, 1857: 44-54.

445) Prasad, R. R. & Tampi, P. R. S., 1966. A note on the phyllosoma of *Puerulus sewelli* Ramadan. J. mar. biol. Assoc. India, 8: 339-341.

446) Mohamed, K. H., Vedavyasa Rao, P. & Suseelan, C., 1971. The first phyllosoma stage of the Indian deep-sea spiny lobster, *Puerulus sewelli* Ramadan. Proc. Ind. Acad. Sci., Sect. B, 74: 208-215.

447) Reinhardt, J., 1849. Phyllamphion, en ny Slægt af Stomatopodernes Orden. Vidensk. Medd. Natur. Foren., Kjöbenhavn. 1849(1-2): 2-6.

448) De Grave, S. & Chan, T., 2022. *Phyllamphion* Reinhardt, 1849, a senior name for the lobster genus *Palinurellus* von Martens, 1878 (Decapoda, Palinuridae) and its nomenclatorial ramifications, Crustaceana, 95: 1063-1068.

449) 小西光一・岡崎 誠・張 成年，2015. フィロソーマ幼生の生時体色について．Cancer, 24: 69-71.

450) Coutures, E., 2001. On the first phyllosoma stage of *Parribacus caledonicus* Holthuis, 1960, *Scyllarides squammosus* (H. Milne-Edwards, 1837) and *Arctides regalis* Holthuis, 1963 (Crustacea, Decapoda, Scyllaridae) from New Caledonia. J. Plankton Res., 23: 745-751.

451) 張 成年・柳本 卓・小西光一，2021. セミエビ科フィロソーマ幼生の同定．2. ハワイカザリセミエビ *Arctides regalis* Holthuis, 1963. 水生動物，AA2021-12, 4 pp.

452) Michel, A., 1968. Les larves phyllosomes et la post-larve de *Scyllarides squamosus* (H. Milne Edwards) - Sycllaridae (Crustacés Décapodes). Cah. ORSTOM, Oceanogr., 6: 47-53

453) 税所俊郎・曾根元徳，1971. セミエビの初期フィロゾーマ幼生について．鹿児島大水産学部紀要，20: 191-196.

454) Palero, F., Genis-Armero, R., Hall, M. R. & Clark, P. F., 2016. DNA barcoding the phyllosoma of *Scyllarides squammosus* (H. Milne Edwards, 1837) (Decapoda: Achelata: Scyllaridae). Zootaxa, 4139: 481-98.

455) De Haan, W., 1849. Crustacea. In: von Siebold P. F. (ed.), Fauna Japonica. Leiden: Lugduni Batavorum. Decas VII, 197-243, i-xxi, pls 49, 50, O-Q.

456) Tokioka, T., 1954. Droplets from the plankton net. XIV. Record of a scyllarid Phyllosoma near Seto. Publ. Seto Mar. Biol. Lab., 3: 361-368.

457) Harada, E., 1958. Notes on the naupliosoma and newly hatched phyllosoma of *Ibacus ciliatus* (von Siebold). Publ. Seto mar. biol. Lab., 7: 173-180.

458) Tokioka, T. & Harada, E., 1963. Further notes on *Phyllosoma utivaebi* Tokioka. Publ. Seto Mar. Biol. Lab., 11: 425-434.

459) 道津喜衛・妹尾邦義・井上俊二，1966a. ウチワエビとオオバウチワエビの初期フィロゾーマの飼育．長崎大水産研報，21: 181-194.

460) 道津喜衛・田中於兎彦・庄島洋一・妹尾邦義，1966b. ウチワエビとオオバウチワエビの最終期フィロゾーマからほふく幼生への変態．長崎大水産研報，21: 195-221.

461) 高橋 実・税所俊郎，1978. ウチワエビ幼生とオオバウチワエビ幼生の完全飼育について．鹿児島大水産学部紀要，27: 305-353.

462) 本尾洋，2005. 丹後半島沖で採集されたウチワエビのフィロゾーマ幼生．のと海洋ふれあいセンター研報，11: 51-54.

463) 本尾洋・土井啓行，2009. 山口県と石川県沖で採集されたウチワエビの最終期幼生．富山市科博研報，32: 107-112.

464) 庄島洋一，1973. 東シナ海および隣接海域のフィロゾーマ 1．オオバウチワエビ．西水研報，43: 105-115.

465) 張 成年・小西光一・柳本 卓，2022b. セミエビ科フィロソーマ幼生の同定．4. ゾウリエビ属 *Parribacus*. 水生動物，AA2022-5, 19 pp + 1s.

466) Aikawa, H. & Isobe, K., 1955. On the first larval of *Parribacus ursus-major* (Herbst). Rec. Oceanogr. Wks. Japan, 2: 113-114.

467) Saisho, T., 1962b. Notes on the early development of a scyllarid lobster, *Parribacus antarcticus* (Lund). Mem. Fac. Fish. Kagoshima Univ., 11: 174-178.

468) Yoneyama, S. & Takeda, M., 1998. Phyllosoma and nisto stage larvae of slipper lobster, *Parribacus*, from the Izu-Kazan Islands, southern Japan. Bull. natn. Sci. Mus., Tokyo, Ser. A., 24: 161-175.

469) Konishi, K. & Sekiguchi, H., 1990. First-stage phyllosoma of *Scyllarus cultrifer* (Ortmann) (Decapoda, Scyllaridae). Bull. Plankton Soc. Jpn., 37, 77-82.

470) Higa, T. & Shokita, S., 2004. Late-stage phyllosoma larvae and metamorphosis of a scyllarid lobster, *Chelarctus cultrifer* (Crustacea: Decapoda: Scyllaridae), from the northwestern Pacific. Species Diversity, 9: 221-249.

471) Inoue, N. & Sekiguchi, H., 2006. Descriptions of phyllosoma larvae of *Scyllarus bicuspidatus* and *S. cultrifer* (Decapoda, Scyllaridae) collected in Japanese waters. Plankton Benthos Res., 26-41.

472) Saisho, T., 1964. Notes on the first stage phyllosoma of scyllarid lobster, *Scyllarus bicuspidatus*. Mem. Fac. Fish. Kagoshima Univ., 13: 1-4.

473) 税所俊郎，1966. フィロゾーマ幼生に関する海洋生物学的研究．鹿児島大水産学部紀要，15: 177-239.

474) Phillips, B.F. & McWilliam, P.S., 1986. Phyllosoma and nisto stages of *Scyllarus martensii* Pfeffer (Decapoda, Scyllaridae) from the Gulf of Carpentaria, Australia. Crustaceana, 51: 133-154.

475) Wakabayashi, K., Yang, C.H., Shy, J.Y., He, C.H. & Chan, T.Y., 2017. Correct identification and redescription of the larval stages and early juveniles of the slipper lobster *Eduarctus martensii* (Pfeffer, 1881) (Decapoda: Scyllaridae). J. Crust. Biol., 37: 204-219.

476) Johnson, M. W., 1971b. The palinurid and scyllarid lobster larvae of the tropical eastern Pacific and their distribution as related to the prevailing hydrography. Bull. Scripps Inst. Oceanogr., 19: 1-36.

477) 比嘉 毅・税所俊郎，1983. キタンヒメセミエビ *Scyllarus kitanoviriosus* Harada 後期フィロゾーマ幼生の変態と成長．鹿児島大南海研紀要，3: 86-98.

478) Higa, T., Fujita, Y. & Shokita, S., 2005. Complete larval development of a scyllarine lobster, *Galearctus kitanoviriosus* (Harada, 1962) (Decapoda: Scyllaridae), reared under laboratory conditions. Crust. Res., 34: 1-26.

479) 佐藤達也・木村昭一・井上誠章・関口秀夫，2012. 三重県鳥羽市沖で採集されたキタンヒメセミエビ *Galearctus kitanoviriosus* (Harada) の最終期フィロゾーマ幼生．南紀生物，54: 101-106.

480) 張 成年・柳本 卓，2022e. セミエビ科フィロソーマ幼生の同定．8. *Galearctus lipkei* のフィロソーマ幼生はヒメセミエビ亜科中最大である．水生動物，AA2022-19, 15 pp.

481) Ritz, S.A., 1977. The larval stages of *Scyllarus demani* Holthuis, with notes on the larvae of *S. sordidus* (Stimpson) and *S. timidus* Holthuis (Decapoda, Palinuridea). Crustaceana, 32: 229-240.

482) Wakabayashi, K., Yang, C. H., Chan, T. Y. & Phillips, B. F., 2020. The final phyllosoma, nisto, and first juvenile stages of the slipper lobster *Petrarctus brevicornis* (Holthuis, 1946) (Decapoda: Achelata: Scyllaridae). J. Crust. Biol., (2020), 1-10.

483) Kumar, T.S., Vijayakumaran, M., Murugan, T.S., Jha, D.K., Sreeraj, G. & Muthukumar, S., 2009. Captive breeding and larval development of the scyllarine lobster *Petrarctus rugosus*. New Zealand J. mar. freshw. Res., 43: 101-112.

484) Barnett, B. M., Hartwick, R. F. & Milward, N. E. 1984. Phyllosoma and nisto stage of the Morton Bay bug, *Thenus orientalis* (Lund) (Crustacea: Decapoda: Scyllaridae), from shelf waters of the Great Barrier Reef. Aust. J. mar. freshw. Res., 35: 143-152.

485) Mikami, S. & Greenwood, J. G., 1997. Complete development and comparative morphology of larval T*henus orientalis* and *Thenus* sp. (Decapoda: Scyllaridae) reared in the laboratory. J. Crust. Biol., 17, 289-308.

486) 若林香織・田中祐志，2012. ジェリーフィッシュライダー：クラゲに乗って浮遊するイセエビ類のフィロソーマ幼生．タクサ，33: 5-12.

487) Wakabayashi, K., Sato, R., Hirai, A., Ishii, H., Akiba, T. & Tanaka, Y., 2012. Predation by the phyllosoma larva of *Ibacus novemdentatus* on various kinds of venomous jellyfish. Biol. Bull., 222: 1-5.

488) Kamio, M., Furukawa, D., Wakabayashi, K., Hiei, K., Yano, H., Sato, H., Yoshie-Stark, Y., Akiba, T. & Tanaka, Y., 2015. Grooming behavior by elongated third maxillipeds of phyllosoma larvae of the smooth fan lobster riding on jellyfishes. J. exp. mar. Biol. Ecol., 463: 115-124.

489) 松田浩一・山川卓・辻ヶ堂諦，1989. ウチワエビの種苗生産－Ⅲ．昭和 63 年度三重県水技セ事報，pp. 69-72.

490) 村上直人，1992. ウチワエビの種苗生産．さいばい，61: 54-55.

491) 浜田和久，2001.「パッチン」様，暫し休戦！さいばい，98: 28-31.

492) Sekiguchi, H., Booth, J. D. & Webber, W. R., 2007. Early life histories of slipper lobsters. Pp. 69-90. In: The biology and fisheries of the slipper lobster (Lavalli, K. L. & Spanier, E. eds.). CRC Press, 400 pp.

493) Polz, H., 1971. Eine weitere Phyllosoma-Larve aus den Solnhofener Plattenkalken. Neu. Jahrb. Geol. Paläeontol. Mh., 1971, pp. 474-489.

494) Haug, J. T. & Haug, C., 2013. An unusual fossil larva, the ontogeny of achelatan lobsters, and the evolution of metamorphosis. Bull. Geosci., 88:195-206.

495) Audo, D. & Charbonnier, S., 2012. New nisto of slipper lobster (Decapoda: Scyllaridae) from the Hadjoula Lagerstätte (Late Cretaceous, Lebanon). J. Crust. Biol., 32: 583-590.

496) Gurney, R., 1936d. Larvae of decapod Crustacea. Part III. Phyllosoma. Discovery Rep., 12: 400-440.

497) Sims, H. W., 1966. The phyllosoma larvae of the spiny lobster *Palinurellus gundlachi* von Martens (Decapoda, Palinuridae). Crustaceana, 11: 205-215.

498) 張 成年・小西光一・柳本 卓, 2022. セミエビ科フィロソーマ幼生の同定. 3. セミエビ属 Scyllarides. 水生動物, AA2022-3, 21 pp + 1s.

499) Omori, M. & Holthuis, L. B. 2000. Crustaceans on postage stamps from 1870 to 1997. Rep. Tokyo Univ. Fish., No.35, 87 pp.

500) Woltereck, R., 1904. Zweite Mitteilung über die Hyperiden der Deutschen Tiefsee-Expedition: "Physosoma," ein neuer pelagischer Larventypus; nebst Bemerkungen zur Biologie von *Thaumatops* und *Phronima*. Zool. Anz., 27: 553–563.

501) Guerao, G. & Abelló, P., 1996. Description of the first larval stage of *Polycheles typhlops* (Decapoda: Eryonidea: Polychelidae). J. nat. Hist., 30: 1179-1184.

502) Torres, A. P., Palero, F., Dos Santos, A., Abelló, P., Blanco, E., Boné, A. & Guerao, G., 2014. Larval stages of the deep-sea lobster *Polycheles typhlops* (Decapoda, Polychelida) identified by DNA anaysis: morphology, systematic, distribution and ecology. Helgoland Mar. Res., 68: 379-397.

503) 柳本 卓・小西光一・髙見宗広・猿渡敏郎, 2015. 本州太平洋沿岸で採集されたセンジュエビ科の後期幼生の DNA 種判別. Cancer, 24: 7-13.

504) Konishi, K., Takami, M. & Yanagimoto, T., 2021. Morphological description of *Pentalcheles laevis* postlarva collected from Suruga Bay, Japan (Crustacea, Decapoda, Polychelidae). Crust. Res., 50: 1-7.

505) Konishi, K., Takami, M. & Yanagimoto, T., 2023. The bathypelagic postlarva of *Stereomastis panglao* collected from Suruga Bay, Japan (Crustacea, Decapoda, Polychelidae). Crust. Res., 52: 55-67.

506) Selbie, C. M., 1914. The Decapoda Reptantia of the coasts of Ireland. Part I: Palinura, Astacura and Anomura (except Paguridea). Sci. Invest. Fish. Br. Ire., 1914, 116 pp., 15 pls.

507) Sund, O., 1915. *Eryonicus - Polycheles*. Nature, 95: 372.

508) Bernard, F., 1953. Decapoda Eryonidae (*Eryoneicus* et *Willemoesia*). Dana Rep., No. 37, 93 pp.

509) Martin, J. W., 2014. Polychelidea. Pp. 279-282. In: Martin, J. W., Olsen, J., & Hoeg, J. T. (eds.) Atlas of crustacean larvae. The Johns Hopkins University Press, Baltimore, 370 pp.

510) Martin, J. W. & Davis, G. E., 2001. An updated classification of the Recent Crustacea. Natural History Museum of Los Angeles, Science series 39, 124 pp.

511) Lemaitre, R. & McLaughlin, P. A., 2009. Recent advances and conflicts in concepts of anomuran phylogeny (Crustacea: Malacostraca). Arthropod Syst. Phylogeny, 67: 119-135.

512) Harvey, A., Boyko, C. B., McLaughlin, P. A. & Martin, J. W., 2014. Anomura. Pp. 283-294. In: Martin, J. W., Olsen, J., & Hoeg, J. T. (eds.) Atlas of crustacean larvae. The Johns Hopkins University Press, Baltimore, 370 pp.

513) Baba, K., Fujita, Y., Wehrtmann, I. S. & Scholtz, G., 2011. Developmental biology of squat lobsters. Pp. 105-148. In: The Biology of Squat Lobsters. (Eds G.C.B. Poore, S.T. Ahyong & J. Taylor). CSIRO Publishing: Melbourne & CRC Press: Boca Raton.

514) Fujita, Y., 2010. Larval stages of the crinoid-associated squat lobster, *Allogalathea elegans* (Adams & White, 1848) (Decapoda: Anomura: Galatheidae) described from laboratory-reared material. Crust. Res., 39: 37-53.

515) Fujita, Y., Baba, K. & Shokita, S., 2003. Larval development of *Galathea amboinensis* (Decapoda: Anomura: Galatheidae) under laboratory conditions. Crust. Res., 32: 79-97.

516) Fujita, Y., Baba, K. & Shokita, S., 2001. Larval development of *Galathea inflata* Potts, 1915 (Decapoda: Anomura: Galatheidae) described from laboratory-reared material. Crust. Res., 30: 111-132.

517) Lee, S. H., Lee, K. H. & Ko, H. S., 2011. Decapod larvae collected from southern Korean waters and their development in the laboratory. Invert. Reprod. Develop., 56: 209-219.

518) Fujita, Y., 2007. First zoeas of two shallow-water galatheids, *Lauriea gardineri* (Laurie, 1926) and *Phylladiorhynchus integrirostris* (Dana, 1853) (Crustacea: Decapoda: Anomura: Galatheidae). Proc. Biol. Soc. Washington, 120: 74-85.

519) Konishi, K. & Saito, T., 2000. Larvae of the deep-sea squat lobsters, *Agononida incerta* (Henderson, 1888) and *Munida striola* Macpherson and Baba, 1993 with notes on larval morphology of the family (Crustacea: Anomura: Galatheidae). Zool. Sci., 17: 1021-1029.

520) Guerao, G., Macphereson, E., Samadi, S., De Forges, B. R. & Boisselier, M. C., 2006. First stage zoeal descriptions of five Galatheoidea species from western Pacific (Crustacea: Decapoda: Anomura). Zootaxa, 1227: 1-29.

521) Fujita, Y. & Shokita, S., 2005. The complete larval development of *Sadayoshia edwardsii* (37) (Decapoda: Anomura: Galatheidae) described from laboratory-reared material. J. nat. Hist., 39: 865-886.

522) Miyake, H., Kitada, M., Ito, T., Nemoto, S., Okuyama, Y., Watanabe, H., Tsuchida, S., Inoue, K., Kado, R., Ikeda, S., Nakamura, K. & Omata, T., 2010. Larvae of deep-sea chemosynthetic ecosystem animals in captivity. Cahiers Biol. Mar., 51: 441-450.

523) Miyake, H., Kitada, M., Tsuchida, S., Okuyama, Y. & Nakamura, K., 2007. Ecological aspects of hydrothermal vent animals in captivity at atmospheric pressure. Mar. Ecol., 28: 86-92.

524) 玉田亮太・三宅裕志・北田貢・土田真二, 2012. ゴエモンコシオリエビ *Shinkaia crosnieri* 幼生の形態. ブルーアース講演要旨集, p.106.

525) Wilkens, H., Parzefall, J. & Ribowski, A., 1990. Population biology and larvae of the anchialine crab *Munidopsis polymorpha* (Galatheidae) from Lanzarote (Canary Islands). J. Crust. Biol., 10: 667-675.

526) Ko, H. S., 2001. First zoea of *Enosteoides ornata* (Stimpson, 1858) (Crustacea, Decapoda, Anomura, Porcellanidae) reared under laboratory conditions. Kor. J. Biol. Sci., 5: 11-15.

527) Sankarankutty, C. & Bwanthondi, P. O. J., 1972. On the early larval stage of *Petrolisthes ohshimai* (Miyake) (Decapoda: Porcellanidae). J. mar. biol. Ass. India, 14: 888-891.

528) Fujita, Y. & Osawa, M., 2003. Zoeal develoopment of two spot-pa1ttern morphs of *Neopetrolisthes maculatus*, and of *N. spinatus* (Crustacea: Decapoda: Anomura: Porcellanidae), reared under laboratory conditions. Species Divers., 8: 175-198.

529) Fujita, Y. & Osawa, M., 2005. Complete larval development of the rare porcellanid crab1, *Novorostrum decorocrus* Osawa, 1998 (Crustacea: Decapoda: Anomura: Porcellanidae), reared under laboratory conditions. J. nat. Hist., 39: 763-778.

530) Osawa, M., 2000. Zoeal development of *Novorostrum indicum* (Crustacea: Decapoda: Porcellanidae) reared under laboratory conditions. Species Divers., 5: 13-22.

531) Osawa, M., 1997b. First zoeae of *Pachycheles graciaensis* (Ward) and *Pachycheles sculptus* (H. Milne Edwards) (Crustacea: Anomura: Porcellanidae) reared under laboratory conditions. Plankton Biol. Ecol., 44: 31-40.

532) Ko, H. S., 1999. First zoea of *Pachycheles hertwigi* Balss, 1913 (Decapoda: Anomura: Porcellanidae) reared under laboratory conditions. Korean J. Biol. Sci., 3: 127-131.

533) 倉田 博，1964e. 北海道産十脚甲殻類の幼生期 7. Porcellanidae (Anomura). 北水研報，29: 66-70.

534) Konishi, K., 1987a. The larval development of *Pachycheles stevensii* Stimpson, 1858 (Crustacea, Anomura, Porcellanidae) under labratory conditions. J. Crust. Biol., 7: 481-492.

535) Kornienko, E. S., 2005. Morphology of prezoea in the porcelain crab *Pachycheles stevensii* (Decapoda: Anomura: Porcellanidae) reared under laboratory conditions. Russian J. Mar. Biol., 31: 55-59.

536) Osawa, M., 1997a. Zoeal development of four Indo-West Pacific spcies of *Petrolisthes* (Crustacea: Decapoda: Anomura: Porcellanidae). Species Diversity, 2: 121-143.

537) Shenoy, S. & Sankolli, K. N., 1967. Studies on larval development in Anomura (Crustacea, Decapoda) - III. Proc. Symp. Crust. Mar. Biol. Ass. India, 2: 805-814.

538) Yaqoob, M., 1979a. Culturing of *Petrolisthes boscii* (Audoujin, 1826) (Crustacea: Decapoda: Porcellanidae) in the laboratory. Pakistan J. Zool., 11: 57-67.

539) Osawa, M., 1995. Larval development of four *Petrolisthes* species (Decapoda: Anomura: Porcellanidae) under laboratory conditions, with comments on the larvae of the genus. Crust. Res., 24: 157-187.

540) 相川廣秋，1927. 蟹類のゾキア期の形態．水産學會報，4: 270-296.

541) Muraoka, K. & Konishi, K., 1987. The first zoeal stage of the porcellanid crab, *Petrolisthes japonicus* (De Haan, 1849), with special reference to zoeal features of *Petrolisthes* (Crustacea: Anomura). Res. Crust., 16: 53-61.

542) Shenoy, S. & Sankolli, K. N., 1975. On the life history of a procellanid crab, *Petrolisthes lamarckii* (Leach), as observed in the laboratory. J. mar. biol. Ass. India, 17: 147-159.

543) Yaqoob, M., 1979b. Rearing of *Petrolisthes lamarckii* (Leach, 1820) under laboratory conditions (Decapoda, Porcellanidae). Crustaceana, 37: 253-264.

544) Fujita, Y., Shokita, S. & Osawa, M., 2002. Complete larval development of *Petrolisthes unilobatus* reared under laboratory conditions (Decapoda: Anomura: Porcellanidae). J. Crust. Biol., 22:567-580.

545) Kim, H. J & Ko, H. S., 2011. Zoeal stages of *Pisidia serratifrons* (Crustacea: Decapoda: Porcellanidae) under laboratory conditions. Kor. J. syst. Zool., 27: 53-58.

546) Lee, S. H., Park, J. H. & Ko, H. S., 2016. First zoeas of *Polyonyx sinensis* Stimpson and *Porcellana pulchra* Stimpson (Crustacea: Decapoda: Porcellanidae) with a comparison of zoeal chromatophore pattern of eight porcellanid species from Korean waters. Invert. Repord. Develop., 60: 185-193.

547) Gurney, R., 1924. British Antarctic ("Terra Nova") Expedition, 1910. Zoology, Vol. 8, Crustacea, Part IX. - Decapod larvae, pp. 37-202.

548) Wear, R. G., 1965. Larvae of *Petrocheles spinosus* Miers, 1876 (Crustacea Decapoda Anomura) with keys to New Zealand porcellanid larvae. Trans. Roy. Soc. New Zealand, 5: 147-168.

549) Hiller, A., Kraus, H., Almon, M. & Werding, B., 2006. The *Petrolisthes galathinus* complex: Species boundaries based on color pattern, morphology and molecules, and evolutionary interrelationships between this complex and other Porcellanidae (Crustacea: Decapoda: Anomura). Mol. Phylogenet. Evol., 40: 547–569.

550) Morgan, S. G., 1989. Adaptive significance of spination in estuarine crab zoeae. Ecology, 70: 464-482.

551) Smith, A. E. & Jensen, G. C., 2015. The role of carapace spines in the swimming behavior of porcelain crab zoeae (Crustacea: Decapoda: Porcellanidae). J. exp. mar. Biol. Ecol., 471: 175-179.

552) Schnabel, K. E., Ahyong, S. T. & Maas, E. W., 2011. Galatheoidea are not monophyletic – Molecular and morphological phylogeny of the squat lobsters (Decapoda: Anomura) with recognition of a new superfamily. Mol. Phylogenet. Evol., 58: 157-168.

553) Ogawa, K. & Matsuzaki, K., 1992. Description of the zoea of *Chirostylus dolichopus* (Anomura, Galatheoidea, Chirostylidae). Bull. Inst. Oceanic Res. & Develop., Tokai Univ., 13: 65-70.

554) Clark, P. F. & Ng, P. K. L., 2008. The lecithotrophic zoea of *Chirostylus ortmanni* Miyake & Baba, 1968 (Crustacea: Anomura: Galatheoidea: Chirostylidae) described from laboratory hatched material. Raffles Bull. Zool., 56:85-94.

555) Fujita, Y. & Clark, P. F., 2011. The larval development of *Chirostylus stellaris* Osawa, 2007 (Crustacea: Anomura: Chirostylidae) described from laboratory reared material. Crust. Res., 39: 55-66.

556) Pike, R. B. & Wear, R. G., 1969. Newly hatched larvae of the genera *Gastroptychus* and *Uroptychus* (Crustacea, Decapoda, Galatheidea) from New Zealand waters. Trans. Roy. Soc. N.Z. Biol. Sci., 11: 189-195.

557) Lebour, M. V., 1941a. Larvae and post-larvae of *Acanthephyra purpurea*, *Discias atlanticus* and some related forms from Bermuda. In: Gurney R. & Lebour, M. V. (eds.) On the larvae of certain Crustacea Macrura, mainly from Bermuda. J. Linn. Soc. London, Zool., 41: 90-102.

558) Gurney, R., 1936a. Notes on some Decapod Crustacea of Bermuda. II. The species of *Hippolyte* and their larvae. Proc. Zool. Soc. London, 106(1), pp. 25-32.

559) 朝倉 彰，2003d. 様々なヤドカリたち．Pp.123-158. In: 朝倉 彰 ( 編 ) 甲殻類学 － エビ・カニとその仲間の世界．東海大学出版会．

560) McLaughlin, P. A., Komai, T., Lemaitre, R. & Rahayu, D. L., 2010. Annotated checklist of anomuran decapod crustaceans of the world (exclusive of Kiwaoidea and families Chirostylidae and Galatheidae of the Galatheioidea) Part I - Lithodoidea, Lomisoidea and Paguroidea. Raffles Bull. Zool., Supplement 23: 5-107.

561) Konishi, K. & Imafuku, M., 2000. Hatchling of the symmetrical hermit crab *Pomatocheles jeffreysii* Miers, 1879: the first information on pylochelid larva (Anomura, Pylochelidae). Crust. Res., 29: 65-69.

562) Saito, T. & Konishi, K., 2002. Description of the first stage zoea of the symmetrical hermit crab *Pylocheles mortensenii* (Boas, 1926) (Anomura, Paguridea, Pylochelidae). Crustaceana, 75: 621-628.

563) Forest, J., 1987. Les Pylochelidae ou «Pagures symétriques» (Crustacea Coenobitoidea). Mém. Mus. natn. Hist. nat., Zool., No. 137, 254pp.

564) Lee, S. H. & Ko, H. S., 2012. Larval stages of *Areopaguristes japonicus* (Miyake, 1961) (Decapoda: Anomura: Diogenidae) described from laboratory reared material. Zootaxa, 3368: 146-160.

565) Shenoy, S. & Sankolli, K. N., 1977. Laboratory culture of the hermit crab *Clibanarius infraspinatus* Hilgendorf (Crustacea, Decapoda, Anomura). Proc. Symp. Warm Water Zoopl. NIO, Goa, pp. 660-670.

566) Tirmizi, N. M. & Siddiqui, F. A., 1979. The larval development of *Clibanarius signatus* Heller and *C. virescens* (Krauss) (Decapoda: Diogenidae) under laboratory conditions. Pakistan J. Zool., 11: 239-261.

567) Dechancé, M. 1962. Remarques sur les premiers stades larvaires de plusieurs espèces Indopacifiques du genre *Dardanus* (Crustaces Decapodes Pagurides). Bull. Mus. natn. Hist. nat. Paris, 34: 82-94.

568) Pike, R. B. & Williamson, D. I., 1960. Larvae of decapod Crustacea of the families Diogenidae and Paguridae from the Bay of Naples. Pubbl. Staz. Zool. Napoli, 31: 493-552.

569) 倉田 博 , 1968f. 荒崎近海産ヤドカリ類の幼生 - II.  *Dardanus arrosor* (Herbst) (DIOGENIDAE). 東海水研報 , 56: 173-180.

570) Nayak, V. N. & Kakati, V. S., 1978. Occurrence of the hermit crab *Dardanus setifer* (H. Milne-Edwards) (Decapoda, Anomura) at Karwar with a description of the first zoeal stage. J. Bombay nat. Hist. Soc., 75: 286-291.

571) Imahara, Y., 1989a. Larval development of *Dardanus crassimanus* (H. Milne-Edwards) (Crustacea, Decapoda, Diogenidae) reared in the laboratory. 1. Zoeal stages. Proc. Japan. Soc. syst. Zool., 39: 20-28.

572) Imahara, Y., 1989b. Larval development of *Dardanus crassimanus* (H. Milne-Edwards) (Crustacea, Decapoda, Diogenidae) reared in the laboratory. 2. Glaucothoe. Proc. Japan. Soc. syst. Zool., 40: 21-27.

573) Provenzano, A. J., 1963. The glaucothoes of *Petrochirus diogenes* (L.) and two species of *Dardanus* (Decapoda: Diogenidae). Bull. mar. Sci., 13: 242-261.

574) Kim, M. H., Hong, S.Y., Son, M.H. & Moon, C. H., 2007b. Larval development of *Diogenes edwardsii* (Decapoda, Anomura, Diogenidae) reared in the laboratory. Crustaceana, 80: 1071-1086.

575) Baba, K. & Fukuda, Y., 1985. Larval development of the hermit crab *Diogenes nitidimanus* Terao, 1913 (Crustacea: Anomura: Diogenidae) reared in the laboratory. Mem. Fac. Educ. Kumamoto Univ., 34: 1-17.

576) Korn, O. M., Kornienko, E. S. & Komai, T., 2008. A reexamination of adults and larval stages of *Diogenes nitidimanus* (Crustacea: Decapoda: Anomura: Diogenidae). Zootaxa, 1693: 1-26.

577) 倉田 博 , 1968g. 荒崎近海産ヤドカリ類の幼生 – III.  *Paguristes digitalis* (Stimpson) (DIOGENIDAE). 東海水研報 , 56: 181-186.

578) Quintana, R. & Iwata, F., 1987. On the larval development of some hermit crabs from Hokkaido, Japan, reared under laboratory conditions (Decapoda: Anomura). J. Fac. Sci., Hokkadio Univ., Ser.VI, Zool., 25: 25-85.

579) Hale, H. M., 1927. The crustaceans of South Australia. Part I: Handbooks of the Fauna and Flora of South Australia. Adelaide. 201 pp., 202 figs.

580) Barnard, K. H., 1950. Descriptive catalogue of the South African decapod Crustacea (crabs and shrimps). Ann. South African Mus., 38: 1-837.

581) Morgan, G. J., 1987. Abbreviated development in *Paguristes frontalis* (Milne Edwards, 1836) (Anomura: Diogenidae) from southern Australia. J. Crust. Biol., 7: 536-540.

582) Orlamünder, J., 1943. Zur Entwicklung und Formbildung des *Birgus latro* L. mit besonderer Berücksichtigung des X-Organs. Zeitschr. wiss. Zool. 155: 280-316.

583) Reese, E. S. & Kinzie, P. A., 1968. The larval development of the coconut or robber crab, *Birgus latro* ( L.), in the laboratory (Anomura, Paguridea). Crustaceana, Suppl., 2: 117-144.

584) Wang, F. L., Hsieh, H. L. & Chen, C. P., 2007. Larval growth of the coconut crab *Birgus latro* with a discussion on the development mode of terrestrial hermit crab. J. Crust. Biol., 27: 616-625.

585) Shokita, S. & Yamashiro, A., 1986. Larval development of the land hermit crabs, *Coenobita rugosus* H. Milne-Edwards and *C. cavipes* Stimpson reared in the laboratory. Galaxea, 5: 267-282.

586) Nakasone, Y., 1988. Larval stages of *Coenobita purpureus* Stimpson and *C. cavipes* Stimpson reared in the laboratory and survival rates and growth factors of three land hermit crab larvae (Curstacea: Anomura). Zool. Sci., 5: 1105-1120.

587) Borradaile, L. A., 1901. Land crustaceans. Fauna and Geography of the Maldive and Laccadive Archipelagoes, i, pp. 64-100. 1 pl., 11 figs.

588) 山口志摩雄 , 1938. ヲカヤドカリ *Coenobita rugosus* の産卵及び發生 . 九州帝大農學部學藝雑誌 , 8: 163-175.

589) Kato, S., Hamasaki, K., Dan, S. & Kitada, S., 2015. Larval development of the land hermit crab *Coenobita violascens* Heller, 1862 (Decapoda, Anomura, Coenobitidae) described from laboratory-reared material. Zootaxa, 3915: 233-249.

590) Harvey, A. W., 1992. Abbreviated larval development in the Australian terrestrial hermit crab *Coenobita variabilis* McCulloch (Anomura: Coenobitidae). J. Crust. Biol., 12: 196-209.

591) Sedova, N.A. 2021. Morphology of the first zoeal stage of a hermit crab of the family Parapaguridae (Decapoda: Anomura) from adjacent waters of Kamchatka Peninsula. Arthropoda Select., 30: 161–166.

592) Williamson, D. I. & von Levetzow, K. G., 1967. Larvae of *Parapagurus diogenes* (Whitelegge) and some related species (Decapoda, Anomura). Crustaceana, 12: 179-192.

593) Dechancé, M. de Saint Laurent 1964. Développement et position systématique du genre *Parapagurus* Smith (Crustacea Decapoda Paguridea). I. Description des stades larvaires. Bull. Inst. Océanogr. Monaco, 64: 1-26.

594) Bouvier, E. L., 1891. Les glaucothoés sont-elles des larves de Pagures? Ann. Sci. Nat., Zool., 12: 65-82.

595) Lebour, M. V., 1954. The planktonic decapod Crustacea and Stomatopoda of the Benguela Current. Part I. First survey, R.R.S. "William Scoresby", March 1950. Discovery Rep., 27: 219-233.

596) Kornienko, E. S. & Korn, O. M., 2015. Zoeal stages of *Labidochirus Anomalus* (Balss, 1913) (Decapoda: Anomura: Paguridae) obtained under laboratory conditions. Zootaxa, 4028: 215-226.

597) Nyblade, C. F. & McLaughlin, P. A., 1975. The larval development of *Labidochirus splendescens* (Owen, 1839) (Decapoda, Paguridae). Crustaceana, 29: 271-289.

598) Иванов, Б.Г., 1979. Новые данные о раках-отшельниках северной пацифики. 2. Первые личнки некоторых видов, выведенные от самок (Crustacea, Decapoda, Paguridae). Зоол. Жул., 47: 977-986.

599) Quintana, R. & Konishi, K., 1986. On the prezoeal stage: observations on three *Pagurus* species (Decapoda, Anomura). J. nat. Hist., 20: 837-844.

600) Konishi, K. & Quintana, R., 1987. The larval stages of *Pagurus brachiomastus* (Thallwitz, 1892) (Crustacea: Anomura) reared in the laboratory. Zool. Sci., 4: 349-365.

601) Hong, S. Y., 1981. The larvae of *Pagurus dubius* (Ortmann) (Decapoda, Paguridae) reared in the laboratory. Bull. natn. Fish. Univ. Busan, 21: 1-11.

602) 倉田 博 , 1968c. 荒崎近海産ヤドカリ類の幼生 - I. *Pagurus samuelis* (Stimpson) (PAGURIDAE). 東海水研報, 55: 265-270.

603) Konishi, K. & Quintana, R., 1988. The larval stages of three pagurid crabs (Crustacea: Anomura: Paguridae) from Hokkaido, Japan. Zool. Sci., 5: 463-482.

604) Kornienko, E. S. & Korn, O. M., 2007. Larval development of the hermit crab *Pagurus gracilipes* (Stimpson, 1858) (Decapoda: Anomura: Paguridae) reared in the laboratory. Invert. Reprod. Develop., 50: 31-46.

605) Forss, C. A. & Coffin, H. G., 1960. The use of the brine shrimp nauplii *Artemia salina*, as food for the laboratory culture of decapods. Walla Walla Coll. Publ. Dept. Biol. Sci., 26: 1-15.

606) Fitch, B. M. & Lindgren, E. W., 1979. Larval development of *Pagurus hirsutiusculus* (Dana) reared in the laboratory. Biol. Bull., 156: 76-92.

607) McLaughlin, P. A., Gore, R. H. & Crain, J. A., 1988. Studies on the provenzanoi and other pagurid groups: II. A reexamination of the larval stages of *Pagurus hirsutiusculus hirsutiusculus* (Dana) (Decapoda: Anomura: Paguridae) reared in the laboratory. J. Crust. Biol., 8: 430-450.

608) McLaughlin, P. A. & Konishi, K., 1994. *Pagurus imafukui* a new species of deep-water hermit crab (Crustacea: Anomura: Paguridae), with notes on its larvas. Publ. Seto Marine Biol. Lab., 36: 211-222.

609) Ko, H. S. & Yang, H. J., 2003. First zoea of *Pagurus japonicus* (Crustacea: Decapoda: Anomura: Paguridae) reared in the laboratory. Kor. J. Biol. Sci., 7: 11-14.

610) Kim, M. H., Son, M. H. & Hong, S. Y., 2008. Larval development of *Pagurus japonicus* (Stimpson) (Decapoda: Anomura: Paguridae) reared in the laboratory. Animal Cells Syst., 12: 171-180.

611) Hong, S. Y., 1969. The larval development of *Pagurus lanuginosus* de Haan (Crustacea, Anomura) reared in the laboratory. Bull. Korea Fish. Soc., 2: 1-15.

612) Sultana, Z. & Asakura, A., 2015a. The complete larval development of *Pagurus lanuginosus* De Haan, 1849 (Decapoda, Anomura, Paguridae) reared in the laboratory, with emphasis on the post-larval stage. Zootaxa, 3915: 206-232.

613) Sultana, Z. & Asakura, A., 2015b. The complete larval development of *Pagurus maculosus* Komai & Imafuku, 1996 (Decapoda, Anomura, Paguridae) reared in the laboratory, and a comparison with sympatric species. Zootaxa, 3947: 301-326.

614) 倉田 博 , 1964c. 北海道産十脚甲殻類の幼生期 5. Paguridae (Anomura). 北水研報, 29: 24-48.

615) Oba, T., Konishi, K. & Goshima, S., 2006. Larval and postlarval development of *Pagurus nigrofascia* (Decapoda: Anomura: Paguridae) reared in the laboratory. J. mar. biol. Assoc. U.K., 86: 1407-1419.

616) McLaughlin, P. A., Crain, J. A. & Gore, R. H., 1992. Studies on the provenzanoi and other pagurid groups: VI. Larval and early juvenile stages of *Pagurus ochotensis* Brandt (Decapoda; Anomura; Paguridae) from a northeastern pacific population, reared under laboratory conditions. J. nat. Hist., 26: 507-531.

617) Kim, M. H. & Hong, S. Y., 2005. Larval development of *Pagurus pectinatus* (Stimpson) (Decapoda: Anomura: Paguridae) reared in the laboratory. Invert. Reprod. Develop., 47: 91-100.

618) Lee, B. D. & Hong, S. Y., 1970. The larval development and growth of decapod crustaceans of Korean waters. II. *Pagurus similis* Ortmann (Paguridae, Anomura). Publ. Mar. Lab. Pusan Fish. Coll., 3: 13-26.

619) Kim, M. H., Hong, S. Y., Son, M. H. & Huh, S. H. 2007a. Larval development of *Pagurus simulans* (Decapoda, Anomura, Paguridae) reared in the laboratory. Crustaceana, 80: 327-343.

620) Hong, S. Y. & Kim, M. H. 2002. Larval development of *Parapagurodes constans* (Decapoda: Anomura: Paguridae) reared in the laboratory. J. Crust. Biol., 22: 882-893.

621) Fujita, Y., 2012. First zoea of *Porcellanopagurus truncatifrons* Takeda, 1981 (Decapoda, Anomura, Paguridae) described from laboratory-hatched material. In: Studies on Eumalacostraca: A homage to Masatsune Takeda (Komatsu, H. & Fukuoka, K. eds.), Crustaceana Monographs, 17: 117-125.

622) Komai, T. & Konishi, K., 2003. Further note on *Propagurus miyakei* (Baba, 1986) (Decapoda: Anomura: Paguridae), with description of its first zoea. Bull. mar. Sci., 72: 853-869.

623) Provenzano, A. J., 1968. *Lithopagurus yucatanicus*, a new genus and species of hermit crab with a distinctive larva. Bull. mar. Sci., 18: 627-644.

624) McMillan, F. E., 1971. The larvae of *Pagurus samuelis* (Decapoda: Anomura) reared in the laboratory. Bull. So. California Acad. Sci., 70: 58-68.

625) Hong, S. Y., 1988. Development of epipods and gills in some pagurids and brachyurans. J. nat. Hist., 22: 1005-1040.

626) Provenzano, A. J., 1971. Zoeal development of *Pylopaguropsis atlantica* Wass, 1963, and evidence from larval characters of some relationships within the Paguridae. Bull. mar. Sci., 21: 237-255.

627) Gore, R. H. & Scotto, L. E., 1983. Studies on decapod Crustacea from the Indian River region of Florida XXVII. *Phimochirus holthuisi* (Provenzano, 1961) (Anomura: Paguridae): The complete larval development under laboratory conditions, and the systematic relationships of its larvae. J. Crust. Biol., 3: 93-116.

628) Roberts, M. H., 1970. Larval development of *Pagurus longicarpus* Say reared in the laboratory I. Description of larval instars. Biol. Bull., 139: 188-202.

629) 佐藤 栄，1949. タラバガニと其の漁業．北方出版社，99 pp.

630) Otto, R. S. 2014. History of king crab fisheries with special reference to the North Pacific Ocean. Pp. 81-138. In: King Crabs of the World: Biology and Fisheries Management (Stevens, B. G. ed.), CRC Press, 608 pp.

631) 水産総合研究センター（編），2009. ハナサキガニの種苗生産技術．栽培漁業技術シリーズ，No.14，42pp

632) McLaughlin, P. A., Lemaitre, R. & Sorhannus, U., 2007. Hermit crab phylogeny: A reappraisal and its "fall-out". J. Crust. Biol., 27: 97–115.

633) Bouvier, E. L., 1894. Sur la transformation des Paguriens en crabes anomures de la sous-famille des Lithodinés. C.R. Hebd. Seanc. Acad. Sci., 119: 350-352.

634) McLaughlin, P.A. Lemaitre, R., 1997. Carcinization — fact or fiction? I. Evidence from adult morphology. Contrib. Zool., 67: 79-123.

635) Scholtz, G., 2014. Evolution of crabs – history and deconstruction of a prime example of convergence. Contrib. Zool., 83: 87-105.

636) Reindl, A., Strobach, T., Becker, C., Scholtz, G. & Schubert, T., 2015. Crab or lobster? Mental principles underlying the categorization of crustaceans by biology experts and non-experts. Zool. Anz., 256: 28-35.

637) 倉田 博，1964d. 北海道産十脚甲殻類の幼生期 6. Lithodidae (Anomura). 北水研報，29: 49-65.

638) Konishi, K., 1986. Larval development of the stone crab, *Hapalogaster dentata* (De Haan, 1844) (Crustacea: Anomura: Lithodidae) reared in the laboratory. J. Fac. Sci., Hokkaido Univ., Ser. VI, Zool., 24: 155-172.

639) Korn, O. M., Kornienko, E. S. & Scherbakova, N. V., 2010. A key for the identification of larvae of brachyuran and anomuran crabs in spring plankton of Peter the Great Bay, Sea of Japan. Russian J. Mar. Biol., 36: 373-382.

640) Anger, K., 1989. Growth and exuvial loss during larval and early juvenile development of the hermit crab *Pagurus bernhardus* reared in the laboratory. Mar. Biol., 103: 503-511.

641) Abrunhosa, F. A. & Kittaka, J., 1997. Functional morphology of mouthparts and foregut of the last zoea, glaucothoe and first juvenile of the king crabs *Paralithodes camtschaticus*, *P. brevipes* and *P. platypus*. Fish. Sci., 63: 923-930.

642) Kim, M. H. & Hong, S. Y., 2000. Larval development of *Cryptolithodes expansus* Miers (Decapoda: Anomura: Lithodidae) reared in the laboratory. Proc. biol. Soc. Wash., 113: 54-65.

643) Haynes, E. B., 1982. Description of larvae of the golden king crab, *Lithodes aequispina*, reared in the laboratory. Fish. Bull., U.S. natl. mar. Fish. Serv., 80: 305-313.

644) McLaughlin, P. A. & Paul, J. M., 2002. Abdominal tergite and pleopod changes in *Lithodes aequispinus* Benedict, 1895 (Crustacea: Decapoda: Anomura: Lithodidae) from megalopa to juvenile. Proc. Biol. Soc. Wash., 115: 138-147.

645) Duguid, W. D. P. & Page, L. R., 2004. Larval and early post-larval morphology, growth, and behaviour of laboratory reared *Lopholithodes foraminatus* (brown box crab). J. mar. biol. Assoc. U.K., 89: 1607-1626.

646) 丸川久俊, 1933. たらばがに調査．水産試験場報告，No. 4., 122 pp.

647) 倉田 博, 1956. ハナサキガニの幼生について．北水研報，14: 25-34.

648) 倉田 博, 1960. タラバガニとハナサキガニの中間形幼生について．北水研報，22: 49-56.

649) 中澤毅一, 1912. 北海道産タラバ蟹の研究．動雑，24: 1-13.

650) 清水二郎, 1936. 鱈場蟹ゾエア飼育試験概要．北水試事業旬報，No. 327.

651) 佐藤 栄・田中正午, 1949. タラバガニ幼生に関する研究，第1報　形態学的考察．北水試研報，1: 7-24.

652) Jensen, G. C., Andersen, H. B. & Armstrong, D. A., 1992. Differentiating *Paralithodes* larvae using telson spines: A tail of two species. Fish. Bull., 90: 778-783.

653) Epelbaum, A. B., Borisov, R. R. & Kovatcheva, N. P., 2006. Early development of the king crab *Paralithodes camtschaticus* from the Barents Sea reared under laboratory conditions: morphology and behavior. J. mar. biol. Assoc. U.K., 86: 317-333.

654) 佐藤 栄, 1958. タラバガニの発育並びに漁業生物学的研究．北水研報，No. 17, 102 pp.

655) Hoffman, E. G., 1968. Description of laboratory-reared larvae of *Paralithodes platypus* (Decapoda, Anomura, Lithodidae). J. Fish. Res. Bd Canad., 25: 439-455.

656) Konishi, K. & Taishaku, H., 1994. Larval development of *Paralomis hystrix* (De Haan, 1846) (Crustacea, Anomura, Lithodidae) under laboratory conditions. Bull. Nat. Res. Inst. Aquacult., 22: 43-54.

657) 林 健一・柳沢践夫, 1985. コフキエゾイバラガニのゾエア．南紀生物，27: 23-26.

658) Haynes, E. B., 1984. Early zoeal stages of *Placetron wosnessenskii* and *Rhinolithodes wosnessenskii* (Decapoda Anomura Lithodidae) and review of lithodid larvae of the northern North Pacific Ocean. Fish. Bull., U.S. natl. mar. Fish. Serv., 82: 315-324.

659) Hong, S. Y., Perry, R. I., Boutillier, J. A. & Kim, M. H., 2005. Larval development of *Acantholithodes hispidus* (Stimpson) (Decapoda: Anomura: Lithodidae) reared in the laboratory. Invert. Reprod. Develop., 47: 101-110.

660) Haynes, E. B. 1993. Stage-I zoeae of laboratory-hatched *Lopholithodes mandtii* (Dceapoda, Anomura, Lithodidae). Fish. Bull. U.S., 91: 379-381.

661) Knight, M.D., 1970. The larval development of *Lepidopa myops* Stimpson (Decapoda, Albuneidae) reared in the laboratory, and the zoeal stages of another species of the genus from California and the Pacific coast of Baja California. Crustaceana, 19: 125-156.

662) 倉田 博，1965b. 北海道産十脚甲殻類の幼生期．10. Albuneidae (Anomura). 北水研報，30: 11-14.

663) Konishi, K., 1987b. Larval development of the spiny sand crab, *Lophomastix japonica* (Durufré, 1889) (Crustacea: Anomura: Albuneidae) reared in the laboratory. Publ. Seto Mar. Biol. Lab., 32: 123-139.

664) 加藤 隆・鈴木 博，1992. 相模湾のスナホリガニ類の生態とハマスナホリガニ *Hippa truncatifrons* (Miers)（スナホリガニ科・十脚目・甲殻綱）の後期発生について．横浜国大理科教育実習施設研報，8: 77-97.

665) Müller, F. 1869. Facts and arguments for Darwin. London, 144 pp.

666) Smith, S. I., 1877. The early stages of *Hippa talpoida*, with a note on the structure of the mandibles and maxillae in Hippa and Remipes. Trans. Connecticut Acad. Sci., 3: 311-342.

667) Martin, J. W., 1991a. A large brahyuran-like larva of the Hippidae (Crustacea: Decapoda: Anomura) from the Banda Sea, Indonesia: the largest known zoea. Proc. biol. Soc. Washington, 104: 561-568.

668) Rees, G. H., 1959. Larval development of the sand crab *Emerita talpoida* (Say) in the laboratory. Biol. Bull., 117: 356-370.

669) Knight, M.D., 1967. The larval development of the sand crab *Emerita rathbunae* Schmitt (Decapoda, Hippidae). Pacific Sci., 21: 58-76.

670) Puls, A. L., 2001. Arthopoda: Decapoda. Pp.181-252. In: Shanks, A. L. (ed.) Identification Guide to Larval Marine Invertebrates of the Pacific Northwest. Oregon State Univ. Press, 314 pp.

671) 小西光一・鹿谷法一，1999. 日本産有用カニ類の検索Ⅱ．異尾下目．養殖研報，28: 5-13.

672) Guinot, D., 1978. Princepes d'une classification évolutive des Crustacés Décapodes Brachyura. Bull. Biol. Fr. Belgique, 211-292.

673) Guinot, D., 1980a. Sur la classification et la phylogénie des Crustacés Décapodes Brachyoures. I. Podotremata Guinot, 1977, et Eubrachyura sect. nov. C.R. Acad. Sci. Paris, 290: 1265-1268.

674) Guinot, D., 1980b. Sur la classification et la phylogénie des Crustacés Décapodes Brachyoures. II. Heterotremata et Thoracotremata Guinot, 1977, et Eubrachyura sect. nov. C.R. Acad. Sci. Paris, 290: 1317-1320.

675) Ng, P. K. L, Guinot, D. & Davie, P. J. F., 2008. Systema Brachyurorum: Part I. An annotated checklist of extant brachyuran crabs of the world. Raffles Bull. Zool., 17: 1-286.

676) Martin, J. W., 1991b. Crabs of the family Homolodromiidae, III. First record of the larvae. J. Crust. Biol., 11: 156-161.

677) Sankolli, K. N. & Shenoy, S., 1967. Larval development of a dromiid crab, *Conchoecetes artificiosus* (Fabr.) (Decapoda Crustacea) in the laboratory. J. Mar. Biol. Ass. India, 9: 96-110.

678) 寺田正之，1987a. 遠州灘を主としたカニ類 14 種のゾエア幼生の形態．甲殻類の研究，16: 93-120.

679) Guinot, D. & Tavares, M., 2000. *Conchoeodromia alcocki* Chopra, 1934: megalopa of *Conchoecetes artificiosus* (Fabricius, 1798) (Decapoda, Brachyura, Dromiidae). J. Crust. Biol., 20, Spec. No.2: 301-309.

680) McLay, C. L., Lim, S. S. L. & Ng, P. K. L., 2001. On the first zoea of *Lauridromia indica* (Gray, 1831), with an appraisal of the generic classification of the Dromiidae (Decapoda: Brachyura) using larval characters. J. Crust. Biol., 21: 733-747.

681) 村岡健作，1983a. ヒメキヌゲカムリ（甲殻綱・短尾類・カイカムリ科）の後期幼生について．動雑，92: 663.

682) 寺田正之，1983b. カイカムリ科 3 種のゾエア幼生．動雑，92: 361-370.

683) 横屋 猷，1935. 冬期間三崎臨海實驗所附近に現れる甲殻十脚類の稚児中數種に就いて．水産學會報，6: 228-238.

684) Wear, R. G., 1970. Some larval stages of *Petalomera wilsoni* (Fulton & Grant, 1902) (Decapoda Dromiidae). Crustaceana, 18: 1-12.

685) Wear, R. G., 1977. A large megalopa attributed to *Petalomera wilsoni* (Fulton & Grant, 1902) (Decapoda, Dromiidae). Bull. mar. Sci., 27: 572-577.

686) Hong, S. Y. & Williamson, D.I., 1986. The larval development of *Petalomera japonica* (Henderson) (Decaoda, Dromiidae) reared in the laboratory. J. nat. Hist., 20: 1259-1278.

687) 蒲生重男・村岡健作，1977. 駿河湾の流れ藻から採集したカニ類及びカニダマシ類のメガロパ幼生（予報）. 横浜国大研報，24: 1-7.

688) 酒井 恒，1965. 相模湾産蟹類．丸善，206 pp.

689) Aikawa, H., 1937. Further notes on brachyuran larvae. Rec. oceanogr. Wks. Japan, 9: 87-162.

690) Konishi, K., Takeoka, H. & Taishaku, H., 1995. Description of the first zoea of *Paromola macrochira* Sakai (Brachyura: Homolidae) with notes on larval characters of archaeobrachyuran families. Crust. Res., 24: 69-77.

691) Muraoka, K., 1989. The megalopa stage of *Eplumula phalangium* (De Haan) (Crustacea, Brachyura, Latreillidae). Bull. Kanagawa Pref. Mus., 18: 47-52.

692) Takeda, M. & Kurata, Y., 1984. Crabs of the Ogasawara Islands VII. Third report on the species obtained from stomachs of fishes. Bull. Natn. Sci. Mus. (Zool.), 10: 195-202.

693) Aikawa, H., 1941. Additional notes to brachyuran larvae. Rec. oceanogr. Wks. Japan, 12: 117-120.

694) Rice, A. L., 1970. Decapod crustacean larvae collected during the international Indian Ocean Expedition. Families Raninidae and Homolidae. Bull. Br. Mus. nat. Hist. (Zool.), 21: 1-24.

695) Sakai, K., 1971. The larval stages of *Ranina ranina* (Linnaeus) (Crustacea, Decapoda, Raninidae) reared in the laboratory, with a review of uncertain zoeal larvae attributed to Ranina. Publ. Seto mar. biol. Lab., 19: 123-156.

696) Minagawa, M., 1990a. Complete larval development of the red frog crab *Ranina ranina* (Crustacea, Decapoda, Raninidae) reared in the laboratory. Nippon Suisan Gakkaishi, 56: 577-589.

697) Williamson, D. I., 1965. Some larval stages of three Australian crabs belonging to the families Homolidae and Raninidae, and observations on the affinities of these families (Crsutacea: Decapoda). Aust. J. Mar. Freshw. Res., 16: 369-398.

698) Wear, R. G. & Fielder, D. R., 1985. The marine fauna of New Zealand: larvae of the Brachyura (Crustacea, Decapoda). New Zealand oceanogr. Inst. Mem. No. 92, 90 pp.

699) Copra, B. N., 1934. Further notes on Crustacea Decapoda in the Indian Museum. III. On a new dromiid and a rare oxystomous crab from the Sandheads, off the mouth of the Hoogly River. Rec. Ind. Mus. 36: 477-481.

700) Rice, A.L., 1971. Notes on megalopa and a young crab of the Decapoda Homolidea collected in Sagami Bay. Res. Crust., 4-5: 1-9.

701) Hale, H. M., 1925. The development of two Australian sponge-crabs. Proc. Linn. Soc. N.S.W., 50: 405-413.

702) Tan, L. W. H., Lim, S. S. L. & Ng, P. K. L., 1986. Larval development of the dromiid crab *Cryptodromia pileifera* Alcock 1899 (Decapoda: Dromiidae) in the laboratory. J. Crust. Biol., 6: 111-118.

703) McLay, C. L. & Ng, P. K. L., 2005. On a collection of Dromiidae and Dynomenidae from the Philippines, with description of a new species of *Hirsutodynomene* McLay, 1999 (Crustacea: Decapoda: Brachyura). Zootaxa, 1029: 1-30.

704) Rice, A. L., 1981. The zoea of *Acanthodromia erinacea* A. Milne-Edwards: The first description of a dynomenid larva (Decapoda Dromioidea). J. Crust. Biol., 1: 174-176.

705) Wear, R. G. & Batham, E. J., 1975. Larvae of the deep sea crab *Cymonomus bathamae* Dell, 1971 (Decapoda, Dorippidae) with observations on larval affinities of the Tymolidae. Crustaceana, 28: 113-120.

706) Rice, A. L. 1964. The metamorphosis of a species of *Homola* (Crustacea, Decapoda: Dromiacea). Bull. mar. Sci., 14: 221-238.

707) 村岡健作, 1992. カニ類幼生の形態（ミズヒキガニ類のメガロパについて．海洋と生物, 14(5): 356-359.

708) 日本栽培漁業協会, 2003. (社) 日本栽培漁業協会志布志事業場におけるアサヒガニ種苗生産技術開発の経緯．協会研究資料, N.84, 35 pp.

709) 皆川 恵・工藤真弘, 1988. 飼育条件下におけるアサヒガニ幼生の成長．水産増殖, 36: 221-225.

710) Terada, M., 1981a. Zoeal development of three species of crab in the subfamily Dorippinae. Zool. Mag., 90: 21-32.

711) Quintana, R., 1987. Later zoeal and early postlarval stages of three dorippid species from Japan (Brachyura: Dorippidae: Dorippinae). Publ. Seto mar. biol. Lab., 32: 233-274.

712) 倉田 博, 1964f. 北海道産十脚甲殻類の幼生期 8. Dorippidae (Brachyura). 北水研報, 29: 71-74.

713) Paula, J., 2007. The zoeal stages of the crab *Medorippe lanata* (Linnaeus, 1767) (Brachyura, Dorippidae), and the larval characters of the Dorippidae. J. nat. Hist., 25: 75-89.

714) Martin, J. W. & Truesdale, F. M., 1989. Zoeal development of *Ethusa microphthalma* Smith, 1881 (Brachyura, Dorippidae) reared in the laboratory, with a comparison of other dorippid zoeae. J. nat. Hist., 23: 205-217.

715) Taishaku, H. & Konishi, K., 1995. Zoeas of *Calappa* species with special reference to larval characters of the family Calappidae (Crustacea, Brachyura). Zool. Sci., 12: 649-654.

716) Raja Bai, K. G., 1959. Development of *Calappa lophos* (Herbst) and *Matuta lunaris* Forskål (Crustacea: Brachyura). J. zool. Soc. India, 2: 65-72.

717) 寺田正之, 1983a. 静岡県遠州灘産カニ類のゾエア幼生．動雑, 92: 10-13.

718) Chen, W. J., Cheng J. H. & Soong, K., 2000. On the megalopae of three species of crab (Crustacea: Decapoda: Brachyura: Calappidae, Matutidae) from Tungkang, southwestern Taiwan. J. Nat. Taiwan Mus., 53: 23-35.

719) Hashmi, S. S., 1969. The brachyuran larvae of the West Pakistan hatched in the laboratory. Part I. Oxystomata Calappidae (Decapod: Crustacea). Pak. J. sci. indst. Res., 12: 90-94.

720) 寺田正之, 1984b. マメコブシガニ亜科・コブシガニ亜科（コブシガニ科）8 種の幼生の形態．Res. Crust., 13-14: 153-164.

721) 福田 靖, 1978. 合津臨海実験所近海のカニ類の幼生（予報）．Calanus, 6: 10-16.

722) Quintana, R., 1986a. On the early post-larval stages of some leucosiid crabs from Tosa Bay, Japan (Decapoda: Brachyura, Leucosiidae). J. Fac. Sci., Hokkaido Univ. Ser.VI, Zool., 24: 227-266.

723) Quintana, R., 1986b. The megalopal stage in the Leucosiidae (Decapoda, Brachyura). Zool. Sci., 3: 533-542.

724) 寺田正之, 1979a. コブシガニ科 5 種の後期発生．Res. Crust., 9: 27-42.

725) Ko, H. S., 2000. Larval development of *Philyra platychira* (Decapoda: Leucosiidae) reared in the laboratory. J. Crust. Biol., 20: 309-319.

726) Lee, S. H. & Ko, H. S., 2017. First zoeas of *Nursia rhomboidalis* and *Pyrhila carinata* (Crustacea: Decapoda: Leucosiidae) with a key to the known zoeas of ten leucosiid species from Korean waters. Anim. Syst. Evol. Divers., 33: 228-234.

727) Ko, H. S., 2003. Zoeal stages of *Philyra kanekoi* Sakai, 1934 (Crustacea: Decapoda: Leucosiidae) reared in the laboratory. Kor. J. Biol. Sci., 5: 275-281.

728) 八塚 剛, 1957. カニ BRACHYURA のゾエア幼生について（人工飼育と発達成長）．pp.571-590. In: 水産学集成（末広恭雄・大島泰雄,・桧山義夫（編），東京大学出版会, 890 pp.

729) Ko, H. S., 1996. Larval development of *Philyra pisum* de Haan, 1841 (Decapoda: Leucosiidae) reared in the laboratory. Kor. J. Syst. Zool., 12: 91-99.

730) Quintana, R., 1984. Observations on the early post-larval stages of *Leucosia craniolaris* (L., 1758) (Brachyura: Leucosiidae). Rep. Usa mar. biol. Inst., 6: 7-21.

731) Rathbun, M. J., 1914. Stalk-eyed crustaceans collected at the Monte Bello Islands. Proc. zool. Soc. London, 1914: 653-664.

732) 倉田 博, 1969. 荒崎近海産カニ類の幼生 – IV. クモガニ科．東海水研報, 57: 81-171.

733) 寺田正之 , 1983c. クモガニ科 , クモガニ亜科 3 種幼生の発生 . 静岡県立横須賀高校研究紀要 , No.10, pp.22-37.

734) Xu, T., Zeng, C. & Houston, K. S., 2019. Morphological descriptions of the larval and first juvenile stages of the decorator crab *Camposcia retusa* (Latreille, 1829) from laboratory-reared material. Zootaxa, 4577: 295-315.

735) 岩田雄治・杉田治男・出口吉昭・Kamemoto, F. I., 1991. オーストンガニ *Cyrtomaia owstoni* Terazaki (Decapoda, Majidae) 初期幼生形態 . Res. Crust., 20: 17-21.

736) 寺田正之 , 1985b. カニ類 , クモガニ科幼生の系統分類について . 静岡県立横須賀高校研究紀要 , No.11, pp.2-42.

737) Konishi, K. & Saito, T., 2019. Re-description of the first zoea of deep-sea spider crab *Platymaia alcocki* (Brachyura: Majoidea: Inachidae) from laboratory-hatched materials. Aquatic Anim., 2019: AA2019-3.

738) Oh, S. M. & Ko, H. S., 2011. The zoeal development of *Platymaia wyvillethomsoni* Miers, 1886 (Crustacea: Decapoda: Majoidea: Inachidae) described from laboratory reared material. Invert. Reprod. Develop., 56: 220-228.

739) Tanase, H., 1969. Preliminary notes on zoea and megalopa of the giant spider crab, *Macrocheira kaempferi* de Haan. Publ. Seto mar. biol. Lab., 15: 303-309.

740) Muraoka, K., 1980f. The first zoeal stages of *Pugettia quadridens quadridens* (De Haan) and *Macrocheira kaempferi* (Temminck) (Crustacea, Brachyura, Majidae). Bull. Kanagawa Pref. Mus., 13: 31-36.

741) Yasuhara, T., Aoyama, M. & Deguchi, Y., 1990. Culture of the giant spider crab, *Macrocheira kaempferi* De Haan from egg to juvenile stage. Res. Crust., 19: 79-82.

742) Clark, P. F., Webber, W. R., 1991. A redescription of *Macrocheira kaempferi* (Temminck, 1836) zoeas with a discussion of the classification of the Majoidea Samouelle, 1819 (Crustacea, Brachyura). J. Nat. Hist., 25: 1259–1279.

743) 酒井 恒 , 1971. 日本産甲殻類に関する話題 IV. 甲殻類の研究 , 4/5: 151-156.

744) Webber, W. R. & Wear, R. G., 1981. Life history studies on New Zealand Brachyura 5. Larvae of the family Majidae. N.Z. J. mar. freshw. Res., 15: 331-383.

745) Oh, S. M. & Ko, H. S., 2010b. Complete larval development of *Pyromaia tuberculata* (Crustacea: Decapoda: Majoidea: Inachoididae). Animal Cells Syst., 14: 129-136.

746) Taishaku, H. & Konishi, K., 2001. Lecithotrophic larval development of the spider crab *Goniopugettia sagamiensis* (Gordon, 1931) (Decapoda, Brachyura, Majidae) collected from the continental shelf break. J. Crust. Biol., 21: 748-759.

747) 相川廣秋 , 1935. Inachidae 科及び近緑種 Zoea 幼蟲の形態. 動雑 , 47: 217-227.

748) 寺田正之 , 1981d. モガニ亜科 6 種のゾエアの発生 . Res. Crust., 11: 77-85.

749) 岩田文男 , 1970. 北海道産ヨツバモガニの第一ゾエアについて . 動物分類学会誌 , 6: 6-9.

750) 小西光一 , 2017. 日本産十脚甲殻類の幼生（29）短尾下目（3）. 海洋と生物 , 39: 244-251.

751) Ko, H. S. & Hwang, S. G., 1997. Megalopal stages of three *Pugettia* species (Crustacea: Decapoda: Majidae) reared in the laboratory. Kor. J. Syst. Zool., 13: 261–270.

752) Ko, H. S., 1998. Zoeal development of three species of *Pugettia* (Decapoda: Majidae), with a key to the known zoeas of the subfamily Epialtinae. J. Crust. Biol., 18: 499-510.

753) 寺田正之 , 1983d. クモガニ科ツノガニ亜科 4 種幼生の発生 . 動物分類学会誌 , 25: 17-28.

754) Mohan, R. & Kannupandi, T., 1986. Complete larval development of the xanthid crab, *Galene bispinosa* (Herbst), reared in the laboratory. In: (Thompson et al. eds) Biology of benthic organisms, techniques and methods as applied to the Indean Ocean. New Dehli: Oxford & IBH Publ. Co., pp. 193-202.

755) Konishi, K. & Saito, T., 2012. Remarkable zoeas of two species of deep-sea spider crabs (Brachyura: Majoidea: Epialtidae: Pisinae). Pp. 163-173. In: Komatsu, H. & Fukuoka, K. (eds.) Studies on Eumalacostraca: A homage to Masatsune Takeda, Crustaceana Monographs 17. Brill, 325 pp.

756) Komatsu, H. & Takeda, M., 2003. First zoea of the deep-water spider crab, *Rochinia debilis* Rathbun, 1932 (Crustacea, Decapoda, Majidae), from Sagami Bay, Central Japan. Bull. Natl. Sci. Mus., Ser.A, 29: 197-203.

757) Kim, D. N. & Hong, S. Y., 1999b. Larval development of *Scyra compressipes* (Decapoda: Brachyura: Majidae: Pisinae) reared in the laboratory. J. Crust. Biol., 19: 782-791.

758) Shikatani, N., 1988. The larval development of spider crab *Tiarinia spinigera* Stimpson (Decapoda: Brachyura: Majidae) reared under laboratory conditions. Galaxea, 7: 13-25.

759) Kang, J. H., Lee, Y. S., Jeong, J. E. & Ko, H. S., 2012. Zoeal stages of *Leptomithrax edwardsi* (Crustacea: Decapoda: Majidae) described from laboratory reared material. Anim. Syst. Divers., 28: 185-191.

760) Ko, H. S., 1995a. Larval development of *Micippa philyra* (Herbst, 1803) reared in the laboratory (Decapoda, Brachyura, Majidae). Crustaceana, 68: 864-872.

761) 寺田正之 , 1981b. クモガニ科ケアシガニ亜科 5 種のゾエアの発生 . 動雑 , 90: 283-289.

762) Suzuki, H., 1979b. Studies on the larval development of *Zewa nipponica* Sakai (Crustacea, Brachyura, Majidae). Proc. Japan. Soc. syst. Zool., 17: 58-67.

763) Haynes, E. B., 1973. Descriptions of prezoeae and stage I zoeae of *Chionoecetes bairdi* and *C. opilio* (Oxyrhyncha, Oregoniinae). Fish. Bull., U.S. natl. mar. Fish. Serv., 71: 769-775.

764) Jewett, S. & Haight, R. E., 1977. Description of megalopa of snow crab, *Chionoecetes bairdi* (Majidae, Subfamily Oregoniinae). Fish. Bull., 75: 459-463.

765) 本尾 洋 , 1970. ベニズワイガニ（*Chionoecetes japonicus* Rathbun）のプレゾエア及び第 I 期ゾエアについて . 石川県増試調研究業績 2 号 , pp.7-11.

766) Motoh, H., 1976. The larval stages of Benizuwai-gani, *Chionoecetes japonicus* Rathbun reared in the laboratory. Bull. Jpn. Soc. sci. Fish., 42: 533-542.

767) Konishi, K., Matsumoto, T. & Tsujimoto, R., 2002. The complete larval development of *Chionoecetes japonicus* under laboratory conditions. Pp. 199-208. In: Paul, A. J. *et al.* (eds.) Crabs of Cold Water Regions: Biology, Management, and Economics. Alaska Sea Grant College Program, AK-SG-02-01, 876 pp.

768) 倉田 博，1963b. 北海道産十脚甲殻類の幼生期 2. クモガニ科ピサ亜科 2 種．北水研報，27: 25-31.

769) Motoh, H., 1973. Laboratory-reared zoeae and megalopae of Zuwai crab from the Sea of Japan. Bull. Jpn. Soc. sci. Fish., 39: 1123-1230.

770) 今 攸，1980. ズワイガニ *Chionoecetes opilio* (O.Fabricius) の生活史に関する研究．新潟大佐渡海臨海実験所特別報告 No. 2, 64 pp.

771) Pohle, G., 1991. Larval development of Canadian Atlantic oregoniid crabs (Brachyura: Majidae), with emphasis in *Hyas coarchatus alutaceus* Brandt, 1851, and a comparison with Atlantic and Pacific conspecifics. Can. J. Zool., 69: 2717-2737.

772) Hart, J. F. L., 1960. The larval development of British Columbia Brachyura II. Majidae, subfamily Oregoniinae. Canad. J. Zool., 38: 539-546.

773) Oh, S. M. & Ko, H. S., 2010a. Larval development of *Oregonia gracilis* (Crustacea: Decapoda: Majoidea: Oregoniidae) with a key to the known oregoniid zoeae from the Northern Pacific. Kor. J. Syst. Zool., 26: 1-9.

774) Marco-Herrero, E., Torres, A., Cuesta, J., Guerao, G., Palero, F. & Abello, P., 2013. The systematic position of *Ergasticus* (Decapoda, Brachyura) and allied genera, a molecular and morphological approach. Zool. Scripta, 42: 427-439.

775) Hong, S. Y., Park, W., Perry, R. I. & Boutillier, J. A., 2009. Larval development of the grooved tanner crab, *Chionoecetes tanneri* rathbun, 1893 (decapoda: Brachyura: Majidae) described from the laboratory‐reared specimens. Animal Cells Syst., 13: 59-69.

776) Tamura, H., Landeira, J. M. & Goshima, S., 2017. Morphological and morphometric variability in the zoea I larvae of *Pugettia quadridens* (De Haan, 1839): looking for reliable characters for taxonomic studies on the genus *Pugettia* Dana, 1851 (Majoidea: Epialtidae). Zootaxa, 4226: 264-272.

777) Guinot, D., 2011. The position of the Hymenosomatidae MacLeay, 1838, within the Brachyura (Crustacea, Decapoda). Zootaxa, 2890: 40–52.

778) Davie, P. J. F., Guinot, D. & Ng, P. K. L., 2015. Phylogeny of Brachyura. Pp. 921-979. In: Castro, P., Davie, P.J.F., Guinot, D., Schram, F.R. & Vaupel Klein, J.C. eds., Treatise on Zoology, Vol. 9, Decapoda: Brachyura (Part 1), 1234 pp.

779) Terada, M., 1977. On the zoea larvae of four crabs of the family Hymenosomidae. Zool. Mag., 86: 174-184.

780) Kai, T. & Henmi, Y., 2008. Description of zoeae and habitat of *Elamenopsis ariakensis* (Brachyura: Hymenosomatidae) living within the burrows of the sea cucumber Protankyra bidentata. J. Crust. Biol., 28: 342-351.

781) 村岡健作，1977b. トウヨウヤワラガニ *Halicarcinus orientalis* Sakai とヤワラガニ *Rhynchoplax messor* Stimpson の幼生．動雑，86: 94-99.

782) 福田 靖，1980a. ソバガラガニ *Trigonoplax unguiformis* (De Haan) の幼生．動雑，90: 164-173.

783) Ng, P. K. L. & Chuang, C. T. N., 1996. The Hymenosomatidae (Crustacea: Decapoda: Brachyura) of Southeast Asia, with notes on other species. Raffles Bull. Zool., Suppl. No. 3: 1–82.

784) Krishnan, T. & Kannupandi, T., 1988. Larval develpment of *Elamena* (*Trigonoplax*) *cimex* Kemp, 1915 in the laboratory: the most unusual larvae known in the Brachyura (Crustacea: Decapoda). Bull. mar. Sci., 43: 215-228.

785) Nagai, S. & Innocenti, G., 2015. Notes on the Parthenopidae (Crustacea: Decapoda: Brachyura) collection of the Natural History Museum, Florence University, Italy, with the quotation of the world's largest specimen of parthenopid crab. Publ. Seto Mar. Biol. Lab., 43: 30-38.

786) Quintana, R., 1985. Ecological studies on planktonic brachyuran megalopal stages at Tosa Bay (Kochi, Japan). Unpublished Master's Thesis, Faculty of Agriculture, Kochi University. 1-18+114pp.

787) Kurata, H. & Matsuda, T., 1980a. Larval stages of a parthenopid crab, *Parthenope validus*, reared in the laboratory and variation of egg size among crabs. Bull. Nansei reg. Fish. Res. Lab., 12: 31-42.

788) Terada, M., 1985a. On the larval development of *Parthenope* (*Platylambrus*) *valida* De Haan (Brachyura Parthenopidae). Zool. Sci., 2: 731-737.

789) Ng, P. K. L. & Clark, P. F., 2000b. The eumedonid file: a case study of systematic compatibility using larval and adult characters (Crustacea: Decapoda: Brachyura). Invert. Reprod. Develop., 38: 225-252.

790) Iwata, F., 1973. On the first zoea of the crab, *Cancer amphioetus* Rathbun from Hokkaido, Japan. Proc. Japan. Soc. syst. Zool., 9: 21-28.

791) Iwata, F. & Konishi, K., 1981. Larval development in laboratory of *Cancer amphioetus* Rathbun, in comparison with those of seven other species of *Cancer* (Decapoda, Brachyura). Publ. Seto mar. biol. Lab., 26: 369-391.

792) Lee, S. H. & Ko, H. S., 2014. Larval stages of *Romaleon gibbosulum* and *Metacarcinus magister* (Crustacea: Decapoda: Cancridae) described from laboratory reared materials. Proc. biol. Soc. Washington, 127: 157-174.

793) Poole, R. I., 1966. A description of laboratory-reared zoeae of *Cancer magister* Dana, and megalopae taken under natural conditions (Decapoda Brachyura). Curstaceana, 11: 83-97.

794) Schram, F. R. & Ng, P. K. L., 2012. What is *Cancer*? J. Crust. Biol., 32: 665-672.

795) Ingle, R. W. & Rice, A. L., 1971. The larval development of the masked crab, *Corystes cassivelanus* (Pennant) (Brachyura, Corystidae), reared in the laboratory. Crustaceana, 20: 271-284.

796) 丸川久俊・安成一二，1931. 毛ガニ又はおおくりがに *Erimacrus isenbeckii*（B.）Megalopa 及びその直後幼生に就いて．水産研究誌，26(3): 69-74.

797) 丸川久俊・全炳哲，1933. おおくりがに *Erimacrus isenbeckii*（B.）Larval stage に就いて．水産研究誌（楽水会誌），28: 1-11.

798) 倉田 博，1963a. 北海道産十脚甲殻類の幼生期 1. クリガニ科 3 種．北水研報，27: 13-24.

799) Sasaki, J. & Mihara, Y., 1993. Early larval stages of the hair crab *Erimacrus isenbeckii* (Brandt) with special reference to its hatching process. J. Crust. Biol., 13: 511-522.

800) Lee, C. & Ko, H. S., 2010. Early zoeal stages of edible crab *Erimacrus isenbeckii* (Brandt, 1848) (Crustacea: Decapoda: Brachyura: Cheiragonidae) and a comparison with other cheiragonid zoeae. Animal Cells & Systems, 14: 323-331.

801) Ko, H. S., 2006b. Zoeal development of *Telmessus acutidens* (Crustacea: Brachyura: Atelecyclidae) reared in the laboratory. Kor. J. syst. Zool., 22: 127-138.

802) 大西慶一，1982. オオエンコウガニ幼生の飼育. 静岡水試研報, 16: 87-95.

803) Ingle, R. W., 1979. The larval and post-larval development of the brachyuran crab *Geryon tridens* Krøyer (family Geryonidae) reared in the laboratory. Bull. Br. Mus. nat. Hist. (Zool.), 36: 217-232.

804) 土井 航・渡邊精一・風呂田利夫，2009. 大都市近郊の内湾域に定着した外来種のカニたち. Pp. 76-90. In: 海の外来生物（日本プランクトン学会・日本ベントス学会編），東海大出版，298 pp.

805) Rice, A.L. & Ingle, R.W., 1975. The larval development of *Carcinus maenas* (L.) and *C. mediterraneus* Czerniavsky (Crustacea, Brachyura, Portunidae) reared in the laboratory. Bull. Br. Mus. nat. Hist. (Zool.), 28: 103-119.

806) Muraoka, K. 1969. On the post-larval stage of two species of the swimming crab. Bull. Kanagawa Pref. Mus., 1: 1-7.

807) Terada, M., 1980b. The zoeal development of *Ovalipes punctatus* (De Haan) (Brachyura, Portunidae) in the laboratory. Proc. Japan. Soc. syst. Zool., 19: 24-33.

808) Costlow, J. D. & Bookhout, C. G., 1966. The larval development of *Ovalipes ocellatus* (Herbst) under laboratory conditions. J. Elisha Mitchell Sci. Soc., 82: 160-171.

809) Clark, P. F., 1984. A comparative study of zoeal morphology in the genus *Liocarcinus* (Crustacea: Brachyura: Portunidae). Zool. J. Linn. Soc. London, 82: 273-290.

810) Kim, K. B. & Hong, S. Y., 1999c. Larval development of the wrinkled swimming crab *Liocarcinus corrugatus* (Decapoda: Brachyura: Portunidae) reared in the laboratory. J. Crust. Biol., 19: 792-808.

811) Lyskin, S.A. & Britayev, T.A., 2001. Description of the megalopa of *Lissocarcinus orbicularis* Dana, 1852 (Decapoda: Portunidae: Caphyrinae), a crab associated with tropical holothurians. Arthropoda Selecta, 10: 195-199.

812) Kurata, H. 1975. Larvae of Decapoda Brachyura of Arasaki, Sagami Bay - V. The swimming crabs of subfamily Portuninae. Bull. Nansei reg. Fish. Res. Lab., 8: 39-65

813) 寺田正之，1979c. ワタリガニ科ガザミ亜科ゾエア幼生の分類. 動雑, 88: 254-268.

814) Chhapgar, B. F., 1956. On the breeding habits and larval stages of some crabs of Bombay. Rec. Ind. Mus., 54: 33-52.

815) 八塚 剛，1962. カニ類とくにタイワンガザミ *Neptunus pelagicus* Linnaeus の幼生の人工飼育に関する研究. 宇佐臨海実験所研報, 9: 1-88.

816) Kurata, H. & Midorikawa, T., 1975. The larval stages of the swimming crabs, *Portunus pelagicus* and *P. sanguinolentus* reared in the laboratory. Bull. Nansei reg. Fish. Res. Lab., 8: 29-38.

817) Shinkarenko, L., 1979. Development of the larval stages of the blue swimming crab *Portunus pelagicus* L. (Portunidae: Decapoda: Crustacea). Aust. J. mar. freshw. Res., 30: 485-503.

818) Yatsuzuka, K. & Sakai, K., 1980. The larvae and juvenile crabs of Japanese Portunidae (Crustacea, Brachyura). I. *Portunus* (*Portunus*) *pelagicus* (Linne). Rep. Usa mar. biol. Inst., 2: 25-41.

819) Josileen, J. & Menon, N. G., 2004. Larval stages of the blue swimmer crab, *Portunus pelagicus* (Linnaeus, 1758) (Decapoda, Brachyura). Crustaceana, 77: 785-803.

820) Raja Bai Naidu, K. G., 1955. The early development of *Scylla serrata* (Forsk.) De Haan and *Neptunus sanguinolentus* (Herbst). Ind. J. Fish., 2: 67-76.

821) Samuel, N. J., Soundarapandian, P. & Anand, T., 2011. Larval development of commercially important crab *Portunus sanguinolentus* (Herbst) reared under laboratory conditions. Res. J. Fish. Hydrobiol., 6: 22-40.

822) 大島信夫，1938. 瀬戸内海「がざみ」調査. 水産試験場報告, 9: 141-212.

823) Kurata, H. & Nishina, S., 1975. The zoeal stages of the swimming crabs, Charybdis japonica and Portunus hastatoides reared in the laboratory. Bull. Nansei reg. Fish. Res. Lab., 8: 21-27.

824) Ong, K.S., 1964. The early developmental stages of *Scylla serrata* Forskål (Crustacea Portunidae) reared in the laboratory. Proc. Indo-Pacif. Fish. Coun., 11: 135-146.

825) Terada, M., 1985c. The larval stages of *Scylla serrata* (Forskål) (Brachyura Portunidae) reared in the laboratory. Res. Rep. Yokosuka High School. (Shizuoka), 11: 48-59.

826) Costlow, J. D. & Bookhout, C. G. 1959. The larval development of *Callinectes sapidus* Rathbun reared in the laboratory. Biol. Bull., 115: 373-396.

827) 倉田 博・尾身東美，1969. ベニイシガニの幼生について. 東海区水研報, 57: 129-136.

828) Hashmi, S. S. 1970a. The brachyuran larvae of the West Pakistan hatched in the laboratory. Part II. Portunidae: *Charybdis* (Decapoda: Crsutacea). Pak. J. sci. indst. Res., 12: 272-278.

829) Islam, M. S., Shokita, S. & Higa, T., 2000. Larval development of the swimming crab *Charybdis natator* (Crustacea: Brachyura: Portunidae) reared in the laboratory. Species Divers., 5: 329-349.

830) Hwang, S. G. & Kim, C. H., 1995. Complete larval development of the swimming crab, *Charybdis bimaculatus* (Miers, 1886) (Crustacea, Brachyura, Portunidae) reared in the laboratory. Kor. J. Zool., 38: 465-482.

831) Prasad, R.R. & Tampi, P.R.S. 1953. A contribution to the biology of the blue swimming crab, *Neptunus pelagicus* (Linnaeus), with a note on the zoea of *Thalamita crenata* Latreille. J. Bombay nat. Hist. Soc., 51: 674-689.

832) Fielder, D. R. & Greenwood, J. G., 1979. Larval development of the swimming crab *Thalamita danae* Stimpson, 1858 (Decapoda, Portunidae), reared in the laboratory. Proc. Roy. Soc. Qd., 90: 13-20.

833) Terada, M., 1986. Zoeal development of the swimming crab, *Thalamita prymna* (Herbst): Portunidae, Portuninae. Res. Crust., 15: 15-21.

834) Islam, Md. S., Kaneda, M. & Shokita, S., 2005. Larval development of the swimming crab *Thalamita pelsarti* Montgomery, 1931 (Crustacea: Brachyura: Portunidae) reared in the laboratory. Russ. J. Mar. Biol., 31: 78-90.

835) Al-Kholy, A. A., 1963. Some larvae of decapod Crustacea (from the Red Sea). Publ. mar. biol. Stn. Al-Ghardaqa, 12: 159-176.

836) 村岡健作・柴田勇夫，1980. 神奈川県平塚市沖のカニ類幼生 . 神奈川県博研報，12: 69-77.

837) Srinivasagan, S. & Natarajan, R., 1976. Early development of *Podophthalmus vigil* (Fabr.) in the laboratory and its fishery off Porto Novo. Ind. J. mar. Sci., 5: 137-140.

838) ガザミ種苗生産研究会編著，1997. ガザミ種苗生産技術の理論と実践 . 栽培漁業技術シリーズ，no.3. 日本栽培漁業協会，181 pp.

839) Maisey, J. G. & De Carvalho, M. G., 1995. First records of fossil sergestid decapods and fossil brachyuran crab larvae (Arthropoda, Crustacea), with remarks on some supposed palaemonid fossils, from the Santana Formation (Aptian-Albian, NE Brazil). Amer. Mus. Novitates, No. 3132, 20 pp.

840) Kurata, H. & Matsuda, T., 1980b. Larval stages of a goneplacid crab, *Eucrate crenata*, reared in the laboratory. Bull. Nansei reg. Fish. Res. Lab., 12: 43-49.

841) Terada, M., 1984a. Comparison of zoeal development between the two carcinoplacid crabs, *Carcinoplax longimana* (De Haan) and *Eucrate crenata* De Haan, reared in laboratory. Zool. Sci., 1: 743-750.

842) 倉田 博，1968j. 荒崎近海産カニ類の幼生 – III. *Carcinoplax longimanus* (De Haan) (Goneplacidae). 東海水研報，56: 167-127.

843) Lee, B. D. & Hong, S. Y., 1970. The larval development and growth of decapod crustaceans from Korean waters. I. *Carcinoplax vestitus* (de Haan) (Goneplacidae, Brachyura). Publ. mar. Lab. Busan Fish. Coll., 3: 1-11.

844) Costlow, J. D. & Bookhout, C. G. 1962. The larval development of the *Hepatus epheliticus* (L.) under laboratory conditions. J. Elisha Mitchell Sci. Soc., 78: 113-125.

845) 佐波征機，1979. ケブカアワツブガニ *Paractaea rüppelli orientalis* (Odhner, 1925) の後期幼生 . 三重生物，28: 13-24.

846) Ng, P. K. L. & Clark, P. F., 1994. The first stage zoea of *Gaillardiellus orientalis* (Ohdner, 1925), with notes on the subfamily Actaeinae (Crustacea: Decapoda: Brachyura: Xanthidae). Raffles Bull. Zool., 42: 847-857.

847) 寺田正之，1990. オウギガニ科５種ゾエア幼生の形態 . 甲殻類の研究，18: 23-47.

848) Ko, H. S., 2006a. Complete larval development of *Novactaea pulchella* (Crustacea: Decapoda: Xanthidae). Integr. Biosci., 10: 7-14.

849) Clark, P. F. & Galil, B. S., 1998. The first stage zoea of *Pseudoliomera speciosa* (Dana, 1852) (Crustacea, Decapoda, Brachyura, Xanthidae). Zoosystema, 20: 193-200.

850) Al-Haj, A. E., Kumar, A. A. J., El-Sherbiny, M., Al-Sofyani, A., Crosby, M. P. & Al_Aidaroos, A. M., 2019, Descriptions of the first zoeas of ten xanthid crabs (Crustacea: Decapoda: Xanthoidea) from the Gulf of Aqaba, Red Sea. Zootaxa, 4686: 301-345.

851) 寺田正之，1988b. マルタマオウギガニ（オウギガニ科，ドロイシガニ亜科）のゾエア幼生 . 横須賀高校研究紀要，12: 43-50.

852) Ng, P. K. L. & Clark, P. F., 2000a. The Indo-Pacific Pilumnidae XII. On the familial placement of *Chlorodiella bidentata* (Nobili, 1901) and *Tanaocheles stenochilus* Kropp, 1984 using adult and larval characters with the establishment of a new subfamily, Tanaochelinae (Crustacea: Decapoda: Brachyrua). J. nat. Hist., 34: 207-245.

853) Terada, M., 1982a. Zoeal development of the chlorodinid crab, *Pilodius nigrocrinitus* Stimpson. Zool. Mag., 91: 23-28.

854) Clark, P. F. & Paula, J., 2003. Descriptions of ten xanthoidean (Crustaccea: Decapoda: Brachyura) first stage zoeas from Inhaca Island, Mozanbique. Raffles Bull. Zool., 51: 323-378.

855) Al Haj, A. E., Al Aidaroos, M. & Kumar, A. A. J., 2017. Description of the larval stages of the Red Sea-inhabiting *Cymo melanodactylus* de Haan, 1833, *C. andreossyi* (Audouin, 1826) and *C. quadrilobatus* Miers, 1884 (Decapoda: Brachyura: Xanthidae: Cymoinae) reared under laboratory conditions. Mar. Biodivers., 47: 1193-1207.

856) Suzuki, H., 1978. The larval development of *Etisus laevimanus* Randall (Crustacea, Brachyura, Xanthidae). La mer, 16: 176-187.

857) Al-Haj, A. E. & Al-Aidaroos, A. M., 2017. Description of the first stage zoeas of four species of *Etisus* (Brachyura, Xanthoidea, Etisinae) reared from the central Red Sea, Saudi Arabia. Mar. Biodiv., 47: 1185–1191.

858) Suzuki, H., 1979a. Studies on the zoea larvae of two xanthid crabs, *Paramedaeus noeleneis* (Ward) and *Cycloxanthops truncatus* (de Haan) (Crustacea, Brachyura, Xanthidae). Proc. Japan. Soc. syst. Zool., 16: 35-52.

859) 渡部 孟，1971. くりがに科ゴイシガニのメガロパ期幼生について . 甲殻類の研究，4/5: 236-241.

860) Ko, H. S., An, H. S. & Sulkin, S., 2004. Zoeal development of *Palapedia integra* (Decapoda: Brachyura: Xanthidae) reared in the laboratory. J. Crust. Biol., 24: 637-651.

861) Yang, H. J. & Ko, H. S., 2005. First zoea of *Liomera bella* (Crustacea: Decapoda: Xanthidae) reared in the laboratory. Korean J. syst. Zool., 21: 193-199.

862) 田中宏典・吉野剛弘，2019. 飼育下におけるキンチャクガニの幼生発生について . 日本甲殻類学会第 57 回大会講演要旨集，p. 62.

863) Hong, S. Y., 1977. The larval stages of *Cycloxanthops truncatus* (de Haan) (Decapoda, Brachyura, Xanthidae) reared under the laboratory conditions. Publ. Inst. mar. Sci. natn. Fish. Univ. Busan, 10: 15-24.

864) 寺田正之，1980a. オウギガニ亜科４種のゾエア幼生 . 動雑，89: 138-148.

865) Saba, M., 1976. Studies on the larvae of crabs of the family Xanthidae I. On the larval development of *Leptodius exaratus* H.Milne-Edwards. Res. Crust., 7: 57-67.

866) Fielder, D. R., Greenwood, J. G. & Jones, M. M., 1979. Larval developement of the crab *Leptodius exaratus* (Decapoda, Xanthidae), reared in the laboratory. Proc. Roy. Soc. Qd., 90: 117-129.

867) Al-Aidarooms, A. M., Kumar, A. A. J. & Al-Haj, A. E., 2017. Redescription of the larval stages of *Leptodius exaratus* (H. Milne Edwards, 1834) from the Red Sea, with notes on the male gonopods. Mar. Biodiv., 47: 1171-1184.

868) 村岡健作，1981. 海洋プランクトンの手引き - カニ類の幼生 - ⑪ オウギガニ・シワオウギガニ . 海洋と生物， No.3(1): 54-55.

869) Ko, H. S., 2002. First zoeal stage of *Macromedaeus orientalis* (Takeda et Miyake, 1969) (Crustacea: Decapoda: Xanthidae) reared in the laboratory. Kor. J. Biol. Sci., 6: 89-93.

870) Lee, S.H., 2020. Redescription of the first zoea of *Microcassiope orientalis* (Crustacea: Decapoda: Xanthidae). Int. J. Adv. Cult. Technol., 8: 277-282.

871) Ko, H. S. & Clark, P., 2002. The zoeal development of *Nanocassiope granulipes* (Sakai, 1939) (Crustacea: Decapoda: Brachyura: Xanthidae) described from laboratory-reared material. J. nat. Hist., 36: 1463-1488.

872) Quintana, R. & Takeda, M. 1988. On the megalopa and first crab stages of a species of the family Xanthidae (Crustacea, Brachyura) from Japanese waters. Bull. Natn. Sci. Mus., Ser.A (Zool.), 14: 27-33.

873) Tanaka, H. & Konishi, K., 2001. Larval development of the poisonous crab, *Atergatis floridus* (Linnaeus, 1767) (Crustacea, Decapoda, Xanthidae) described from laboratory-reared material. Crust. Res., 30: 21-42.

874) Clark, P. F., Ng, P. K. L. & Ho, P. H., 2004. Atergatis subdentatus (de Haan, 1835), *Atergatopsis germaini* A. Milne Edwards, 1865 and *Platypodia eydouxi* (A. Milne Edwards, 1865) (Crustacea: Decapoda: Xanthoidea: Xanthidae: Zosiminae) - First stage zoeal descriptions with implications for the subfamily. Raffles Bull. Zool., 52: 563-592.

875) Tanaka, H., Saruwatari, T. & Minami, T., 2010. Larval development of two *Atergatis* species (Decapoda, Xanthidae) described from laboratory-reared material. Crust. Res., 39: 11-35.

876) 田中宏典, 1999. ウモレオウギガニ *Zosimus aeneu*s のゾエア幼生. 茨城自然博研報, 2: 19-26.

877) Salgado-Barragan, J. & Ruiz-Guerrero, M., 2005. Larval development of the eastern Pacific mud crab *Acantholobulus mirafloresensis* (Abele and Kim, 1989) (Decapoda: Brachyura: Panopeidae) described from laboratory-reared material. Invert. Reprod. Develop., 47: 133-145.

878) Connolly, C. J., 1925. The larval stages and megalops of *Rhithropanopeus Harrisi* (Gould). Contr. Canad. Biol., n.s., 15: 327-333.

879) Hood, M. R., 1962. Studies on the larval development of *Rithropanopeus harrisii* (Gould) of the family Xanthidae (Brachyura). Gulf. Res. Rep., 6: 122-130.

880) Kurata H., 1970. Studies on the life histories of decapod Crustacea of Georgia; Part III. Larvae of decapod Crustacea of Georgia. Final Report. University of Georgia Marine Institute, Sapelo Island, GA, 274 pp.

881) Rice, A. L. & Tsukimura, B., 2007. A key to the identification of brachyuran zoeae of the San Francisco Bay estuary. J. Crust. Biol., 27: 74-79.

882) Marco-Herrero, E., Gonzalez-Gordillo, J. I. & Cuesta, J. A., 2014. Morphology of the megalopa of the mud crab, *Rhithropanopeus harrisii* (Gould, 1841) (Decapoda, Brachyura, Panopeidae), identified by DNA barcode. Helgoland Mar. Res., 68: 201–208.

883) Komai, T. & Furota, T., 2013. A new introduced crab in the western North Pacific: *Acantholobulus pacificus* (Crustacea: Decapoda: Brachyura: Panopeidae), collected from Tokyo Bay, Japan. Mar. Biodiversity Rec., 6, 1-5.

884) Clark, P. F., Ng, P. K. L., Noho, H. & Shokita, S., 2005. The first-stage zoeas of *Carpilius convexus* (Forskål, 1775) and *Carpilius maculatus* (Linnaeus, 1758) (Crustacea: Decapoda: Brachyura: Xanthoidea: Carpiliidae): an example of heterochrony. J. Plankton Res., 27: 211-219.

885) Laughlin, R. A., Rodoriguez, P. J. & Marval, J. A., 1983. Zoeal stages of the coral crab *Carpilius corallinus* (Herbst) (Decapoda Xanthidae) reared in the laboratory. Crustaceana, 44: 169-186.

886) Van Dover, C. L., Gore, R. H. & Castro, P., 1986. *Echinoecus pentagonus* (A. Milne Edwards, 1879): larval development and systematic position (Crustacea: Brachyura: Xanthoidea nec Parthenopidae). J. Crust. Biol., 6: 757-776.

887) Lee, S. H. & Ko, H. S. 2009. Zoeal stages of *Harrovia japonica* (Decapoda: Brachyura: Pilumnidae) with a key to the known eumedoninid zoeae from the Indo-Pacific. Animal Cells & Systems, 13: 213-222.

888) Fujita, Y., 2011. Complete larval development of crinoid-symbiotic crab, *Tiaramedon spinosum* (Miers, 1879) (Decapoda, Brachyura, Pilumnidae, Eumedoninae), described from laboratory-reared materials. Crust. Res., 40: 57-74.

889) Mori, A., Yanagisawa, Y., Fukuda, Y. & Ng, P. K. L., 1991. Complete larval development of *Zebrida adamsii* White, 1847 (Decapoda: Brachyura), reared in the laboratory. J. Crust. Biol., 11: 292-304.

890) Clark, P. F. & Ng, P. K. L., 2004. The larval development of *Actumnus setifer* (de Haan, 1835) (Brachyura: Xanthoidea: Pilumnidae) described from laboratory reared material. Crust. Res., 33: 27-50.

891) Terada, M., 1988a. On the larval stages of *Actumnus squamosus* (de Haan) (Brachyura, Pilumnidae) reared in the laboratory. Proc. Japan. Soc. syst. Zool., 38: 15-25.

892) 武田正倫・三宅貞祥, 1968. オウギガニ科ケブカガニ亜科2種の第一ゾエア. 九大農学部學雑, 23: 127-133.

893) Clark, P.F. 2023. A zoeal atlas of selected xanthoid crabs and allied superfamilies, with reference to Heterotremata (Crustacea: Brachyura: Eubrachyura) larval characters. Raffles Bull. Zool., Suppl., 37: 1–365.

894) Terada, M., 1980c. On the zoeal development of *Pilumnopeus indicus* (De Man) (Brachyura, Xanthidae) in the laboratory. Res. Crust., 10: 35-44.

895) Ko, H. S., 1995b. Larval development of *Benthopanope indica* (de Man, 1887) (Decapoda: Brachyura: Pilumnidae) in the laboratory. J. Crust. Biol., 15: 280-290.

896) Selvakumar, S. & Haridasan, T. M., 1999. Laboratory reared larval stages of a pilumnid crab *Benthopanope indica* (De Man, 1887) (Crustacea: Decapoda: Brachyura). Asian Mar. Biol.,16: 139-149.

897) Greenwood, J. G. & Fielder, D. R., 1984. The complete larval development, under laboratory conditions, of *Heteropanope glabra* Stimpson 1858 (Brachyura, Xanthidae), from Australia. Aust. Zool., 21: 291-303.

898) Lim, S. S. L., Ng, P. K. L. & Tan, W. H., 1984. The larval development of *Heteropanope glabra* Stimpson, 1858 (Decapoda Xanthidae), in the laboratory. Crustaceana, 47: 1-16.

899) Ko, H. S. & Yang, H. J., 2003. Zoeal development of *Heteropilumnus ciliatus* (Decapoda: Pilumnidae), with a key to the known pilumnid zoeas in Korea and adjacent waters. J. Crust. Biol., 23: 341-351.

900) Ko., H. S. 1997a. Larval development of *Pilumnopeus granulata* Balss, 1933 and *Pilumnus minutus* De Hann, 1835 (Crustacea, Brachyura, Pilumnidae) with a key to the known Pilumnid larvae. Kor. J. Biol. Sci., 1: 31-42.

901) Lee, D. H., 1993. Larval development of *Macromedaeus distinguendus* (De Haan, 1835) and *Pilumnopeus makiana* (Rathbun, 1929) reared in the laboratory. Ph. Master Thesis, Busan Natn. Univ., Korea. Pp.1-53, Figs.1-9, Tabl.1-4.

902) Hashmi, S. S., 1970b. Study on larvae of the family Xanthidae (*Pilumnus*) hatched in the laboratory (Decapoda: Brachyura). Pak. J. sci. indst. Res., 13: 420-426.

903) Terada, M., 1984c. Zoeal development of two pilumnid crabs (Crustacea Decapoda). Proc. Japan. Soc. syst. Zool., 28: 29-39.

904) Ko, H. S., 1994a. The zoeal stages of *Pilumnus minutus* De Haan, 1835 (Decapoda: Brachyura: Pilumnidae) in the laboratory. Kor. J. syst. Zool., 10: 145-155.

905) Ko, H. S., 1997b. Larval development of *Pilumnopeus granulata* Balss, 1933 and *Pilumnopeus minutus* De Haan, 1835 (Crustacea: Brachyura: Pilumnidae), with a key to the known pilumnid zoeae. Korean J. Biol. Sci., 1: 31-42.

906) Quintana, R., 1986c. On the megalopa and early crab stages of *Parapilumnus trispinosus* Sakai, 1965 (Decapoda, Brachyura, Xanthidae). Proc. Japan. Soc. syst. Zool., 34: 1-18.

907) Ko, H. S. 1994b. Larval development of *Parapilumnus trispinosus* Sakai, 1965 (Crustacea, Brachyura, Xanthidae) reared in the laboratory. Kor. J. Zool., 37: 331-342.

908) Lim, S. L. & Tan, L. W. H. 1981. Larval development of the hairy crab, *Pilumnus vespertilio* (Fabricius) (Brachyura, Xanthidae) in the laboratory and comparison with larvae of *Pilumnus dasypodus* Kengsley and *Pilumnus sayi* Rathbun. Crustaceana, 41: 71-88.

909) Stevcic, Z., 2005. The reclassification of brachyuran crabs (Crustacea: Decapoda: Brachyura). Natura Croatica, 1, 1–159.

910) Wear, R. G., 1967. Life-history studies on New Zealand Brachyura 1. Embryonic and post-embryonic development of *Pilumnus novaezelandiae* Filhol, 1886, and of *P. lumpinus* Bennett, 1964 (Xanthidae, Pilumninae). New Zealand J. mar. freshw. Res., 1: 482-535.

911) Terada, M., 1985d. Early zoeal development of the crab *Halimede fragifer* De Haan (Xanthidae, Xanthinae). Proc. Japan. Soc. syst. Zool., 31: 30-37.

912) Lee, S. H. & Ko, H. S. 2016. The first zeal stages of *Parapanope euagora* and *Halimede fragifer* (Decapoda: Pilumnoidea: Galenidae) hatched in the Laboratory. Anim. Syst. Evol. Divers., 32: 133-140.

913) Mohan, R. & Kannupandi, T., 1986. Complete larval development of the xanthid crab, *Galene bispinosa* (Herbst), reared in the laboratory. Pp. 193-202. In: Indian Ocean Biology of Benthic Marine Organism, Techniques and Methods as Applied to the Indian Ocean (Thompson, M.F., Sarojini, R. & Nagabhushanam, R. eds.). Oxford & IBH Publishing Co., New Delhi.

914) 酒井 恒，1976. 日本産蟹類．講談社，773 pp.

915) Ko, H. S., 2005. First zoea of *Eriphia sebana* (Crustacea: Decapoda: Xanthoidea: Menippidae) hatched in the laboratory. Integr. Biosci., 9: 135-138.

916) Terada, M., 1982b. Zoeal development of the menippid crab, *Eriphia smithii* MacLeay. Zool. Mag., 91: 255-262.

917) Lee, S.H., 2022. Morphology of first zoea stage of *Sphaerozius nitidus* (Decapoda: Eriphioidea: Menippidae) reared in the laboratory material. Anim. Syst. Evol. Divers., 38: 83-90.

918) Saba, M., Takeda, M. & Nakasone, Y., 1978a. Larval development of *Baptozius vinosus* (H.Milne Edwards) (Crustacea, Brachyura, Xanthidae). Proc. Japan. Soc. syst. Zool., 14: 29-42.

919) Saba, M., Takeda, M. & Nakasone, Y., 1978b. Larval development of *Epixanthus dentatus* (White) (Brachyura, Xanthidae). Bull. nat. Sci. Mus. (Zool.), 4: 151-161.

920) Al-Aidaroos, A.M., Al-Haj, A.E. & Kumar, A.A.J., 2014. Complete larval development of the brachyuran crab (*Epixanthus frontalis* H. Milne Edwards, 1834) (Crustacea, Decapoda, Eriphioidea, Oziidae) under laboratory conditions. Zootaxa, 3815: 29–50.

921) Kakati, V. S. & Nayak, V. N., 1977. Larval development of the xanthid crab, *Ozius rugulosus rugulosus* Stimpson (Decapoda, Brachyura) under laboratory conditions. Ind. J. mar. Sci., 6: 26-30.

922) Wear, R. G., 1968. Life-history studies on New Zealand Brachyura. 2. Family Xanthidae. Larvae of *Heterozius rotundifrons* A. Milne Edwards, 1867, *Ozius truncatus* H. Milne Edwards, 1834, and *Heteropanope* (*Pilumnopeus*) *serratifrons* (Kinahan, 1856). N. Z. J. mar. freshw. Res., 2: 293-332.

923) 鹿谷法一，1999. サンゴガニ類の分子系統解析の試み．海洋と生物，21: 495-502.

924) Gurney, R., 1938a. Notes on some decapod Crustacea from the Red Sea. VI-VIII. Proc. zool. Soc. London, 108: 73-84.

925) Clark, P. F. & Galil, B. S., 1988. Redescription of *Tetralia cavimana* Heller, 1861 and *Trapezia cymodoce* (Herbst, 1799) first stage zoeas with implications for classification within the superfamily Xanthoidea (Crustacea: Brachyura). Proc. Biol. Soc. Washington, 101: 853-860.

926) Shikatani, N. & Shokita, S., 1990. First zoeae of seven trapeziid crabs (Crustacea, Trapeziidae) from the Ryukyu Islands, reared in the laboratory. Galaxea, 9: 175-191.

927) Clark, P. F. & Ng, P. K. L., 2006. First stage zoeas of *Quadrella* Dana, 1851 [Crustacea: Decapoda: Brachyura: Xanthoidea: Trapeziidae] and their affinities with those of *Tetralia* Dana, 1851, and *Trapezia* Latreille, 1828. Hydrobiologia, 560: 267-294.

928) Clark, P. F. & Guerao, G., 2008. A description of *Calocarcinus africanus* Calman, 1909 (Brachyura, Xanthoidea) first zoeal stage morphology with implications for Trapeziidae systematics. Proc. Biol. Soc. Washington, 121: 475-500.

929) Clark, P. F. & Ng, P. K. L., 2010. Description of the first zoea of *Domecia glabra* Alcock, 1899 (Crustacea: Brachyura, Domeciidae) and implications for the systematics of the Trapezioidea. Proc. biol. Soc. Washington, 123: 258-273.

930) Jamieson, B. G. M., Guinot, D. & Richer de Forges, B., 1993. The spermatozoon of *Calocarcinus africanus* (Heterotremata, Brachyura, Crustacea): ultrastructural synapomorphies with xanthid sperm. Invert. Reprod. Develop., 24: 189-196.

931) 松尾美好，1998a. ヒメムツアシガニ *Hexapus* (*Lambdophallus*) *anfracatus* Rathbun（Goneplacidae, Hexapodinae）幼生の形態学的考察．青雲学園紀要，3: 1-14.

932) Lago, R.P., 1988. Larval development of *Spiroplax spiralis* (Barnard, 1950) (Brachyura: Hexapodidae) in the laboratory; the systematic position of the family on the basis of larval morphology. J. Crust. Biol., 8: 576-593.

933) McLay, C. L. 2016. Retroplumidae (Crustacea, Decapoda) from the Indo-Malayan archipelago (Indonesia, Philippine) and the Melanesian arc islands (Solomon Islands, Fiji and New Caledonia), and paleogeographical comments. In: Richer de Forges, B. & Justine J. L. (eds.), Tropical Deep-Sea Benthos, Vol. 24. Mém. Mus. natl. Hist. nat., 193: 375-391.

934) Schubart, C. D., Neigel, J. E. & Felder, D. L., 2000a. Use of the mitochondrial 16S rRNA gene for phylogenetic and population studies of Crustacea. Pp. 817-830. In: von Vaupel Klein, J. C. & Schram, F. R. (eds.), The Biodiversity Crisis and Crustacea, Crustacean Issues 12, A.A. Balkema, Rotterdam, 848 pp.

935) Clark, P. F., Fujita, Y., Ball, A. D. & Ng, P. K. L., 2012. The first zoeal stage morphology of *Crossotonotus spinipes* (De Man, 1888) and *Pseudopalicus serripes* (Alcock & Anderson, 1895), with implications for palicoid systematics (Crustacea: Brachyura: Palicoidea). Zootaxa, 3367: 191-203.

936) Cano, G., 1891. Sviluppo postembrionale dei Dorippidei, Leucosiadi, Corystoidei e Grapsidi. Mem. Soc. ital. Sci. nat., 8, 14 pp. 3 pls.

937) Nakajima, K., Hamasaki, K., Tsuchida, S., Kado, R. & Kitada, S., 2010. First zoeal stage of the hydrothermal vent crab, *Gandalfus yunohana* (Decapoda, Brachyura, Bythograeidae). Crustaceana, 83: 525-537.

938) Hamasaki, K., Nakajima, K., Tsuchida, S., Kado, R. & Kitada, S., 2010. Number and duration of the hydrothermal vent crab *Gandalfus yunohana* from laboratory reared specimens. J. Crust. Biol., 30: 236-240.

939) Tudge, C. C., Jamieson, B. G. M., Segonzac, M. & Guinot, D., 1998. Spermatozoal ultrastructure in three species of hydrothermal vent crab, in the genera *Bythograea*, *Austinograea* and *Segonzacia* (Decapoda, Brachyura, Bythograeidae). Invert. Reprod. Develop., 34: 13-23.

940) Williams, A. B., 1980. A new crab family from the vicinity of submarine thermal vents on the Galapagos Rift (Crustacea: Decapoda: Brachyura). Proc. biol. Soc. Wash., 93: 443-472.

941) Martin, J. W. & Dittel, A., 2007. The megalopa stage of the hydrothermal vent crab genus *Bythograea* (Crustacea, Decapoda, Bythograeidae. Zoosystema, 29: 365-379.

942) 阿部晃治，1981. 日本初記録の *Cancer magister* Dana ホクヨウイチョウガニ（新称）. Res. Crust., 11: 13-16.

943) Koba, K. 1936. Preliminary notes on the development of *Geothelphusa dehaani* (White). Proc. Imp. Acad. Japan, 7: 105-107.

944) 木場一夫，1936. サハガニに関する二三の観察. 動物及び植物，4 : 529-536.

945) Alves, D. F. R., Pantaleão, J. A. F., Barros-Alves, S. P., Da Costa, R. C. & Cobo, V. J., 2016. First zoeal stage of the crab *Domecia acanthophora* (Desbonne, in Desbonne & Schramm, 1867) (Decapoda, Brachyura) and revision of the larval morphology of superfamily Trapezioidea. Nauplius, 24, e2016021.

946) Schubart, C. D. & Cuesta, J. A., 2010. Phylogenetic Relationships of the Plagusiidae Dana, 1851 (Brachyura), with description of a new genus and recognition of Percnidae Števčić, 2005, as an independent family. Pp. 279-299. In: (Castro, P., Davie, P.J.F. & Ng, P.K.L., eds.) Studies on Brachyura: A Homage to Daniéle Guinot. Studies on Brachyura. Koninklijke Brill, Leiden.

947) Al-Haj, A. E. & Al-Aidaroos, A. M., 2014. Description of the first Zoël stage of *Geograpsus crinipes* (Dana, 1851) (Decapoda: Brachyura: Grapsidae) from the Red Sea. African Invert., 55: 19-26.

948) Muraoka, K., 1971a. On the post-larval stage of three species of the shore crab, Grapsidae. Bull. Kanagawa Pref. Mus., 1: 8-17.

949) Al-Haj, A., Al-Aidaroos, A.M. & Cuesta, J.A., 2022. Description of the first four zoeal stages of *Grapsus albolineatus* (Decapoda: Brachyura: Grapsidae) of the Red Sea reared under laboratory conditions. J. King Abdulaziz Univ., Mar. Sci., 32: 71-87.

950) Kakati, V. S., 1982. Larval development of the Indian grapsid crab, *Metopograpsus latifrons* H. Milne-Edwards in vitro. Ind. J. mar. Sci., 11: 311-316.

951) Raja Bai, K.G., 1961. Studies on the larval development of Brachyura. VII. Early development of *Metopograpsus messor* (Forskal), *Plagusia depressa squamosa* (Herbst), *Metasesarma rousseauxii* A.M. Edwards, and *Sesarma tetragonum* (Fabricius) of the family Grapsidae. J. zool. Soc. India, 13: 154-165.

952) Al-Khayat, J. A. & Jones, D. A., 1996. Two new genera, *Manningis* and *Leptochryseus* (Decapoda: Camptandriinae), and description of the first zoea of six brachyuran from the Arabian Gulf. J. Crust. Biol., 16: 797-813.

953) Flores, A. A. V., Paula, J. & Dray, T., 2003. First zoeal stages of grapsoid crab (Crustacea: Brachyura) from the East African coast. Zool. J. Linn. Soc., 137: 355-383.

954) Villalobos, C. R., 1971. First zoeal stage of *Pachygrapsus crassipes* Randall. Revta Biol. trop., 18: 107-113.

955) Schlotterbeck, R. E., 1976. The larval development of the lined shore crab, *Pachygrapsus crassipes* Randall, 1840 (Decapoda Brachyura, Grapsidae) reared in the laboratory. Crustaceana, 30: 184-200.

956) 村岡健作，1973. オキナガレガニの幼生の観察及び成体の出現期について. 神奈川県博研報，6: 45-53.

957) Konishi, K. & Minagawa, M., 1990. The first zoeal larva of the gulfweed crab *Planes cyaneus* Dana, 1851 (Crustacea: Brachyura: Grapsidae). Proc. Jpn. Soc. syst. Zool., 42: 14-20.

958) Fielder, D. R. & Greenwood, J. G., 1983. The complete larval development of *Metopograpsus frontalis* Miers (Decapoda, Grapsidae), reared in the laboratory. Proc. Roy. Soc. Queensland, 94: 51-60.

959) Cuesta, J. A., Guerao, G., Schubart, C. D. & Anger, K., 2011. Morphology and growth of the larval stages of *Geograpsus lividus* (Crustacea, Brachyura), with the descriptions of new larval characters for the Grapsidae and an undescribed setation pattern in extended developments. Acta Zoologica, 92: 225-240.

960) Brossi-Garcia, A. L. & Rodrigues, M. D., 1993. Zoeal morphology of *Pachygrapsus gracilis* (Saussure, 1858) (Decapoda, Grapsidae) reared in the laboratory. Invert. Reprod. Develop., 24: 197-204.

961) Hyman, O. W., 1924. Studies on larvae of the family Grapsidae. Proc. U.S. nat. Mus., 65: 1-8.

962) Cuesta, J. A. & Schubart, C. D., 1999. First zoeal stages of *Geograpsus lividis* and *Goniopsis pulchra* from Panama confirm consistent larval characters for the subfamily Grapsinae (Crustacea: Brachyura: Grapsidae). Ophelia, 51: 163-176.

963) Hartnoll, R.G., 1992. Megalopae and early postlarval stages of East African *Percnon* (Decapoda: Brachyura: Grapsidae). J. Zool., London, 228: 51-67.

964) 村岡健作，1967. イワガニ科トゲアシガニ *Percnon planissimum* (Herbst) の後期幼生について. 甲殻類の研究，3: 61-67.

965) Paula, J. & Hartnoll, R.G., 1989. The larval and post-larval development of *Percnon gibbesi* (Crustacea, Brachyura, Grapsidae) and the identity of the larval genus *Pluteocaris*. J. Zool. (London), 218: 17-37.

966) Claus, C., 1876. Untersuchungen zur Erforschung der genealogischen Grundlage des Crustaceen-Systems. Wien.

967) 相川廣秋, 1936a. *Plagiusia dentipes* de Haan の大型 Megalopa 及び Zoea に就いて. 水産學會報, 7: 1-5.

968) 村岡健作, 1963. ショウジンガニ (*Plagusisa dentipes* De Haan) の後期幼生の第二次性徴について. 甲殻類の研究, 1: 54-65.

969) Gonzalez-Gordillo, J. I., Tsuchida, S. & Schubart, C. D., 2001. Redescription of the megalopa of *Plagusia dentipes* (Brachyura: Plagusiidae) from Japan. Crust. Res., 29: 143-151.

970) 村岡健作, 1965. イワガニ科イボショウジンガニ *Plagusia depressa tuberculata* Lamarck の後期幼生について. 甲殻類の研究, 2: 83-90.

971) Wilson, K. A. & Gore, R. H., 1980. Studies on decapod Crustacea from the Indian River region of Florida. XVII. Larval stages of *Plagusia depressa* (Fabricius, 1775) cultured under laboratory conditions (Brachyura: Grapsidae). Bull. mar. Sci., 30: 776-789.

972) Kannupardi, T., Ajimal-Khan, S., Thomas, M., Sundaramoor, S. & Natarajan, R., 1980. Larvae of the land crab *Cardisoma carnifex* (Herbst) (Brachyura: Gecarcinidae) reared in the laboratory. Ind. J. mar. Sci., 9: 271-277.

973) Shokita, S. & Shikatani, N., 1990. Complete larval development of the land crab, *Cardisoma hirtipes* Dana (Brachyura: Gecarcinidae) reared in the laboratory. Res. Crust., 18: 1-14.

974) Matsuo, M., 1998. Larval development of two pinnotherid crabs, *Asthenognathus inaequipes* Stimpson, 1858 and *Tritodynamia rathbunae* Shen, 1932 (Crustacea, Brachyura), under laboratory conditions. Crust. Res., 27: 122-149.

975) Baba, K. & Fukuda, Y., 1972. Larval development of *Chasmagnathus convexus* De Haan (Crustacea, Brachyura) reared under laboratory conditions. Mem. Fac. Educ. Kumamoto Univ., 21: 90-96.

976) 佐波征機, 1974. ハマガニ *Chasmognathus convexus* De Haan の後期発生について. 甲殻類の研究, 6: 71-85.

977) 寺田正之, 1974. カニ類, イワガニ科 (イソガニ亜科・ベンケイガニ亜科) の後期発生に関する研究. 静岡県立二俣高校, 52 pp.

978) 寺田正之, 1976b. カニ類, ベンケイガニ亜科9種の後期発生の比較. 甲殻類の研究, 7: 138-169.

979) 村岡健作, 1979e. 海洋プランクトンの手引き - カニ類の幼生 - ④ ヒメベンケイガニ・アカイソガニ・アシハラガニ. 海洋と生物, No.1(5): 54-55.

980) Gore, R. H. & Scotto, L. E., 1982. *Cyclograpsus integer* H.Milne Edwards, 1837 (Brachyura, Grapsidae): The complete larval development in the laboratory, with notes on larvae of the genus *Cyclograpsus*. Fish. Bull., 80: 501-521.

981) Baba, K. & Moriyama, M., 1972. Larval development of *Helice tridens wuana* Rathbun and H. tridens tridens de Haan (Crustacea, Brachyura) reared in the laboratory. Mem. Fac. Educ. Kumamoto Univ., 20: 49-68.

982) Mia, M. Y. & Shokita, S., 1997. Larval development of a grapsid crab, *Helice formosensis* Rathbun (Crustacea: Brachyura), reared in the laboratory. Species Diversity, 2: 7-23.

983) Baba, K., Fukuda, Y. & Nakasone, Y., 1984. Zoeal morphology of the sesarmine crab, *Helice leachi* (Hess) (Crustacea: Decapoda: Brachyura). Mem. Fac. Educ. Kumamoto Univ., 33:5-10.

984) Mia, M. Y. & Shokita, S., 1996. Description of larval and juvenile stages of the grapsid crab *Helice leachi* Hess (Brachyura: Grapsidae) reared under laboratory conditions. Crust. Res., 25: 104-120.

985) Muraoka, K., 1971b. On the post-larval characters of the two species of shore crabs. Res. Crust., 4-5: 225-235.

986) 寺田正之, 1981c. モクズガニ亜科5種のゾエア幼生. Res. Crust., 11: 66-76.

987) Muraoka, K., 1985. The first zoea of *Pseudopinnixa carinata* Ortmann (Crustacea Brachyura Pinnotheridae). Bull. Kanagawa Pref. Mus., 16: 1-5.

988) 蒲生重男, 1960. ヒメアカイソガニ *Acmaeopleura parvula* Stimpson (イワガニ科、モクズガニ亜科) のメガロパ期幼生. 動雑, 69: 112-114.

989) 倉田 博, 1968h. 荒崎近海産カニ類の幼生 – I. *Acmaeopleura parvula* (Stimpson) (Grapsidae). 東海水研報, 55: 259-263.

990) Kim, C. H. & Jang, I. K., 1987. The complete larval development of *Acmaeopleura parvula* Stimpson (Brachyura, Grapsidae) reared in the laboratory. Bull. Kor. Fish. Soc., 20: 543-560.

991) 石川 昌・八塚 剛, 1948. モクズガニ (*Eriocheir japonicus* de Haan) の幼生の人工飼育について (第1報). 水産學會報, 10: 33-39.

992) 森田豊彦, 1974. モクズガニ *Eriocheir japonica* De Haan の発生学的観察. 動雑, 83: 24-81.

993) Kim, C. H. & Hwang, S. G., 1990. The complete larval development of *Eriocheir japonicus* De Haan (Crustacea, Brachyura, Grapsidae) reared in the laboratory. Kor. J. Zool., 33: 411-427.

994) Park, Y. S. & Ko, H. S., 2002. Complete larval development of *Hemigrapsus longitarsis* (Miers, 1879) (Crustacea, Decapoda, Grapsidae), with a key to the known grapsid zoeas of Korea. Kor. J. Biol. Sci., 6: 107-123.

995) 村岡健作, 1974b. ケフサイソガニのメガロパについて. 甲殻類の研究, 6: 52-57.

996) Lee, S. H. & Ko, H. S., 2008. First zoeal stages of six species of *Hemigrapsus* (Decapoda: Brachyura: Grapsidae) from the northern Pacific including an identification key. J. Crust. Biol., 28: 675-685.

997) Luppi, T.A., Ferías, N. & Spivak, E.D., 2010. The larval development of *Pilumnoides hassleri* (Decapoda: Brachyura: Pilumnoididae) reared in the laboratory, with a review of pilumnoidid systematics using larval characters. Sci. Mar., 74: 7-24.

998) 倉田 博, 1968i. 荒崎近海産カニ類の幼生 – II. *Hemigrapsus sanguineus* (De Haan) (Grapsidae). 東海水研報, 56: 161-165.

999) Hwang, S. G, Lee, C. & Kim, C. H., 1993. Complete larval development of *Hemigrapsus sanguineus* (Decapoda, Brachyura, Grapsidae) reared in laboratory. Kor. J. syst. Zool., 9: 69-86.

1000) 松尾美好, 1995. ヒメケフサイソガニ *Hemigrapsus sinensis* Rathbun, 1929 の幼生の発達. 青雲学園紀要, 2: 11-12.

1001) Kim, C. H. & Moon, D. Y., 1987. The complete larval development of *Hemigrapsus sinensis* Rathbun (Brachyura, Grapsidae) reared in the laboratory. Korean J. Zool., 30: 277-291.

1002) Landeira, J. M., Cuesta, J. A. & Tanaka, Y., 2019a. Larval development of the brush-clawed shore crab *Hemigrapsus takanoi* Asakura & Watanabe, 2005 (Decapoda, Brachyura, Varunidae). J. mar. biol. Ass. U.K., 99: 1153-1164.

1003) 村岡健作・佐藤 晋, 1977. ケフサヒライソモドキ *Ptychognathus barbatus* (A.Milne-Edwards) (Grapsidae) の後期幼生. 神奈川県博研報, 10: 15-21.

1004) 蒲生重男, 1958b. イワガニ科モクズガニ亜科の蟹類二種の後期幼生. 動雑, 67: 373-379.

1005) 加藤 直, 1974. オオヒライソガニ *Varuna litterata* (Fabricius) のメガロパの遡河について. Res. Crust. 6: 25-30.

1006) 福田 靖・馬場敬次, 1976. 河口産ベンケイガニ類4種の幼生. 熊本大教育学部紀要, 25: 61-75.

1007) Baba, K. & Miyata, K., 1971. Larval development of *Sesarma* (*Holometopus*) *dehaani* H. Milne Edwards (Crustacea, Brachyura) reared in the laboratory. Mem. Fac. Educ. Kumamoto Univ., 19: 54-64.

1008) 村岡健作・佐波征機, 1975. イワガニ科、ベンケイガニ亜科カニ2種のメガロパの外部形態について. 神奈川県博研報, 8: 11-20.

1009) 佐波征機, 1972. ウモレベンケイガニ *Cilstocoeloma merguiense* De Man の後期発生について（その1）. 三重生物, 22: 25-29.

1010) Cuesta, J. A., Guerao, G., Liu, H. C. & Schubart, C. D., 2006. Morphology of the first zoeal stages of eleven Sesarmidae (Crustacea, Brachyura, Grapsoidea) from the Indo-West Pacific, with a revision of larval characters of the family. Invert. Reprod. Develop., 49: 151-173.

1011) Vijayakumar, G. & Kannupandi, T., 1986. Zoeae and megalopa of the mangrove crab *Sesarma andersoni* De Man reared in the laboratory. Mahasagar, 19: 245-255.

1012) Terada, M., 1982c. The zoeal development of *Nanosesarma gordoni* (Shen) (Brachyura, Sesarminae) in the laboratory. Proc. Jpn. Soc. syst. Zool., 22: 35-45.

1013) Selvakumar, S., 1995. The complete larval development of *Parasesarma plicatum* (Latreille, 1806) (Decapoda: Brachyura: Grapsidae) reared in the laboratory. Raffles Bull. Zool., 47: 237-250.

1014) Baba, K. & Fukuda, Y., 1975. Newly obtained first zoeae of three species of *Sesarma* (Crustacea Brachyura). Mem. Fac. Educ. Kumamoto Univ., 24: 63-68.

1015) Lee, H. J., 2015. First zoea of *Sesarmops intermedius* (De Haan, 1835). Fish. Aqua. Sci., 18: 321-324.

1016) Soh, C. L., 1969. Abbreviated development of a non-marine crab, *Sesarma* (*Geosesarma*) *perracae* (Brachyura: Grapsidae), from Singapore. J. Zool. (London), 158: 357-370.

1017) Anger, K., Schreiber, D. & Montú, M., 1995. Abbreviated larval development of *Sesarma curacaoense* (Rathbun, 1897) (Decapoda: Grapsidae) reared in the laboratory. Nauplius, 3: 127-154

1018) Ng, P. K. L. & Tan, C. G. S., 1995. *Geosesarma notophorum* sp. nov. (Decapoda, Brachyura, Grapsidae, Sesarminae), a terrestrial crab from Sumatra, with novel brooding behaviour. Crustaceana, 68: 390-395.

1019) Jeng, M. S., Clark, P. F. & Ng, P. K. L., 2004. The first zoea, megalopa, and first crab stage of the hydrothermal vent crab, *Xenograpsus testudinatus* (Decapoda: Brachyura: Grapsoidea) and the systematic implications for the Varunidae. J. Crust. Biol., 24: 188-212.

1020) Shih, H. T., Ng, P. K. L., Davie, P. J. F., Schubart, C. D., Türkay, M. Naderloo, R., Jones, D. & Liu, M. Y., 2016. Systematics of the family Ocypodidae Rafinesque, 1815 (Crustacea: Brachyura), based on phylogenetic relationships, with a reorganization of subfamily rankings and a review of the taxonomic status of *Uca* Leach, 1814, sensu lato and its subgenera. Raffles Bull. Zool., 64: 139–175.

1021) Jiang, G. C., Liu, H. C., Chan, T. Y. & Chan, B. K. K., 2014a. First stage zoeal morphology of four ghost crabs *Ocypode ceratophthalmus* (Pallas, 1772), *O. cordimanus* Latreille, 1818, *O. sinensis* Dai, Song & Yang, 1985 and *O. stimpsoni* Ortmann, 1897 (Crustacea, Decapoda, Ocypodidae). Zootaxa, 3760: 369-382.

1022) Naidu, K. G. R. B., 1954. The post-larval development of the shore crab *Ocypoda platytarsis* M. Edwards and *Ocypoda cordimana* Desmarest. Proc. Ind. Acad. Sci., Sec.A, 40: 89-101.

1023) 寺田正之, 1979b. スナガニ科5種の後期発生について. 動雑, 88: 57-72.

1024) 福田 靖, 1980b. スナガニ *Ocypode stimpsoni* Ortmann の幼生. Calanus, 7: 1-8.

1025) Kakati, V. S., 2005. Larval development of ghost crab *Ocypode ceratophthalma* (Pallas) under laboratory conditions. In: (Vasudevappa, C., et al. eds.) 7th Indian Fisheries Forum Proc., AFSIB Mangalore, ICAR, UAS(B), KVAFSU(B) & FFT(B), India., pp. 91-99.

1026) 村岡健作, 1976. ハクセンシオマネキ *Uca lactea* (de Haan) とヤマトオサガニ *Macrophthalmus* (*Mareotis*) *japonicus* (de Haan) の後期幼生. 動雑, 85: 40-51.

1027) Zhang, Y.C. & Shih, H.T., 2022. First zoeal stage of 15 species of fiddler crabs (Crustacea: Brachyura: Ocypodidae) from Taiwan. Zool. Stud., 61: 71, 30 pp.

1028) Ko, H. S. & Kim, C. H., 1989. Complete larval development of *Uca arcuata* (Crustacea, Brachyura, Ocypodidae) reared in the laboratory. Kor. J. syst. Zool., 5(2): 89-105.

1029) Yamaguchi, T., 2001. Incubation of eggs and embryonic development of the fiddler crab, *Uca lactea* (Decapoda, Brachyura, Ocypodidae). Crustaceana, 74: 449-458.

1030) 蒲生重男, 1958a. スナガニ科蟹類二種の後期幼生. 動雑, 67: 69-74.

1031) 寺田正之, 1976a. コメツキガニとチゴガニの後期発生の比較. 動雑, 85: 17-27.

1032) 村岡健作, 1974c. スナガニ科チゴガニの後期幼生について. 神奈川博研報, 7: 89-96.

1033) Jang, I. K. & Kim, C. H., 1991. The first zoeal stage of *Ilyoplax deschampsi* (Rathbun, 1913 (Decapoda, Brachyura, ocypodidae), with a key to the known ocypodid zoeae of Korea and the adjacent seas. Crustaceana, 62: 295-303.

1034) Fukuda, Y., 1990. Early larval and postlarval morphology of the soldier crab, *Mictyris brevidactylus* Stimpson (Crustacea: Brachyura: Mictyridae). Zool. Sci., 7: 303-309.

1035) Fielder, D. R., Greenwood, J. G. & Quinn, R. H., 1984. Zoeal stages, reared in the laboratory, and megalopa of the soldier crab *Mictyris longicarpus* Latreille, 1806 (Decapoda, Mictyridae). Bull. mar. Sci., 35: 20-31.

1036) Park, J. H. & Ko, H. S., 2014. First zoeal stage of *Camptandrium sexdentatum* (Crustacea: Decapoda: Camptandriidae). Anim. Syst. Evol. Divers., 30: 235-239.

1037) 寺田正之 , 1995. カワスナガニ *Deriatonotus japonicus* (Sakai, 1934) (スナガニ科，ムツバアリアケガニ亜科) のゾエア幼生 . Crust. Res., 24: 203-209.

1038) 村岡健作 , 1980b. 海洋プランクトンの手引き - カニ類の幼生 - ⑦ アリアケモドキ・ヤマトオサガニ . 海洋と生物，No.2(3): 204-205.

1039) 村岡健作 , 1983b. オヨギピノ *Tritodynamia horvathi* Noblili (甲殻綱，十脚目，カクレガニ科) の幼生 . 神奈川県博研報，14: 27-35.

1040) 大谷拓也・村岡健作 , 1990. オヨギピノ *Tritodynamia horvathi* Nobili (十脚目，カクレガニ科) の第 1，第 2 ゾエア期幼生について . 甲殻類の研究，18: 71-76.

1041) 松尾美好 , 1998b. オヨギピノの生活史Ⅰ . Cancer, 7: 1-8.

1042) 荒巻陽介・田口啓輔・菱木功至・須田有輔・村井武四 , 2005. 福岡県柳川市沖端の干潟に出現するカニ類とメナシピノの生態に関する一知見 . 水大校研報，53: 9-19.

1043) Sankarankutty, C., 1970. Studies on the larvae of Decapoda Brachyura I. *Xenophthalmus garthii* Sankarankutty. J. Bombay nat. Hist. Soc., 67: 592-596.

1044) 武田正倫・田村洋一 , 1981. 日本産サンゴヤドリガニ類 . VI. サンゴヤドリガニ属 . 昭 53-55 年度科研費研究成果報告書，pp. 57-67.

1045) Fizé, A., 1956. Observations biologiques sur les Hapalocarcinides. Ann. Fac. Sci. Univ. Viet-Nam, 22: 1-30.

1046) Gore, R. H., Scotto, L. E. & Reed, J. K., 1983. Early larval stages of the Indo-Pacific coral gall-forming crab *Hapalocarcinus marsupiralis* Stimpson, 1859 (Brachyura, Hapalocarcinidae) cultured in the laboratory. Crustaceana, 44: 141-150.

1047) Scotto, L. E. & Gore, R. H., 1981. Studies on decapod Crustacea from the Indian River region of Florida. XXIII. The laboratory cultured zoeal stages of the coral gall-forming crab *Troglocarcinus corallicola* Verrill, 1908 (Brachyura: Hapalocarcinidae) and its familial position. J. Crust. Biol., 1: 486-505.

1048) 小西光一 , 2010. カクレガニ類の話題 - その後の状況 . Cancer, 19: 31-38.

1049) Muraoka, K. & Konishi, K., 1979. Note on the first zoea of *Pinnotheres sinensis* Shen (Crustacea, Brachyura, Pinnotheridae) from Tokyo Bay. Res. Crust., 8: 46-50.

1050) 八塚 剛・岩崎 望 , 1979. オオシロピノ *Pinnotheres* aff. *sinensis* Shen の幼生の変態成長について . 宇佐臨海実験所報，1: 79-96.

1051) Konishi, K., 1983. Larvae of the pinnotherid crabs (Crustacea, Brachyura) found in the plankton of Oshoro Bay. J. Fac. Sci., Hokkaido Univ., Ser. VI, Zool., 23: 266-295.

1052) Ko, H. S., 1991. The first zoeal stage of *Pinnotheres sinensis* Shen, 1932 (Crustacea, Brachyura. Pinnotheridae) reared in the laboratory. Kor. J. Syst. Zool., 7: 257-264.

1053) 村岡健作 , 1979. カギヅメピノ *Pinnotheres pholadis* De Haan (短尾類，カクレガニ科) の第 1 ゾエア期幼生について . 甲殻類の研究，9: 52-56.

1054) 福田 靖 , 1983. カギヅメピノ *Pinnotheres pholadis* De Haan の幼生 . Calanus, 8: 17-23.

1055) 村岡健作 , 1977a. クロピノ *Pinnotheres boninensis* Stimpson (短尾類，カクレガニ科) の幼生の発生 . 動物分類学会誌，13: 72-80.

1056) Konishi, K., 1981b. A description of laboratory-reared larvae of the commensal crab *Pinnaxodes mutuensis* Sakai (Decapoda, Brachyura) from Hokkaido, Japan. Annot. Zool. Jpn., 54: 213-229.

1057) Hong, S. Y., 1974. The larval development of *Pinnaxodes major* Ortmann (Decapoda, Brachyura, Pinnotheridae) under the laboratory conditions. Publ. mar. Lab. Busan Fish. Coll., 7: 87-99.

1058) Konishi, K., 1981a. A description of laboratory-reared larvae of the pinnotherid crab *Sakaina japonica* Serène (Decapoda, Brachyura). J. Fac. Sc., Hokkaido Univ., Ser. VI, Zool., 22: 165-176.

1059) Sakai, T., 1955. On some rare species of crabs from Japan. Bull. biogeogr. Soc. Jpn., 16-19: 106-113.

1060) Sekiguchi, H., 1978. Larvae of a pinnotherid crab, *Pinnixa rathbuni* Sakai. Proc. Japan. Soc. syst. Zool., 15: 36-46.

1061) 村岡健作 , 1979. ラスバンママメガニ *Pinnixa rathbuni* Sakai (短尾類、カクレガニ科) の後期幼生 . 動雑，88: 288-294.

1062) Ng, P. K. L., Clark, P. F., Mitra, S. & Kumar, A. B., 2017. *Arcotheres borradailei* (Nobili, 1906) and *Pinnotheres ridgewayi* Southwell, 1911: A reassessment of characters and generic assignment of species to *Arcotheres* Manning, 1993 (Decapoda, Brachyura, Pinnotheridae). Crustaceana, 90: 1079-1097.

1063) Bolaños, J., Cuesta, J., Hernández, G., Hernández, J & Felder, D., 2004. Abbreviated larval develoopment of *Tunicotheres moseri* (Rathbun, 1918) (Decapoda, Pinnotheridae), a rare case of parental care among brachyuran crabs. Sci. Marina, 68: 373-384.

1064) Lima, J.F., 2009. Larval development of *Austinixa brigantine* (Crustacea: Brachyura: Pinnotheridae) reared in the laboratory. Zoologia, 26: 143-154.

1065) Mantelatto, F.L. & Cuesta, J.A., 2010. Morphology of the first zoeal stage of the commensal southwestern Atlantic crab *Austinixa aidae* (Righi 1967) (Brachyura: Pinnotheridae), hatched in the laboratory. Helgoland. Mar. Res., 64: 343-348.

1066) Negreiros-Fransozo, M. L., Wenner, E. L., Knott, D. M. & Fransozo, A., 2007. The megalopa and early juvenile stages of *Calappa tortugae* Rathbun, 1933 (Crustacea, Brachyura) reared in the laboratory from South Carolina neuston samples. Proc. biol. Soc. Washington, 120: 469-485.

1067) 馬渡峻輔 , 2006. 動物分類学 30 講 . 朝倉書店，東京，178 pp.

1068) 髙島義和 , 2008. 淡水動物の同定について . タクサ，28: 17-22.

1069) 須黒達巳 , 2021. 図鑑を見ても名前がわからないのはなぜか？ベレ出版 . 183 pp.

1070) 藤永元作・笠原 昊 , 1942. タテジマフジツボの飼育と変態 . 動雑，54: 108-118.

1071) Hirota, Y., Nemoto, T. & Marumo, R., 1984. Larval development of *Euphausia nana* (Crustacea: Euphausiacea). Mar. Biol., 81: 311-322.

1072) Sars, G. O., 1885. On the propagation and early development of Euphausiidae. Arch. Math. Naturv. Oslo, 20: 41 pp, 4 pls.

1073) Knight, M. D., 1980. Larval development of *Euphausia eximia* (Crustacea: Euphausiacea) with notes on its vertical distribution and morphological divergence between populations. Fish. Bull., 78: 313-335.

1074) Tanaka, H. & Konishi, K., 2009. *Atergatis floridus* (Linnaeus, 1767) (Decapdoa: Xanthidae): re-examination and correction of zoeal characters. Crust. Res., 38: 55-63.

1075) Scotto, L.E., 1979. Larval development of the Cuban stone crab, *Menippe nodifrons* (Brachyura, Xanthidae), under laboratory conditions with notes on the status of the family Menippidae. Fish. Bull., 77: 359-386.

1076) Siddiqui, F. A. & Tirmizi, N. M., 1992. The complete larval development, including the first crab stage of *Pilumnus kempi* Deb, 1987 (Crustacea: Decapoda: Brachyura: Pilumnidae) reared in the laboratory. Raffles Bull. Zool., 40: 229-244.

1077) Zupo, V. & Buttino, I., 2001. Larval development of decapod crustaceans investigated by confocal microscopy: An application to *Hippolyte inermis* (Natantia). Mar. Biol., 138: 965-973

1078) Kamanli, S. A., Kihara, T. C., Ball, A. D., Morritt, D. & Clark, P. F., 2017. A 3D imaging and visualization workflow, using confocal microscopy and advanced image processing for brachyuran crab larvae. J. Microsc., 266: 307-323.

1079) Castejón, D., Alba-Tercedor, J., Rotllant, G., Ribes, E., Durfort, M. & Guerao, G., 2018. Micro-computed tomography and histology to explore internal morphology in decapod larvae. Sci. Rep., 8: 14399. (DOI:10.1038/s41598-018-32709-3).

1080) 大森 信・池田 勉 , 1976. 動物プランクトン生態研究法（生態学研究法講座 5）. 共立出版 , 229 pp.

1081) 池脇義弘 , 1988. タングステン線による仔魚用解剖針の作り方 . 海洋と生物 , 10: 27.

1082) 出口博則・松井 透 , 1987. 極細解剖針の作り方 . 日本蘚苔類学会報 , 4: 117-118.

1083) 小西光一 , 2000. 幼生研究のための小テクニック集（1）サンプルの観察についてのＦＡＱ . Cancer, No.9: 33-37.

1084) 木下 泉 , 1987. 稚仔魚スケッチの実際 . 海洋と生物 , 9: 182-187.

1085) MacDonald, J. D., Pike, R. B. & Williamson, D. I., 1957. Larvae of the British species of *Diogenes*, *Pagurus*, *Anapagurus* and *Lithodes* (Crustacea Decapoda). Proc. zool. Soc. London, 128: 209-257.

1086) Rice, A. L., 1993. Two centuries of larval crab papers: a preliminary analysis. Pp. 285-292. In: History of Carcinology (Truesdale ed.), Crustacean Issues 8, A. A. Balkema, CRC Press, 482 pp.

1087) Ingle, R.W., 1998. Decapod larval taxonomic research in the North Eastern Atlanti and Mediterranean: past achievements and future prospects. Invert. Reprod. Develop., 33: 97-107.

1088) Thompson, J. V., 1828. On the metamorphosis of the Crustacea, on zoea, exposing their singular structure and demonstrating that they are not, as has been supposed, a peculiar genus, but the larva of Crustacea! In: Zoological researches and illustrations, or natural history of nondescript or imperfectly known animals. Pp. 1-11, 2 pls. Cork: King and Ridlings.

1089) 遠藤秀紀 , 2007. 動物学と農学の関係史 . Pp. 198-220. シリーズ 21 世紀の動物科学 1．日本の動物学の歴史（日本動物学会監修）. 培風館 , 236 pp.

1090) Seale, A. 1933. Brine shrimp (*Artemia*) as a satisfactory food for fishes. Trans. Amer. Fish. Soc., 63: 129-130.

1091) 伊藤 隆 , 1960. 輪虫の海水培養と保存について . 三重県立大水産学部研報 , 3: 708-740.

1092) Clark, P. F., Calazans, D. K., & Pohle, G. W., 1998. Accuracy and standardization of brachyuran larval descriptions. Invert. Reprod. Develop., 33: 127-144.

1093) Nakamura, K. & Seki, K., 1990. Organogenesis during metamorphosis in the prawn *Penaeus japonicus*. Nippon Suisan Gakkaishi, 56: 1413-1417.

1094) Mikami, S., Greenwood, J.G. & Takashima, F., 1994. Functional morphology and cytology of the phyllosomal digestive system of Ibacus ciliatus and *Panulirus japonicus* (Decapoda, Scyllaridae and Palinuridae). Crustaceana, 67: 212-225.

1095) Shiino, S. M. 1950. Studies on the embryonic development of *Panulirus japonicus* (von Siebold). J. Fac. Fish., Pref. Univ. Mie, 1: 1-168.

1096) Polz, H., 1975. Zur Unterscheidung von Phyllosomen und deren Exuvien aus den Solnhofener Plattenkalken. Neu. Jb. Geol. Palaeontol. Mh., 1975, pp. 40-51.

1097) Polz, H. 1987. Zur Differenzierung der fossilen Phyllosomen (Custacea, Decapoda) aus den Solnhofener Plattenkalken. Archaeopteryx, 5: 23-32.

1098) Haug, J. T., Haug, C. & Ehrlich, M., 2008. First fossil stomatopod larva (Arthropoda: Crustacea) and a new way of documenting Solnhofen fossils (Upper Jurassic, Southern Germany). Palaeodiversity, 1: 103–109.

1099) Kornienko, E. S. & Korn, O. M., 2004. Morphological features of the larvae of spider crab *Pugettia quadridens* (Decapoda: Majidae) from the Northwestern Sea of Japan. Russ. J. mar. Biol., 30: 402–413.

1100) Корниенко и Корн 2005. Культивирование в лабораторных условиях и особенности морфологии личинок японского мохнаторукого краба Eriocheir japonicus (De Haan). Известия ТИНРО, 143: 35-51.

1101) Корниенко и Корн 2005. Особенноси морфологии личинок Pinnixa rathbuni (Decapoda, Pinnotheridae) из залива Восток Японского моря. Зоол. Журн., 84: 778-794.

1102) Kornienko, E. S. & Korn, O. M., 2007. The larvae of the spider crab *Pisoides bidentatus* (A. Milne-Edwards, 1873) (Decapoda: Majoidea: Pisidae) reared under laboratory conditions. J. Plankton Res., 29: 605–617.

1103) Kornienko, E. S., Korn, O. M. & Kashenko, S. D., 2008. Comparative Morphology of larvae of coastal crabs (Crustacea: Decapoda: Varunidae). Russ. J. mar. Biol., 34: 77-93.

1104) Kornienko, E. S. & Korn, O. M., 2011. The larvae of the pinnotherid crab *Sakaina yokoyai* (Glassell, 1933) (Decapoda: Pinnotheridae) reared under laboratory conditions. Crustaceana, 84: 573-589.

1105) 村岡健作 , 1980. 海洋プランクトンの手引き - カニ類の幼生 - ⑩ トラノオガニ・イボイワオウギガニ . 海洋と生物 , No.2(6): 462-463.

1106) Spitzner, F., Meth, R., Krüger, C., Nischik, E., Eiler, S., Sombke, A., Torres, G. & Harzsch, S., 2018. An atlas of larval organogenesis in the European shore crab *Carcinus maenas* L. (Decapoda, Brachyura, Portunidae). Frontiers Zool., 15:27, 39 pp.

1107) Melzer, R. R., Spitzner, F., Šargač, Z., Hörnig, M. K., Krieger, J., Haug, C., Haug, J. T., Kirchhoff, T., Meth, R., Torres, G. & Harzsch, S., 2021. Methods to study organogenesis in decapod crustacean larvae. II. Analysing cells and tissues. Helgoland mar. Res., 75:2, 37 pp.

# 事項索引（和・英）

## ［あ］

| | |
|---|---|
| 亜期 | 4 |
| 亜鋏状 | 12 |
| アリマ | 25 |
| アンチゾエア | 25 |
| アンフィオン | 63 |
| 胃白 | 19 |
| 一次剛毛 | 15 |
| 異尾小毛 | 16 |
| 羽歯状毛 | 15 |
| 羽状毛 | 15 |
| 枝細毛 | 15 |
| 枝歯 | 15 |
| 枝微歯 | 15 |
| 枝微毛 | 15 |
| エラフォカリス | 26 |
| エリクタス | 25 |
| 襟状突起 | 10, 189 |
| 大顎 | 13 |
| オキアミ目 | 25 |

## ［か］

| | |
|---|---|
| 外肢 | 12 |
| 外肢下棘 | 84 |
| 外肢毛 | 14 |
| 外肢葉 | 14 |
| 顎舟葉 | 14 |
| 角膜 | 8 |
| 下唇 | 14 |
| 額角 | 8 |
| 額角対 | 87 |
| 額棘 | 8 |
| 可動指 | 12 |
| 可動葉片 | 13 |
| カリプトピス | 25 |
| 感覚毛 | 13, 15 |
| 眼上棘 | 8 |
| 冠状毛 | 15 |
| 肝膵臓 | 19 |
| 関節鰓 | 18 |
| 間接発生 | 6 |
| 眼柄 | 8 |
| 期 | 4 |
| 擬顎 | 14 |
| 基節 | 12 |
| 基節内葉 | 14 |
| 機能的 | 1 |

| | |
|---|---|
| 基膝部 | 15 |
| 偽メタノープリウス | 25 |
| 脚鰓 | 18 |
| 逆行発生 | 45 |
| 臼歯状部 | 13 |
| 鋏脚 | 12 |
| 胸脚 | 12, 14 |
| 胸肢 | 12 |
| 鋏状 | 12 |
| 偽幼生 | 55 |
| 胸板 | 8 |
| 胸板突起 | 8 |
| 胸部 | 8 |
| 棘 | 15 |
| 棘間長 | 19 |
| 鋸歯状毛 | 15 |
| キルトピア | 25 |
| クモガニ小毛 | 16 |
| グラウコトエ | 3, 104 |
| 犬歯棘 | 15 |
| 犬歯状毛 | 15 |
| 原節 | 12 |
| 口郭 | 131 |
| 口器 | 14 |
| 口肢 | 12 |
| 後側棘 | 8 |
| 後側突起 | 10 |
| 後体部 | 82 |
| 後背棘 | 8 |
| 口部付属肢 | 12 |
| 剛毛 | 15 |
| 鉤毛 | 15 |
| 後触角 | 13 |
| 個眼 | 8 |
| 固着眼 | 8 |
| コペポディッド | 24 |

## ［さ］

| | |
|---|---|
| 鰓式 | 18 |
| 鰓原基 | 12 |
| 鰓前棘 | 52 |
| 座節 | 12 |
| 三次剛毛 | 15 |
| 色素胞 | 18 |
| 指節 | 12 |
| シゾポッド期 | 37 |
| 櫛状歯 | 115 |
| シュードゾエア | 25 |

| | |
|---|---|
| 小円凹み | 191 |
| 小歯状毛 | 15 |
| 上唇 | 14 |
| 触鬚 | 13 |
| 触角上棘 | 52 |
| 触角腺突起 | 96 |
| シンゾエア | 25 |
| 伸張発生 | 6 |
| 成体 | 1 |
| 全期飼育 | 23 |
| 先触角 | 13 |
| 漸進変態 | 1 |
| 先節 | 14 |
| 前節 | 12 |
| 前側角棘 | 52 |
| 前体部 | 82 |
| 先端（羽状）突起 | 14 |
| 前端毛 | 16 |
| 前底節 | 12 |
| 前頭糸 | 24 |
| 増節 | 7 |
| ゾエア | 3 |
| 側鰓 | 18 |
| 側突起 | 10 |
| 側棘 | 8 |

## ［た］

| | |
|---|---|
| 第1顎脚 | 14 |
| 第1小顎 | 14 |
| 第1触角 | 13 |
| 第3顎脚 | 14 |
| 第2顎脚 | 14 |
| 第2小顎 | 14 |
| 第2触角 | 13 |
| 脱皮 | 1 |
| タラッシナ線 | 76 |
| 短鉤毛 | 15 |
| 短縮発生 | 6 |
| 単純毛 | 15 |
| 中腸腺 | 19 |
| 柱状突起 | 8 |
| 長感覚毛 | 16 |
| 長距離分散型幼生 | 72 |
| 長節 | 12 |
| 直接発生 | 6 |
| 通常発生 | 6 |
| DNA バーコード法 | 23 |
| 底節 | 12 |

底節棘……………………………… 83
底節内葉…………………………… 14
デカポディッド…………………… 2
頭胸甲……………………………… 8
頭胸甲長…………………………… 19
頭胸部……………………………… 8
頭甲………………………………… 8
頭盾………………………………… 8
頭部………………………………… 8
トゲエビ亜綱……………………… 25

[な]

内肢………………………………… 12
二次剛毛…………………………… 15
二次的卵黄栄養…………………… 115
二分岐……………………………… 197
ニスト……………………………… 3
ノープリウス……………………… 3
ノープリウス眼…………………… 8

[は]

胚外皮……………………………… 3
背器官……………………………… 8
背棘………………………………… 8
背甲………………………………… 8
背側突起…………………………… 10
背側分葉…………………………… 14
背板………………………………… 8
尾棘………………………………… 10
鼻棘………………………………… 8
尾叉………………………………… 10
尾叉式……………………………… 12
尾肢………………………………… 10
尾節………………………………… 10
尾節帯……………………………… 73
尾扇………………………………… 10
微毛………………………………… 15
表皮隆起…………………………… 87
フィソソーマ……………………… 95
フィランフィオン［幼生属］…… 88
フィロソーマ……………………… 3, 81
プエルルス………………………… 3
副顎………………………………… 14
複眼………………………………… 8
腹節後葉…………………………… 10
腹肢………………………………… 10, 14
副肢………………………………… 12
副肢毛……………………………… 14
腹節………………………………… 10
腹側分葉…………………………… 14
腹部………………………………… 10

プランクトン栄養発生型………… 6
プリゾエア………………………… 3
フルキリア………………………… 25
プレノープリオソーマ…………… 3
プロトゾエア……………………… 26
柄部………………………………… 13
変態………………………………… 1
鞭状部……………………………… 13
保育嚢……………………………… 144
歩脚………………………………… 13
捕脚………………………………… 25
ポストミシス……………………… 2
ポストラーバ……………………… 2

[ま]

ミシス……………………………… 26
溝…………………………………… 8
メガロパ…………………………… 3
メタゲノム解析…………………… 23
メタゾエア………………………… 3
メタノープリウス………………… 3
毛窩………………………………… 15
毛式………………………………… 17
門歯状部…………………………… 13

[や]

有柄眼……………………………… 8
幼生………………………………… 1
幼生期……………………………… 3
幼生相……………………………… 3
幼生属（種）……………………… 22
幼生発生…………………………… 3
幼体………………………………… 2

[ら]

卵黄栄養型発生…………………… 6
卵ノープリウス期………………… 38
稜（稜状隆起）…………………… 8
鱗片………………………………… 13
齢…………………………………… 4

[わ]

腕節………………………………… 12

314

## [A]

| | |
|---|---|
| abbreviated development | 6 |
| abdomen | 10 |
| abdominal somite | 10 |
| acron | 14 |
| adult | 1 |
| aesthetasc | 13, 15 |
| alima | 25 |
| ambulatory leg | 13 |
| amphion | 63 |
| ampula | 15 |
| anamorphosis | 7 |
| anomuran seta (hair) | 16 |
| antenna (second antenna) | 13 |
| antennal scale (scaphocerite) | 13 |
| antennal spine | 52 |
| antennule (first antenna) | 13 |
| antizoea | 25 |
| apical plumose process | 14 |
| arthrobranchia | 18 |

## [B]

| | |
|---|---|
| basal endite | 14 |
| basis (basipodite) | 12 |
| blunt-horns | 87 |
| branchial rudiment | 12 |
| branchiostegial spine | 52 |
| brood pouch | 144 |
| buccal frame | 131 |

## [C]

| | |
|---|---|
| calyptopis | 25 |
| carapace | 8 |
| carapace length | 19 |
| carina | 8 |
| carpus | 12 |
| cephalic shield | 8 |
| cephalon | 8 |
| cephalothorax | 8 |
| chelate | 12 |
| cheliped | 12 |
| chromatophore | 18 |
| collar | 10, 189 |
| column (pilier) | 8 |
| complete larval development | 23 |
| compound eye | 8 |
| copepodid | 24 |
| cornea | 8 |
| coxa | 12 |
| coxal spine | 83 |

| | |
|---|---|
| coxal endite | 14 |
| crista dentata | 115 |
| cuspidate seta | 15 |
| cuspidate spine | 15 |
| cuticular elevation | 87 |
| cyrtopia | 25 |

## [D]

| | |
|---|---|
| dactylus | 12 |
| decapodid | 2 |
| denticulate seta | 15 |
| denticle | 15 |
| dichotomy | 197 |
| direct development | 6 |
| DNA barcoding | 23 |
| dorsal lobe | 14 |
| dorsal organ | 8 |
| dorsal spine | 8 |
| dorsolateral process | 10 |

## [E]

| | |
|---|---|
| egg nauplius stage | 38 |
| elaphocaris | 26 |
| embryonic cuticle | 3 |
| endopod | 12 |
| epipod | 12 |
| epipodal seta | 14 |
| erichtus | 25 |
| exopod (exopodite) | 12 |
| exopodal lobe | 14 |
| exopodal seta | 14 |
| extended development | 6 |
| eyestalk, ocular peduncle | 8 |

## [F]

| | |
|---|---|
| feeler (brachyuran feeler) | 16 |
| first maxilliped | 14 |
| flagellum | 13 |
| forebody | 82 |
| frontal filament | 24 |
| functional | 1 |
| funiculus | 73 |
| furcal formula | 12 |
| furcilia | 25 |

## [G]

| | |
|---|---|
| gastric mill | 19 |

| | |
|---|---|
| gill bud | 12 |
| gill formula | 18 |
| glaucothoe | 3, 104 |
| groove | 8 |

## [H]

| | |
|---|---|
| hair formula | 17 |
| hamate seta | 15 |
| hepatopancreas | 19 |
| heterometably | 1 |
| hindbody | 82 |

## [I]

| | |
|---|---|
| immovable eye | 8 |
| incisor process | 13 |
| instar | 4 |
| interspine distance | 19 |
| indirect development | 6 |
| ischium | 12 |

## [J]

| | |
|---|---|
| juvenile | 2 |

## [L]

| | |
|---|---|
| labium | 14 |
| labrum | 14 |
| lacinia mobilis | 13 |
| larva | 1 |
| larval development | 3 |
| larval genus (larval species) | 22 |
| larval phase | 3 |
| larval stage | 3 |
| lateral process (lateral spine) | 8 |
| lateral process (lateral knob) | 10 |
| lecithotrophic development | 6 |
| linea thalassinica | 76 |

## [M]

| | |
|---|---|
| majid seta | 16 |
| mandible | 13 |
| maxilla | 14 |
| maxilla (second maxilla) | 14 |
| maxilliped | 12 |
| maxillule (first maxilla) | 14 |
| megalopa | 3 |

| | | | | | | |
|---|---|---|---|---|---|---|
| merus | 12 | posterodorsal process (spine) | 8 | **[ T ]** | | |
| metagenomic analysis | 23 | posterolateral process (spine) | 8, 10 | | | |
| metamorphosis | 1 | postlarva | 2 | tail fan | 10 | |
| metanauplius | 3 | precoxa | 12 | teleplanic larva | 72 | |
| metazoea | 3 | prenaupliosoma | 3 | telson | 10 | |
| microtrichia | 15 | prezoea | 3 | telsonal furca (folk) | 10 | |
| mid-gut gland | 19 | primary seta | 15 | telsonal (caudal) spine | 10 | |
| molar process | 13 | propodus | 12 | tergum | 8 | |
| molt | 1 | protopod | 12 | tertiary seta (setulette) | 15 | |
| mouthparts | 12, 14 | protozoea | 26 | third maxilliped | 14 | |
| movable eye, stalked eye | 8 | pseudolarva | 55 | thoracopod | 12 | |
| movable finger | 12 | pseudometanauplius | 25 | thorax (pere(i)on) | 8 | |
| mysis | 26 | pseudozoea | 25 | | | |
| | | pterygostomial spine | 52 | | | |
| **[ N ]** | | puerulus | 3 | **[ U ]** | | |
| nauplius | 3 | | | uropod | 10 | |
| nauplius eye | 8 | **[ R ]** | | | | |
| nisto | 3 | | | **[ V ]** | | |
| normal development | 6 | raptorial limb | 25 | | | |
| | | retrogressive development | 45 | ventral lobe | 14 | |
| | | rostral spine (rostrum) | 8 | | | |
| **[ O ]** | | rostrum (rostral spine) | 8 | | | |
| ocular somite | 14 | | | **[ W ]** | | |
| ommatidium | 8 | **[ S ]** | | | | |
| oral appendages | 12 | | | walking legs | 13 | |
| | | scaphognathite | 14 | | | |
| | | schizopod stage | 37 | **[ Z ]** | | |
| **[ P ]** | | second maxilliped | 14 | | | |
| | | secondary lecithotrophy | 115 | zoea | 3 | |
| palp | 13 | secondary seta (setule) | 15 | | | |
| pappose seta | 15 | serrate seta | 15 | | | |
| paragnath | 14 | sessile eye | 8 | | | |
| peduncle | 13 | seta | 15 | | | |
| pereiopod | 12, 14 | setal socket | 15 | | | |
| phyllamphion | 88 | setule | 15 | | | |
| phyllosoma | 3, 81 | setulette | 15 | | | |
| phymacerite (renal process) | 96 | simple seta | 15 | | | |
| physosoma | 95 | soie antérieure | 16 | | | |
| pillar | 8 | spine | 15 | | | |
| pit | 191 | spinule | 15 | | | |
| planktotrophic development | 6 | spinulette | 15 | | | |
| pleomere | 10 | stage | 4 | | | |
| pleonite | 10 | sternal cornea (process) | 8 | | | |
| pleopod | 10, 14 | sternum | 8 | | | |
| plepon | 10 | subchelate | 12 | | | |
| pleurobranchia | 18 | subexopodal spine | 84 | | | |
| plumodenticulate seta | 15 | substage | 4 | | | |
| plumose seta | 15 | supraorbital spine | 8 | | | |
| podobranchia | 18 | synzoea | 25 | | | |
| post-embryonic development | 2 | | | | | |
| post-mysis | 2 | | | | | |
| posterior overlang | 10 | | | | | |

# 学名索引

幼生に関係のある属名とし，必要なばあいのみ種名や科名等を記した。
＊印は幼生属。学名は原則として 2023 年 1 月現在の情報にもとづく。

## [A]

Acanthephyra ......... 43
Acanthodromia ......... 125
Acantholithodes ......... 117
Acantholobulus ......... 158
Acetes ......... 35
Achaeus ......... 16
Albunea ......... 118
Alpheus ......... 54
Alvinocaris longirostris ......... 50
Amalopenaeus elegans ......... 30
Amphionides ......... 63
Archaeobrachyura ......... 123
Anchistioididae ......... 50, 53
Anchistoides ......... 53
Arcotheres ......... 191
Arctides ......... 91
Argis ......... 66
Aristaeomorpha ......... 28
Aristeus ......... 28
Atergatis floridus ......... 157
Atypopenaeus ......... 31
Austinixa ......... 194
Austruca lactea ......... 182
Axianassa ......... 79

## [B]

Benthopanope indica ......... 160
Birgus latro ......... 108
Boasaxius princeps ......... 77
Brachycarpus ......... 52
Bythograea thermydron ......... 173

## [C]

Calappa ......... 20, 134
Calcinus ......... 106
Callinectes sapidus ......... 152
Calocarcinus ......... 166
Cambaroides ......... 73

Camposcia ......... 138
Camptandrium sexdentatum ......... 185
Cancellus ......... 106
Carcinus ......... 150
Caridina ......... 45
Carpilius ......... 20, 159
Cerataspis ......... 28
Cerataspides * ......... 30
Charybdis (Charybdis) acuta ......... 6
Chaecon granulatus ......... 149
Chionoecetes ......... 141
Chirostylus ......... 102
Cinetorhynchus ......... 48
Cirripedia ......... 24
Clibanarius ......... 106
Coenobita ......... 108
Conchoecetes artificiosus ......... 125
Copepoda ......... 24
Crangon ......... 65
Crenarctus bicuspidatus ......... 93
Cycloxanthops truncatus ......... 157
Cryptodromia ......... 125
Cryptolithodes ......... 116
Cymonomus ......... 126
Chambaroides japonicus ......... 73

## [D]

Dardanus ......... 106
Dermaturus ......... 116
Dicranodromia ......... 124
Discias ......... 50
Dissodactylozoea * ......... 192

## [E]

Ebalia ......... 136
Elamena ......... 11, 143
Elamenopsis ariakensis ......... 144
Emerita ......... 120
Enoplolambrus validus ......... 146
Enoplometopus occidentalis ......... 75

Epixanthus dentatus ......... 164
Eplumula phalangium ......... 127
Eretmocaris * ......... 60
Eriocheir ......... 178
Eriphia ......... 163
Eryoneicus * ......... 95
Ethusa ......... 132
Ethusizoea lineata * ......... 132
Eualus ......... 55
Eubrachyura ......... 123
Eugonatonotus chacei ......... 47
Eumunida ......... 103
Euphausiacea ......... 25

## [G]

Galene bispinosa ......... 161
Gennadas ......... 29
Geograpsus ......... 175
Geosesarma perracae ......... 179
Geothelphusa dehaani ......... 173
Geryon ......... 150
Glebocarcinus amphioetus ......... 146
Glyphocrangon ......... 67
Glyptolithodes ......... 118
Glyphus marsupialis ......... 41
Grapsizoea * ......... 163, 181
Grapsus ......... 175
Guinusia dentipes ......... 176

## [H]

Halicarcinus ......... 143
Halimede ......... 162
Hapalocarcinus ......... 11, 189
Hapalogaster ......... 113
Hemipenaeus carpenteri ......... 28
Hepatus ......... 156
Heptacarpus ......... 55
Heterocarpus ......... 62
Heterotremata ......... 123
Hippa ......... 120

| | | |
|---|---|---|
| Hippolyte | 57 | Merguia | 58 | Paradorippe | 131 |
| Hipyla platycheir | 136 | Mesocaris * | 52 | Paralithodes | 115 |
| Homarus | 74 | Mesopenaeus | 33 | Paralomis | 115 |
| Homola | 126 | Metadromia wilsoni | 125 | Parapagurus | 109 |
| Hoplocarida | 25 | Metanephros japonicus | 73 | Parapanope | 162 |
| Hyas | 137, 141 | Metapenaeus | 30 | Parapasiphae | 41 |
| Hyastenus | 139 | Metopograpsus | 11, 175 | Paratya | 45 |
| Hymenodora | 43 | Microprosthema | 70 | Paratymolus pubescens | 137 |
| Hymenosoma | 144 | Miropandalus hardingi | 62 | Paratypton siebenrocki | 51 |
| Hypothalassia armata | 162 | Munidopsis | 100 | Parribacus | 20, 93 |
| | | Myra fugax | 136 | Pasiphaea | 41 |
| | | | | Penaeopsis | 31 |
| **[ I ]** | | | | Penaeus | 30 |
| | | | | Petrocheles | 101 |
| Ibacus | 92 | **[ N ]** | | Petrolisthes | 101 |
| | | | | Philocheras | 66 |
| | | Naushonia | 79 | Phyllamphion | 88, 89 |
| **[ J ]** | | Naxioides | 137 | Phyllolithodes | 118 |
| | | Nematocarcinus longirostris | 47 | Physetocaris microphthalma | 64 |
| Jasus | 83 | Neocaridina | 45 | Pilumnus | 160 |
| Jasus distincta | 148 | Neolithodes | 118 | Pinnaxodes | 192 |
| Justitia | 85 | Neoxenophthalmus garthii | 187 | Pinnixa | 11, 194 |
| | | Nephrops norvegicus | 74 | Pinnotheres | 191 |
| | | Nepinnotheres | 191 | Pinnozoea * | 191 |
| **[ L ]** | | Neotrypaea | 77 | Placetron | 117 |
| | | Novactaea pulchella | 156 | Pleistacantha | 141 |
| Labidochirus | 112 | Nupalirus | 85 | Pleoticus muelleri | 33 |
| Laomedia astacina | 79 | | | Plesionika | 62 |
| Laonenes | 51 | | | Plesiopenaeus | 28 |
| Latreillia valida | 127 | **[ O ]** | | Pleutocaris * | 176 |
| Latreutes | 57 | | | Podotremata | 123 |
| Laubiernia | 139 | Ocypode | 182 | Pomatocheles | 105 |
| Lebbeus | 55 | Oedignathus | 116 | Pontocaris | 66 |
| Lepidopa | 121 | Ogyrides | 59 | Pontophilus | 66 |
| Leptochela | 41 | Oplophorus | 43 | Porcellanopagurus | 112 |
| Leucosia | 136 | Oratosquilla oratoria | 25 | Portunus | 152 |
| Linuparus | 86 | Oregonia | 141 | Prismatopus longispinus | 140 |
| Liocarcinus | 151 | Orthotheres | 191 | Problemacaris * | 67 |
| Lithodes | 116 | Ostracotheres | 191 | Processa | 61 |
| Lithopagurus | 111 | Ovalipes | 151 | Projasus | 83 |
| Lithozoea kagoshimaensis * | 128 | Ozius | 163 | Propagurus miyakei | 112 |
| Lopholithodes | 117 | | | Psalidopus | 50 |
| Lophomastix | 119 | | | Pseudohapalocarcinus | 189 |
| Lucenosergia | 35 | **[ P ]** | | Puerulus | 87 |
| Lucifer | 36 | | | Pugettia | 139 |
| Lydia | 164 | Pachycheles | 101 | Pylocheles | 105 |
| Lyreidus | 128 | Pachygrapsus | 175 | Pyromaia tuberculata | 138 |
| Lysmata | 57 | Paguristes | 106 | Pylopaguropsis | 112 |
| | | Pagurus | 111 | | |
| | | Palaemon | 4, 51 | | |
| **[ M ]** | | Palicus | 172 | | |
| | | Palinustus | 87 | **[ Q ]** | |
| Macrobrachium | 6 | Pandalus | 62 | | |
| Macrocheira kaempferi | 138 | Pandalus nipponensis | 62 | Quadrella | 166 |
| Matuta | 11, 134 | Panulirus | 83 | | |
| | | Paracrangon | 65 | | |

## [ R ]

| | |
|---|---|
| *Racilius compressus* | 54 |
| *Ranina* | 128 |
| *Retrocaris* * | 52 |
| *Rhinolithodes* | 117 |
| *Rhithropanopeus* | 158 |
| *Rhynchocinetes* | 48 |
| *Richardina* | 71 |
| *Rimicaris* | 50 |

## [ S ]

| | |
|---|---|
| *Sadayoshia* | 99 |
| *Sakaina* | 192 |
| *Saron* | 57 |
| *Sclerocrangon* | 65 |
| *Sculptolithodes* | 118 |
| *Scyllarides* | 91 |
| *Sergia* | 35 |
| *Sesarma curacaoense* | 179 |
| *Shinkaia crosnieri* | 100 |
| *Sicyonia* | 34 |
| *Solenocera* | 33 |
| *Spirontocaris* | 59 |
| *Spongicola venustus* | 70 |
| *Spongiocaris japonica* | 70 |
| *Stenopus* | 71 |
| *Sympagurus* | 110 |
| *Synalpheus* | 54 |
| *Systellaspis* | 43 |

## [ T ]

| | |
|---|---|
| *Takedromia cristatipes* | 125 |
| *Thalamita danae* | 6 |
| *Thalassocaris* | 62 |
| *Thenus* | 94 |
| *Tiaramedon spinosum* | 160 |
| *Tiarinia* | 139 |
| *Thor* | 55 |
| Thoracotremata | 123 |
| *Tozeuma* | 56 |
| *Trachysalambria curvirostris* | 30 |
| *Trapezia* | 166 |
| *Trigonoplax* | 143 |
| *Trizocheles* | 105 |
| *Troglocarcinus corallicola* | 189 |
| *Tuicotheres moseri* | 191 |

## [ U ]

| | |
|---|---|
| *Upogibia* | 79 |

## [ V ]

| | |
|---|---|
| *Vercoia* | 65 |

## [ X ]

| | |
|---|---|
| *Xenograpsus testudinatus* | 180 |

# 和名索引

幼生に関係のある属名とし，必要なばあいのみ種名や科名等を記した。
目次に出ている分類群名は省いている。和名は原則として2023年1月現在の情報にもとづく。

## [ア]

アオガニ……………………………… 152
アカザエビ…………………………… 73
アカモンガニ属……………… 20, 159
アカモンサラサエビ属……………… 48
アキアミ属…………………………… 35
アケウス属…………………………… 16
アサヒガニ属………………………… 128
アザミサンゴテッポウエビ………… 54
アジアザリガニ属…………………… 73
アナジャコ属………………………… 79
アリアケヤワラガニ………………… 144
アルゼンチンアカエビ……………… 33
アワツブホンヤドカリ……………… 112
アンフィオニデス属………………… 63

## [イ]

イガグリエビ属……………………… 50
イガグリカイカムリ属……………… 125
異孔亜群……………………………… 123
イシエビ属…………………………… 34
イセエビ属…………………………… 83
イソオウギガニ属…………………… 163
イソカイカムリ属…………………… 125
イソカニダマシ属…………………… 101
イソクズガニ属……………………… 139
イソモエビ属………………………… 55
イッカククモガニ…………………… 138
イトアシガニ属……………………… 172
イバラガニ属………………………… 116
イバラモエビ属……………………… 55
イボガニ属…………………………… 116
イワエビ属…………………………… 66
イワオウギガニ属…………………… 163
イワガニ属…………………………… 175

## [ウ]

ウキガブトエビ……………………… 64
ウチワエビ属………………………… 92

ウチワエビモドキ属………………… 94
ウデナガリョウマエビ属…………… 85
ウミザリガニ属……………………… 74
ウロコガニ属………………………… 117

## [エ]

エゾイバラガニ属…………………… 115
エダツノガニ属……………………… 137
エバリア属…………………………… 136
エビジャコ属………………………… 65
エリオネイカス（幼生属）………… 95
エリタラバガニ属…………………… 118
エレトモカリス（幼生属）………… 60

## [オ]

オオイワガニ属……………………… 175
オオエンコウガニ…………………… 149
オオシロピンノ属（仮称）………… 191
オカヤドカリ属……………………… 108
オカガニ……………………………… 177
オキアミ目………………………… 14, 25
オキナガレエビ属…………………… 62
オキヒオドシエビ属………………… 43
オキヤドカリ属……………………… 110
オトヒメエビ属……………………… 71
オハラエビ…………………………… 50

## [カ]

カイガラカツギ属…………………… 112
カイメンガニ………………………… 140
カギノテシャコエビ属……………… 79
カクレイワガニ属…………………… 175
カクレエビ亜科……………………… 50
ガザミ属……………………………… 152
カザリセミエビ属…………………… 91
カスミエビ属………………………… 35
カミソリエビ属……………………… 50
カノコセビロガニ…………………… 164

## [カ]（続き）

カラッパ属…………………… 20, 134
カルイシヤドカリ属………………… 105
ガラパゴスユノハナガニ…………… 173
ガレネガニ…………………………… 161
カワリエビジャコ属………………… 65
カワラピンノ属……………………… 191
カワリヌマエビ属…………………… 45

## [キ]

キジンエビ属………………………… 65
キタクダヒゲガニ属………………… 119
キノボリエビ属……………………… 58
キバオウギガニ属…………………… 164
脚孔群………………………………… 123
胸孔亜群……………………………… 123
キンセンガニ属……………… 11, 134

## [ク]

クダヒゲエビ属……………………… 33
クダヒゲガニ属……………………… 118
クボエビ属…………………………… 87
クボドウケツエビ…………………… 70
クルマエビ属………………………… 30
クロザコエビ属……………………… 66

## [ケ]

ケセンガニ属………………………… 141
ケブカガニ属………………………… 160
原始短尾類…………………………… 123

## [コ]

コイチョウガニ……………………… 146
コウナガカムリ属…………………… 124
ゴエモンコシオリエビ……………… 100
ゴカクイボオウギガニ属…………… 162
コブイボガニ属……………………… 139

コブカニダマシ属 …………………… 101
コブシガニ属 …………………… 136

**[サ]**

サクラエビ属 …………………… 35
サザエピンノ属 …………………… 191
サナダミズヒキガニ …………………… 127
サメハダヘイケガニ属 …………………… 131
サメハダホンヤドカリ属 …………………… 112
サラサエビ属 …………………… 48
サルエビ …………………… 30
サワガニ …………………… 173
サンゴガニ属 …………………… 166
サンゴヒメエビ属 …………………… 70
サンゴモエビ属 …………………… 57
サンゴヤドカリ属 …………………… 106
サンゴヤドリエビ …………………… 51
サンゴヤドリガニ属 …………………… 11, 189

**[シ]**

シャコ …………………… 25
ジュズヒゲアナエビ …………………… 77
ショウグンエビ …………………… 75
ショウジョウエビ …………………… 41
ショウジンガニ …………………… 176
シラエビ属 …………………… 41
シロピンノ属 …………………… 191
シワガザミ属 …………………… 151
シワガニ属 …………………… 116
シンカイエビジャコ属 …………………… 66
シンカイコシオリエビ属 …………………… 100
シンカイオキヤドカリ属 …………………… 109
ジンケンエビ属 …………………… 62
真短尾群 …………………… 123

**[ス]**

スエヒロスバオウギガニ属 …………… 162
スジエビ属 …………………… 4, 51
スナガニ属 …………………… 182
スナシャコエビ属 …………………… 79
スナホリガニ属 …………………… 120
スナモグリ属 …………………… 77
スベスベチヒロエビ属 …………………… 29
スベスベマンジュウガニ …………………… 157
ズワイガニ属 …………………… 141

**[セ]**

ゼブラヤドカリ属 …………………… 112
セミエビ属 …………………… 91

**[ソ]**

ゾウリエビ属 …………………… 20, 93
ソコシラエビ属 …………………… 41
ソバガラガニ属 …………………… 143

**[タ]**

タイワンホウキガニ …………………… 180
タカアシガニ …………………… 138
タラバエビ属 …………………… 62
タラバガニ属 …………………… 115

**[チ]**

チヒロミナミイセエビ属 …………………… 83

**[ツ]**

ツノガイヤドカリ属 …………………… 105
ツノコシオリエビ属（仮称）…… 79, 103
ツノダシマメヘイケガニ属 …………… 126
ツノテッポウエビ属 …………………… 54
ツノガニ属 …………………… 139
ツノナガイトアシエビ …………………… 47
ツノナガチヒロエビ …………………… 28
ツノナシオハラエビ属 …………………… 50
ツノメエビ属 …………………… 59
ツノモエビ属 …………………… 55
ツメナシピンノ属 …………………… 191

**[テ]**

テッポウエビ属 …………………… 54
テナガエビ属 …………………… 6
テナガコブシ …………………… 6, 136

**[ト]**

橈脚亜綱 …………………… 24
ドウケツエビ …………………… 70
トウヨウヤワラガニ属 …………………… 143
トガリオウギガニ …………………… 157
トガリツノガイヤドカリ …………………… 105

トガリモエビ属 …………………… 56
トゲコマチガニ …………………… 160
トゲナシヤドリエビ属 …………………… 51
トゲヒラタエビ属 …………………… 67
トゲモエビ属 …………………… 59
トサカオキエビ属 …………………… 41
トラノオガニ …………………… 160

**[ナ]**

ナガレモエビ属 …………………… 57

**[ニ]**

ニセヤドリエビ科 …………………… 50
ニセヤドリエビ属 …………………… 53
ニホンイバラガニ属 …………………… 118
ニホンザリガニ …………………… 73

**[ヌ]**

ヌマエビ属 …………………… 45

**[ハ]**

ハクセンシオマネキ …………………… 182
ハクライオウギガニ属 …………………… 158
ハコエビ属 …………………… 86
ハサミシャコエビ属 …………………… 79
ハシリイワガニ属 …………………… 11, 175
ハリセンボン属 …………………… 141
ハリダシカイカムリ …………………… 125

**[ヒ]**

ヒオドシエビ属 …………………… 43
ヒカリチヒロエビ属 …………………… 28
ヒキガニ属 …………………… 137
ヒゲガニ …………………… 148
ヒゲナガモエビ属 …………………… 57
ヒシガニ …………………… 146
ビシャモンエビ …………………… 62
ヒメサンゴヤドリガニ属 …………………… 189
ヒメサンゴエビ属 …………………… 55
ヒメソバガラガニ属 …………………… 11, 143
ヒメヌマエビ属 …………………… 45
ヒメヨコバサミ属 …………………… 106
ヒラコウカムリ …………………… 125
ヒラコブシ …………………… 136
ヒラツメガニ属 …………………… 151

和名索引　321

ヒラトゲガニ属 …………………… 113
ビワガニ属 ………………………… 128

**[フ]**

フィソソーマ ……………………… 95
フィランフィオン（幼生属） ……… 88
フウライテナガエビ属 …………… 52
フサイバラガニ属 ………………… 117
フジナマコガニ属 ………………… 192
フタバヒメセミエビ ……………… 93
フリソデエビ科 …………………… 50

**[ヘ]**

ベニイシガニ ……………………… 6
ベニガラエビ属 …………………… 31
ベニサンゴガニ属 ………………… 166

**[ホ]**

ホソシンカイエビジャコ属 ……… 66
ホソモエビ属 ……………………… 57
ボタンエビ ………………………… 62
ホモラ属 …………………………… 126
ホンサンゴガニ属 ………………… 166
ホンヤドカリ属 …………………… 111

**[マ]**

マイマイエビ属 …………………… 31
マツバガニ ………………………… 162
マメガニ属 ……………………… 11, 194
マメガニダマシ属 ………………… 192
マメツブガニ ……………………… 137
マルトゲヒオドシエビ属 ………… 43
マルヒオドシエビ属 ……………… 43
マルミヘイケガニ属 ……………… 132
マンジュウガニ属 ………………… 156
蔓脚亜綱 …………………………… 24

**[ミ]**

ミカワエビ ………………………… 47
ミツトゲチヒロエビ属 …………… 28
ミドリガニ属 ……………………… 150
ミナトオウギガニ属 ……………… 158
ミナミイセエビ属 ………………… 83
ミナミチヒロイセエビ属 ………… 83
ミノエビ属 ………………………… 62

**[ム]**

ムギワラエビ属 …………………… 102
ムラサキアワツブガニ …………… 156
ムツハアリアケガニ ……………… 185

**[メ]**

メソカリス（幼生属） …………… 52
メンコガニ属 ……………………… 116

**[モ]**

モガニ属 …………………………… 139
モクズガニ属 ……………………… 178
モクズショイ属 …………………… 138

**[ヤ]**

ヤシガニ …………………………… 108
ヤツアシエビ属 …………………… 65
ヤッコヤドカリ属 ………………… 106
ヤドカリ属 ………………………… 106
ヤワチヒロエビ …………………… 28
ヤワラガニ属 ……………………… 144

**[ユ]**

ユメエビ属 ………………………… 36

**[ヨ]**

ヨーロッパアカザエビ …………… 74
ヨコシマエビ科 …………………… 50
ヨコバサミ属 ……………………… 106
ヨシエビ属 ………………………… 30
ヨロンエビ属 ……………………… 89

**[リ]**

リュウジンエビ属 ………………… 71
リョウマエビ属 …………………… 85

**[レ]**

レトロカリス（幼生属） ………… 52

**[ロ]**

ロウソクエビ属 …………………… 61

**[ワ]**

ワグエビ属 ………………………… 87
ワタゲカムリ ……………………… 125
ワタリクダヒゲエビ属 …………… 33

■ 著者略歴

小西　光一（Kooichi Konishi）

1951 年　三重県伊勢市に生まれる。
横浜市立大学卒業後，北海道大学大学院理学研究科を修了，理学博士。
水産庁養殖研究所，中央水産研究所，水産研究・教育機構 水産資源研究所をへて退職。

主な著書：
「教養生物学実験」共立出版（共著）
「日本産海洋プランクトン検索図説」 東海大学出版会　（共著）
「水産大百科事典」朝倉書店（共著）
「エビ・カニの疑問５０」成山堂書店（共著）

# 日本産十脚甲殻類の幼生

2025年2月28日　第1刷発行

著　　者　小西　光一

発 行 者　岡　健司

発 行 所　株式会社生物研究社
　　　　　〒108−0073　東京都港区三田2−13−9−201
　　　　　電話 (03)6435−1263　　Fax (03)6435−1264
　　　　　https://seibutsu-study.net

装　　丁　株式会社生物研究社

印刷・製本　株式会社エデュプレス

落丁本・乱丁本は、小社宛にお送り下さい。送料小社負担にてお取り替えします。
© Kooichi Konishi, 2025　Printed in Japan
ISBN978-4-909119-42-1 C3045

本書の内容を無断で複写・複製・引用することは固くお断りします。